U0915556

区域环境气象系列丛书

丛书主编：许小峰

丛书副主编：丁一汇 郝吉明 王体健 柴发合

重庆环境气象研究

主　编：周国兵

副主编：胡春梅　韩　余　杨世琦

内容简介

本书总结了近年来重庆市气象部门针对雾、霾、酸雨、空气污染等环境气象方面的研究成果。全书共分6章，首先介绍了重庆地理气候特征，然后介绍了重庆雾、霾和酸雨的时空分布特征以及适合本地的霾天气判别标准，重点分析了重庆全市和中心城区大气污染时空分布特征以及大气环流、局地大气边界层气象条件、降水等气象因素对空气污染的影响，简要介绍了气溶胶光学厚度反演基本原理、主要方法、利用风云卫星AOD产品估算的重庆中心城区$PM_{2.5}$、PM_{10}分布以及重庆中心城区大气自净能力变化特征等，针对重庆典型污染天气过程进行了对比分析，在研究的基础上总结了雾和空气污染的预报技术。

本书可供气象、环境、城市规划等领域从事科研、业务、教学和管理等工作的有关人员参考。

图书在版编目（CIP）数据

重庆环境气象研究 / 周国兵主编 ; 胡春梅, 韩余, 杨世琦副主编. -- 北京 : 气象出版社, 2023.10
（区域环境气象系列丛书 / 许小峰主编）
ISBN 978-7-5029-8071-9

Ⅰ. ①重… Ⅱ. ①周… ②胡… ③韩… ④杨… Ⅲ. ①环境气象学－研究－重庆 Ⅳ. ①X16

中国国家版本馆CIP数据核字(2023)第197909号

重庆环境气象研究
Chongqing Huanjing Qixiang Yanjiu

出版发行：气象出版社
地　　址：北京市海淀区中关村南大街46号　**邮政编码**：100081
电　　话：010-68407112（总编室）　010-68408042（发行部）
网　　址：http://www.qxcbs.com　**E-mail**：qxcbs@cma.gov.cn
责任编辑：王　迪　**终　　审**：张　斌
责任技编：赵相宁　**责任校对**：张硕杰
封面设计：艺点设计
印　　刷：北京建宏印刷有限公司
开　　本：787 mm×1092 mm　1/16　**印　　张**：14.125
字　　数：362千字
版　　次：2023年10月第1版　**印　　次**：2023年10月第1次印刷
定　　价：150.00元

重庆环境气象研究

编委会

主　　编：周国兵
副 主 编：胡春梅　韩　余　杨世琦
编写人员：周国兵　胡春梅　韩　余　杨世琦　江文华
　　　　　芦　华　张天宇　陈道劲　王永前　曾　艳
　　　　　祝　好　曾巧林　刘　灿

丛书前言

打赢蓝天保卫战是全面建成小康社会、满足人民对高质量美好生活的需求、社会经济高质量发展和建设美丽中国的必然要求。当前，我国京津冀及周边、长三角、珠三角、汾渭平原、成渝地区等重点区域环境治理工作仍处于关键期，大范围持续性雾/霾天气仍时有发生，区域性复合型大气污染问题依然严重，解决大气污染问题任务十分艰巨。对区域环境气象预报预测和应急联动等热点科学问题进行全面研究，总结气象及相关部门参与大气污染治理气象保障服务的经验教训，支持国家环境气象业务服务能力和水平的提升，可为重点区域大气污染防控与治理提供重要科技支撑，为各级政府和相关部门统筹决策、适时适地对污染物排放实行总量控制，助推国家生态文明建设具有重要的现实意义。

面对这一重大科技需求，气象出版社组织策划了“区域环境气象系列丛书”（以下简称“丛书”）的编写。丛书着重阐述了重点区域大气污染防治的最新环境气象研究成果，系统阐释了区域环境气象预报新理论、新技术和新方法；揭示了区域重污染天气过程的天气气候成因；详细介绍了环境气象预报预测预警最新方法、精细化数值预报技术、预报模式模型系统构建、预报结果检验和评估成果、重污染天气预报预警典型实例及联防联动重大服务等代表性成果。整体内容兼顾了学科发展的前沿性和业务服务领域的实用性，不仅能为相关科技、业务人员理论学习提供有益的参考，也可为气象、环保等专业部门认识和防治大气污染提供有效的技术方法，为政府相关部门统筹兼顾、系统谋划、精准施策提供科学依据，解决环境治理面临的突出问题，从而推进绿色、环保和可持续发展，助力国家生态文明建设。

丛书内容系统全面、覆盖面广，主要涵盖京津冀及周边、长三角、珠三角区域以及东北、西北、中部和西南地区大气环境治理问题。丛书编写工作是在相关省（自治区、直辖市）气象局和环境部门科技人员及相关院所的全力支持下，在气象出版社的协调组织下，以及各分册编委会精心组织落实下完成的，凝聚了各方面的辛勤付出和智慧奉献。

丛书邀请中国工程院丁一汇院士（国家气候中心）和郝吉明院士（清华大学）、知名大气污染防治专家王体健教授（南京大学）和柴发合研究员（中国环境科学研究院）作为副主编，他们都是在气象和环境领域造诣很高的专家，为保证丛书的学术价值和严谨性做出了重要贡献；分册编写团队集合了环境气象预报、科研、业务一线专家约 260 人，涵盖各区域环境气象科技创新团队带头人和环境气象首席预报员，体现了较高的学术和实践水平。

丛书得到中国工程院院士徐祥德（中国气象科学研究院）和中国科学院院士张人禾（复旦大学）的推荐，第一期（8 册）已正式列入 2020 年国家出版基金资助项目，这是对丛书出版价值和科学价值的极大肯定。丛书的组织策划得到中国气象局领导的关心指导和气象出版社领导多方协调，多位环境气象专家为丛书的内容出谋划策。丛书编辑团队在组织策划、框架搭建、基金申报和编辑出版方面贡献了力量。在此，一并表示衷心感谢！

丛书编写出版涉及的基础资料数据量和统计汇集量都很大，参与编写人员众多，组织协调工作有相当难度，是一项复杂的系统工程，加上协调管理经验不足，书中难免存在一些缺陷，衷心希望广大读者批评指正。

许小峰

2020 年 6 月

许小峰，正高级工程师，博士生导师，中国气象局原副局长，现任中国气象事业发展咨询委员会常务副主任。

本书序言

党的二十大将“人与自然和谐共生的现代化”上升到“中国式现代化”的内涵之一，再次明确了推动生态文明建设是人类社会可持续发展的必然选择。中国生态文明建设已进入以降碳为重点战略方向、推动减污降碳协同增效、促进经济社会发展全面绿色转型、实现生态环境质量改善由量变到质变的关键时期。生态文明建设对天气、气候服务尤其是生态环境气象服务的基础性科技保障作用要求越来越高，精细化、个性化需求越来越明显。

路虽远，行则将至；事虽难，做则必成。作为长江上游重要生态屏障，重庆市位于中国内陆的四川盆地东南部，是青藏高原与长江中下游平原的过渡地带，海拔高差 2723.7 米，由于特殊的地形、地貌和年均风速小、静风频率高等气象条件影响，不利于大气污染物扩散，空气污染问题较为突出，给经济社会可持续发展带来了挑战。重庆市气象部门全面贯彻落实习近平新时代中国特色社会主义思想，认真贯彻落实党中央决策部署，紧扣把习近平总书记关于气象工作重要指示精神和对重庆提出的系列重要指示要求全面落实在重庆大地上这条主线，立足新发展阶段、贯彻新发展理念、融入新发展格局，坚持“跳出小气象、做实大气象”，主动融入重庆经济社会发展大局，聚焦重庆山清水秀美丽之地建设、污染防治攻坚战、“蓝天行动”等工作要求，持续深入开展重庆环境气象研究和气象服务保障，助力打赢污染防治攻坚战。2015—2022 年重庆城市空气质量优良天数稳定在 300 天以上，2022 年重庆空气质量优良天数达 332 天，空气污染防治成果显著。

山长水阔不辞其远，赴汤蹈火不改其志。近年来，重庆市气象工作者在推进现代气象业务的背景下，瞄准重庆可持续发展需求，坚持科技创新，针对重庆雾、霾、酸雨、空气污染等环境气象问题持续开展研究，取得了一系列科技攻关成果，涌现出一批科技创新人才。基于长期观测事实，详细分析了雾、霾、酸雨、空气污染的空间分布特征与时间变化规律，建立了适合重庆地区的霾判别标准，总结了重庆空气污染的大气环流背景及局地大气边界层气象条件对空气污染的影响机制；利用卫星遥感资料，开展了卫星遥感反演 AOD 相关技术研究与大气污染物估算结果对比分析；采用大气自净能力指数，计算并分析重庆中心城区大气自净能力变化特征以及与空气质量的关联；在典型雾和空气污染天气个例分析研究、污染与气象条件统计分析和数值模式检验订正的基础上，研发了大雾客观预报方法和空气污染气象条件预报技术。本书将以上研究成果汇集成《重庆环境气象研究》，以期为气象、环境、城市规划等领域的业务、科研、管理提供参考。

人勤春来早，希望从奋斗中生发。重庆市气象局正积极落实高水平科技自立自强要求，在西部（重庆）科学城高水平建设气象科技创新中心，按照“一院二装置三实验室四创新平台”总体布局，加快集聚新资源，推进气象业务服务关键核心技术和“卡脖子”技术研究，释放创新动能，持续提升监测精密、预报精准、服务精细能力，充分发挥气象防灾减灾第一道防线作用，在深度融入经济社会发展大局中推动重庆气象高质量发展。

山一程，水一程，劈波斩浪启新程。我们坚信，在深入学习贯彻党的二十大精神，全面落实习近平总书记关于气象工作重要指示精神和对重庆提出的系列重要指示要求，落实重庆市委六届二次全会精神，深入推动《气象高质量发展纲要（2022—2035 年）》落地实施过程中，重庆气象工作者坚定信心、团结奋斗、真抓实干，定能为新时代新征程全面建设社会主义现代化新重庆贡献气象力量。

重庆市气象局局长

2023 年 5 月

本书前言

重庆市作为长江上游的重要工业城市，空气污染和酸雨问题一直备受政府和市民关注。近十年来，市政府采取了一系列行之有效的节能减排和污染防控措施，从源头改善空气质量，2015 年以后重庆城市空气质量优良天数稳定在 300 天以上，2022 年重庆空气质量优良天数达 332 天（其中优 130 天、良 202 天），无重污染天气。

为深入践行习近平生态文明思想，贯彻落实习近平总书记关于气象工作重要指示精神和对重庆提出的系列重要指示要求，重庆市气象工作者结合业务工作实际，围绕重庆山清水秀美丽之地建设、污染防治攻坚战、实施生态优先绿色发展行动计划、改善城乡空气质量等工作要求，持续深入开展重庆环境气象研究，积累了大量研究成果。受气象出版社关于编撰出版“区域环境气象系列丛书”委托，本人牵头组织对近年来重庆气象部门相关环境研究成果进行了汇集总结。

本书总结了近年来重庆市气象部门针对雾、霾、酸雨、空气污染等环境气象方面的部分研究成果。全书共分 6 章，首先介绍了重庆地理气候特征，然后介绍了重庆雾、霾和酸雨的时空分布特征以及适合本地的霾天气判别标准，重点分析了重庆全市和中心城区大气污染时空分布特征以及大气环流、局地大气边界层气象条件、降水等气象因素对空气污染的影响，介绍了气溶胶光学厚度反演基本原理、主要方法、利用风云卫星 AOD 产品估算的重庆中心城区 $PM_{2.5}$、PM_{10} 分布以及重庆中心城区大气自净能力变化特征等，针对重庆典型污染天气过程进行了对比分析，在研究的基础上总结了雾和空气污染的预报技术。

本书是国家自然科学基金重大研究计划重点支持项目“冬春季四川盆地西南涡活动对大气复合污染影响与机制研究”（91644226）、国家科技支撑计划课题项目“我国雾-霾监测与不同分辨率数值预报业务系统研究”（2014BAC16B00）、重庆市应用开发计划项目“山地城市气象条件对雾霾影响分析与数值模拟研究”（cstc2014yykfA20004）、重庆市应用开发计划项目“重庆市雾霾监测技术研究及业务平台开发”（cstc2013yykfB00003）、中国气象局关键技术集成与应用项目“重庆市空气污染气象条件预报技术研究与应用”（CMAGJ2014M51）、中国气象局预报预测核心业务发展专项“川渝地区雾霾综合监测技术研究及应用”（CMAHX20160406）、中国气象局西南区域气象中心创新团队项目“成渝双城经济圈气象服务技术”（XNQYCXTD-202203）、重庆市技术创新与应用发展专项重点项目“恶劣天气浓雾（团雾）监测预警技术及装备研发”（CSTB2022TIAD-KPX0123）等项目资助的研究成果以及周国兵、胡春梅、韩余、杨世琦、江文华、芦华、张天宇、陈道劲、王永前、祝好、曾巧林、刘灿等个人研究成果的总结。本书在编写过程中得到了王式功教授以及曾艳、向波、蔡博、赵洁等的支持和帮助，在此表示诚挚的感谢。

鉴于科学认知和编著水平有限，书中难免有疏漏或不妥之处，敬请读者和有关专家指正。

周国兵
2023 年 5 月

目录

第1章　重庆地理气候特征

1997 年 3 月 14 日，第八届全国人民代表大会第五次会议批准设立重庆直辖市。直辖以来，重庆紧紧围绕国家重要中心城市、长江上游地区经济中心、国家重要先进制造业中心、西部金融中心、西部国际综合交通枢纽和国际门户枢纽等国家赋予的定位，以及习近平总书记对重庆提出的坚持“两点”定位、“两地”“两高”目标，发挥“三个作用”和推动成渝地区双城经济圈建设等重要指示要求，充分发挥区位优势、生态优势、产业优势、体制优势，统筹推进“五位一体”总体布局，协调推进“四个全面”战略布局，加快建设内陆开放高地、山清水秀美丽之地，努力推动高质量发展、创造高品质生活，在推进新时代西部大开发中发挥支撑作用、在共建“一带一路”中发挥带动作用、在推进长江经济带绿色发展中发挥示范作用。重庆发展取得显著成就。

1.1 自然地理概况

1.1.1 地理位置

重庆市位于 28°10′—32°13′N，105°17′—110°11′E，地处青藏高原和长江中下游平原过渡地带，东邻湖北、湖南，西接四川，北连陕西，南与贵州毗邻，是中国的东部地区和西部地区的结合部，东西长 470 km，南北宽 450 km，辖区面积 8.24 万 km^2，为北京、天津、上海三个直辖市总面积的 2.39 倍，是中国面积最大的直辖市（图 1.1）。

1.1.2 地质地貌

重庆是一座独具特色的“山城、江城”，地貌以丘陵、山地为主，其中山地占 76%，长江横贯全境，流程 691 km，与嘉陵江、乌江等河流交汇。地势沿河流、山脉起伏，形成南北高、中间低，从南北向河谷倾斜的地貌，构成以山地、丘陵为主，兼有盆地的地形状态（图 1.2）。地貌主要有 4 个特点：

（1）地势起伏大，层状地貌明显。全市最低点在巫山县碚石村鱼溪口，海拔 73.1 m；最高点为巫溪、巫山和湖北神农三县交界的阴条岭，海拔 2797 m，相对高差 2723.9 m。东部、东南部和南部地势高，多在海拔 1500 m 以上；西部地势低，大多为海拔 300～400 m 的丘陵。

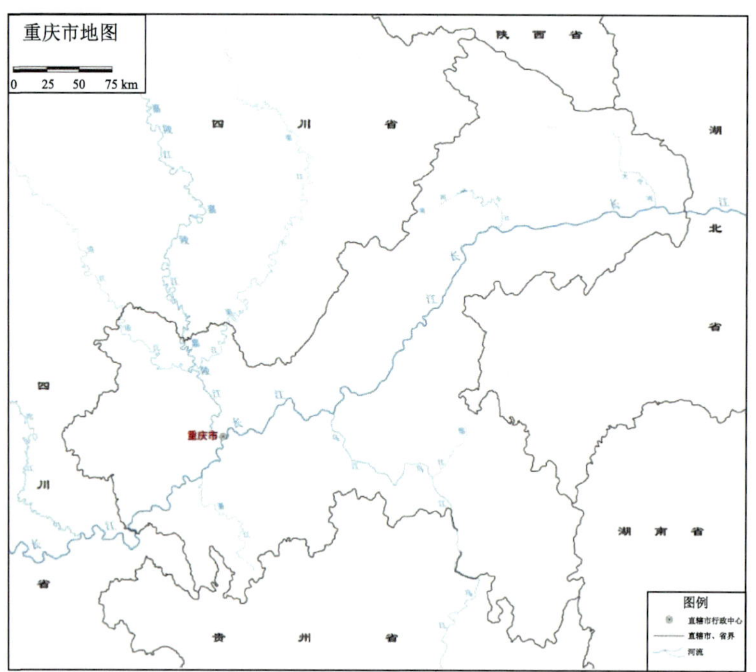

图 1.1　重庆市地理位置

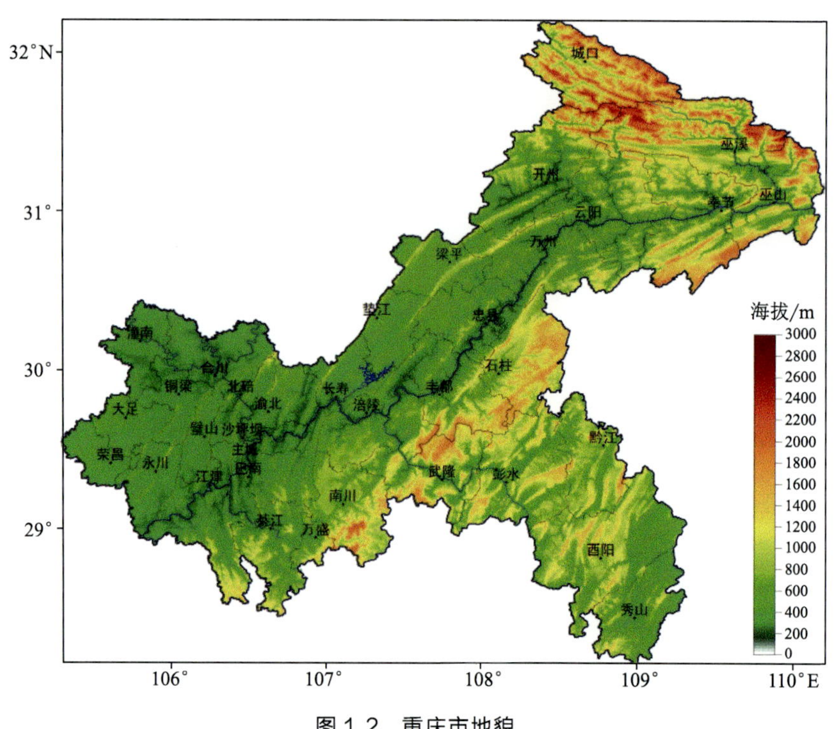

图 1.2　重庆市地貌

（2）地貌类型各样，以山地、丘陵为主。全市地貌类型分中山、低山、高丘陵、中丘陵、低丘陵、缓丘陵、台地、平坝 8 大类，其中山地（中山和低山）面积 62413.24 km^2，占辖区面积的 75.8%；丘陵面积 14985.76 km^2，占 18.2%；台地 2964.22 km^2，占 3.6%；

平坝面积 1976.14 km^2，占 2.4%。

（3）地貌形态组合的地区分异明显。华蓥山—巴岳山以西为丘陵地貌；华蓥山—方斗山之间为平行岭谷区；北部为大巴山中山山地；东部属巫山山区；东南部和南部属大娄山山区。

（4）喀斯特地貌分布广泛。在东部和东南部地区，喀斯特地貌大量集中分布，地下水和地表喀斯特形态发育较好。在北斜条形山地中发育了渝东地区特有的喀斯特槽谷奇观。在东部和东南部的喀斯特山区分布着典型的石林、峰林、洼地、浅丘、落水洞、溶洞、暗河、峡谷等喀斯特景观。

1.1.3　行政区划

重庆下辖 38 个行政区、县（自治县）（图 1.3），有 26 个区（万州区、黔江区、涪陵区、渝中区、大渡口区、江北区、沙坪坝区、九龙坡区、南岸区、北碚区、渝北区、巴南区、长寿区、江津区、合川区、永川区、南川区、綦江区、大足区、璧山区、铜梁区、潼南区、荣昌区、开州区、梁平区、武隆区）；8 个县（城口县、丰都县、垫江县、忠县、云阳县、奉节县、巫山县、巫溪县）；4 个自治县（石柱土家族自治县、秀山土家族苗族自治县、酉阳土家族苗族自治县、彭水苗族土家族自治县）。常住人口 3208.93 万（重庆市统计局 等，2020）。

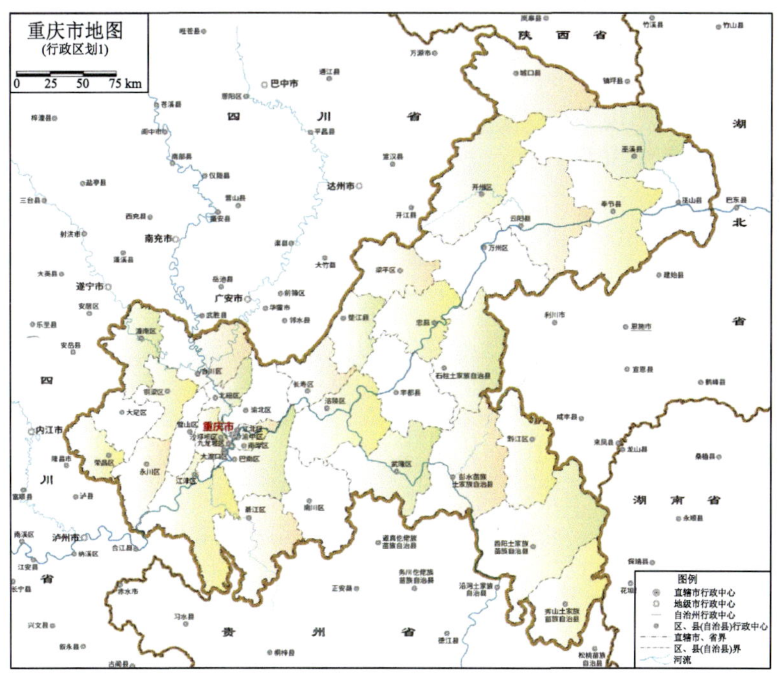

图 1.3　重庆市行政区划

重庆中心城区包括渝中区、大渡口区、江北区、沙坪坝区、九龙坡区、南岸区、北碚区、渝北区、巴南区 9 个行政区，辖区面积 5472.7 km^2，常住人口 1036.26 万（重庆市统计局 等，2020）。渝中区、大渡口区、江北区、沙坪坝区、九龙坡区、南岸区为重庆主城核心 6 区，面积 1440.5 km^2（图 1.4）。从地形图上看，主城核心区主要位于中梁山、铜锣山和真武山之间的小盆地内，其中中梁山、铜锣山和真武山呈南北走向，平均海拔为 500～650 m。中心城区除东、西面有南北向高山包围以外，南、北亦有平均海拔 500 m 左右高山阻挡，城区盆地内东西宽约 20 km，南北长约 60 km，地势西高东地，北高南低，平均海拔高度 200～400 m。城区内长江、嘉陵江穿城而过，交汇于渝中区朝天门。

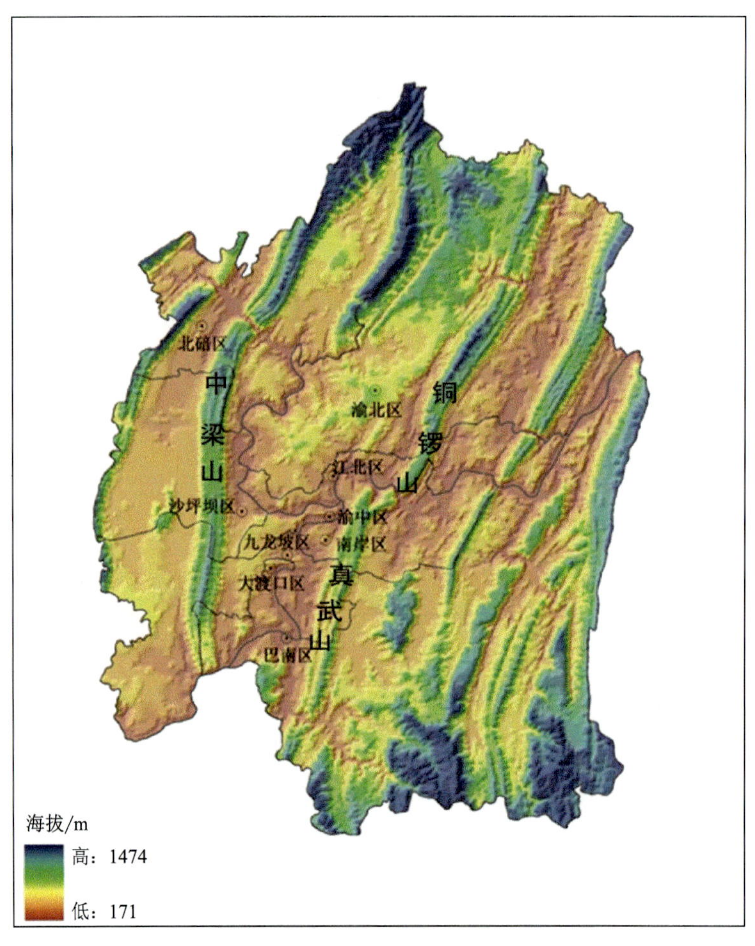

图 1.4　重庆市中心城区地形

1.2 天气气候特征

1.2.1　气候概况

重庆地处四川盆地东部，南北纵跨 28°10′—32°13′N，东西横贯 105°17′—110°11′E，位于青藏高原东部的东亚季风区。冬季温暖，1 月平均气温 6.7 ℃，夏季炎热，7 月平均气温

27.3 ℃，冬、夏风向有明显变化，年平均降水量 1181.4 mm（2020 年），降水主要集中在夏季，冬季较少，但冬、夏干湿差别不大，属中亚热带季风性湿润气候。

重庆所处的纬度属副热带，按行星风系的气候分带，本应是干旱区，但由于亚欧大陆与西太平洋的海陆差异及青藏高原的动力和热力作用，改变了温压场分布，夏季盛行东南季风并带来丰沛的降水，冬季则受大陆高压的偏北风影响，季风环流改变了近地面层行星风系的环流系统，变干旱的大陆性气候为湿润的亚热带季风气候。

根据中国气候区划，以日平均气温不低于 10 ℃稳定期的积温和最冷月气温或极端最低气温多年平均值为热量指标，以干燥度为水分指标。按热量指标划分的气候带，重庆属中亚热带；按水分指标划分的气候区，重庆属湿润性气候区。

1.2.2　气候特点

重庆的气候特点是冬暖春早，夏热秋凉，四季分明，无霜期长；空气湿润，降水丰沛；太阳辐射弱，日照时间短；多云雾，少霜雪；光温水同季，立体气候显著，气候资源丰富，气象灾害频繁。重庆兼有盆地气候、山地气候、丘陵气候、河谷气候等特征，素有“火炉”和“雾都”之称（刘德 等，2012）。

重庆冬季气候温暖，由于有秦岭、大巴山脉屏障，冷空气不易入侵，冬季平均气温为 7.5 ℃，最冷的 1 月平均气温也有 6.7 ℃；霜雪天气较少，东部中高山地区略多；日照少，多阴雨天气，河谷地区多雾。春季气温回升快，入春早，大部分地区在 2 月中下旬就陆续进入春季，但气温波动较大，冷空气活动较频繁，东部山区易出现风雹灾害；春季雨日多，大部分地区 4 月中下旬就开始出现大雨，西部及东北部的部分地区时有春旱发生。夏季炎热，7 月、8 月的月平均气温高达 27.3 ℃、27.4 ℃，35 ℃以上的高温日数多达 23 d，极端最高气温突破 40 ℃；夏季旱涝交替，多暴雨，沿江河谷地区及丘陵地区多伏旱。秋季入秋较迟且季节变化明显，秋季潮湿多阴雨，河谷地区早晨多雾。

1.2.3　主要气象灾害

重庆主要气象灾害有干旱、暴雨、洪涝、大风、冰雹、雷电、雾、连阴雨、低温、霜冻、雪灾等，气象灾害呈现较明显的区域性，如长江沿江地区严重伏旱发生频率高，山地比丘陵地区冰雹多。

干旱是重庆的主要气象灾害之一，发生在夏季的伏旱尤其严重。重庆伏旱多出现在沿江河谷、浅丘地区，有 3 个高发区。一个位于长江河谷的丰都、忠县、涪陵等地，发生频率约 10 年 9 次；第二个高发区位于西部沿长江及其以北的大部分地区，潼南为该区域的高发中心，出现频率 10 年 8～9 次；第三个高发区位于长江沿岸的万州、云阳、巫山和大宁河沿岸的巫溪等地，其中万州的伏旱频率 10 年 9 次。而重庆市东南部和东北部山区伏旱相对较少，东北部的城口伏旱频率不足 10 年 5 次。

暴雨是重庆的又一主要气象灾害，东北部、东南部海拔较高的山区，其山地地形对气流有强迫抬升和辐合作用，较容易触发暴雨或使之加强，因此成为重庆暴雨的高发区。东北部高发区包括开州、万州、城口、梁平、云阳、巫溪等地，以开州为中心，年暴雨日数 5.5～

6.8 d，这是重庆境内范围最大的暴雨高发区域。东南部高发区包括酉阳和彭水，年暴雨日数 5.4～6.1 d。中、西部地势平坦的地区暴雨相对较少，年暴雨日数不足 4.5 d，少暴雨区主要包括以涪陵、丰都、武隆、南川、石柱为中心的中部地区和以綦江、万盛经开区、江津、巴南为中心的西部地区。

大风多出现在东北部山区，巫溪为全市大风最多的地区，年大风日数达 12.1 d；大风较少的区域分布比较分散，城口、石柱、南川、忠县、潼南等地年大风日数在 1 d 以下；其余区县为 1～4 d。

冰雹受地形的动力和热力作用影响明显，在东南部和东北部山区易形成冰雹。重庆冰雹的分布特点是东部山区多，西部丘陵区少。东南部地区冰雹最多，年冰雹日数为 0.4～1.4 d，其中酉阳年冰雹日数多达 1.4 d；东北部万州以东地区年冰雹日数为 0.3～0.4 d；西部丘陵地区最少，年冰雹日数多在 0.1 d 以下。

雷暴分布情况总体为山区高于丘陵，丘陵高于平坝。东南部的酉阳、秀山是重庆雷暴最多的区域，年雷暴日数达 51 d；东北部的万州、西部的万盛经开区和中部的涪陵等地、年雷暴日数在 45～50 d；其余大部分区县为 35～45 d，西北部的潼南雷暴最少，年雷暴日数仅 30 d。

雪与海拔高度关系密切，高山地区因气温较低，出现降雪的频率较大。城口和东南部的黔江、酉阳、秀山海拔较高，是全市降雪最多的地区，年均暴雪日数超过 1 d；东北部的大部分区县年平均暴雪日数在 0.1～0.3 d，即平均 3～10 年一遇；其余区县出现暴雪很少，丰都、江津在近 30 年仅出现 1～2 次暴雪。

1.3 本章小结

重庆地处青藏高原和长江中下游平原过渡地带，与陕西、湖北、湖南、四川、贵州毗邻，辖区面积 8.24 万 km^2，下辖 38 个行政区、县（自治县），地形、地貌复杂，灾害天气频发。具有冬暖春早，夏热秋凉，四季分明，无霜期长，空气湿润，降水丰沛，太阳辐射弱，日照时间短，多云雾，少霜雪，光温水同季，立体气候显著，气候资源丰富，气象灾害频繁等气候特点。

第2章 重庆雾的研究

重庆多雾，素有“雾都”之称。重庆雾多与特殊的地理环境和气候有关（白莹莹 等，2018）。重庆位于四川盆地东南边缘，属于亚热带湿润季风气候区，四周高山屏蔽，山谷相间，水系发达，地形闭塞，空气温暖湿润，风速小，静风频率高，有利于雾的形成（向波等，2003）。本章主要讨论重庆雾的时空分布和天气特征。

2.1 雾的定义及分类

2.1.1 雾的定义

在中国气象局现行《地面气象观测规范》（2003 年版）中，雾是指大量微小水滴浮游空中，常呈乳白色，使水平能见度小于 1.0 km 的天气现象。高纬度地区出现冰晶雾也记为雾，并加记冰针。根据能见度雾分为三个等级：雾，0.5 km≤能见度＜1.0 km；浓雾，0.05 km≤能见度＜0.5 km；强浓雾，能见度＜0.05 km。此外，还定义了轻雾，轻雾是指微小水滴或已湿的吸湿性质粒所构成的灰白色的稀薄雾幕，使水平能见度大于或等于 1.0 km，小于 10.0 km 的天气现象。

2.1.2 雾的分类

在气象上雾有多种分类，通常按照雾的形成条件分为辐射雾、平流雾、上坡雾、蒸发雾、锋面雾等。

辐射雾是指空气中的水汽因辐射冷却达到饱和而形成的雾。它多出现于晴朗、无风或微风、近地面水汽比较充沛且比较稳定或有逆温存在的夜间和早晨，天空无云阻挡，地面热量迅速向外辐射出去，近地面层的空气温度降低，如果空气中水汽较多，便很快达到过饱和状态而凝结成雾。

平流雾是指暖湿空气平流到较冷的下垫面上，因下部冷却而形成的雾。平流雾和空气的水平流动是分不开的，只有持续有风，雾才会持续长久。如果风停下来，暖湿空气来源中断，雾很快就会消散。中国春夏季在沿海一带经常出现的海雾就属于平流雾。

上坡雾是指潮湿的空气沿着山坡上升，绝热冷却，使空气达到过饱和而产生的雾。这种潮湿的空气必须处于稳定的状态，山坡的坡度又必须较小，否则就会形成对流，雾也就难以形成。上坡雾多见于山中。

蒸发雾是指冷空气流经温暖水面，如果气温与水温相差很大，则因水面蒸发的大量水汽在冷空气中发生凝结而形成的雾。早晨江面、湖面、农田湿地等会常常出现蒸发雾。

锋面雾是指发生在冷、暖空气交界的锋面附近的雾。锋面雾一般以暖锋附近居多，锋前锋后都可能发生，锋前雾是由于锋面上面暖空气内云层中的较暖雨滴落入地面冷空气内，发生蒸发，使空气达到过饱和凝结而成；锋后雾则是暖湿空气移至原来被暖锋前冷空气占据过的地区冷却达到过饱和而形成。锋面雾随锋面降水相伴而生，有时也称雨雾，不受日变化影响。

重庆的雾大致可分为两类（刘德 等，2004），一类是形成于同一气团内的气团雾，此类雾以辐射雾为主，约占 73.7%；另一类是发生在锋区附近的锋面雾，常伴随降水出现，当雾发生前后 6 h 有降水则定义为雨雾，此类雾约占 26.3%。辐射雾主要分布在重庆中、西部地区，其中西北部潼南、大足、荣昌、合川等区县辐射雾相对较多，东北部和东南部辐射雾相对较少（图 2.1a）。雨雾主要分布在以长寿为中心的重庆中西部地区，只是范围明显不及辐射雾大（图 2.1b）。辐射雾多发生在 10 月—次年 3 月，11 月—次年 1 月辐射雾日数占辐射雾总数的 51.3%，11 月最多达 3.74 d，7—8 月辐射雾最少。雨雾的月际变化不太明显，多发生在 10 月—次年 3 月弱降水季节，7—9 月雨雾最少（图 2.2）。

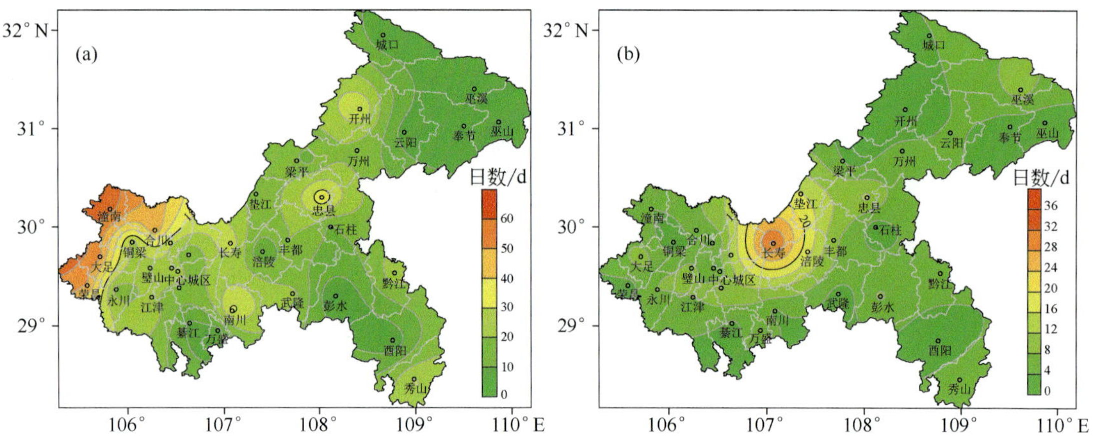

图 2.1　重庆市年均辐射雾（a）和雨雾（b）日数分布

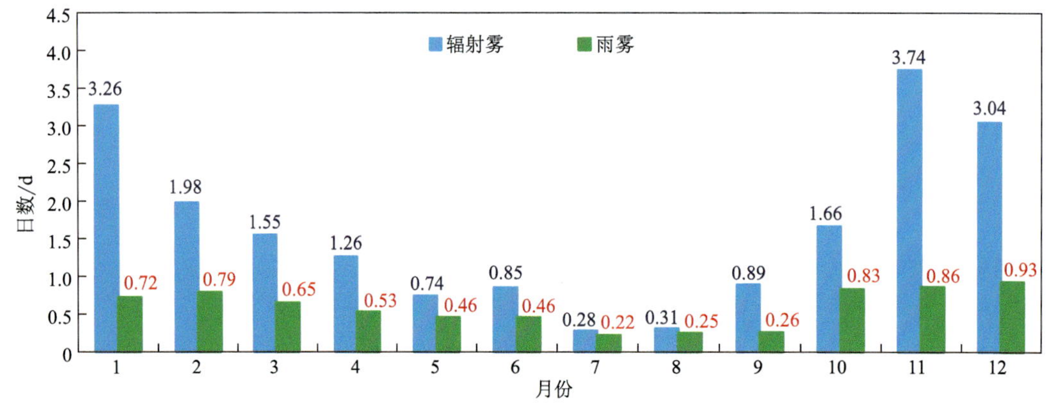

图 2.2　重庆市月均雾日分布

2.2 雾的空间分布特征

重庆雾有明显的区域性分布特点，即北多南少，西多东少。根据年平均雾日数可以把全市分成4个不同区域，分别是中北部多雾区、西南部较多雾区、东南部较少雾区和东北部少雾区（图2.3）。

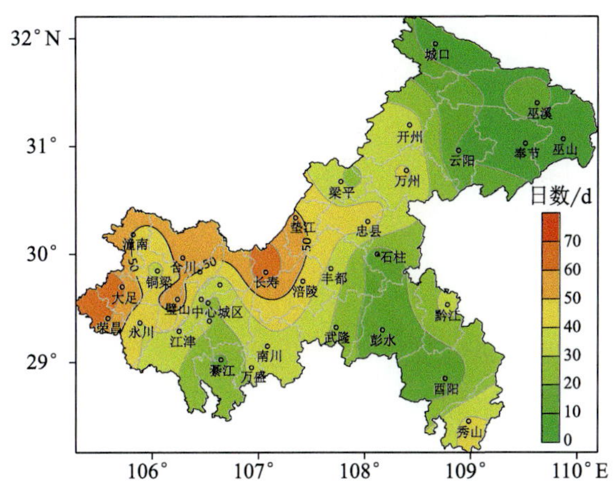

图2.3　重庆市年平均雾日数分布

中北部多雾区主要包括潼南、合川、璧山、北碚、渝北、长寿、涪陵、武隆、丰都、垫江、梁平、忠县、万州、开州及重庆中心城区，区域内绝大部分地区平均年总雾日数在50 d以上，以长寿最为突出，达68.1 d之多。

西南部较多雾区主要包括铜梁、大足、江津、巴南、綦江、万盛经开区、南川，区域内绝大部分地区平均年总雾日数在40 d左右，其中荣昌雾日数相对其他区县明显多一些，超过50 d。

东南部较少雾区主要包括石柱、黔江、彭水、酉阳，平均年总雾日数在20 d左右，其中秀山雾日数相对东南部其他区县明显多一些，达到40 d左右。

东北部少雾区主要包括云阳、奉节、巫山、巫溪、城口，该区域是全市最少雾区，绝大部分地区平均年总雾日数不足10 d，其中巫山雾日最少，年平均雾日仅为3.7 d。不仅雾少，且持续时间也较短。

浓雾分布的情况与雾的分布大致相同，中部的长寿、涪陵、忠县等地浓雾日最多，年平均强浓雾日数在16 d以上，东北部、东南部浓雾日最少（图2.4a）。强浓雾的分布有所不同，西北部荣昌、大足、潼南、合川等地强浓雾最多，年平均强浓雾日数在20 d以上，忠县也是强浓雾的另一个高发区，年平均强浓雾日达17.6 d（图2.4b）。

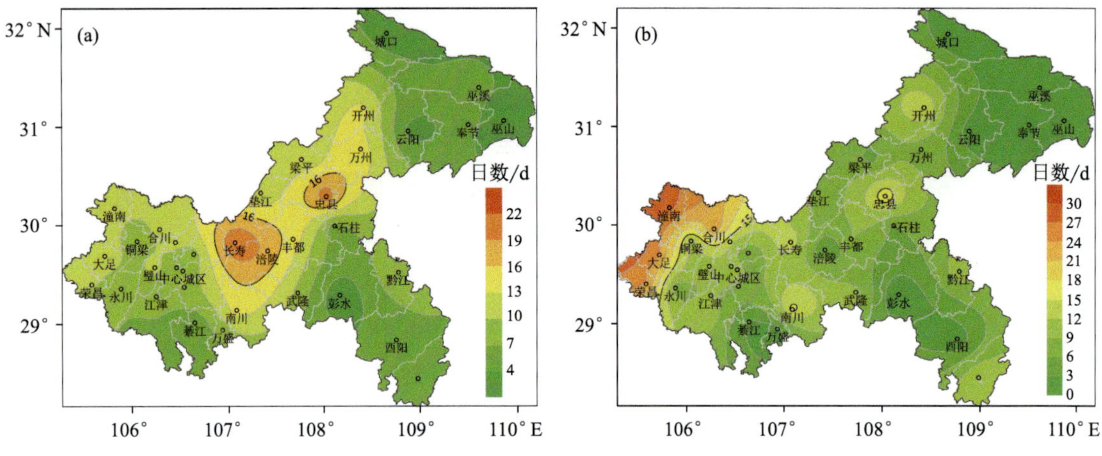

图 2.4　重庆市年均浓雾（a）和强浓雾（b）日数分布

2.3 雾的时间变化特征

2.3.1　重庆雾的年际变化

重庆市年平均雾日 29.8 d（重庆 34 个国家级气象观测站 1980—2018 年雾日数平均值，下同），年平均最多雾日数达 49.1 d（1992 年），最少雾日仅 10.7 d（2014 年）。年平均雾日数总体呈现减少趋势，20 世纪 80—90 年代雾日变化不明显，2000 年后雾日明显减少，2018 年前后年均雾日数维持在 15 d 左右。浓雾、强浓雾日数的变化也有类似特点（图 2.5）。

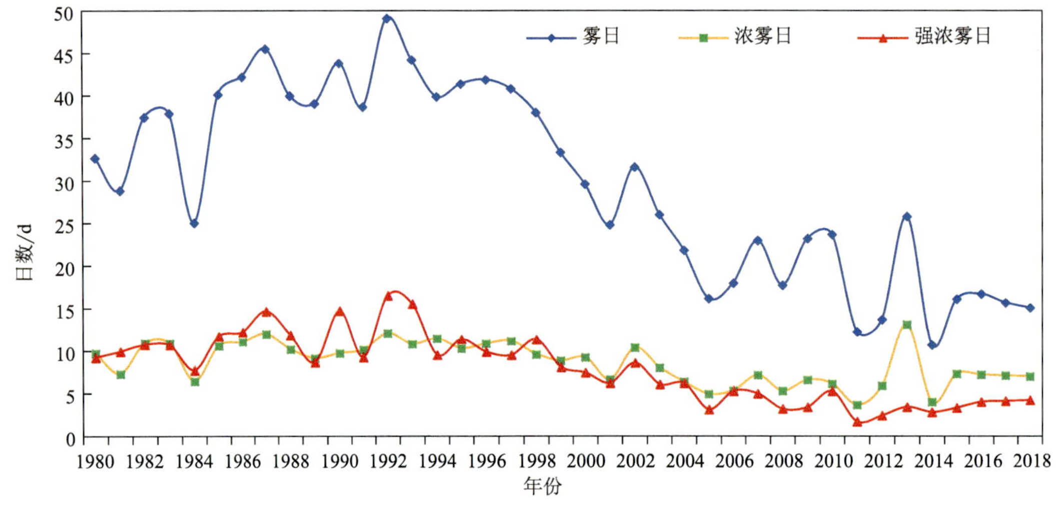

图 2.5　重庆市历年平均雾日数（1980—2018 年）

2.3.2　重庆雾的月际变化特征

重庆一年四季均有雾发生，主要集中在冬半年（10 月—次年 2 月），月平均雾日在 4 d 以上，1 月、11 月、12 月是雾最易发生的月份，全年约有 48.3%的雾发生在这 3 个月中，12 月出现频率最高，达到 6.3 d。8 月是全年雾日最少的月份，月平均雾日仅 1 d。浓雾与强浓雾的发生频率与雾相似（图 2.6）。

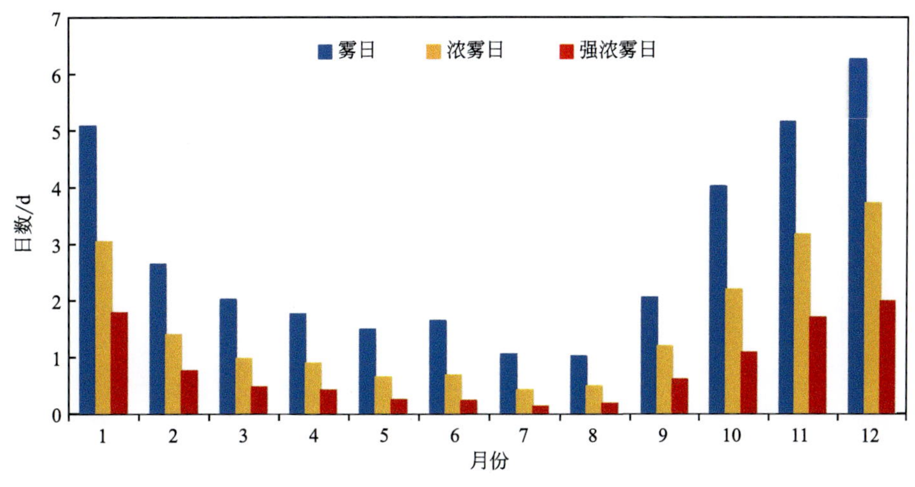

图 2.6　重庆雾日数月分布

能见度作为判别雾的重要指标。重庆日平均能见度和日最低能见度的季节变化有一致的变化趋势，夏季能见度最高，日平均能见度为 16.4 km，日平均最低能见度为 9.6 km；冬季能见度最低，日平均能见度为 7.6 km，日平均最低能见度为 5.3 km（图 2.7a）。

从月变化看，10 月—次年 3 月能见度较低，12 月最低，日平均能见度和日平均最低能见度分别为 6.6 km 和 4.5 km。3—6 月能见度变化不大，7—8 月作为重庆的高温干旱季，能见度发生“突变”，达到全年的最高值，其中 7 月日平均能见度为 18.2 km，日平均最低能见度为 10.9 km（图 2.7b），也是一年中雾日最少的月份。

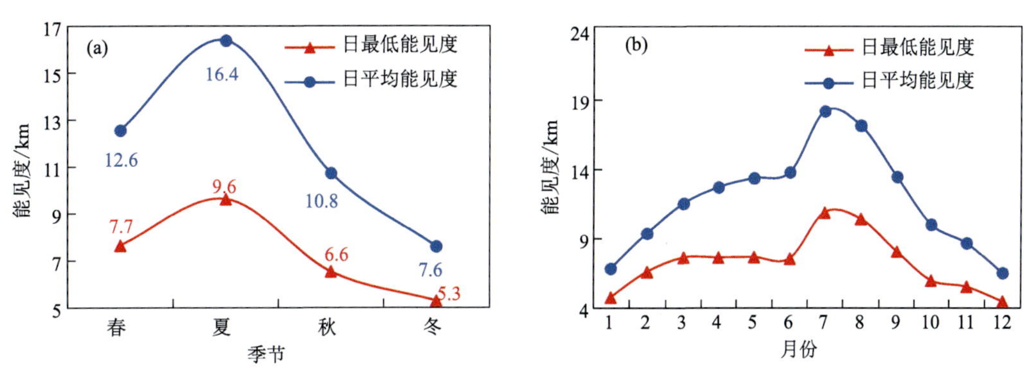

图 2.7　重庆日平均能见度和日最低能见度的季节变化（a）和月变化（b）

2.3.3 重庆雾的生消时间特征

以重庆中心城区沙坪坝国家级气象观测站观测资料为代表来分析雾的生消特征。利用2014年1月1日—2018年12月31日的逐时能见度、降水和相对湿度资料，筛选出辐射雾及雨雾个例进行分析（图2.8）。辐射雾能见度的日变化明显，呈现"单峰单谷"特征，谷值出现在07时前后，峰值出现在18时前后。这一变化特征与大气的稳定度和日变化有很大关系，白天受日照辐射影响，地面温度升高，大气稳定度降低，湍流和垂直扩散能力增强，有利于大气中颗粒物的扩散，温度升高也使得水分蒸发，辐射雾逐渐消散，从而使得能见度上升；而夜间地面因长波辐射冷却，大气低层易出现逆温层，大气稳定度增强，大气中颗粒物在这种天气条件下也不容易扩散，夜间温度显著降低，低层水汽易饱和凝结形成雾，导致能见度降低。雨雾主要是受降水影响，所以能见度的日变化比较平滑，没有很明显的波峰及波谷，但与辐射雾日变化类似，在凌晨到上午时段能见度低于午后。

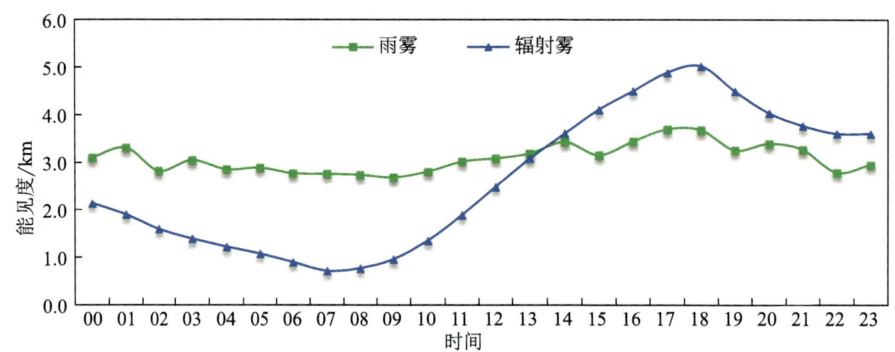

图2.8 重庆中心城区辐射雾和雨雾能见度日变化

根据筛选的样本资料，结合天气观测记录，统计分析每一次辐射雾的出现时间、结束时间。从表2.1可以看出，辐射雾开始时间一般在下半夜到清晨日出前（00—09时），占总次数的95%。最易出现雾的时间是在07时，占总数的16%；00—02时和04—05时次之，每个时段都超过了10%。辐射雾起始时间很少出现在10—23时，12—16时从未出现过，17—20时也仅有1%左右的雾出现，而这一时段出现的雾大多是连续性大雾在午后由于晴空辐射，湿度降低而短暂消散，在17—20时又重新形成。辐射雾消散时间多发生在08—13时，占78%，其中消散时间发生在11时前后最多，占22%，其次是12时，占16%。辐射雾持续时间以1～8 h为主，占77%，9～12 h占16%，12 h以上仅占7%。雨雾的生消与降水有直接的关系，没有明显的规律。

表2.1 重庆中心城区辐射雾生消时间比例统计

时间	00	01	02	03	04	05	06	07	08	09	10	11
出现时间占比	11%	11%	10%	7%	12%	12%	6%	16%	5%	5%	0	1%
消散时间占比	0	1%	0	0	3%	2%	0	8%	11%	11%	13%	23%
时间	12	13	14	15	16	17	18	19	20	21	22	23
出现时间占比	0	0	0	0	0	1%	1%	1%	1%	0	0	0
消散时间占比	17%	6%	0	0	0	0	0	1%	3%	0	0	1%

2.4
雾的天气特征

重庆多雾除了与其所处的地理位置、地形地貌、河网分布广等地理因素有关外，其雾的形成也具有典型的大气环流背景（韩余 等，2013）。表 2.2 给出了重庆几次典型的辐射雾和雨雾个例，利用合成分析方法，通过大气环流形势、流场特征、气象要素变化特征等天气学分析，来对比两类雾的天气特征和形成原因。

表 2.2　几次典型的辐射雾和雨雾个例

类型	日期	出现雾站数/个	最小能见度/m	沙坪坝能见度/m
辐射雾	2005 年 11 月 26 日	21	＜100	100
	2006 年 12 月 20 日	23	＜100	600
	2007 年 11 月 09 日	21	＜100	500
	2007 年 11 月 24 日	21	＜100	100
	2009 年 11 月 24 日	19	＜100	100
雨雾	2005 年 04 月 18 日	10	300	600
	2008 年 10 月 14 日	5	＜100	100
	2009 年 01 月 09 日	6	＜100	＜100
	2009 年 01 月 19 日	5	100	800
	2009 年 10 月 26 日	8	300	600

2.4.1　重庆雾的大气环流特征

2.4.1.1　500 hPa 大气环流形势

重庆辐射雾主要形成于东亚经向环流背景下（图 2.9a），500 hPa 东亚大槽位于东部沿海地区，强度较强，中亚及青藏高原为明显高压脊，重庆地区主要受高空脊前偏北气流影响，天气晴朗，夜间辐射降温明显，有利于辐射雾的形成。雨雾发生在东亚地区经向环流相对较弱的背景下，表现在 500 hPa 东亚大槽比较平浅，中亚地区高压脊不明显，青藏高原东部有低压槽发展东移，有利于降水天气发生和雨雾形成（图 2.9b）。

2.4.1.2　700 hPa 流场特征

辐射雾形成前一天 20 时 700 hPa，重庆地区为反气旋环流控制，天气晴朗，夜间辐射降温明显，是辐射雾形成的重要条件（图 2.10a）。雨雾形成前一天 20 时 700 hPa，四川盆地中部为西南气流和东南气流构成的气旋式流场，水汽输送和辐合上升运动是雨雾形成的重要条件（图 2.10b）。

2.4.1.3　地面形势场

地面天气图上，辐射雾发生时中国东部地区都在高压控制下，冷锋已南压到华南沿海地

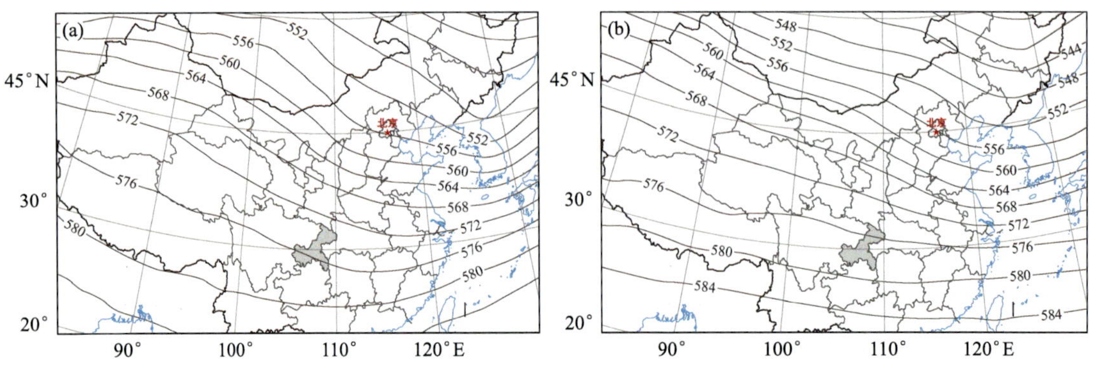

图 2.9　辐射雾（a）和雨雾（b）发生当天 02 时 500 hPa 环流形势合成

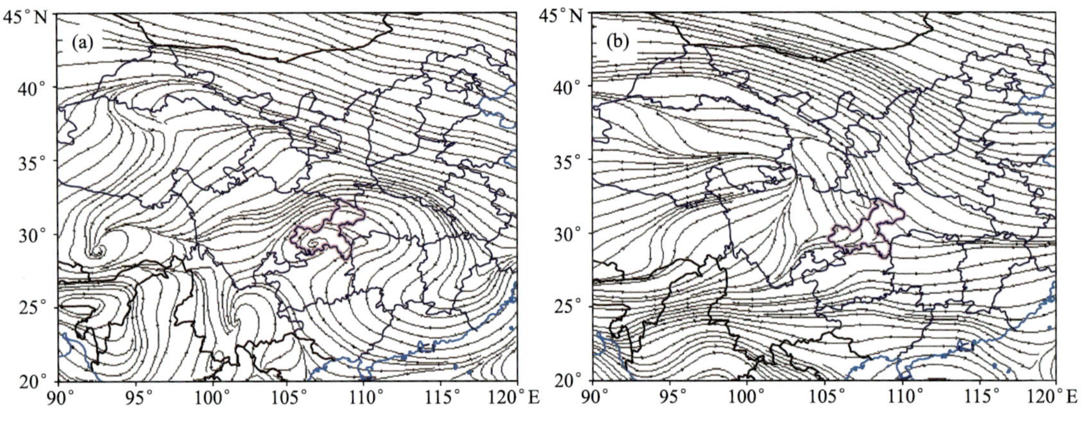

图 2.10　辐射雾（a）和雨雾（b）发生前一天 20 时 700 hPa 流场合成

区，重庆位于地面等压线相对稀疏的均压区内，地面风力弱，大气层结稳定，此前冷锋过境时引起的降水天气过程增加了地面水分，有利于辐射雾的形成（图 2.11a）。雨雾发生时，地面冷高压盘踞在中国北方地区，有弱冷空气经大巴山从东北方向渗入重庆，由于高空低压槽和地面空气的共同影响，在给重庆带来降水的同时，冷、暖空气在近地层混合发生水汽凝结，从而形成雨雾（图 2.11b）。

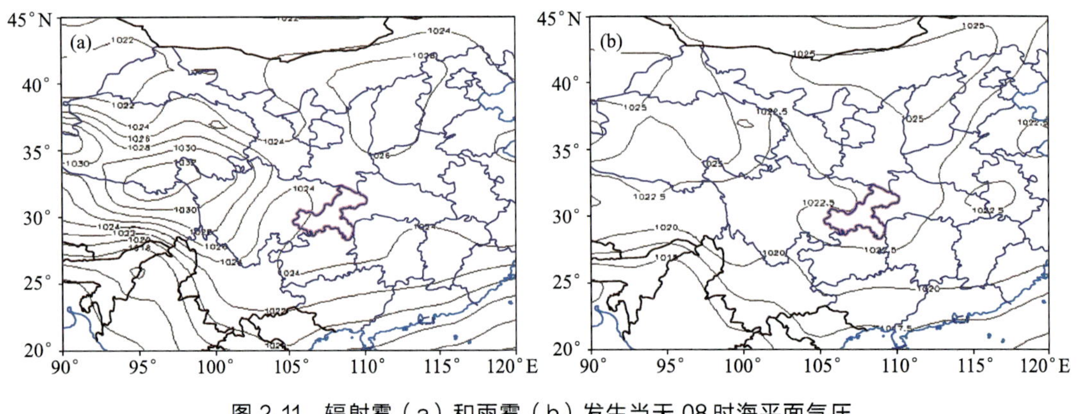

图 2.11　辐射雾（a）和雨雾（b）发生当天 08 时海平面气压

2.4.2　重庆雾的气象要素特征

2.4.2.1　湿度场特征

辐射雾发生时，700 hPa 湿度场为自东向西伸展的干区，重庆地区上空相对湿度仅有 20%～30%（图 2.12a），说明此时对流层中高层水汽较少，天空晴朗少云，有利于夜间地面辐射降温。850 hPa 上，从西南向东北为大范围高湿区，重庆地区上空相对湿度超过 70%（图 2.12c），说明此时对流层中低层水汽较充足，当夜间地面辐射降温时，近地面大气中的水汽容易达到饱和而凝结，形成辐射雾。

雨雾发生时，重庆地区上空 700 hPa 相对湿度明显高于辐射雾发生时的情况，相对湿度维持在 60%以上，且重庆地区西面和南面均为高湿区，相对湿度超过 70%（图 2.12b）。850 hPa 上，从西南向东北也是大范围高湿区，重庆地区上空相对湿度超过 70%（图 2.12d），说明从近地面到对流层中高层均保持着充足的水汽。结合 700 hPa 流场分析，西南气流和气旋式辐合将使重庆地区上空相对湿度进一步升高，有利于云雨形成（图 2.12b）。

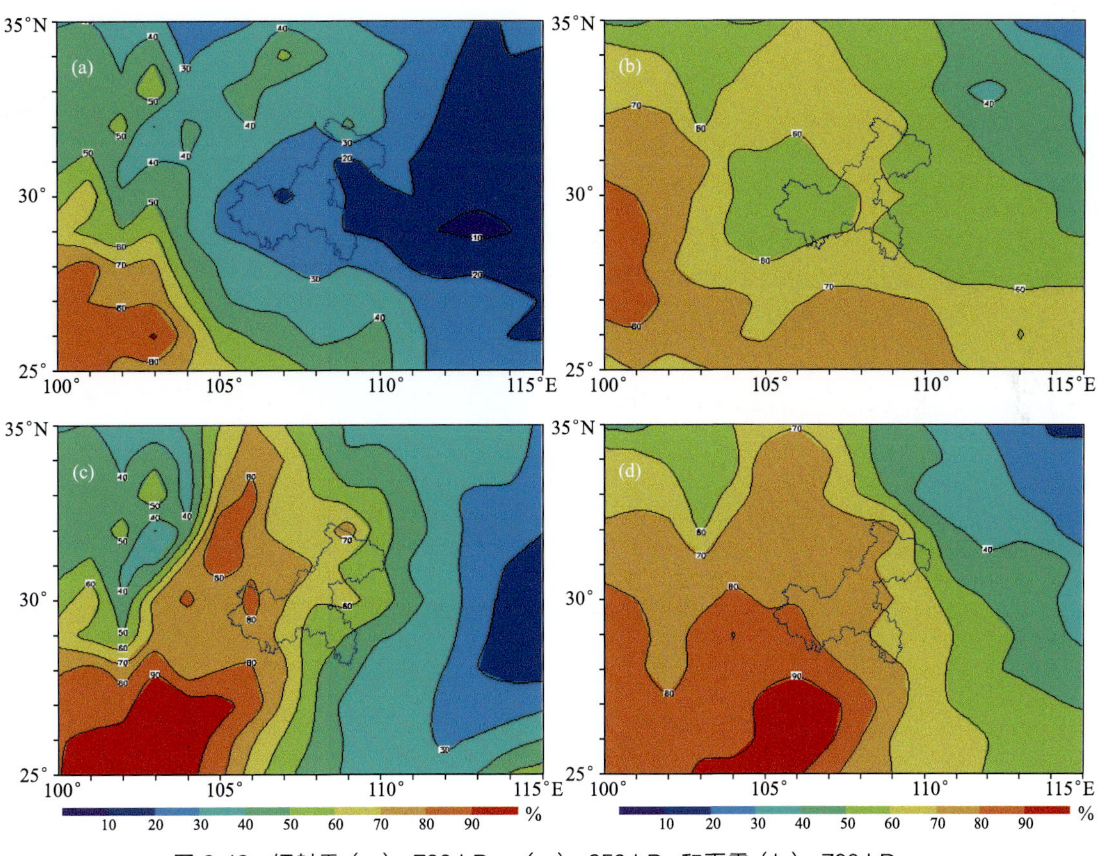

图 2.12　辐射雾（a） 700 hPa、（c） 850 hPa 和雨雾（b） 700 hPa、（d） 850 hPa 发生当天 08 时的湿度场

综上所述，辐射雾发生时的湿度场特征表现为上层（700 hPa 以上）低，下层（850 hPa 以下）高，雨雾则表现为存在较深厚的湿层。

2.4.2.2 温度、湿度、风速的垂直结构

利用沙坪坝07时L波段雷达资料，对表2.2所列辐射雾和雨雾个例的温度、湿度、风速的垂直结构进行合成分析，可以看出两类雾发生时的温、湿、风的垂直变化存在较大差异。

（1）温度的垂直结构

辐射雾和雨雾发生时，近地层的温度存在较大差异，200 m以下辐射雾形成时的温度比雨雾形成时的温度低2 ℃左右，说明辐射降温是辐射雾形成的重要条件。辐射雾发生时0～200 m近地层有明显的逆温或等温层。表明夜间辐射降温明显，地面很快冷却，贴近地面的气层也随之降温，形成了贴地逆温。这一逆温层抑制了垂直运动的发展，使大量微尘和水汽凝结物聚集在其下面，从而有利于辐射雾的形成。雨雾形成时近地层并无逆温存在，但气温的垂直递减率较低，在50～200 m存在浅薄的等温层，这可能是弱冷空气入侵形成的锋面逆温。在有利降水的高空形势和稳定层结条件下，降水、水汽与冷空气在近地层充分混合，发生水汽凝结形成雨雾（图2.13）。

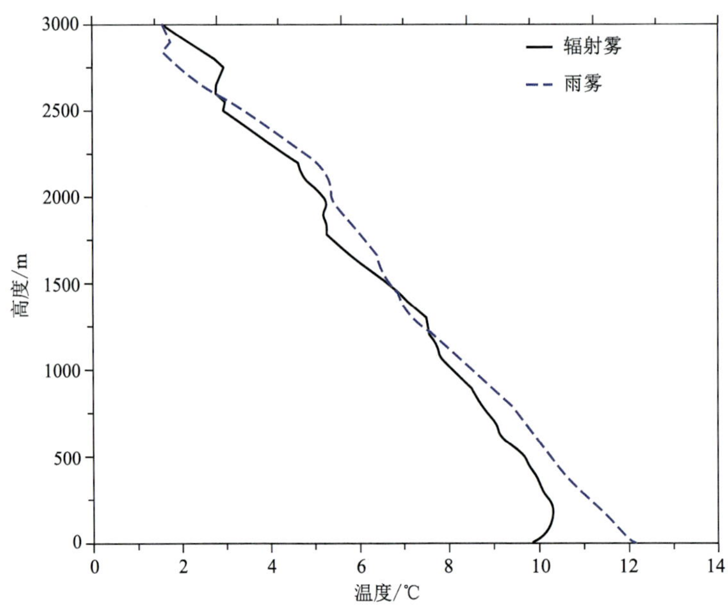

图2.13　辐射雾和雨雾发生时温度廓线

（2）湿度的垂直结构

辐射雾和雨雾形成时，近地层都具有高湿特征，在300 m以下相对湿度都超过90%。不同的是，雨雾的湿层更深厚。雨雾形成时相对湿度90%以上的湿层可伸展到1200 m的高度，而辐射雾形成时相对湿度90%以上的湿层仅能到达600 m。另外，辐射雾形成前后在2500 m以上，相对湿度明显下降到20%以下，而雨雾形成前后在1500～3000 m层的相对湿度仍能保持在60%左右。说明上干下湿和湿层深厚程度是辐射雾和雨雾的主要区别（图2.14）。

（3）风速的垂直结构

辐射雾和雨雾形成时风速的垂直变化基本一致，0～50 m都是以静风为主，只是在辐射

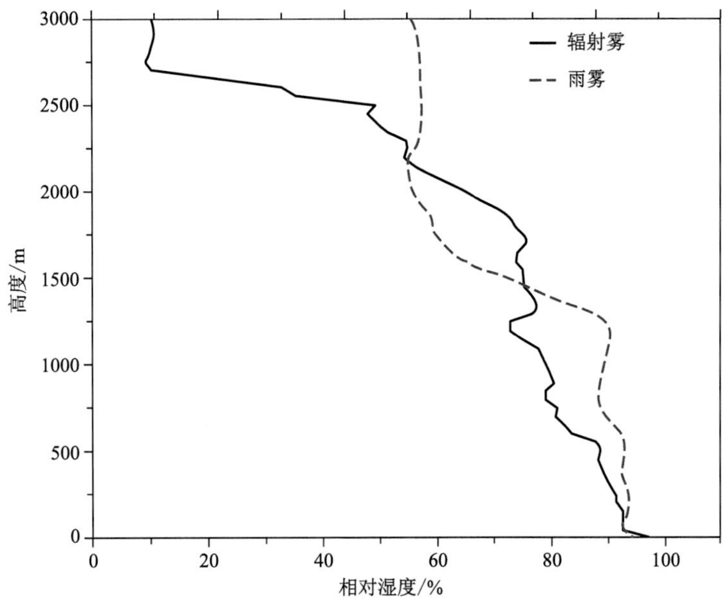

图 2.14　辐射雾和雨雾发生时相对湿度廓线

雾形成时的 200 m 以下风速都很小，较小的风速可以保证近地面凝结的水汽不被迅速带走，使雾得以形成并持续。而雨雾形成时在 50～100 m 高度上风速明显增大，总体来看雨雾发生时各层的风速都大于辐射雾。说明雨雾发生时大气边界层内的湍流运动更明显（图 2.15）。

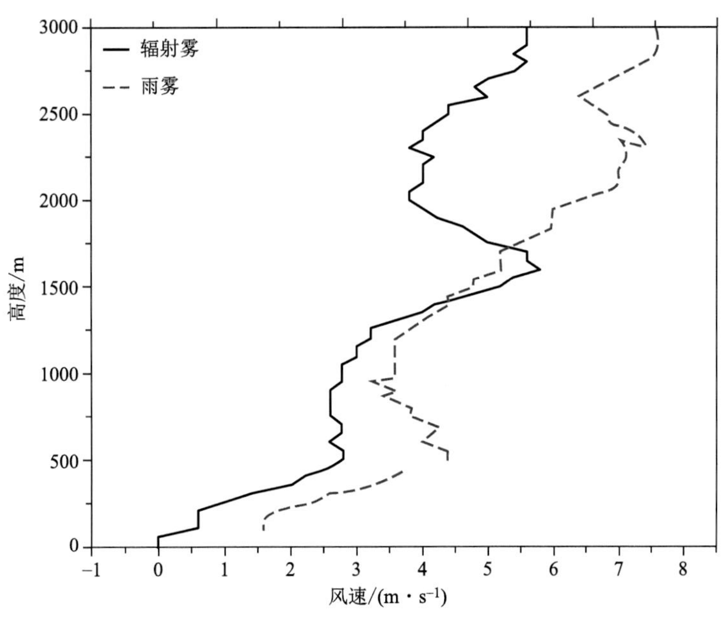

图 2.15　辐射雾和雨雾发生时风速廓线

2.5 典型大雾天气个例分析

2.5.1 天气实况

2021 年 1 月 21—25 日，重庆地区出现连续大雾天气（图 2.16）。21 日，中西部和东南部出现大雾，出现时段为 21 日凌晨到上午，中部、西南部及东南部局地能见度低于 100 m（图 2.16a）；22 日，中西部和东南部出现大雾，出现时段为 21 日夜间—22 日上午，西南部及东南部局地能见度低于 100 m（图 2.16b）；23 日，中部、西南部、东南部及东北部偏南地区出现大雾，出现时段为 22 日夜间—23 日早上，中部、西南部局地能见度低于 100 m（图 2.16c）；24 日，西部、东南部偏南及东北部偏北地区出现大雾，出现时段为 24 日白天，西部局地能见度低于 100 m（图 2.16 d）；25 日，西部、中部偏西及东部偏东地区出现大雾，出现时段为 25 日凌晨到上午，中西部及东北部局地能见度低于 100 m（图 2.16e）。

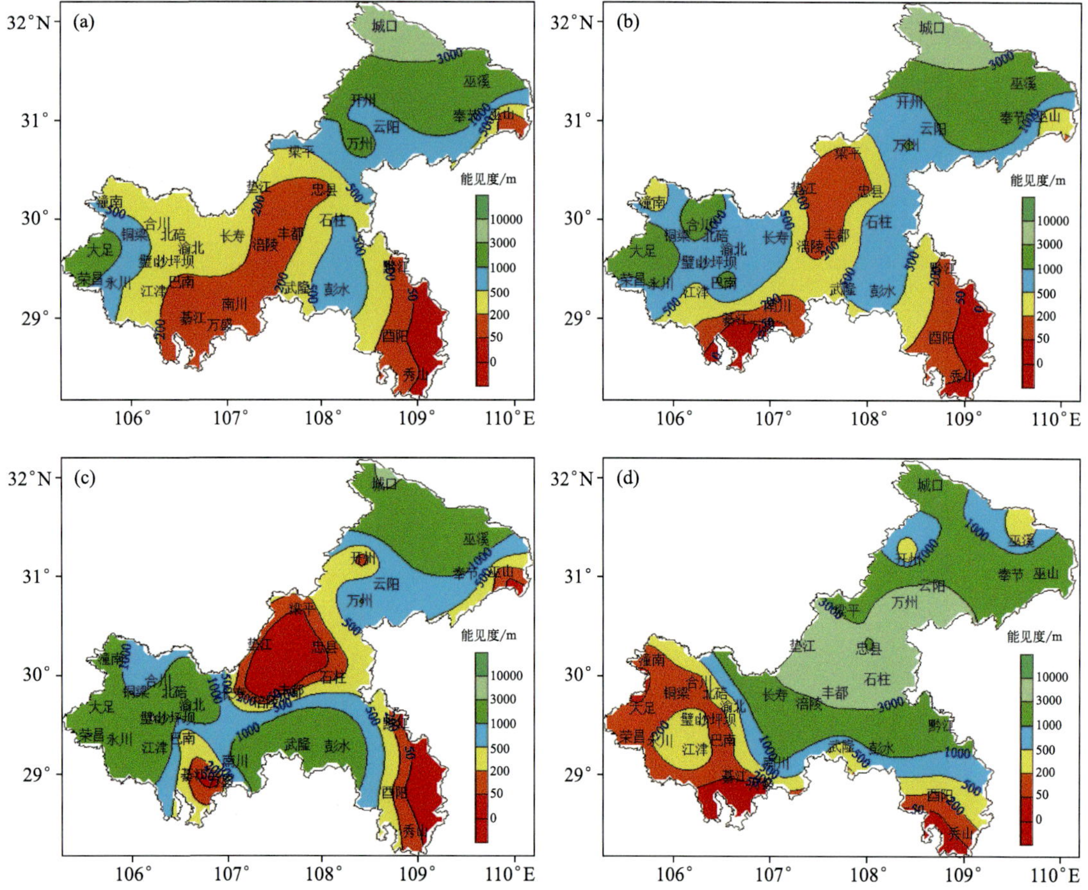

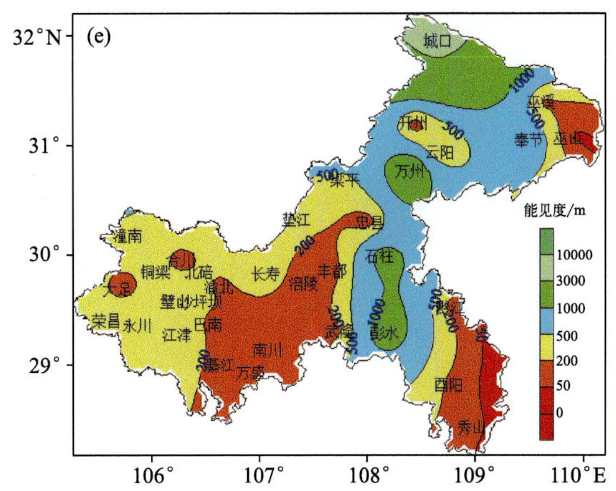

图 2.16　2021 年 1 月 21—25 日（a—e）逐日最小能见度分布

2.5.2　成因分析

通过天气形势分析，发现此次连续大雾过程分为三个阶段。

第一阶段：2021 年 1 月 20 日夜间，重庆地区受 500 hPa 南支槽及北方低槽共同影响（图 2.17a、b），配合中低层四川盆地东北—西南向切变线，大部分地区出现降雨，雨量普遍为小雨，在 21 日凌晨到上午重庆中西部和东南部地区出现雨雾。从探空图分析，重庆西部沙坪坝 20 日 20 时（图 2.17c）850 hPa 以下较干，中层存在逆温，层结较稳定，降水还未开始，700 hPa 以下风速较小（低于 4 m・s^{-1}）；21 日 08 时（图 2.17 d），从地面到 500 hPa 湿层深厚，重庆已出现降雨，700 hPa 以下风速仍然较小（低于 4 m・s^{-1}）。沙坪坝出现雨雾时段为 21 日 02—10 时，地面气温都在 7.5 ℃以下，弱降水下落至地面，雨水、水汽与冷空气在近地层充分混合，发生水汽凝结形成雨雾。同时，低层风速较小，利于大雾增厚和维持较长时间。

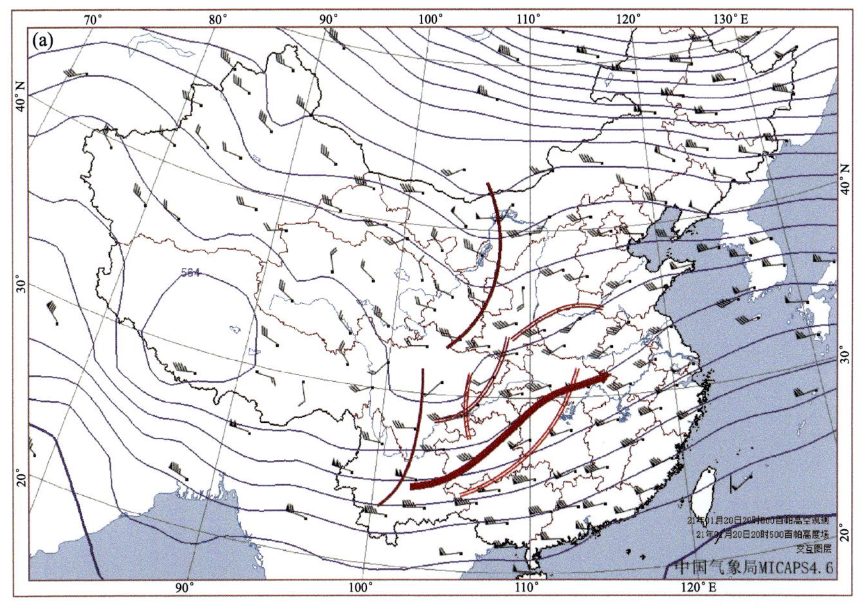

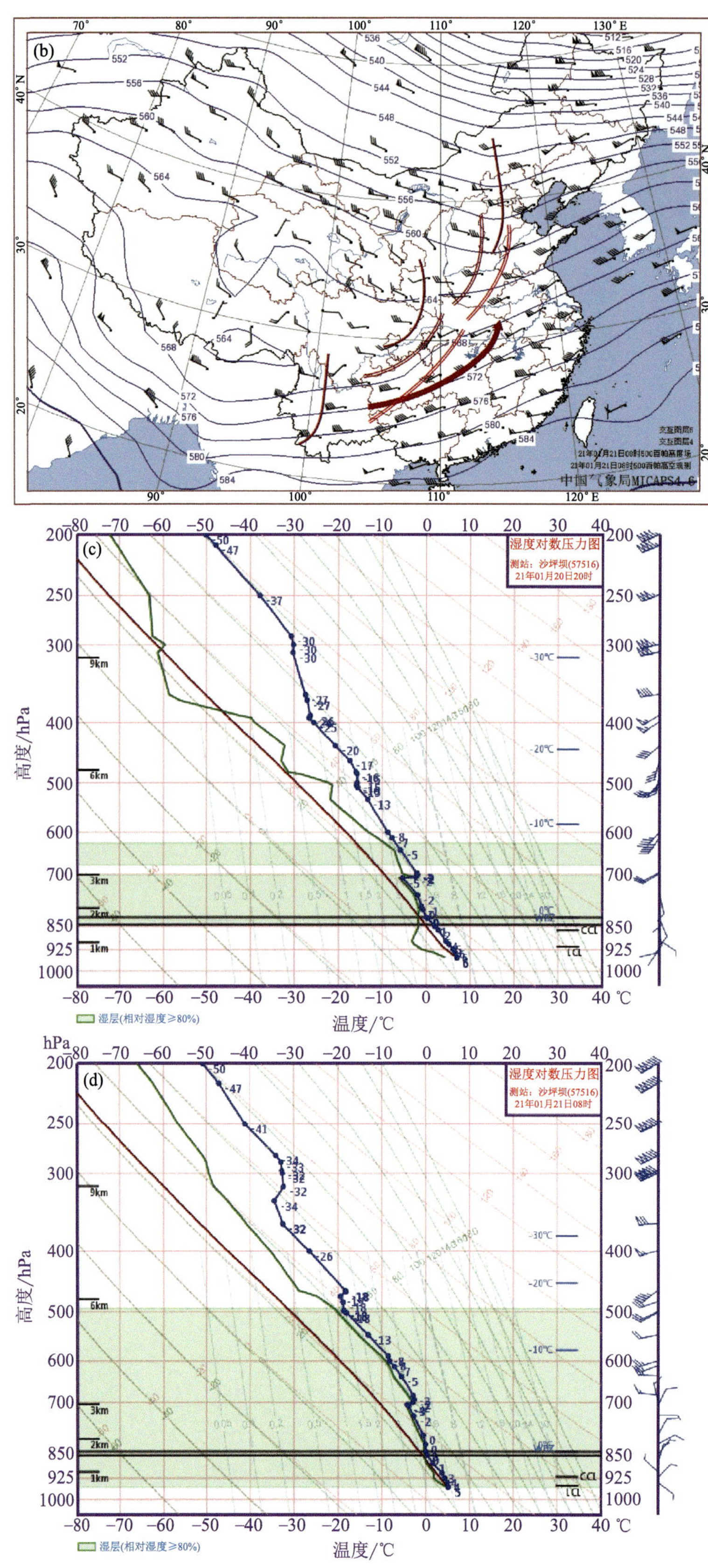
(b)
(c)
湿度对数压力图
测站：沙坪坝(57516)
21年01月20日20时
(d)
湿度对数压力图
测站：沙坪坝(57516)
21年01月21日08时
高度/hPa
温度/℃
湿层(相对湿度≥80%)
中国气象局MICAPS4.6

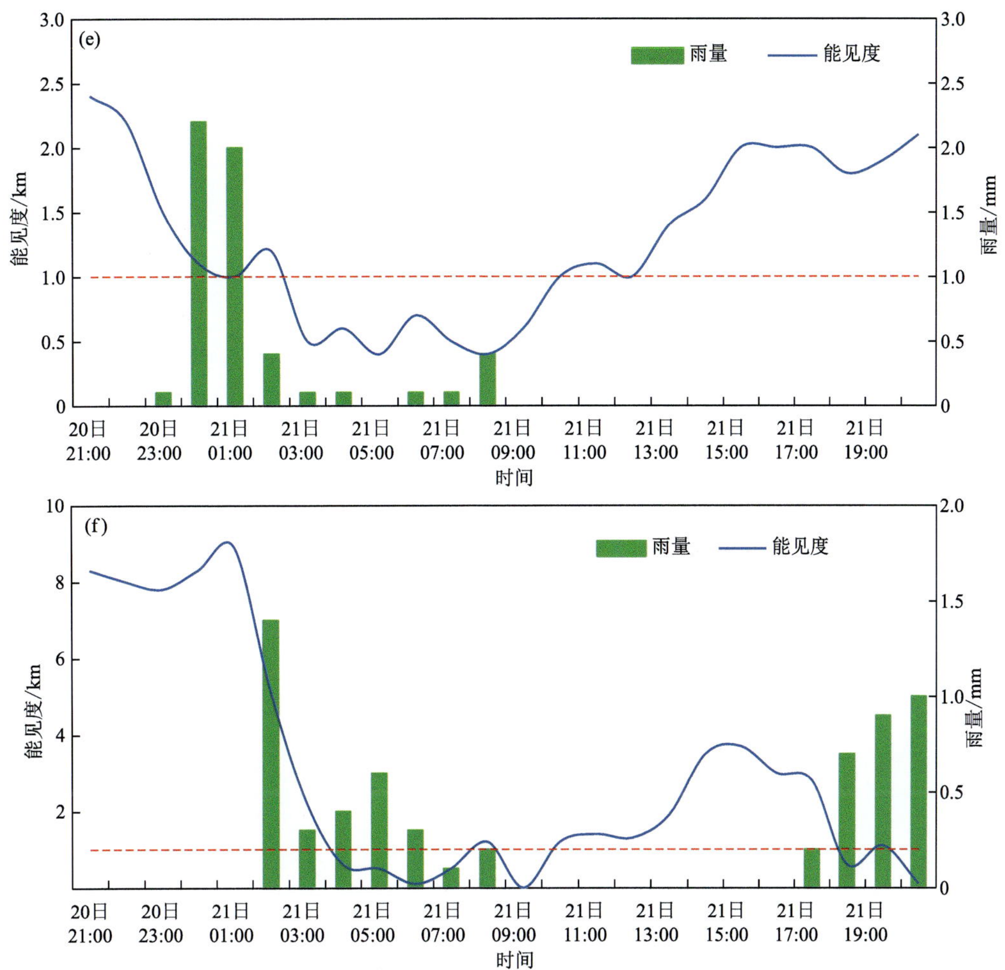

图 2.17　2021 年 1 月 20 日 20 时和 21 日 08 时天气形势综合（a、b），沙坪坝 20 日 20 时和 21 日 08 时探空（c、d），沙坪坝和黔江 20 日 21 时—21 日 20 时能见度和雨量（e、f）

第二阶段：21 日夜间（图 2.18a），重庆西部地区转为槽后西北气流影响，中西部地区降雨结束，但东部地区受槽前西南气流影响，仍有弱降水，所以在 22 日凌晨，中西部地区出现辐射雾（图 2.18e），东部地区出现雨雾（图 2.18f）。23 日早上，重庆地区受脊前西北气流（图 2.18c）影响，大部分地区晴间多云。由沙坪坝 23 日 08 时探空（图 2.18d）分析，在 700 hPa 以下存在多层逆温，同时由于天气晴朗，夜间辐射降温明显（图 2.18g）（梁平夜间辐射降温超过 6 ℃），出现贴地逆温，大气层结稳定度高，可抑制垂直运动发展，使大量烟尘和水汽凝结物聚集在近地面层，形成辐射雾，在 23 日凌晨重庆大部分地区出现辐射雾。

第三阶段：24 日 08 时（图 2.19a）高原波动槽位于川西地区，河套地区北支槽引导冷空气南下，700 hPa 西南急流向北延伸至黄淮地区，850 hPa 四川盆地中部有一低涡，盆地中部到秦岭南部有一切变线。重庆西部沙坪坝在 24 日 12 时出现降水，但从 24 日 06 时开始能见度低于 1 km。由 24 日 08 时探空（图 2.19c）可以看出，在降水之前低层开始增湿，湿层从地面到达 600 hPa 高度，但并未降雨，因此可以判断 24 日 06—11 时重庆西部是雾、霾混合而引起的低能见度现象。24 日 12 时之后出现小雨，所以 24 日 12—16 时则是因降水和冷空气导致的雨雾。25 日 08 时（图 2.19b）高原波动槽东移至盆地中部，700 hPa 偏北风

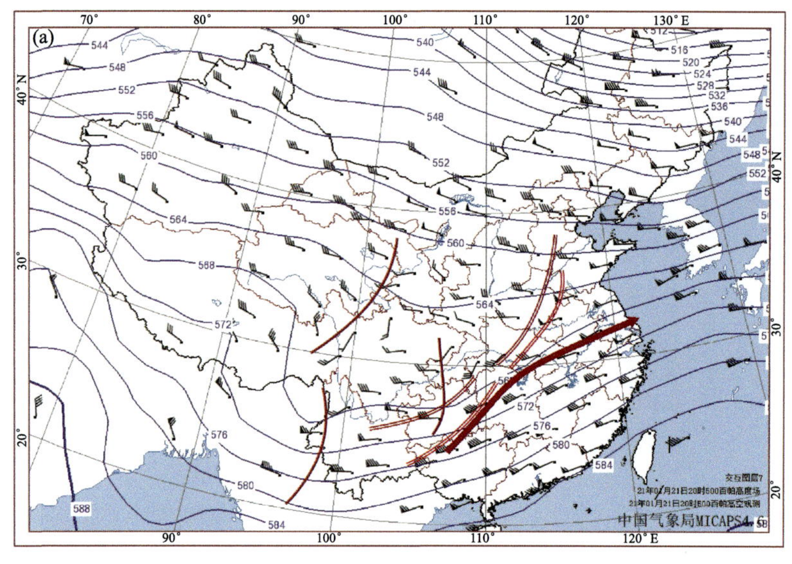
(a)
70°
80°
90°
100°
110°
120°
130° E
40° N
30°
20°
544
548
552
556
560
564
568
572
576
580
584
588
540
516
520
524
528
532
536
中国气象局MICAPS4.6
120° E

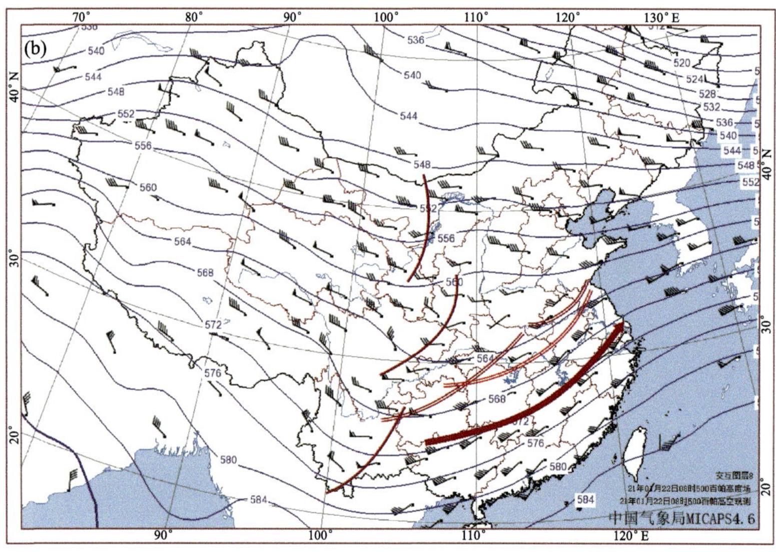
(b)
70°
80°
90°
100°
110°
120°
130° E
40° N
30°
20°
536
540
544
548
552
556
560
564
568
572
576
580
584
520
524
528
532
中国气象局MICAPS4.6
120° E

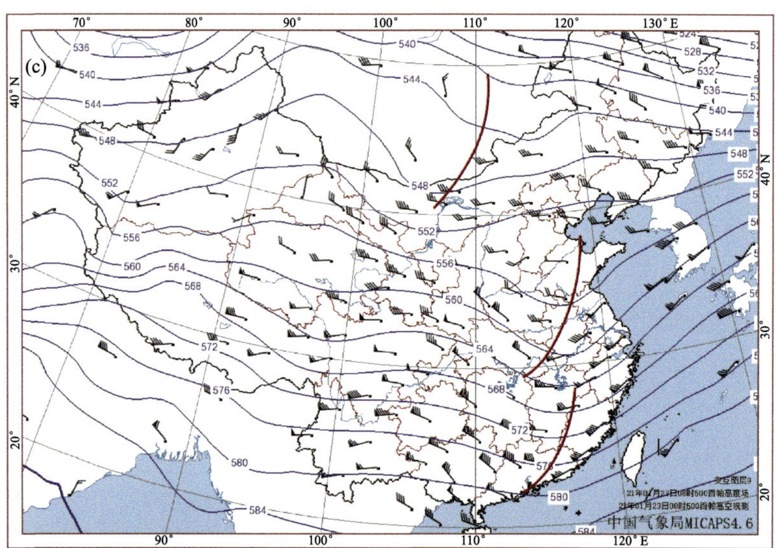
(c)
70°
80°
90°
100°
110°
120°
130° E
40° N
30°
20°
536
540
544
548
552
556
560
564
568
572
576
580
584
524
528
532
中国气象局MICAPS4.6
120° E

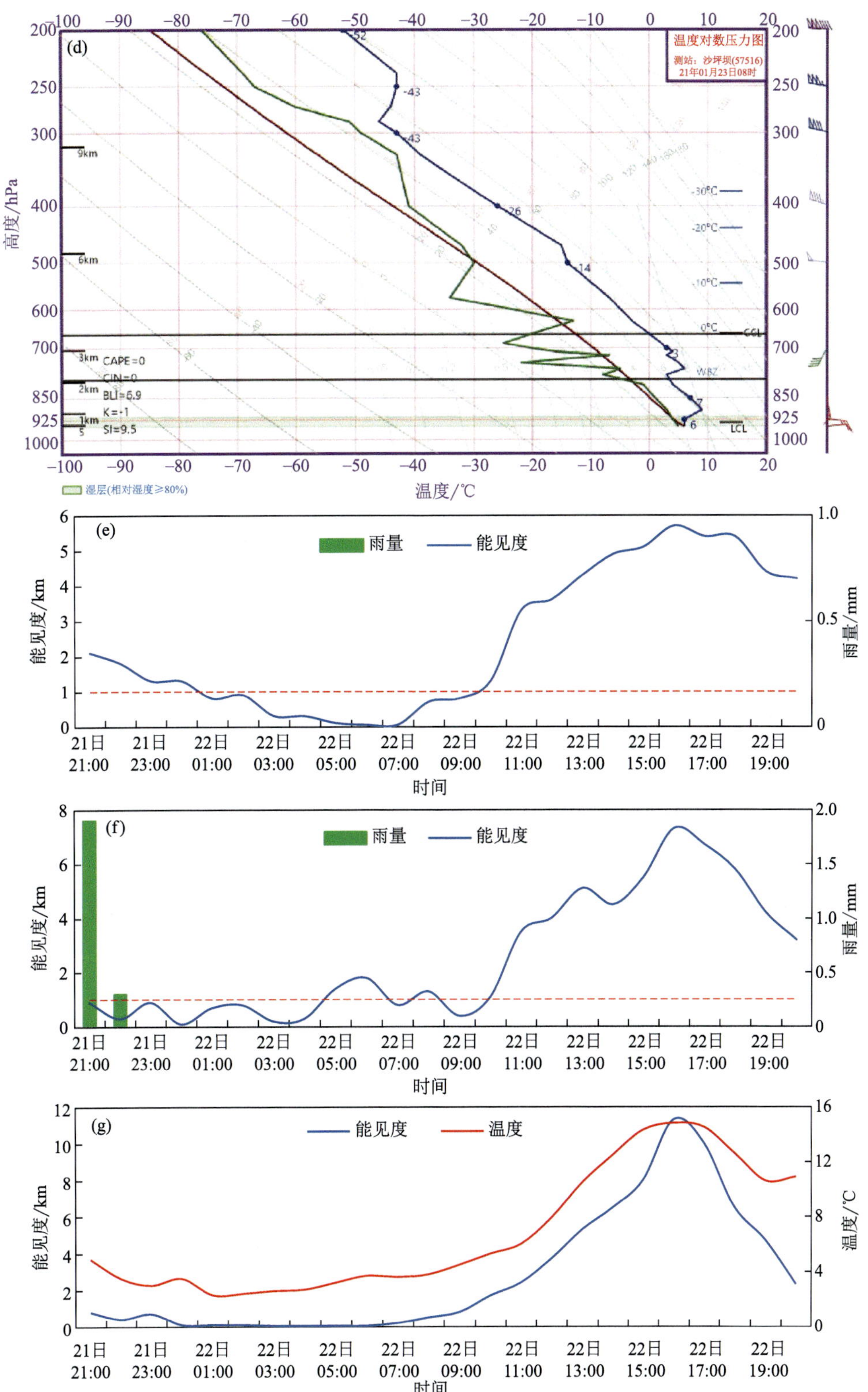

图 2.18　2021 年 1 月 21 日 20 时、 22 日 08 时和 23 日 08 时天气形势综合图（a—c），23 日 08 时沙坪坝探空（d），涪陵和黔江 21 日 21 时—22 日 20 时能见度和雨量（e、f），梁平 22 日 21 时—23 日 20 时能见度、温度（g）

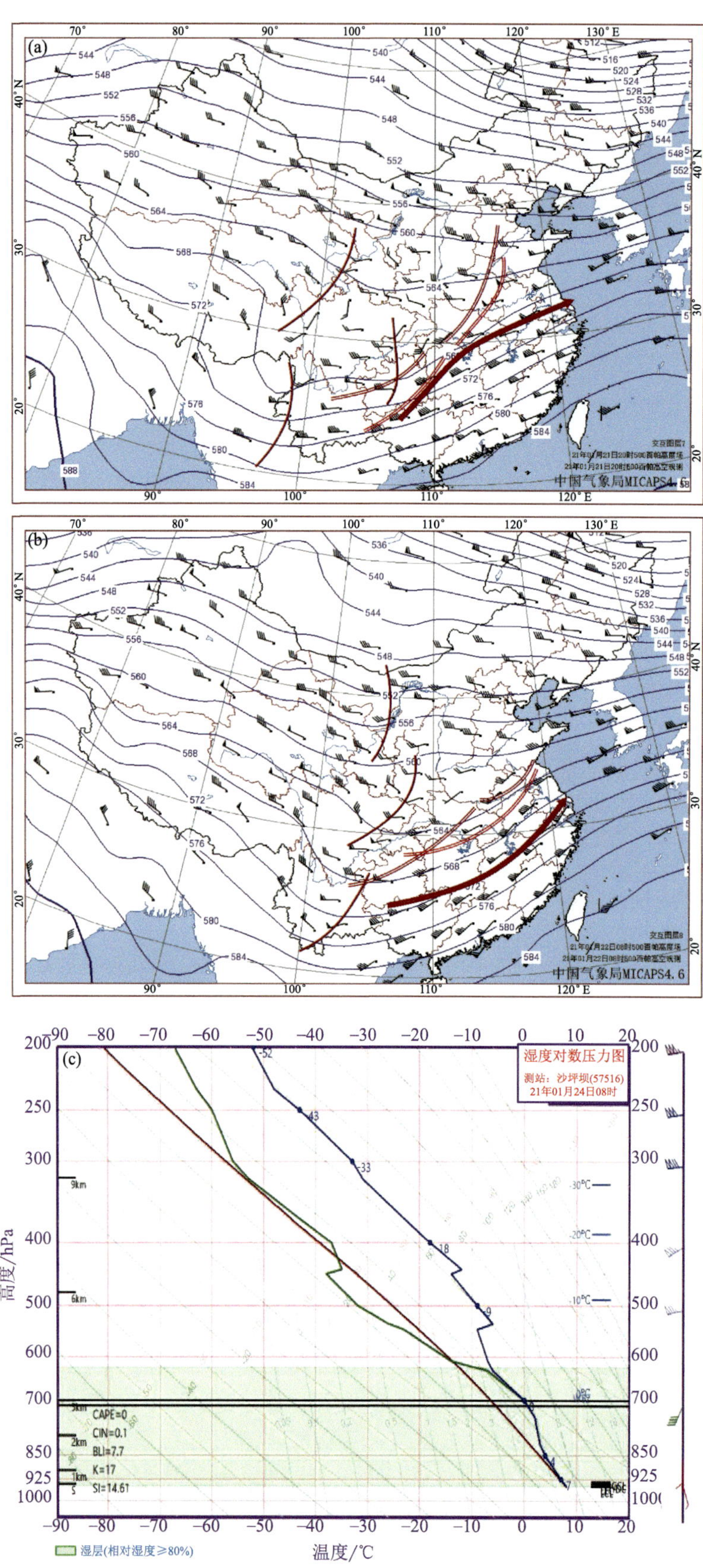
(a)
(b)
(c)
湿度对数压力图
测站：沙坪坝(57516)
21年01月24日08时
CAPE=0
CIN=0.1
BLI=7.7
K=17
SI=14.61
高度/hPa
温度/℃
湿层(相对湿度≥80%)
中国气象局MICAPS4.6

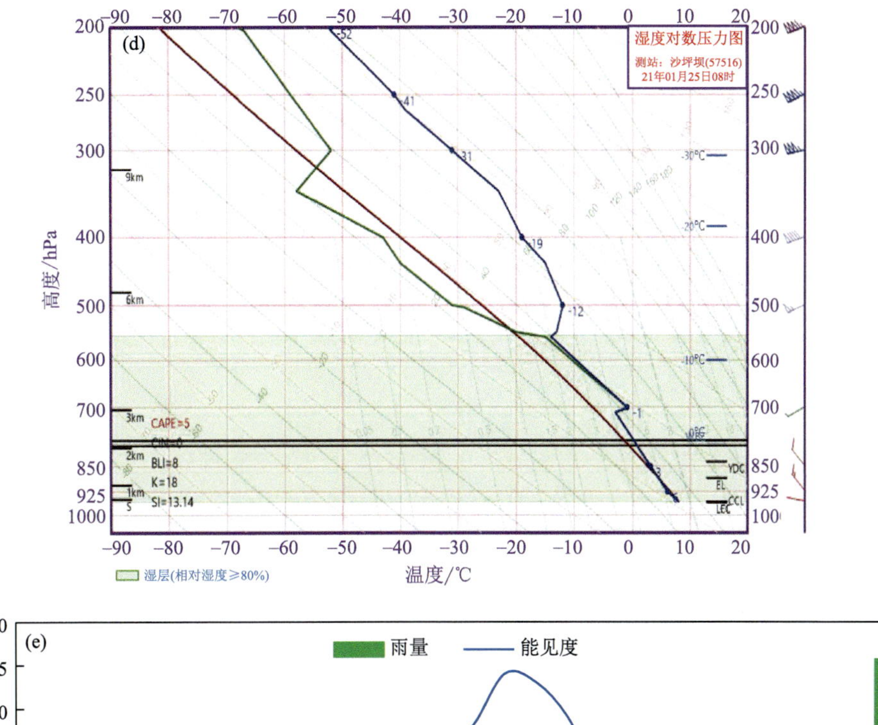

图 2.19　2021 年 1 月 24 日 08 时（a）和 25 日 08 时（b）天气形势综合，沙坪坝 24 日 08 时（c）和 25 日 08 时（d）探空，沙坪坝 24 日 06 时—25 日 09 时能见度和雨量（e）

增强，冷空气主体南下，在重庆中西部地区形成切变线，重庆降水持续，在 25 日凌晨重庆大部地区再次出现雨雾天气。

雨雾和辐射雾是重庆秋冬季节常见的天气现象，但连续 5 d 的大雾过程相对较少见，除了与天气形势有关，大雾的形成还需要相当数量的凝结核。进一步分析大雾发生时，重庆地区气溶胶浓度变化。将重庆地区 1 月 20 日 21 时—25 日 20 时空气质量指数（AQI）与能见度做相关分析，相关系数达－0.58，AQI 越大，能见度越低，相关较强。可见，持续大雾天气与气溶胶浓度（空气质量）有密切关系。从 20 日夜间—24 日 14 时（图 2.20），重庆地区 AQI 值基本都超过 100，首要污染物为 $PM_{2.5}$，空气质量为轻度污染或中度污染。在 24 日 04—07 时，AQI 超过 150，空气质量较差，降水仍未出现，近地层增湿，气溶胶颗粒吸湿增长，消光作用明显，使能见度下降明显，所以 24 日 07 时开始沙坪坝能见度快速下降，出现雾/霾天气。气溶胶颗粒为大雾形成提供凝结核，20—24 日长时间的大气污染，使大雾过程持续时间长。

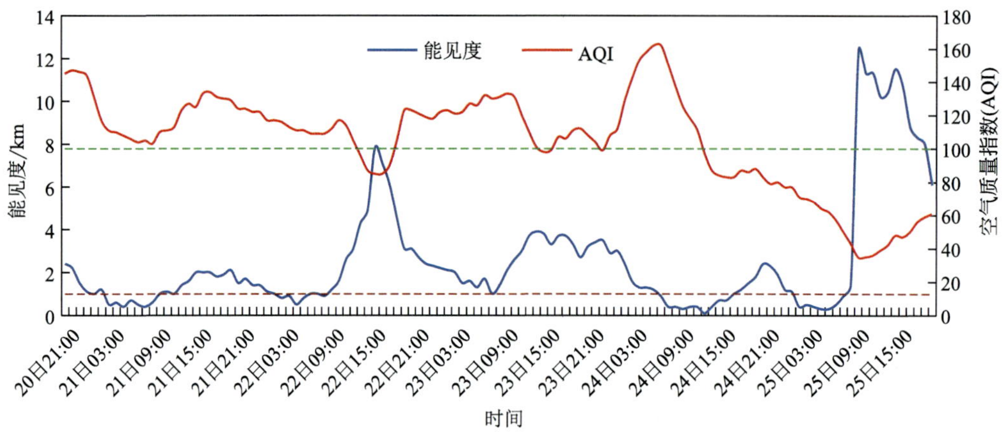

图 2.20　20 日 21 时—25 日 20 时能见度、 AQI 值时间变化

2.6 本章小结

利用 1980—2018 年重庆 34 个国家级气象观测站相关资料，分析总结了重庆雾的空间分布特征和时间变化特征。利用美国环境预报中心（NCEP）再分析资料和探空资料，对重庆两类典型雾（辐射雾和雨雾）和典型个例进行天气学分析，归纳总结了重庆雾形成的天气特征。

（1）在空间分布上，重庆雾有明显的区域性分布特点，即北多南少，西多东少。可以分成 4 个不同区域，分别是中北部多雾区、西南部较多雾区、东南部较少雾区和东北部少雾区。

（2）在时间变化上，重庆年平均雾日数总体呈现减少趋势，20 世纪 80—90 年代雾日数变化不明显，2000 年后雾日数明显减少，重庆一年四季均有雾发生且主要集中在冬半年。辐射雾能见度的日变化明显，呈现“单峰单谷”特征，谷值出现在 07 时前后，峰值出现在 18 时前后；雨雾能见度的日变化不明显，没有很明显的波峰及波谷，在凌晨到上午时段能见度低于午后。

（3）天气特征方面，辐射雾发生时 500 hPa 中亚及青藏高原地区为高压脊，地面上重庆位于高气压内部的均压场中，冷锋已到达华南地区；而雨雾发生时 500 hPa 青藏高原地区为低压槽区，地面冷高压中心位于中国北方地区，有弱冷空气经大巴山从东北向侵入重庆。辐射雾近地层逆温明显强于雨雾，辐射雾发生时的湿度场表现为上层干、下层湿，雨雾则表现为较深厚的湿层特征，两种雾形成时近地层风速都较小。

第3章 重庆霾的研究

近年来，我们经常在媒体上看到有关“雾霾”的报道，“雾霾”天气也成为公众关注的焦点。在气象观测中，雾和霾作为两种视程障碍天气现象纳入日常观测业务，主要通过能见度、相对湿度和空气混浊现象来判断。根据天气学定义，雾和霾既有本质的区别又有一定的联系。随着我国经济社会的发展，由于空气污染和不利的气象条件造成低能见度事件频繁发生，严重影响了交通运输安全和居民健康，雾、霾与空气污染有密切的联系。重庆城区是山城，也是有名的“雾都”，如今随着经济社会的发展，中心城区受空气污染影响，以前的雾逐步被霾天气所取代，本章主要讨论重庆中心城区的霾天气。

3.1 霾的定义及判别标准

3.1.1 现行霾观测规范定义

在中国气象局现行《地面气象观测规范》(2003 年版) 中，将雾、霾作为两种视程障碍天气现象纳入日常观测业务。在观测规范中，雾是指大量微小水滴浮游空中，常呈乳白色，使水平能见度小于 1.0 km 的天气现象。霾是指大量极细微的干尘粒等均匀地浮游在空中，使水平能见度小于 10.0 km 的空气普遍混浊现象，霾使远处光亮物体微带黄、红色，使黑暗物体微带蓝色。此外，还定义了轻雾，轻雾是指微小水滴或已湿的吸湿性质粒所构成的灰白色的稀薄雾幕，使水平能见度大于或等于 1.0 km 至小于 10.0 km 的天气现象。在人工天气现象观测业务中，根据观测规范定义能够较好地记录和区分雾、轻雾、霾等天气现象。

在气象观测规范中，雾和霾是分开的两种天气现象，在气象观测业务上也是按两种天气现象记录，并没有“雾霾”天气的说法。近年来，随着我国经济社会的发展，由于空气污染和不利的气象条件造成低能见度事件频繁发生，严重影响了交通运输安全和居民健康，各类媒体把雾、霾天气合在一起统称为“雾霾”天气，在媒体的大量报道下，“雾霾”天气逐渐被广大老百姓所接受，也日趋成为当前社会公众普遍重视的灾害天气现象。媒体把“雾霾”天气描述成一种大气污染状态，“雾霾”是对大气中各种悬浮颗粒物含量超标的笼统表述，尤其是 $PM_{2.5}$ 被认为是造成“雾霾”天气的“元凶”。因此，当前所说的“雾霾”天气通常与大气污染有密切的联系。

3.1.2 现行霾判别标准

在气象观测业务中，雾和霾主要是通过能见度来判断，在能见度自动观测仪使用之前，能见度是通过人工观测来获得。随着“雾霾”天气对经济社会发展和人们日常生活的影响越来越大，中国气象学者针对雾、霾识别指标开展了大量研究，中国气象局也着手制定了相应的雾、霾判别及预报、预警标准。

2010年，中国气象局颁布了《霾的观测和预报等级》（QX/T 113—2010）气象行业标准。在标准中，霾（haze）定义为大量极细微的干尘粒等均匀地浮游在空中，使水平能见度小于10.0 km的空气普遍混浊现象，霾使远处光亮物体微带黄、红色，使黑暗物体微带蓝色。此定义与气象观测规范一致。在该标准中，霾观测的判别条件为能见度＜10.0 km，排除降水、沙尘暴、扬沙、浮尘、烟幕、吹雪、雪暴等天气现象造成的视程障碍。相对湿度＜80％，判别为霾；相对湿度80％～95％时，按照地面气象观测规范规定的描述或大气成分指标进一步判别（表3.1）。

表3.1 霾的大气成分指标（QX/T 113—2010）

指标	代码	限值	单位
直径小于10 μm的气溶胶质量浓度	PM_{10}	75	$\mu g \cdot m^{-3}$
直径小于2.5 μm的气溶胶质量浓度	$PM_{2.5}$	65	$\mu g \cdot m^{-3}$
气溶胶散射系数＋气溶胶吸收系数	$K_s + K_a$	480	Mm^{-1}

在标准中，霾的预报等级分为轻微霾、轻度霾、中度霾和重度霾四个等级（表3.2）。

表3.2 霾预报等级

等级	能见度(V)/km	服务描述
轻微	$5.0 \leqslant V < 10.0$	轻微霾天气，无须特别防护
轻度	$3.0 \leqslant V < 5.0$	轻度霾天气，适当减少户外活动
中度	$2.0 \leqslant V < 3.0$	中度霾天气，减少户外活动，停止晨练；驾驶员小心驾驶；因空气质量明显降低，人员需适当防护；呼吸道疾病患者尽量减少外出，外出可戴上口罩
重度	$V < 2.0$	重度霾天气，尽量留在室内，避免户外活动；高速公路、轮渡码头等单位加强交通管制，保障安全；驾驶人员谨慎驾驶；因空气质量差，人员需适当防护；呼吸道疾病患者尽量避免外出，外出时应戴上口罩

3.1.3 霾判别标准的争议

从气象学的常识来看，大气现象只有雾和霾，没有“灰霾”也没有“雾霾”。因为雾和霾两种天气现象在空气质量不佳的时候常常相伴发生，相互影响，不容易清楚地分辨开，所以近年来媒体上常用“雾霾”一词来描述这一类低能见度天气现象，而“灰霾”主要是强调在湿度比较低的情况下比较纯粹的霾，是与雾关系不大的一种描述，是主要反映空气污染的另一种说法，因此环保部门就重点强调“灰霾”天气。

没有干气溶胶粒子就不能形成霾，没有气溶胶粒子参与在实际大气中也无法形成雾。在过去，当人类活动较弱时，这些气溶胶粒子主要源于自然过程，在大气中被视为背景气溶胶。但是，随着人类活动的加剧，这一现象在我国近二三十年出现了显著变化。有专家通过对能见度与气溶胶关系的分析发现，我国近二三十年中东部区域霾问题的日益严重，主要是由人为排放的大气气溶胶显著增加所致。在一定的气象条件下，又由于大量气溶胶粒子还可以活化为云雾凝结核，参与云雾的形成。这就意味着，当今不论是霾或是雾，其背后都有大量与人类活动有关的气溶胶粒子参与（例如：$PM_{2.5}$），都已经不是完全的自然现象。

因此，我们注意到，改革开放以前，对于雾（轻雾）、霾的定义，一直是被广泛认可的，各地气象台站的地面观测中对雾（轻雾）、霾都有明确的记录，当作一种自然天气现象进行观测。但改革开放后，经济规模的迅速扩大和城市化进程的加快，使得化石燃料（煤、石油、天然气等）的消耗迅猛增加，汽车尾气、燃油、燃煤、废弃物燃烧直接排放的气溶胶粒子和气态污染物通过光化学反应产生的二次气溶胶污染物日益增多。而这些直接排放到空气中的气溶胶颗粒物，成为霾的新的组成部分，因此霾已由过去一种少见的自然天气现象成为现在常见的与人类活动密切相关的空气污染天气现象。由于霾成分中的颗粒物可被人体呼吸道吸入，对人体健康造成一定的危害，备受人们关注，因而霾已经成为一种新的灾害天气。同理，雾（轻雾）的形成也离不开作为凝结核的气溶胶粒子，如今大城市里的雾（轻雾）也与过去的雾（轻雾）（或者空气洁净的山区雾）有明显的区别。由于雾（轻雾）、霾的实际情况发生了明显变化，而气象观测规范并没有及时调整（即便2003年版的《地面气象观测规范》中还是把雾（轻雾）、霾当作一种自然现象，而没有与空气污染联系起来），因此各气象台站关于雾（轻雾）、霾的天气观测记录与实际情况存在明显的差异，这也是造成对雾（轻雾）、霾天气，主要是轻雾和霾天气的判别存在差异和争议。

因此，针对雾（轻雾）、霾天气实际情况的变化，国内诸多气象学者也开展了相应的研究，提出了新的判别标准。吴兑（2005，2006）针对雾、霾等天气判别指标有许多的研究成果，并牵头起草了气象行业标准《霾的观测和预报等级》（QX/T 113—2010），霾观测的判别条件为能见度＜10.0 km，排除降水、沙尘暴、扬沙、浮尘、烟幕、吹雪、雪暴等天气现象造成的视程障碍。相对湿度＜80％，判别为霾；相对湿度80％～95％时，按照地面气象观测规范规定的描述或大气成分指标进一步判别。李崇志（2009）通过研究提出，当相对湿度＞80％时，记轻雾（或雾）；当相对湿度＜60％，记霾；当相对湿度在60％～80％时，通过计算湿度-能见度指数来判别雾或霾。

此外，2014年环境保护部发布了《灰霾污染日判别标准（试行）》征求意见稿，首次对“灰霾”作出明确规定。所谓“灰霾”，是指由人类活动排放以及在空气中二次生成细颗粒物而使水平能见度明显降低的空气污染现象。根据征求意见稿，灰霾污染日是指环境空气中细颗粒物浓度及其在颗粒物中所占比例达到一定水平，并使水平能见度持续6 h低于5 km的空气污染天气。具体而言，灰霾污染日将采用$PM_{2.5}$小时浓度均值、$PM_{2.5}$与PM_{10}小时浓度均值比值、能见度小时均值和持续时间四项指标。当一个自然日（00：00—24：00）满足下述四个条件时，即可判定为灰霾污染日：$PM_{2.5}$小时浓度均值超过75 $\mu g \cdot m^{-3}$，$PM_{2.5}$与PM_{10}小时浓度均值比值不小于60％，且能见度小时均值不大于5 km，上述三项同时满足并连续发生不少于6 h。该标准目前尚未正式发布。

此外，随着自动能见度观测设备在气象观测上的广泛应用，由于自动能见度观测与人工能见度观测存在系统误差，对于将 10 km 的能见度阈值作为判别轻雾和霾的条件是否合适也有人提出了质疑（吴兑，2008）。

由此可以看出，对于雾（主要是轻雾）和霾的判别标准，不仅在气象部门内部有争议，在气象部门和环保部门之间也存在着争议。但是不难看出雾（轻雾）、霾的判别指标中的主要争议是在能见度、相对湿度和大气颗粒物浓度的指标上。据此推断，造成这种争议的主要原因是由于中国南北跨度大，相对湿度差异较大，各地大气污染的程度也不同，如果用统一的相对湿度或大气颗粒物浓度临界值来判别轻雾和霾与实际情况不符，很有必要根据各地的实际情况建立相应的雾、霾判别指标。

3.2 霾的判别指标研究

3.2.1 研究方法

根据中国气象局在全国地面观测站开展能见度自动观测设备建设以来，重庆市中心城区沙坪坝国家级气象观测站于 2012 年 12 月建成了前向散射能见度自动观测仪，从此开始了重庆城区能见度自动观测业务。从前面的讨论可知，由于自动能见度与人工观测能见度存在系统误差，对于气象观测规范中定义 10 km 的能见度阈值作为判别霾是否科学，须进一步论证。此外，由于重庆为南方城市，相对湿度大，年平均相对湿度接近 80%，《霾的观测和预报等级》（QX/T 113—2010）中定义的 80%相对湿度指标和气溶胶颗粒物浓度指标是否适合重庆实际情况，有待深入研究。为此，下面以重庆中心城区沙坪坝国家级气象观测站及空气质量观测点的实际观测资料为基础，从能见度、相对湿度和气溶胶浓度三个要素入手，研究建立适合重庆的雾、霾判别指标。

2012 年，重庆沙坪坝国家气象观测站建成了前向散射能见度自动观测仪（能见度传感器型号为维萨拉 PWD50，测量范围为 0.01～35 km），并于 2012 年 12 月 1 日—9 月 30 日进行人工和自动能见度对比观测，人工能见度对比观测时间为 08：00、11：00、14：00、17：00 四个时次。下面利用重庆沙坪坝气象观测站 2013 年 1 月 1 日—2013 年 9 月 30 日四个时次人工能见度观测及对应时刻自动能见度观测 10 min 平均资料；2014 年 1 月 1 日—12 月 31 日逐时自动能见度、相对湿度观测资料以及重庆市环境监测中心在沙坪坝气象观测站附近设置的高家花园观测站 PM_{10}、$PM_{2.5}$ 逐时浓度资料，来分析研究适合重庆本地的霾判别标准。

采用相关系数、F 检验、对比差和相对对比差 4 个统计量来描述人工观测与自动观测能见度数据的差异：

(1) 相关系数，即 $r_{xy}=\dfrac{\sum\limits_{i=1}^{n}(x_i-\overline{x})(y_i-\overline{y})}{\sqrt{\sum\limits_{i=1}^{n}(x_i-\overline{x})^2\sum\limits_{i=1}^{n}(y_i-\overline{y})^2}}$，（$x_i$ 表示自动能见度观测值，

y_i 表示人工能见度观测值）反映自动站观测值与人工观测值相关关系的密切程度，可以简单描述两种观测资料的一致性。

（2）F 检验，又叫方差齐性检验，主要反映自动站观测值与人工观测值差异的显著水平。

（3）对比差，同一时次自动站观测值与人工观测值的差值，即 $A_i = x_i - y_i$。对比差序列的平均值反映两种观测的系统偏差。

（4）相对对比差，即 $B_i = (x_i - y_i)/y_i$，可以更好地处理不同能见度大小情况下的差别，该序列的平均值反映两种观测的系统相对偏差。

3.2.2　霾的能见度判别阈值

3.2.2.1　数据一致性检验

雾、霾判别的基本要素是能见度。因此，开展自动能见度观测后，我们首先应检验自动能见度和人工能见度观测资料的一致性和连续性。通过计算，人工和自动能见度两组观测数据的相关系数为 0.95（样本数 1073，通过 $\alpha = 0.01$ 显著性检验），F 检验值为 0.56，小于 F 检验临界值（通过 $\alpha = 0.01$ 显著性检验，查表 F 值≈1），可以看出人工和自动能见度观测具有较好的相关，不存在显著差异，数据的可用性较高。为了更直观分析人工和自动观测能见度两组数据，以人工能见度观测值为参照从大到小排序，并进行线性趋势分析。图 3.1、图 3.2 分别为人工能见度观测值在 10 km 以下和 10 km 以上的两组数据变化趋势，可以看出人工和自动能见度两组观测数据的线性变化总趋势基本一致，反映出人工和自动能见度观测数据具有较好的一致性。

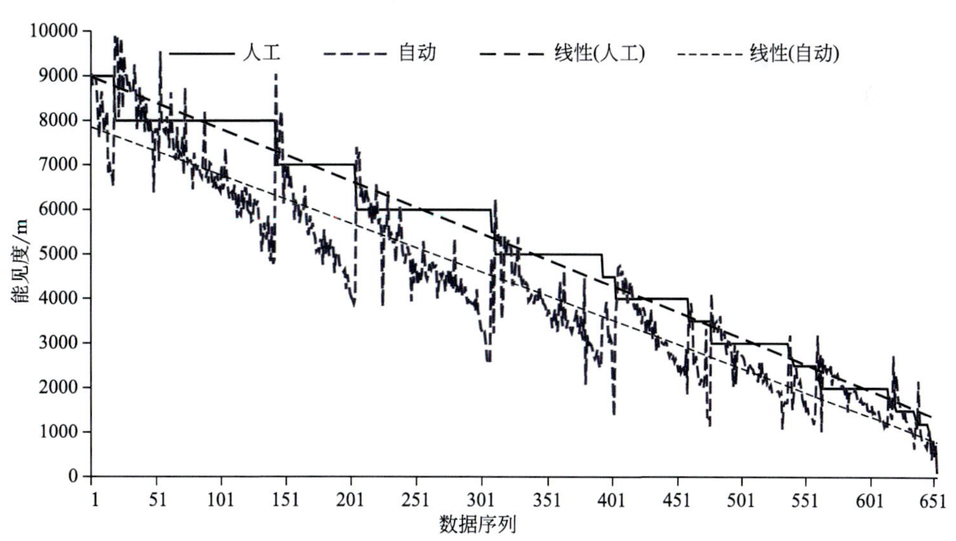

图 3.1　人工与自动能见度观测值差异对比（人工能见度观测值在 10 km 以下数据）

3.2.2.2　对比差与相对对比差分析

根据观测规定，人工能见度观测精度为 0.1 km，但是通过人工能见度实际观测数据分析可以发现，10 km 以上的能见度，观测精度通常为 1～5 km，5～10 km 范围的能见度观

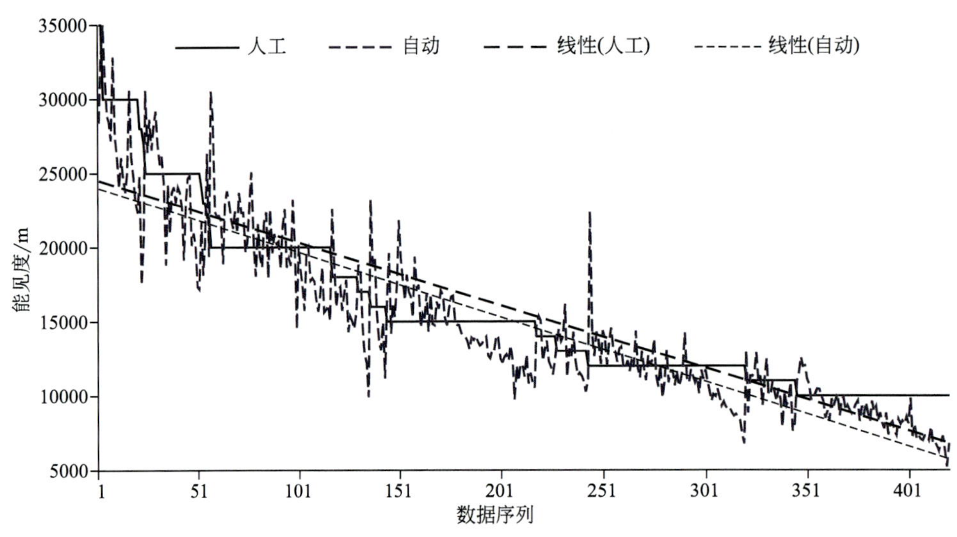

图 3.2 人工与自动能见度观测值差异对比（人工能见度观测值在 10 km 以上数据）

测精度通常为 0.5～1 km，5 km 以下的能见度观测精度通常为 0.1～0.5 km。通过分段计算人工与自动能见度观测两组数据的对比差与相对对比差（表 3.3），可以看出，自动能见度与人工能见度观测存在明显的系统误差，总体情况是自动能见度观测值低于人工能见度观测值。当能见度大于 10 km 时，自动能见度的相对对比差在－10％以内，平均对比差值在 0.5～3.0 km，人工和自动能见度观测值存在明显的波动，可以认为在高能见度条件下，自动观测和人工观测比较接近，资料的可用性较好。作为重点研究雾、霾天气识别指标，我们主要关注 10 km 以内的能见度变化。在 10 km 以内，自动能见度与人工能见度相对对比差为－10％～－21％，尤其是能见度 3～8 km，相对对比差最大达到－21％左右。根据中国气象局现行《地面气象观测规范》（2003 年版），10 km 是轻雾和霾的能见度判别阈值，因此 10 km 以内的能见度观测精度对判别轻雾和霾等天气现象具有至关重要的作用。通过计算，人工和自动能见度 1～10 km 的平均相对对比差为－15.6％，其中在 9～10 km 范围内平均相对对比差为－14％，两者相差不大；1 km 以下自动能见度平均值略高于人工能见度观测值。因此可以认为在 1～10 km 能见度范围内，自动观测能见度值比人工观测能见度值平均低 15％左右。

表 3.3 人工与自动能见度对比差与相对对比差

能见度 V/km	平均相对对比差/％	平均对比差/m
$V\geqslant30$	－10.0	3064
$30>V\geqslant20$	－2.0	505
$20>V\geqslant10$	－6.3	734
$10>V\geqslant9$	－14.0	1262
$9>V\geqslant8$	－10.4	833
$8>V\geqslant7$	－19.6	1370
$7>V\geqslant6$	－19.8	1189
$6>V\geqslant5$	－20.9	1051

续表

能见度 V/km	平均相对对比差/%	平均对比差/m
$5>V\geqslant4$	−18.3	755
$4>V\geqslant3$	−19.1	607
$3>V\geqslant2$	−12.6	289
$2>V\geqslant1$	−6.0	78
$V<1$	29.9	−57

3.2.2.3　霾的能见度判别阈值确定

从人工和自动能见度对比观测资料分析结果可知，在 10 km 能见度以内，自动能见度观测值比人工能见度观测值平均低 15%左右，为了维持能见度观测资料的连续性和一致性，如果按照中国气象局《地面气象观测规范》中人工能见度 10 km 作为轻雾或霾的判别阈值，利用自动能见度观测值则应将轻雾和霾的判别阈值调整为 8.5 km，更为科学且符合实际。雾的自动能见度判别阈值仍然维持 1 km。

3.2.3　霾的相对湿度与气溶胶浓度判别指标

在气象观测中影响能见度的主要天气现象有降水、沙尘暴、扬沙、浮尘、烟幕、吹雪、雪暴等，重庆除降水外，沙尘暴、扬沙、浮尘、烟幕、吹雪、雪暴等天气现象都不常见，因而影响重庆能见度的主要气象要素是相对湿度。此外，改革开放以来，重庆中心城区由于经济规模的迅速扩大和城市化进程的加快，大量人为排放的气溶胶已成为影响能见度的重要非气象要素，即造成霾天气现象的主要成分。因此，对雾、轻雾和霾的判别除了能见度阈值指标外，相对湿度和大气气溶胶浓度也是较为重要的判别指标。

3.2.3.1　重庆中心城区 $PM_{2.5}$ 与 PM_{10} 的关系

目前，在大气气溶胶观测中主要对外公布的有 PM_{10}、$PM_{2.5}$ 及 PM_1 等颗粒物浓度。根据 PM 的分类，PM_{10} 是空气动力学当量直径小于或等于 10 μm 的可吸入颗粒物，是飘浮在空气中的固态和液态颗粒物的总称。$PM_{2.5}$ 指环境空气中空气动力学当量直径小于或等于 2.5 μm 的颗粒物，也称细颗粒物、可入肺颗粒物。$PM_{2.5}$ 的直径还不到人的头发丝粗细的 1/20，能较长时间悬浮于空气中，其在空气中含量（浓度）越高，就代表空气污染越严重。虽然 $PM_{2.5}$ 只是地球大气成分中含量很小的组分，但它对空气质量和能见度等却有重要的影响。$PM_{2.5}$ 粒径小、活性强，易附带有毒、有害物质（例如，微生物、重金属等），且在大气中的停留时间长、输送距离远，因而对人体健康和大气环境质量的影响更大。许多研究表明，$PM_{2.5}$ 是霾的重要成分。但由于 2013 年以前，重庆对外公开发布的主要污染物只有三种（PM_{10}、SO_2 和 NO_2），并未公开 $PM_{2.5}$ 质量浓度。从定义可以看出，PM_{10} 包含 $PM_{2.5}$，因此可以通过统计计算 $PM_{2.5}$ 与 PM_{10} 的关系来利用 PM_{10} 浓度反算 $PM_{2.5}$ 的浓度。

由于不同地区大气污染物成分不同，气象条件有差异，$PM_{2.5}$ 在 PM_{10} 中的占比也可能有差异，因此本研究中，选取了 2013—2014 年 PM_{10} 和 $PM_{2.5}$ 逐时浓度资料，进行分季节统计分析。统计结果表明，无论是全年或是按季节分类，PM_{10} 和 $PM_{2.5}$ 浓度之间均存在较好的线性关系（图 3.3—图 3.9），可以用线性方程来拟合。

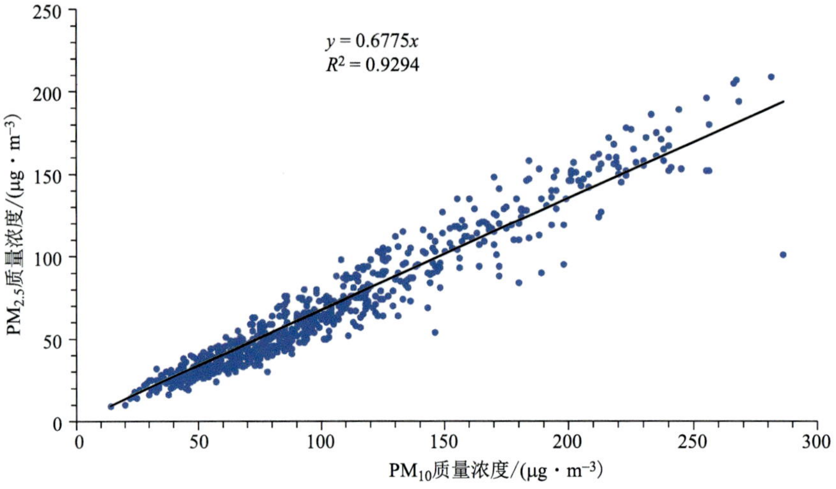

图 3.3 全年（1—12 月） PM_{10} 与 $PM_{2.5}$ 质量浓度关系

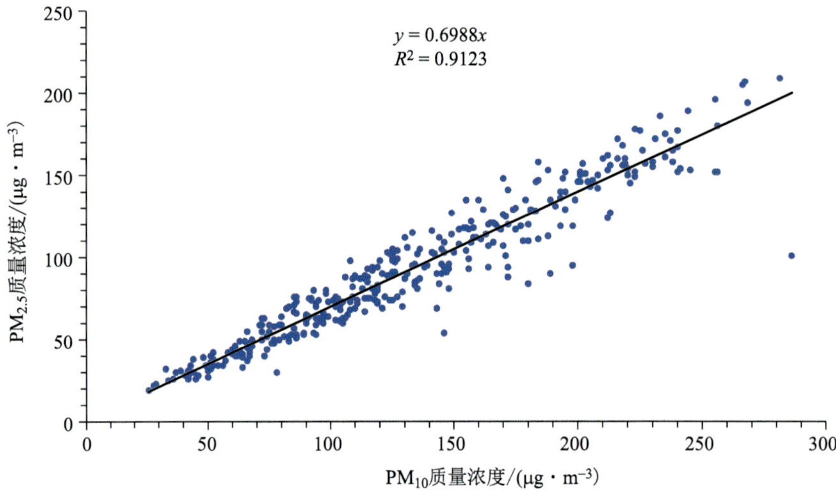

图 3.4 冬半年（1—3 月、10—12 月） PM_{10} 与 $PM_{2.5}$ 质量浓度关系

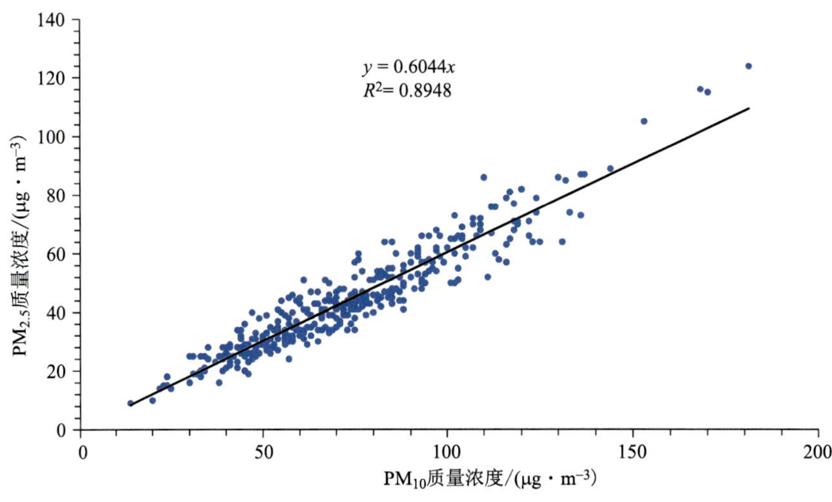

图 3.5 夏半年（4—9 月） PM_{10} 与 $PM_{2.5}$ 质量浓度关系

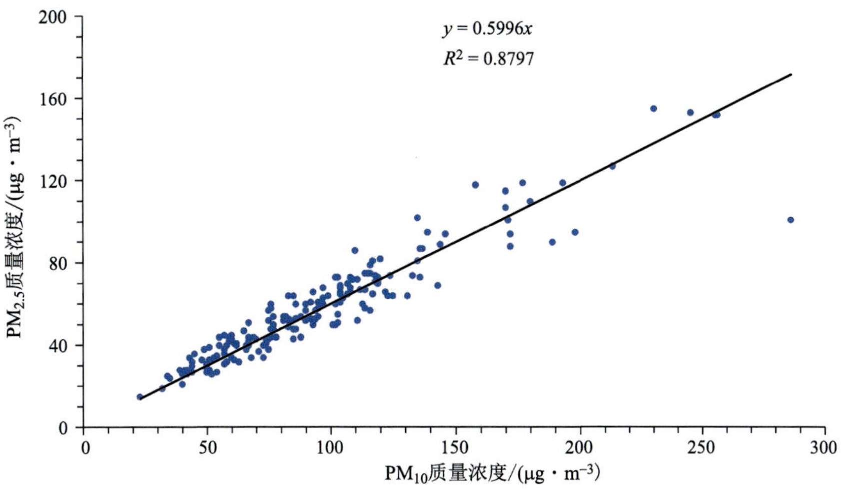

图 3.6　春季（3—5 月） PM_{10} 与 $PM_{2.5}$ 质量浓度关系

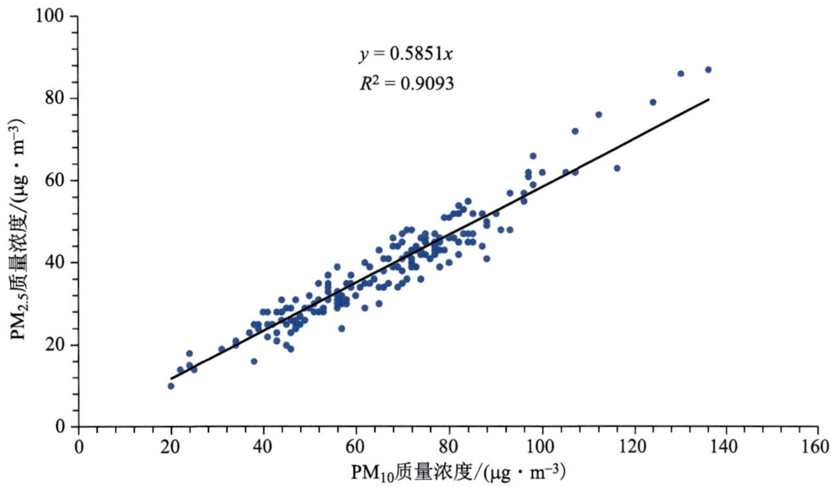

图 3.7　夏季（6—8 月） PM_{10} 与 $PM_{2.5}$ 质量浓度关系

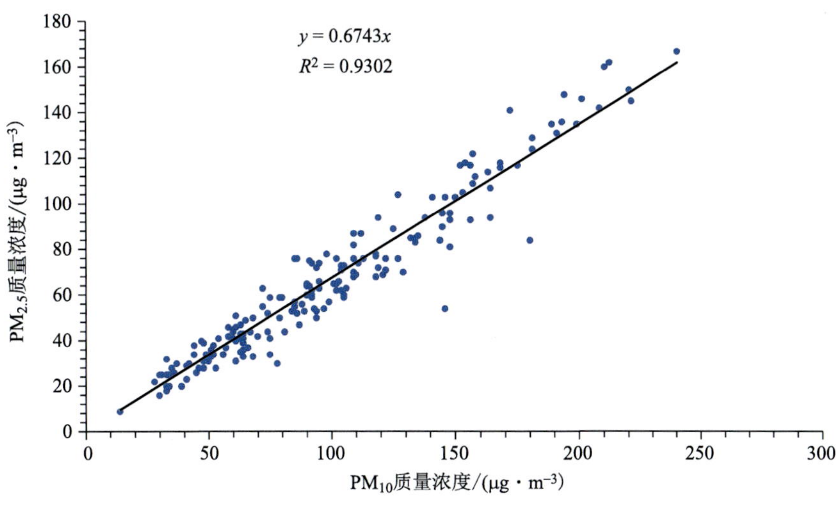

图 3.8　秋季（9—11 月） PM_{10} 与 $PM_{2.5}$ 质量浓度关系

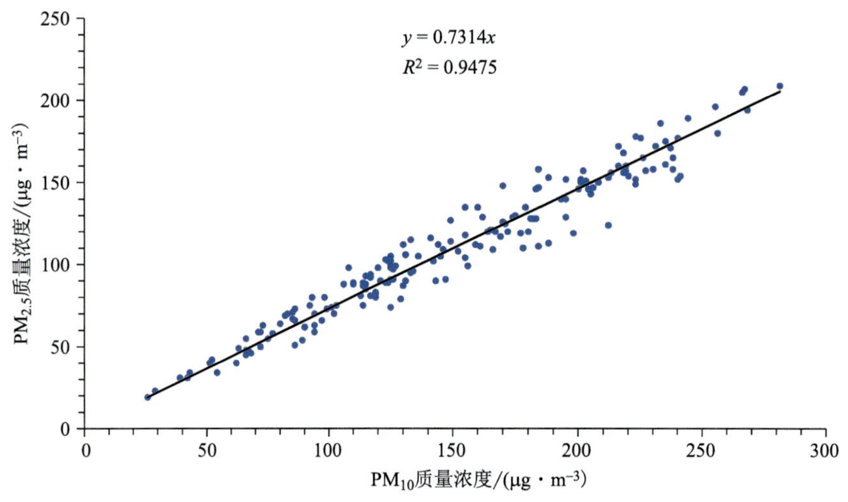

图 3.9　冬季（12 月—次年 2 月） PM_{10} 与 $PM_{2.5}$ 质量浓度关系

从不同季节 $PM_{2.5}$ 与 PM_{10} 的平均浓度比值（表 3.4）可以看出，冬季 PM_{10} 中的 $PM_{2.5}$ 含量最高，达到 74%，夏季 PM_{10} 中的 $PM_{2.5}$ 含量最低，只有 58%，冬半年 PM_{10} 中的 $PM_{2.5}$ 含量平均为 69%，夏半年 PM_{10} 中的 $PM_{2.5}$ 含量平均为 60%。由于重庆中心城区空气污染及雾霾天气出现的主要时段为冬半年，因此在制定重庆霾的气溶胶浓度指标时主要考虑冬半年 PM_{10} 和 $PM_{2.5}$ 浓度值。

表 3.4　不同季节 $PM_{2.5}$ 占 PM_{10} 比例

	PM_{10}/(μg・m^{-3})	$PM_{2.5}$/(μg・m^{-3})	比例/%
春季(3—5 月)	94.9	58.0	0.61
夏季(6—8 月)	66.1	38.5	0.58
秋季(9—11 月)	99.4	66.7	0.67
冬季(1—2 月、12 月)	148.5	109.2	0.74
夏半年(4—9 月)	72.6	43.8	0.60
冬半年(1—3 月、10—12 月)	135.7	93.7	0.69
全年(1—12 月)	102.0	67.9	0.67

3.2.3.2　霾与相对湿度及大气气溶胶的关系

从前面的研究分析中我们知道，当今出现在大城市中不论是雾或是霾天气，其背后都有大量与人类活动有关的气溶胶粒子参与，都已经不是完全的自然现象。没有干气溶胶粒子就不能形成霾，没有气溶胶粒子参与在实际大气中也无法形成雾（周国兵，2018）。由于干气溶胶粒子和云雾滴都能影响能见度，所以，当出现低能见度时，可能既有干气溶胶的影响（即霾的贡献），也可能有雾滴的影响（即雾的贡献）。霾和雾在一天之中可以变换角色，甚至在同一区域内的不同地方，雾和霾也会有所侧重。

为此，根据前面研究确定的重庆中心城区雾、霾能见度判别阈值，按照能见度小于 1.0 km（表示雾）和能见度大于或等于 1.0 km 且小于 8.5 km（代表轻雾或霾）分类选取个例，分别计算能见度与相对湿度、PM_{10} 浓度、$PM_{2.5}$ 浓度及 PM_{10} 和 $PM_{2.5}$ 的浓度差（用

$PM_{10}-PM_{2.5}$ 来表示）等的相关系数。

从表3.5中可以看出，在能见度小于1 km的情况下，能见度与相对湿度的相关系数为−0.53，具有较好的相关性，说明相对湿度越大能见度越低，雾就越浓，相反雾与 PM_{10}、$PM_{2.5}$ 及 PM_{10} 与 $PM_{2.5}$ 的差值的相关系数为正值，反映出在相对湿度较大时（出现雾时相对湿度一般在95%以上），气溶胶颗粒物的浓度对能见度的影响不及相对湿度明显，也说明雾主要与水汽有关，相对湿度占主导作用。从以上统计个例看，重庆中心城区能见度小于1 km时相对湿度绝大部分都在95%以上，占比为81.3%，其余相对湿度都在85%以上且 $PM_{2.5}$ 浓度大于150 $\mu g \cdot m^{-3}$，其中 $PM_{2.5}$ 浓度超过200 $\mu g \cdot m^{-3}$ 的占比为86%，因此当前重庆中心城区的雾已经不是过去纯自然的雾。但是还是可以明显看出，能见度小于1 km时，相对湿度对能见度影响仍然占主导地位，对雾的判别仍然可以只参考能见度。

表3.5　能见度与相对湿度（RH）及 PM_{10}、$PM_{2.5}$、$PM_{10}-PM_{2.5}$ 的相关系数

能见度(V)	PM_{10}	$PM_{2.5}$	$PM_{10}-PM_{2.5}$	RH
$V<1.0$ km	0.25	0.27	0.12	−0.53
1.0 km$\leqslant V<$8.5 km	−0.48	−0.56	−0.07	−0.43

但是当能见度范围在1.0 km$\leqslant V<$8.5 km时，能见度与相对湿度及 PM_{10}、$PM_{2.5}$、$PM_{10}-PM_{2.5}$ 均有一定的相关，其中与 $PM_{2.5}$ 的相关最好，为−0.56，其次是 PM_{10} 为−0.48，与相对湿度的相关系数为−0.43，与 $PM_{10}-PM_{2.5}$ 的相关最差。由于在气象观测中，轻雾和霾的能见度阈值设定是一样的，因此在能见度满足阈值标准时，要区分轻雾和霾，大气气溶胶浓度是不可忽视的重要因素。

为了更加直观地了解相对湿度和 $PM_{2.5}$ 浓度对能见度的影响，通过按照划分不同的相对湿度和 $PM_{2.5}$ 浓度范围，分别计算相应条件下的平均能见度（表3.6）。从表3.6中可以看出，当相对湿度大于85%或者 $PM_{2.5}$ 浓度大于90 $\mu g \cdot m^{-3}$ 时，平均能见度一般低于8.5 km。因此，可以将相对湿度85%和 $PM_{2.5}$ 浓度90 $\mu g \cdot m^{-3}$ 作为重庆地区轻雾和霾的判别基础参考值。

表3.6　不同相对湿度（RH）和 $PM_{2.5}$ 浓度条件下平均能见度　　单位：km

$PM_{2.5}/(\mu g \cdot m^{-3})$	能见度										
	$RH\geqslant$95%	95%>$RH\geqslant$90%	90%>$RH\geqslant$85%	85%>$RH\geqslant$80%	80%>$RH\geqslant$75%	75%>$RH\geqslant$70%	70%>$RH\geqslant$65%	65%>$RH\geqslant$60%	60%>$RH\geqslant$55%	55%>$RH\geqslant$50%	$RH<$50%
$PM_{2.5}\geqslant$200	0.6	1.5	1.5	2.2	2.3	2.2	2.9	2.8	2.6	2.7	3.2
200>$PM_{2.5}\geqslant$190	1.3	2.1	2.2	2.0	2.6	2.1	2.9	2.7	3.4	3.1	3.9
190>$PM_{2.5}\geqslant$180	0.9	1.5	2.3	2.5	3.0	3.1	2.9	2.7	3.9	2.9	3.5
180>$PM_{2.5}\geqslant$170	0.9	1.4	2.4	2.0	2.7	2.6	3.9	2.7	6.4	3.7	—
170>$PM_{2.5}\geqslant$160	1.5	1.7	2.7	2.7	3.0	3.0	3.6	5.4	7.0	—	4.3
160>$PM_{2.5}\geqslant$150	1.0	1.9	2.7	3.0	4.0	2.9	4.3	6.3	3.3	3.7	—
150>$PM_{2.5}\geqslant$140	1.2	1.9	2.6	3.1	3.4	4.2	5.0	4.5	6.2	3.6	4.7
140>$PM_{2.5}\geqslant$130	1.4	1.9	2.6	3.6	4.0	5.0	4.0	4.9	5.7	6.7	4.5

续表

$PM_{2.5}/(\mu g \cdot m^{-3})$	能见度										
	$RH \geq 95\%$	$95\% > RH \geq 90\%$	$90\% > RH \geq 85\%$	$85\% > RH \geq 80\%$	$80\% > RH \geq 75\%$	$75\% > RH \geq 70\%$	$70\% > RH \geq 65\%$	$65\% > RH \geq 60\%$	$60\% > RH \geq 55\%$	$55\% > RH \geq 50\%$	$RH < 50\%$
$130 > PM_{2.5} \geq 120$	1.3	2.1	3.0	3.5	3.7	3.8	4.4	5.9	5.0	5.8	5.3
$120 > PM_{2.5} \geq 115$	1.3	2.3	3.7	4.0	4.5	4.2	5.5	6.5	4.4	8.1	6.1
$115 > PM_{2.5} \geq 100$	1.0	2.2	2.9	3.6	4.2	3.8	4.1	5.1	9.2	5.8	6.1
$110 > PM_{2.5} \geq 105$	1.1	3.0	3.5	3.9	5.2	3.9	6.7	5.0	5.0	6.5	5.8
$105 > PM_{2.5} \geq 100$	1.5	2.7	3.5	4.2	5.5	4.7	5.6	5.1	6.3	6.3	5.9
$100 > PM_{2.5} \geq 95$	1.2	2.4	3.5	4.2	5.5	5.4	5.6	6.3	6.0	7.7	6.5
$95 > PM_{2.5} \geq 90$	1.2	2.6	3.6	4.4	4.6	5.0	5.9	5.6	6.5	7.6	8.0
$90 > PM_{2.5} \geq 85$	1.6	2.6	3.8	4.8	4.8	6.5	6.0	6.6	6.9	7.4	9.0
$85 > PM_{2.5} \geq 80$	2.2	2.9	3.8	4.9	4.6	5.2	6.7	7.2	7.4	7.4	10.0
$80 > PM_{2.5} \geq 75$	1.3	3.0	4.4	5.4	5.8	7.0	6.6	7.5	7.4	9.0	9.4
$75 > PM_{2.5} \geq 70$	1.8	3.1	4.3	5.4	5.2	7.1	7.7	7.1	7.7	9.8	9.3
$70 > PM_{2.5} \geq 65$	2.2	3.3	4.3	5.5	6.2	7.5	7.5	7.7	8.8	9.7	12.5
$65 > PM_{2.5} \geq 60$	1.5	4.0	5.2	5.8	6.5	7.4	8.0	8.6	10.3	10.3	11.9
$60 > PM_{2.5} \geq 55$	2.0	3.8	5.5	6.3	7.1	7.2	8.4	9.0	10.2	11.2	12.7
$55 > PM_{2.5} \geq 50$	2.3	4.2	5.9	7.1	7.8	8.6	9.5	10.4	11.6	12.3	12.8
$PM_{2.5} < 50$	3.5	6.4	8.5	10.9	10.4	12.0	12.7	13.8	15.9	17.3	19.5

同样，为了更加直观地了解相对湿度和 PM_{10} 浓度对能见度的影响，通过按照划分不同的相对湿度和 PM_{10} 浓度范围，分别计算相应条件下的平均能见度（表 3.7）。从表 3.7 中可以看出，当相对湿度大于 85%或者 PM_{10} 浓度大于 130 $\mu g \cdot m^{-3}$ 时，平均能见度一般低于 8.5 km。因此，可以将相对湿度 85%和 PM_{10} 浓度 130 $\mu g \cdot m^{-3}$ 作为重庆地区轻雾和霾的判别基础参考值。当 $PM_{2.5} = 90\ \mu g \cdot m^{-3}$，$PM_{10} = 130\ \mu g \cdot m^{-3}$ 时，$PM_{2.5}$ 与 PM_{10} 的比值为 0.69，这与前面统计分析冬半年 $PM_{2.5}$ 在 PM_{10} 中的占比为 0.69 具有较好的一致性。

表 3.7　不同相对湿度（*RH*）和 PM_{10} 浓度平均能见度　　单位：km

$PM_{10}/(\mu g \cdot m^{-3})$	能见度										
	$RH \geq 95\%$	$95\% > RH \geq 90\%$	$90\% > RH \geq 85\%$	$85\% > RH \geq 80\%$	$80\% > RH \geq 75\%$	$75\% > RH \geq 70\%$	$70\% > RH \geq 65\%$	$65\% > RH \geq 60\%$	$60\% > RH \geq 55\%$	$55\% > RH \geq 50\%$	$RH < 50\%$
$PM_{10} \geq 200$	1.1	1.9	2.2	2.8	3.2	3.4	3.4	3.2	4.1	3.6	4.1
$200 > PM_{10} \geq 190$	1.5	2.0	2.7	3.1	3.2	4.3	4.6	5.7	7.1	5.1	4.2
$190 > PM_{10} \geq 180$	1.4	2.3	3.1	4.0	3.9	4.4	4.0	4.2	5.7	5.3	4.7
$180 > PM_{10} \geq 170$	1.0	2.0	3.8	4.1	4.1	3.7	5.3	5.1	4.9	4.3	4.5
$170 > PM_{10} \geq 160$	1.2	2.4	3.6	4.3	5.0	5.1	6.0	7.0	6.1	5.2	6.4
$160 > PM_{10} \geq 150$	1.5	2.5	3.5	4.0	4.0	4.8	5.3	6.0	5.3	5.4	4.7

续表

$PM_{10}/(\mu g \cdot m^{-3})$	能见度										
	$RH \geqslant 95\%$	$95\% > RH \geqslant 90\%$	$90\% > RH \geqslant 85\%$	$85\% > RH \geqslant 80\%$	$80\% > RH \geqslant 75\%$	$75\% > RH \geqslant 70\%$	$70\% > RH \geqslant 65\%$	$65\% > RH \geqslant 60\%$	$60\% > RH \geqslant 55\%$	$55\% > RH \geqslant 50\%$	$RH < 50\%$
$150 > PM_{10} \geqslant 140$	1.6	2.5	4.1	4.3	4.9	4.7	6.4	6.9	7.1	8.4	8.4
$140 > PM_{10} \geqslant 130$	1.2	2.3	3.4	5.2	5.2	5.6	5.9	7.4	7.9	7.4	7.3
$130 > PM_{10} \geqslant 120$	1.6	2.6	3.5	5.1	5.3	6.6	7.7	6.8	8.4	8.8	9.4
$120 > PM_{10} \geqslant 115$	1.4	2.6	4.0	6.2	6.2	6.9	6.4	7.7	8.7	8.6	9.8
$115 > PM_{10} \geqslant 110$	1.5	2.7	4.3	5.5	5.9	6.4	7.5	8.7	9.8	8.9	10.9
$110 > PM_{10} \geqslant 105$	1.6	2.9	4.5	5.0	5.8	7.3	8.7	7.5	8.3	8.9	11.5
$105 > PM_{10} \geqslant 100$	2.0	2.9	4.7	5.7	6.5	8.1	7.6	8.8	10.0	10.7	11.2
$100 > PM_{10} \geqslant 95$	1.7	3.9	4.7	5.5	6.8	7.9	8.2	8.9	10.4	10.3	11.3
$95 > PM_{10} \geqslant 90$	1.3	3.6	5.1	6.6	7.1	8.0	7.6	10.6	9.4	12.1	11.5
$90 > PM_{10} \geqslant 85$	1.5	4.0	4.8	5.6	7.1	8.6	8.6	9.0	10.3	11.6	11.7
$85 > PM_{10} \geqslant 80$	2.4	4.2	5.9	6.6	7.0	7.9	10.3	9.8	12.8	15.3	14.2
$80 > PM_{10} \geqslant 75$	2.1	4.6	5.7	6.6	7.9	8.3	9.5	10.8	11.0	13.1	14.0
$75 > PM_{10} \geqslant 70$	2.0	4.5	5.6	7.2	7.4	9.3	9.4	10.6	10.4	14.6	15.9
$70 > PM_{10} \geqslant 65$	2.5	4.8	6.2	7.4	8.5	10.0	11.0	12.5	13.3	13.6	15.2
$65 > PM_{10} \geqslant 60$	2.1	5.2	6.7	8.4	9.1	10.9	10.3	14.0	12.0	16.2	16.1
$60 > PM_{10} \geqslant 55$	2.8	4.8	6.6	7.2	8.9	11.1	12.4	13.4	15.0	17.5	18.3
$PM_{10} < 55$	3.2	5.6	7.6	9.2	11.6	11.6	12.8	12.3	16.9	19.0	20.1

3.2.3.3　重庆霾的判别指标确定

基于以上的分析研究，我们可以重新构建重庆城区雾、霾判别指标，即：排除降水、沙尘暴、扬沙、浮尘、烟幕、吹雪、雪暴等天气现象造成的视程障碍，自动观测能见度 $V \geqslant 1$ km 且 $V < 8.5$ km 时，当相对湿度 $RH < 85\%$，判识为霾，当相对湿度 $RH \geqslant 85\%$ 且 $RH < 95\%$ 时，如果 $PM_{2.5}$ 浓度 $\geqslant 90\ \mu g \cdot m^{-3}$（$PM_{10}$ 浓度 $\geqslant 130\ \mu g \cdot m^{-3}$），判识为霾，如果 $PM_{2.5}$ 浓度 $< 90\ \mu g \cdot m^{-3}$（$PM_{2.5}$ 浓度 $< 130\ \mu g \cdot m^{-3}$），判识为轻雾；自动观测能见度 $V < 1$ km 时，当相对湿度 $RH \geqslant 95\%$ 判识为雾，反之应为雾、霾混合物。

根据新建立的重庆中心城区霾判别指标，可以结合实际工作建立重庆中心城区相应的霾的预警指标，如果当 $PM_{2.5}$ 浓度 $\geqslant 90\ \mu g \cdot m^{-3}$（或 PM_{10} 浓度 $\geqslant 130\ \mu g \cdot m^{-3}$）且相对湿度 $RH < 85\%$ 时，根据表 3.8 中的能见度标准来确定霾的预警等级。

表 3.8　重庆霾的预警指标

等级	能见度(V)/km	服务描述
轻微	$5.0 \leqslant V < 8.5$	轻微霾天气，无须特别防护
轻度	$3.0 \leqslant V < 5.0$	轻度霾天气，适当减少户外活动
中度	$2.0 \leqslant V < 3.0$	中度霾天气，减少户外活动，停止晨练；驾驶员小心驾驶；因空气质量明显降低，人员需适当防护；呼吸道疾病患者尽量减少外出，外出可戴上口罩

续表

等级	能见度(V)/km	服务描述
重度	$V<2.0$	重度霾天气,尽量留在室内,避免户外活动;高速公路、轮渡码头等单位加强交通管制,保障安全;驾驶人员谨慎驾驶;因空气质量差,人员需适当防护;呼吸道疾病患者尽量避免外出,外出时应戴上口罩

3.3 霾的天气特征

在气象学上，雾、霾是两种不同的视程障碍天气现象，在物理性质上有着较大的差别，因此分析雾、霾天气特征时进行分别讨论。

3.3.1 霾天气变化特征

根据前面的研究成果，按照 1 km≤人工能见度<10 km（1 km≤自动观测能见度<8.5 km）时，排除降水、沙尘暴、扬沙、浮尘、烟幕、吹雪、雪暴等天气现象造成的视程障碍，当相对湿度<85%，判识为霾，当 85%≤相对湿度<95%时，如果 $PM_{2.5}$ 浓度≥90 μg · m^{-3}（PM_{10} 浓度≥130 μg · m^{-3}），判识为霾，统计了重庆中心城区 2005—2014 年霾天气的变化特征。

3.3.1.1 霾的年际变化特征

重庆中心城区沙坪坝气象站是从 2013 年 1 月 1 日起正式启用自动能见度观测，因此在霾日的统计中，2013 年以前的霾日能见度阈值为 10 km，之后为 8.5 km。重庆中心城区近 10 年霾日数的变化规律主要为呈减少趋势（图 3.10），2005—2008 年霾日的减少趋势十分明显，从 2005 年的 186 d 减少到 2008 年的 110 d，2009、2011 年与 2008 年基本持平，其余年份维持在 140～159 d。

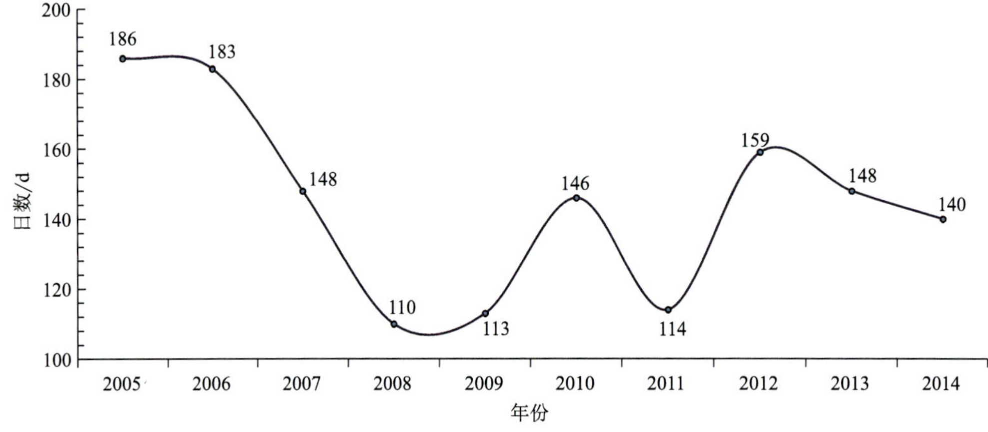

图 3.10　2005—2014 年重庆中心城区霾日年变化

3.3.1.2　霾的月变化特征

在重庆霾的月变化特征中，重庆中心城区一年四季都可能出现霾天气。从霾的月度分布看（图 3.11），重庆中心城区霾主要出现的时段为 11 月—次年 3 月，几乎一半以上时间是霾日，尤其是 12 月和 1 月，平均霾日数接近 20 d，在霾严重的时候，甚至整月都会出现霾天气。夏季，霾日数相对较少，一般为每月 5～9 d。

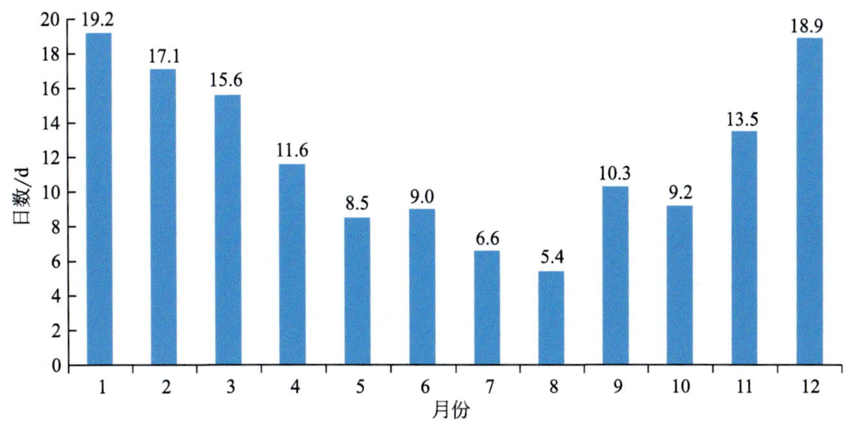

图 3.11　霾日数的月变化特征

3.3.2　霾天气大气环流特征

从前面的分析可知，重庆中心城区霾天气也存在着典型的季节特征，多出现在冬半年。许多研究结果也表明，城市霾天气与城市大气污染有关，但是大气环流背景以及当地、当时的局地气象条件是形成霾天气的外部条件，为此，下面主要讨论重庆中心城区霾天气的 500 hPa 大气环流特征。

通过采用划分方法中的 *K* 均值聚类算法（*K*-means），对 2005—2014 年冬半年重庆中心城区霾天气 500 hPa 高度场进行分类，将相同类型的高度场进行合成，归纳出 6 类大气环流形势，并计算了每一类天气类型下重庆中心城区（沙坪坝站）主要气象要素的平均值（表 3.9），同时统计了每一类天气类型在冬半年每月中的分布（表 3.10）。为了方便大气环流形势分析，将 6 类天气类型分别定义为北槽南脊型、南支槽前型、一脊一槽型、北脊南槽型、两槽一脊型和纬向环流型。

表 3.9　不同天气类型气象要素平均值

类	气温 /℃	气压 /hPa	相对湿度 /%	能见度 /km	风速 /(m·s^{-1})	雨量 /mm	日照 /h	总云量 /成	低云量 /成
1	10.9	988.6	78.8	29.2	1.2	0.4	7.2	8.1	5.1
2	19.5	988.0	82.3	33.4	1.1	1.3	4.8	8.6	6.2
3	10.7	990.2	81.2	29.6	1.2	1.0	4.6	9.3	6.5
4	8.3	988.4	78.2	32.2	1.2	1.0	3.2	9.2	7.1
5	10.7	992.5	81.0	30.3	1.2	1.1	4.1	8.5	5.9
6	14.6	988.0	83.1	30.6	1.2	1.1	6.3	8.4	6.8

表 3.10 不同天气类型在冬半年每月中的分布

	1类	2类	3类	4类	5类	6类
1月	55	—	18	43	43	4
2月	51	—	10	43	15	—
3月	13	—	11	3	32	12
10月	—	77	—	—	—	5
11月	9	14	7	—	11	58
12月	35	—	44	10	40	14
占比	24.1%	13.5%	13.3%	14.6%	20.8%	13.7%

第一类为北槽南脊型（图 3.12），40°N 以北高纬度地区为明显负距平区，贝加尔湖以西为深厚槽区，冷空气中心在新疆以北地区聚集，还未影响我国，新疆到青藏高原为弱高压脊控制，脊线在 85°E 附近，重庆地区受偏西气流控制。由表 3.10 可知，此类天气类型为重庆中心城区出现霾的较典型天气形势，占霾天气的 24.1%，这类天气类型主要出现在冬季。此类天气对应的重庆中心城区地面气象要素（表 3.9）为相对湿度较低（78.8%），平均气温在 10.9 ℃左右，日照时间最长，天空云量在 6 种天气类型中最少，能见度最低，平均雨量最小（0.4 mm）。由于高层为偏西气流影响，如果低层有弱辐合，会有弱降水出现，但上升运动较弱，不会出现明显的降水，大气的垂直扩散能力较差，降水的湿沉降作用有限，使大气污染物堆积在近地层，配合一定的湿度条件，容易形成霾。如果低层为偏北气流，便会出现阴天到多云天气，天空云量多，气温日较差小，近地层湍流弱，风力小，大气水平扩散能力差，大气颗粒物不易扩散，也利于霾的出现。

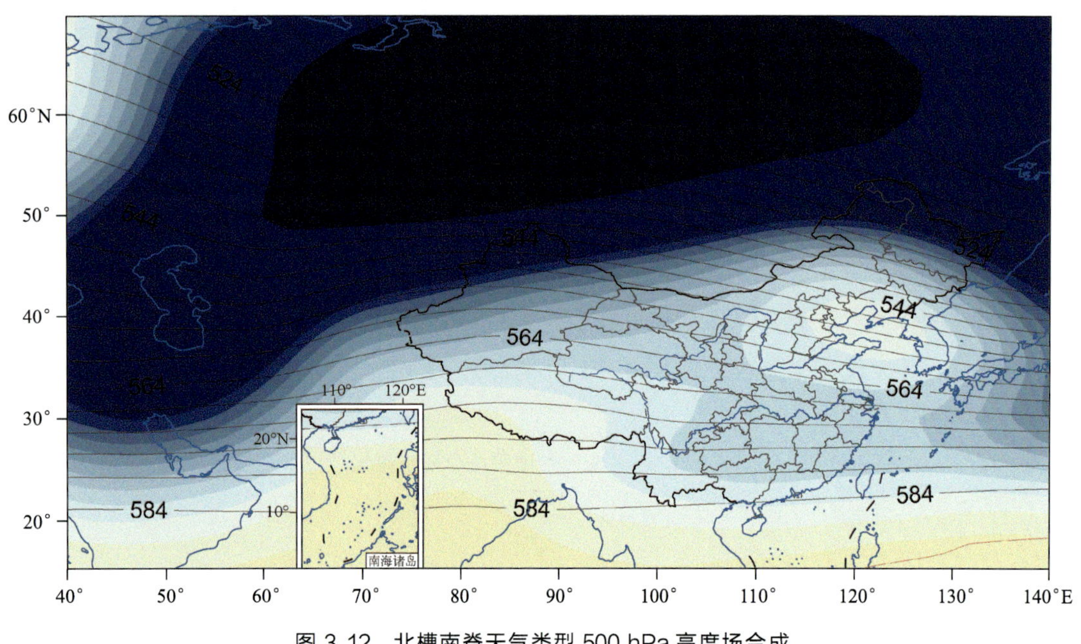

图 3.12 北槽南脊天气类型 500 hPa 高度场合成

第二类为南支槽前型（图 3.13），亚欧地区为整片正变高区，中高纬度以纬向环流为主，其上有短波槽、脊活动，南支槽发展强盛，槽线位置在 85°E 附近，重庆地区受南支槽前西偏南气流影响。由表 3.10 可知，此类天气类型出现的概率为 13.5%，这类天气形势只出现在秋季，春季和冬季没有出现。此类天气对应的重庆中心城区地面气象要素（表 3.9）：相对湿度较高（82.3%），平均气温最高（19.5 ℃），平均能见度在 6 类天气形势中最大，日照时间较短，天空云量较多，风力最小，平均降雨量最大（1.3 mm）。由于高层受槽前西南气流影响，南支槽的发展使低层水汽输送充沛，重庆地区容易出现阴雨天气，天空云量多，但北方没有明显冷空气南下，仍然不利于强降水的发生，降水的湿沉降作用不明显，大气颗粒物吸湿增长，使能见度降低，形成霾。

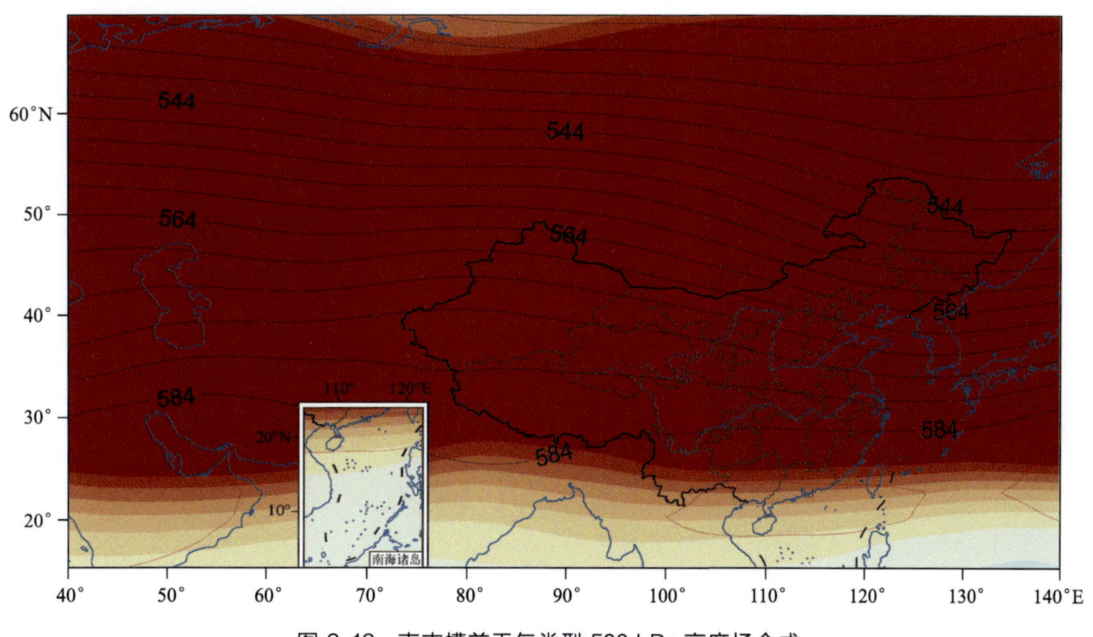

图 3.13　南支槽前天气类型 500 hPa 高度场合成

第三类为一脊一槽型（图 3.14），乌拉尔山地区为明显正变高区，脊线呈东北—西南向的高压脊位于乌拉尔山地区，中国东北地区有一负变高中心，东亚大槽位于中国东部地区，弱冷空气以偏东回流形式侵入四川盆地，重庆地区受偏西波动气流影响。此类天气类型（表 3.10）出现的概率为 13.3%，这类天气形势主要出现在冬季和春季。对应的重庆中心城区地面气象要素（表 3.9）：相对湿度较高（81.2%），平均气温在 10.7 ℃左右，平均能见度较低，日照时间较短，天空云量在 6 类天气类型中最多，受弱冷空气影响，气压有所上升，平均降雨量为 1.0 mm。因为受偏西波动气流和弱冷空气影响，重庆地区容易出现阴雨天气，天空云量多，弱降水的湿沉降作用不明显，近地层风力较小，大气水平和垂直扩散能力较差，大气污染物悬浮在近地层，利于霾的出现。

第四类为北脊南槽型（图 3.15），55°N 以北高纬度地区为正距平区，高压脊强盛，巴尔喀什湖附近有低槽东移，引导冷空气影响我国，35°N 以南地区以纬向环流为主，有短波槽脊活动，重庆地区受偏西气流控制。由表 3.10 可知，此类天气类型占重庆中心城区出现霾天气的 14.6%，这类天气类型几乎全出现在冬季。对应的重庆中心城区地面气象要素（表 3.9）：相对湿度在 6 类天气形势中最低（78.2%），因为是冬季，平均气温也最低（8.3 ℃），日照时间最短，天空云量较多，平均降雨量 1.0 mm。由于重庆地区受偏西气流影响，高原上有弱波动槽脊东移，但相对湿度较低，重庆以阴天为主，如有降水发生，雨量也较小，天空云量多，气温日较差小，大气边界层湍流活动不明显，大气垂直扩散能力差；

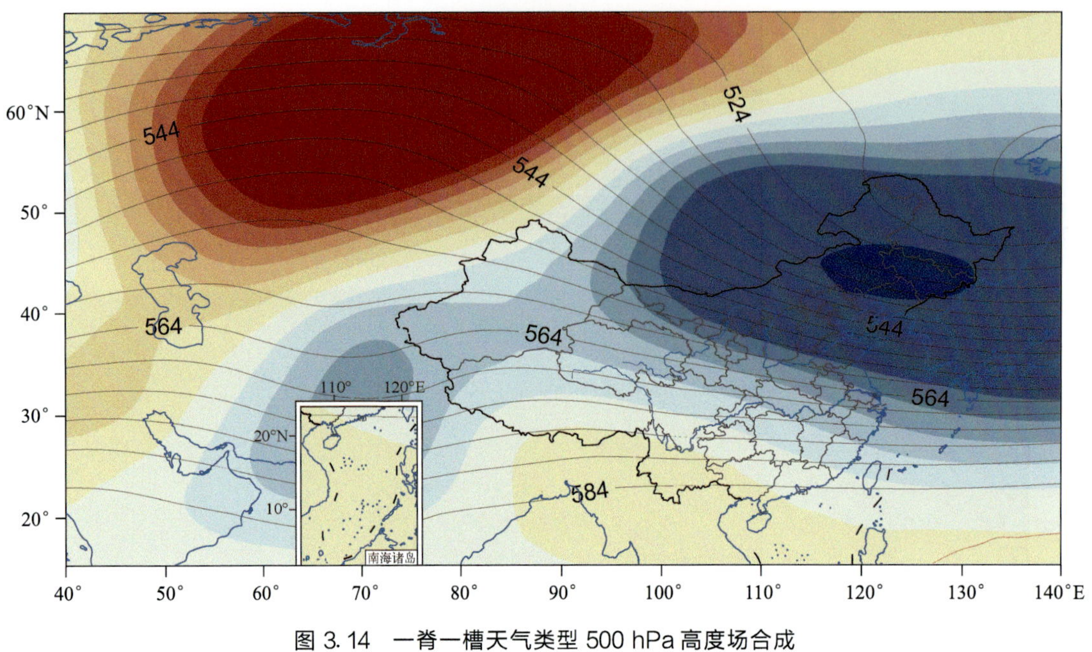

图 3.14 一脊一槽天气类型 500 hPa 高度场合成

同时，冷空气在新疆地区，没有到达四川盆地，重庆地区受均压场控制，近地层风速小，大气水平扩散能力较差，大气污染物颗粒吸收大气中的水汽，有消光作用，使能见度降低形成霾。

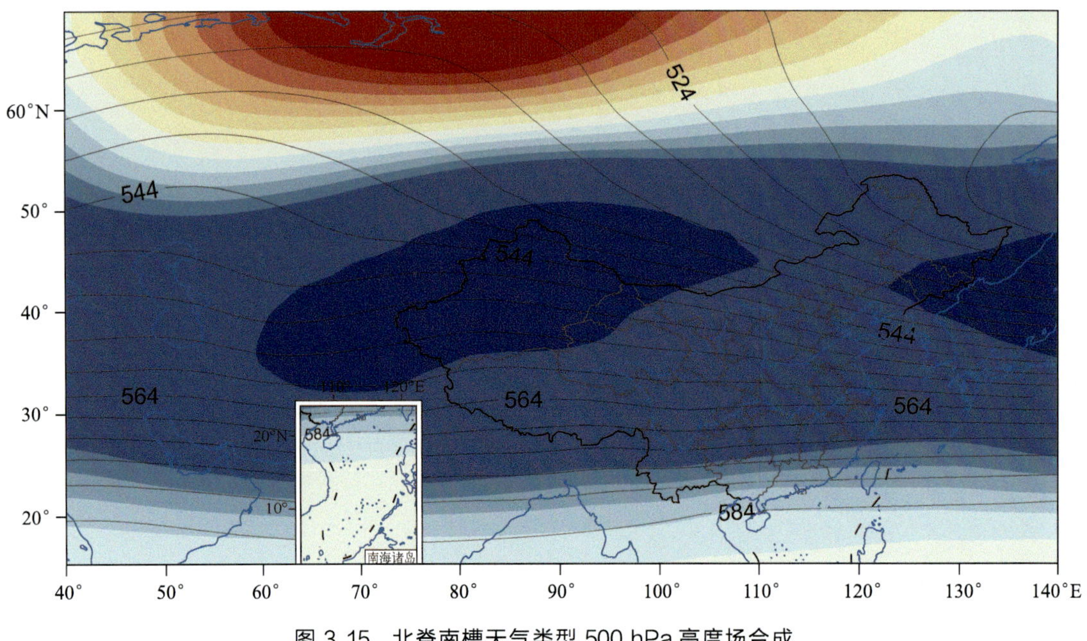

图 3.15 北脊南槽天气类型 500 hPa 高度场合成

第五类为两槽一脊型（图 3.16），两槽分别位于乌拉尔山地区和东亚沿岸，蒙古高原有一正变高中心，高压脊脊线呈东—北西南向从新疆北部到贝加尔湖，中国 35°N 以北高纬度地区受西北气流控制，以南地区为偏西气流影响，重庆地区受偏西气流控制，与第三类天气类型类似，重庆地区受偏东弱冷空气回流影响。由表 3.10 可知，此类天气类型占重庆中心城区出现霾天气的 20.8%，这类天气类型主要出现在冬季和春季，秋季出现较少。对应的重庆中心城区地面气象要素（表 3.9）：相对湿度较高（81.0%），平均气压在 6 类天气类型中最高，平均气温在 10.7 ℃左右，日照时间较短，天空云量较多，平均降雨量 1.1 mm。因为受偏西波动气流和弱冷空气回流影响，重庆地区容易维持阴雨天气，天空云量多，弱降水的湿沉降作用不明显，近地层风力较小，气温日较差小，大气边界层湍流活动不明显，混合层高度低，大气水平和垂直扩散能力较差，大气污染物颗粒悬浮在近地层，利于霾的出现，容易出现持续性污染天气。

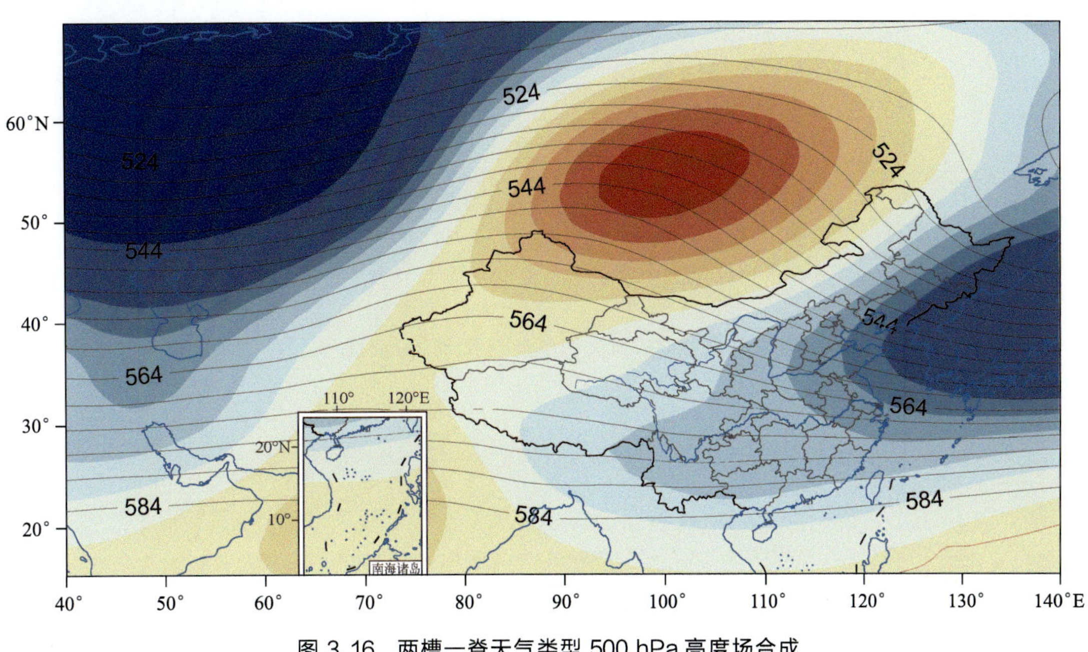

图 3.16　两槽一脊天气类型 500 hPa 高度场合成

第六类为纬向环流型（图 3.17），乌拉尔山地区及东亚地区有两个正变高中心，中国大部分地区受纬向波动气流影响，重庆地区受偏西波动气流影响，无明显冷空气影响中国。由表 3.10 可知，此类天气类型占重庆中心城区出现霾天气的 13.7%，这类天气类型主要出现在秋季，冬季和春季出现相对较少。对应的重庆中心城区地面气象要素（表 3.9）：相对湿度在所有类型中最高（83.1%），平均气压较低，平均气温为 14.6 ℃左右，日照时间较长，天空云量较多，平均降雨量 1.1 mm。重庆地区因为高层受偏西波动气流影响，低层有偏南气流水汽输送，相对湿度较高，重庆地区以阴雨天气为主，天空云量多，但无冷空气影响，中低层辐合弱，抬升运动不强，降水较弱，弱降水的湿沉降作用不明显，近地层风力小，大气水平扩散能力较差，大气污染物颗粒悬浮在近地层，在一定湿度条件下，形成霾。

从霾天气个例高层环流分型可以看出，重庆地区高空一般受偏西波动气流影响，如果低层有弱辐合，会有弱降水出现，但上升运动较弱，不会出现明显的降水，大气的垂直扩散能力较差，降水对大气污染物的湿沉降作用有限，使大气污染物堆积在近地层，大气污染物颗粒吸收大气中的水汽，有消光作用，使能见度降低形成霾。如果低层为偏北气流，重庆地区以阴天为主，天空云量多，气温日较差小，近地层湍流弱，风力小，大气垂直和水平扩散能力差，大气颗粒物不易扩散，在一定湿度条件下，也利于霾的出现。

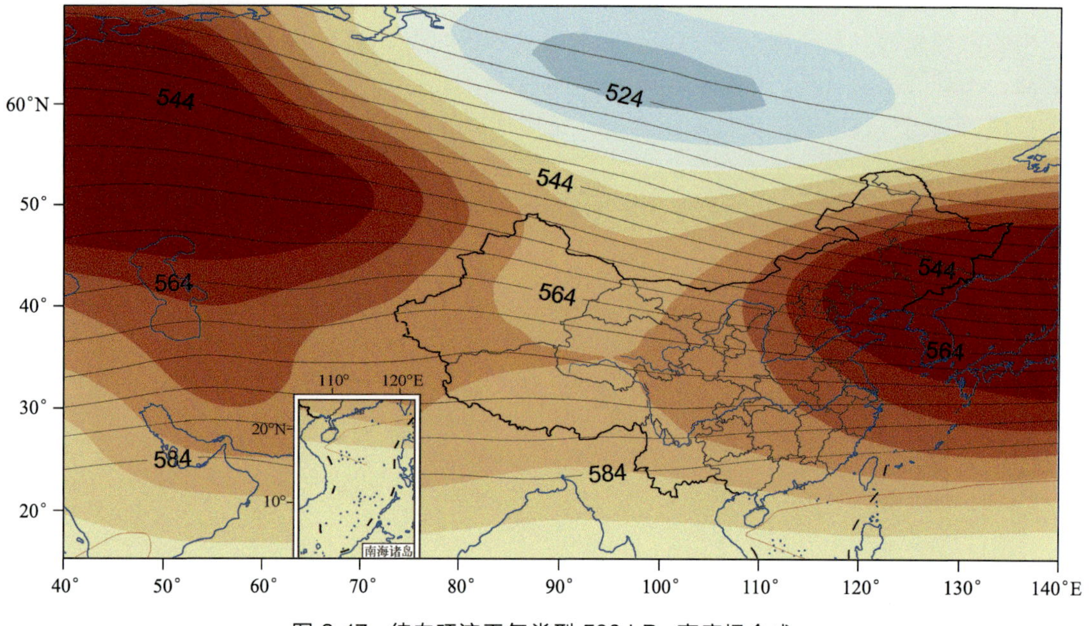

图 3.17 纬向环流天气类型 500 hPa 高度场合成

3.4 本章小结

利用重庆沙坪坝气象观测站 2013 年人工和自动能见度对比观测资料以及重庆市环境监测中心在沙坪坝气象观测站附近设置的高家花园观测站 PM_{10}、$PM_{2.5}$ 逐时浓度资料，研究建立了重庆霾的判别指标，同时归纳总结了重庆霾的时间变化和霾形成的天气学特征。

（1）在气象观测规范中，雾和霾是两种不同的天气现象，霾是指大量极细微的干尘粒等均匀地浮游在空中，使水平能见度小于 10.0 km 的空气普遍混浊现象，与雾既有联系也有明显区别，判识霾除了能见度和相对湿度指标，还应考虑大气颗粒物浓度。

（2）通过分析研究，重新构建了基于自动能见度观测的重庆雾、霾判别指标，即：排除降水、沙尘暴、扬沙、浮尘、烟幕、吹雪、雪暴等天气现象造成的视程障碍，自动观测能见度 $V \geqslant 1$ km 且 $V < 8.5$ km 时，当相对湿度 $RH < 85\%$，判识为霾，当相对湿度 $RH \geqslant 85\%$ 且 $RH < 95\%$时，如果 $PM_{2.5}$ 浓度$\geqslant 90\ \mu g \cdot m^{-3}$（或 PM_{10} 浓度$\geqslant 130\ \mu g \cdot m^{-3}$），判识为霾，如果 $PM_{2.5}$ 浓度$< 90\ \mu g \cdot m^{-3}$（或 PM_{10} 浓度$< 130\ \mu g \cdot m^{-3}$），判识为轻雾；自动观测能见度 $V < 1$ km 时，当相对湿度 $RH \geqslant 95\%$判识为雾，反之应为雾、霾混合物。

（3）研究表明，重庆中心城区近 10 年霾日数的变化规律为主要呈减少趋势，霾主要出现的时段为冬半年的 11 月—次年 3 月，夏季霾日相对较少。

（4）通过采用划分方法中的 K-means 算法，对 2005—2014 年冬半年重庆中心城区霾天气 500 hPa 天气形势场进行聚类分析，可以归纳为 6 类天气类型，分别定义为北槽南脊型、南支槽前型、一脊一槽型、北脊南槽型、两槽一脊型和纬向环流型。

第4章 重庆酸雨研究

酸雨是因人类活动（或火山爆发等自然灾害）导致区域降水酸化的一种污染现象，对公众健康、工农业生产、生态环境、建筑物以及全球变化都有重要的影响。我国改革开放以来，随着经济社会的快速发展，酸雨问题引起人们的高度关注。20 世纪 80—90 年代中期是我国酸雨的急剧发展期，20 世纪 90 年代中后期—21 世纪初为相对稳定期，之后酸雨的范围和强度都逐渐减小、减弱，我国酸雨危害逐步得到有效控制。重庆作为酸雨的多发区，一直备受关注，气象、环境等部门相关学者或业务技术人员针对重庆酸雨问题开展过深入研究。本章重点介绍重庆酸雨的时空分布特征。

4.1 酸雨的定义及计算方法

4.1.1 酸雨的定义

酸雨观测为研究酸雨的时空分布及其长期变化趋势提供了宝贵的科学资料，为治理大气污染和防治酸雨提供了科学依据，是服务于可持续发展战略和环境保护等国家决策的基础性工作。在酸雨观测业务中，主要测定大气降水的酸碱度（pH 值）和大气降水的电导率（K 值）。

大气降水的酸碱度用 pH 值表示，pH 值的定义为氢离子浓度的负对数，系无量纲量。pH 值$=-\lg[H^+]$，其中 $[H^+]$ 为氢离子的体积摩尔浓度，单位为 $mol \cdot L^{-1}$。

大气降水中含有带正、负电荷的粒子（即各种阴、阳离子），在电场的作用下发生定向移动，传导电流。水中所含离子成分的多少，决定着水的导电性能，离子浓度越高，导电性能越强，反之越小。大气降水的电导率定义为通过电导测量池中待测溶液的电流密度（单位：$A \cdot m^{-2}$）与施加其上的电场强度（单位：$V \cdot m^{-1}$）之比，俗称 K 值，单位为 $\mu S \cdot cm^{-1}$。大气降水的电导率用来反映大气降水的导电能力，即反映大气降水洁净程度的重要评价参数。

根据中国气象局《酸雨观测业务规范》（2005 年），酸雨是指 pH 值小于 5.6 的大气降水。大气降水的形式包括雨、雪、雹等。雨、雪、雹等在形成和降落过程中，吸收并溶解了空气中的二氧化硫、氮氧化合物等物质，形成了 pH 值低于 5.6 的酸性降水。一般来讲，在未受到人类活动影响的偏远地区，自然降水的 pH 值一般多在 5.0～7.0，因为除了 CO_2 以外，自然大气中还存在一些其他酸性物质，可使降水进一步酸化。所以，以 pH 值小于 5.6 作为酸雨的标准，是一个仅考虑大气中 CO_2 溶解影响的简单定义。pH 值大于或等于 5.6 的大气降水一般认为是没有受到人为酸化影响的天然降水。酸雨主要是人为向大气中排放大量酸性物质形成的，是造成环境污染的重要污染源。

4.1.2 酸雨的计算方法

在酸雨观测资料记录整理以及业务应用与研究工作中，通常会分析计算 pH 值、K 值及酸雨频率等要素的平均值。根据《酸雨观测业务规范》，下面给出相应的计算公式。

4.1.2.1 平均 pH 值计算公式

根据《酸雨观测业务规范》，计算月平均 pH 值，采用氢离子浓度［H^+］-降水量加权法，即将每次降水的 pH 值换算成氢离子浓度后，乘上相应的降水量求得平均氢离子浓度，再取其对数，即为月平均值。计算公式如下：

$$[H^+]_i = 10^{-pH_i} \tag{4.1}$$

$$\overline{[H^+]} = \frac{\sum [H^+]_i \times V_i}{\sum V_i} \tag{4.2}$$

$$\overline{pH} = -\lg \overline{[H^+]} \tag{4.3}$$

式中，pH_i 为每次降水的 pH 值，$\overline{pH}$ 为降水量加权的月平均 pH 值；$[H^+]_i$ 为由每次降水的 pH 值计算得到的氢离子浓度，$\overline{[H^+]}$ 为降水量加权的月平均氢离子浓度，单位为 $mol \cdot L^{-1}$；V_i 为每次降水的降水量，单位为 mm。

由于在《酸雨观测业务规范》中没有明确规定酸雨年平均 pH 值的计算方法，参照中国气象局实际业务中的惯例，在酸雨年平均 pH 值的计算中仍然采用氢离子浓度［H^+］-降水量加权法计算，对酸雨多年平均则采用算术平均法计算。

4.1.2.2 平均 K 值计算公式

$$\overline{K} = \frac{\sum K_i \times V_i}{\sum V_i} \tag{4.4}$$

式中，K_i 为每次降水的 K 值，$\overline{K}$ 为降水量加权的月平均 K 值，均为 25 ℃时的 K 值，单位为 $\mu S \cdot m^{-1}$；V_i 为每次降水的降水量，单位为 mm。

4.1.2.3 酸雨频率计算公式

取降水 pH 值低于 5.6（不含 5.6）的次数，按照下列公式计算其出现频率，即：

$$F_{[<5.6]} = \frac{N_{[<5.6]}}{N_{总}} \times 100\% \tag{4.5}$$

式中，$F_{[<5.6]}$ 为 pH 值＜5.6 的频率；$N_{[<5.6]}$ 为低于 5.6 的次数；$N_{总}$ 为当月进行 pH 值观测的次数。

4.2 酸雨观测及现状

4.2.1 酸雨观测

中国改革开放以来，随着经济社会的快速发展，大气降水酸化即酸雨问题引起人们的高度关注。20 世纪 70 年代末，环保部门先后在全国布设了酸雨监测站，气象部门也相继建立了长期的酸雨监测网。中国气象局酸雨站网始建于 1989 年，最初仅有 22 个，为科研性质，分布在中国东部地区，主要观测降水 pH 值；2005 年达到 89 个，分布于全国，开展业务观测，主要观测降水 pH 值和电导率；到 2008 年酸雨观测站达 342 个，到 2018 年国家气象观测站均开展了酸雨监测。

重庆地区一直都是酸雨多发区。为进一步加强对酸雨的监测，重庆市沙坪坝气象观测站于 1993 年开始开展酸雨观测，2004 年之后重庆 35 个国家气象观测站均先后开展了酸雨观测并积累了相应的酸雨观测资料。随着酸雨问题的逐渐缓解，从 2020 年 5 月 1 日起，开展地面气象自动化观测后，按照中国气象局统一部署，重庆气象部门取消了 31 个自建酸雨观测站人工观测任务，只保留了沙坪坝、万州、涪陵、奉节 4 个酸雨观测站。

4.2.2 全国酸雨现状

生态环境部每年发布的《中国环境状况公报》中有关酸雨监测结果表明，20 世纪 80 年代中期，年均降水 pH 值小于 5.6 的地区主要在西南、华南以及东南沿海一带。20 世纪 90 年代，酸雨出现的区域较 20 世纪 80 年代发生了比较明显的变化，酸雨区面积有所扩大，以南昌和长沙等城市为中心的华中酸雨区污染水平超过西南酸雨区；西南酸雨区酸雨强度虽然有所缓和，但仍较严重；华南酸雨区主要分布在珠江三角洲及广西东部地区，总体格局变化不大；华东酸雨区，包括长江中下游地区以南至厦门的沿海地区，小尺度上的污染格局有所波动。2001 年前后，中国年均降水 pH 值小于 5.6 的地区覆盖了全国约 40% 的面积（图 4.1）。2009 年，全国酸雨分布区域主要集中在长江以南—青藏高原以东地区（图 4.2），主要包括浙江、江西、湖南、福建、重庆的大部分地区以及长江、珠江三角洲地区，酸雨发生面积约为 120 万 km^2，占国土面积的 12.5%。2018 年，酸雨污染主要分布在长江以南—云贵高原以东地区（图 4.3），主要包括浙江、上海的大部分地区，福建北部、江西中部、湖南中东部、广东中部和重庆西南部，酸雨区面积约为 53 万 km^2，占国土面积的 5.5%，比 2009 年下降 7 个百分点。2021 年，酸雨主要分布在长江以南—云贵高原以东地区（图 4.4），主要包括浙江、上海的大部分地区，福建北部、江西中部、湖南中东部、重庆南部、广西南部和广东部分区域，酸雨区面积约为 36.9 万 km^2，占国土面积的 3.8%，比 2020 年下降 1 个百分点；其中较重酸雨区面积占 0.04%，无重酸雨区。表明 20 年来，中国对酸雨污染的控制成效十分明显。

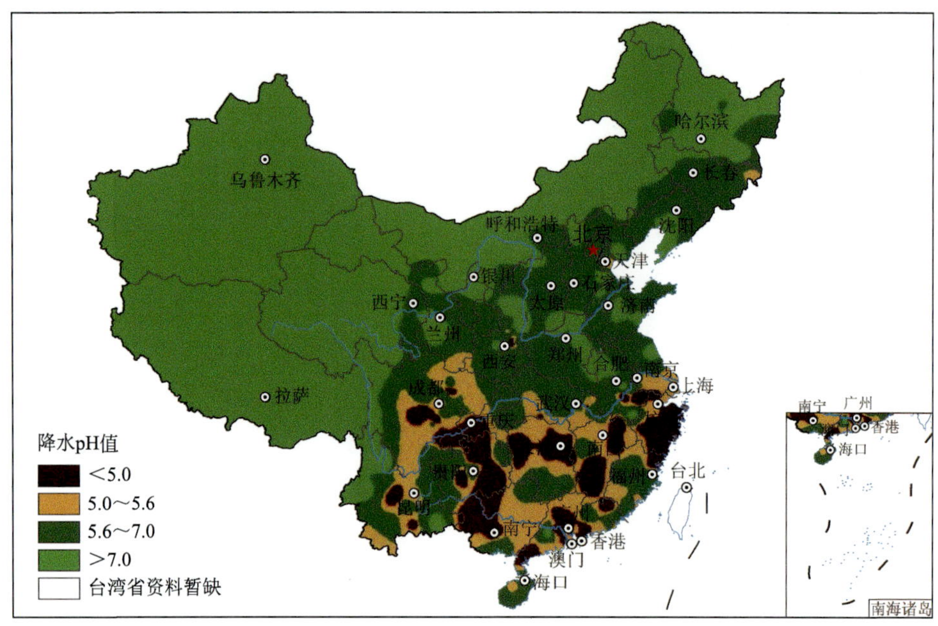

图 4.1　2001 年中国降水 pH 值年均值等值线分布示意（引自《2001 年中国环境状况公报》）

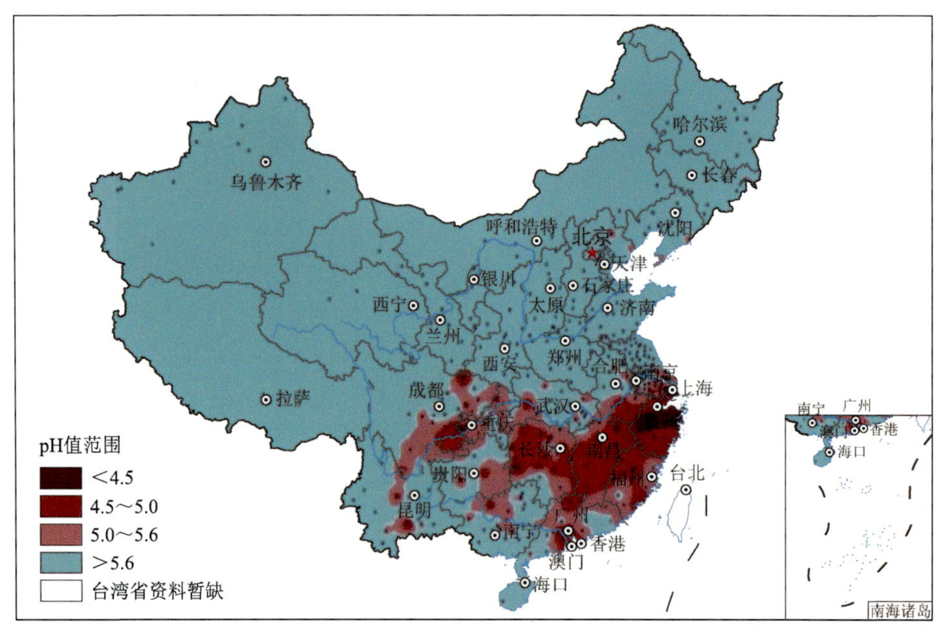

图 4.2　2009 年中国降水 pH 年均值等值线分布示意（引自《2009 年中国环境状况公报》）

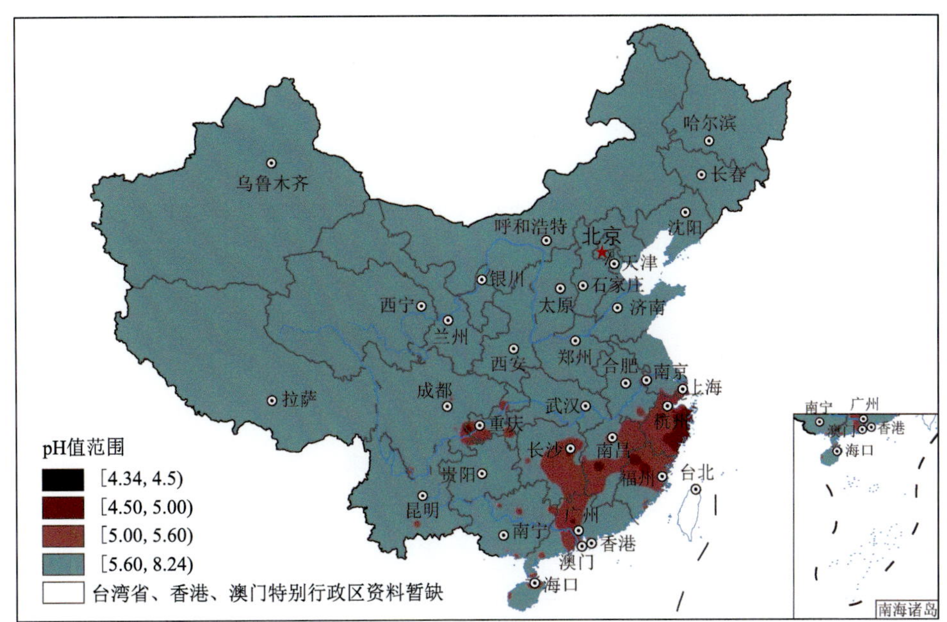

图 4.3　2018 年全国降水 pH 值年均值等值线分布示意（引自《2018 中国生态环境状况公报》）

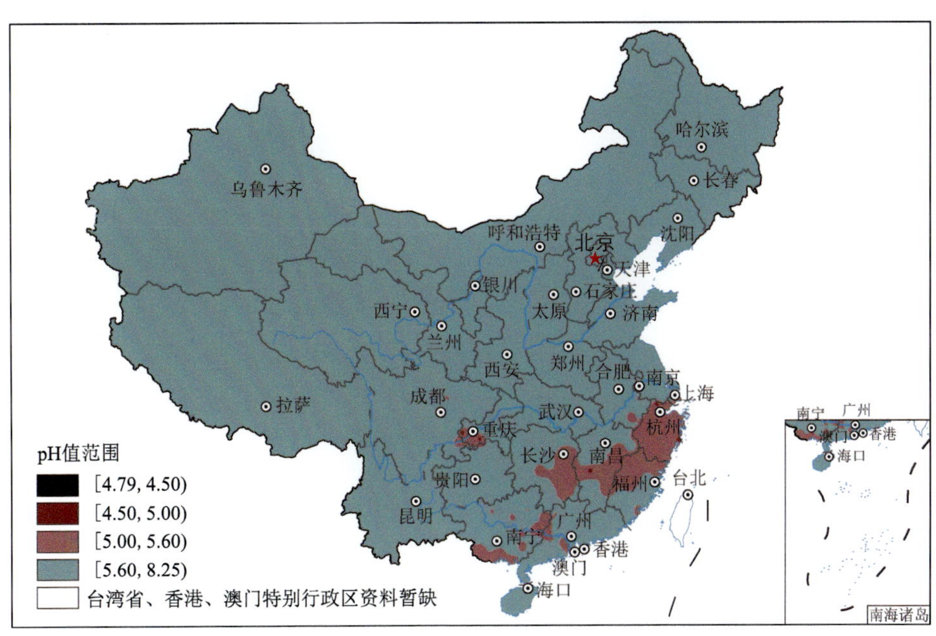

图 4.4　2021 年全国降水 pH 值年均值等值线分布示意（引自《2021 中国生态环境状况公报》）

4.3 酸雨特征

从历年全国降水 pH 值分布示意图（图略）可以看出，重庆一直是酸雨的高发区。本节利用重庆市气象部门 2009—2018 年 34 个国家气象观测站日降水 pH 值和电导率数据，分析重庆市及中心城区酸雨时空变化规律。

4.3.1 酸雨发生频率特征

酸雨发生频率是反映酸雨发生概率、严重程度的重要评价参数。从 2009—2018 年重庆市平均酸雨频率空间分布可以看出（图 4.5），近 10 a 来，除渝东南、渝东北部分区（县）酸雨发生频率较低外，重庆市大部分区（县）酸雨发生频率都在 50%以上。其中，重庆西部地区及重庆至万州之间长江以北的区（县）为酸雨多发区，酸雨发生频率超过 80%，荣昌、大足、璧山等区（县）酸雨发生频率甚至超过了 90%。从全市平均酸雨频率年度变化趋势（图 4.6）可以看出，酸雨发生频率总体是呈逐年下降趋势，由 2009 年的 79.6%下降至 2018 年的 54.3%，尤其在 2013 年以前全市酸雨发生频率超过 70%，2014 年以后酸雨发生频率出现明显下降，降到 60%以下。在月度变化中（图 4.7），酸雨主要出现在 9 月—次年 4 月，5—8 月酸雨发生频率相对较低。

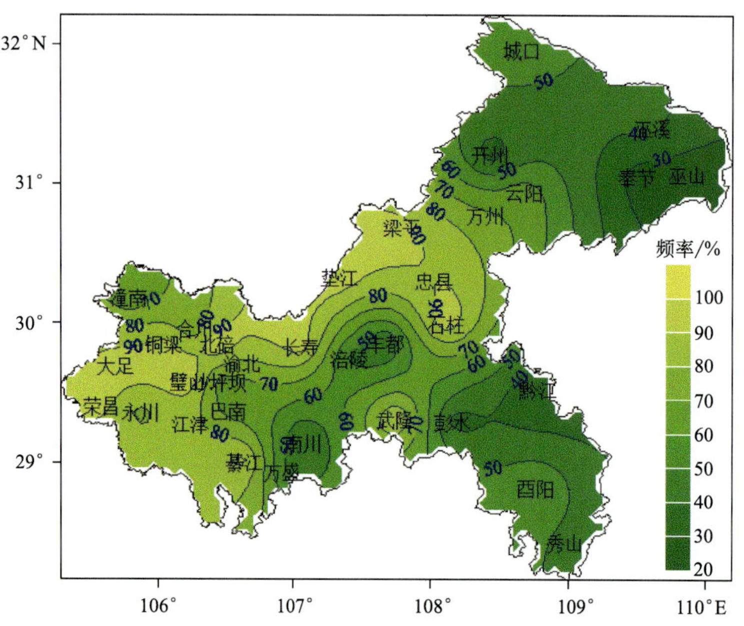

图 4.5　2009—2018 年重庆市平均酸雨频率空间分布

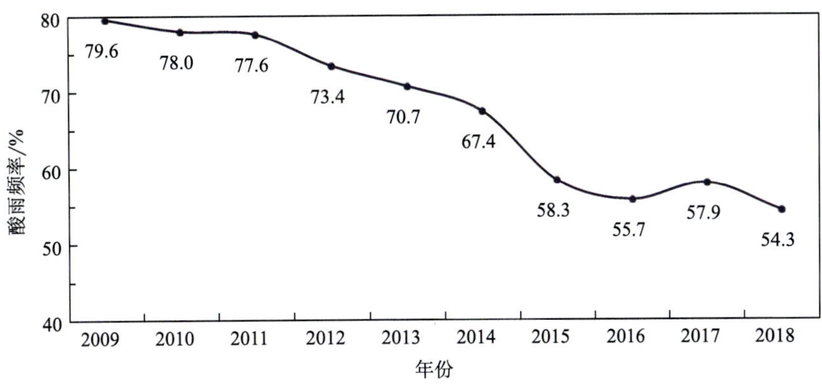

图 4.6　2009—2018 年重庆市平均酸雨频率年度变化

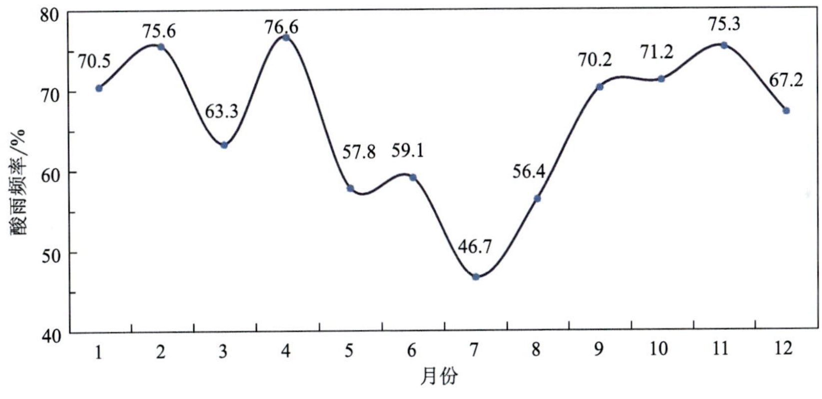

图 4.7　2009—2018 年重庆市平均酸雨频率逐月变化

重庆中心城区作为重庆的产业中心，也是酸雨发生频率较高的地区。以中心城区沙坪坝观测资料为例，与全市平均对比可以看出（图 4.8），2015 年以前中心城区酸雨发生频率基本上高于全市平均值 10 个百分点以上，2015 年以后中心城区酸雨发生频率下降明显，降到 40％以下，尤其是 2017 年酸雨发生频率仅为 13.2％。从 2009—2018 年重庆中心城区（沙坪坝站）与全市平均酸雨频率月际变化可以看出（图 4.9），9 月—次年 4 月，中心城区酸雨发生频率基本高于全市平均值，但在 5—8 月中心城区酸雨发生频率明显低于全市平均值。

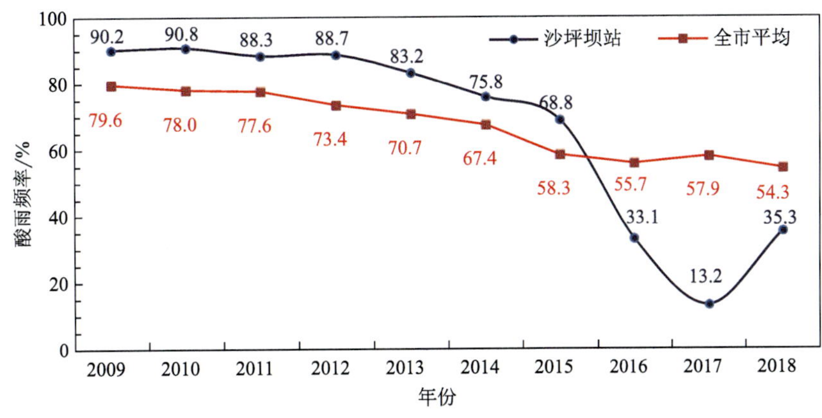

图 4.8　重庆中心城区（沙坪坝站）与全市平均酸雨频率年度变化

从2009年和2018年中心城区逐月酸雨发生频率对比可以看出（图4.10），2009年各月酸雨频率均较高，尤其在冬、春季酸雨发生频率超过90%，甚至达到100%；2018年各月酸雨频率均低于2009年，尤其夏季酸雨发生频率降到22.2%以下。

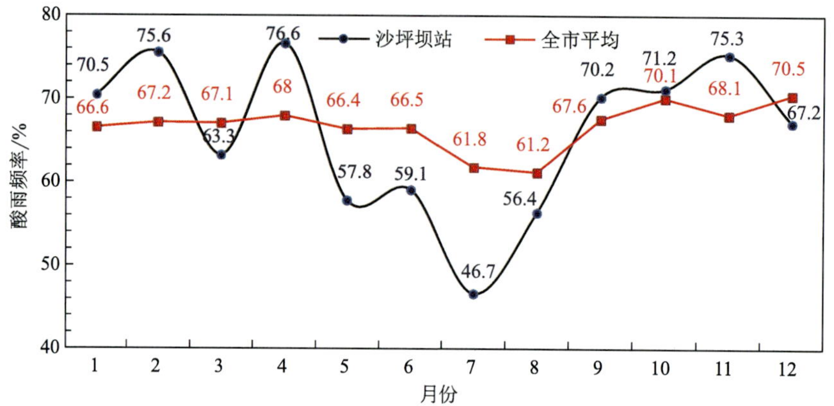

图4.9　2009—2018年重庆中心城区平均（沙坪坝站）与全市平均酸雨频率月际变化

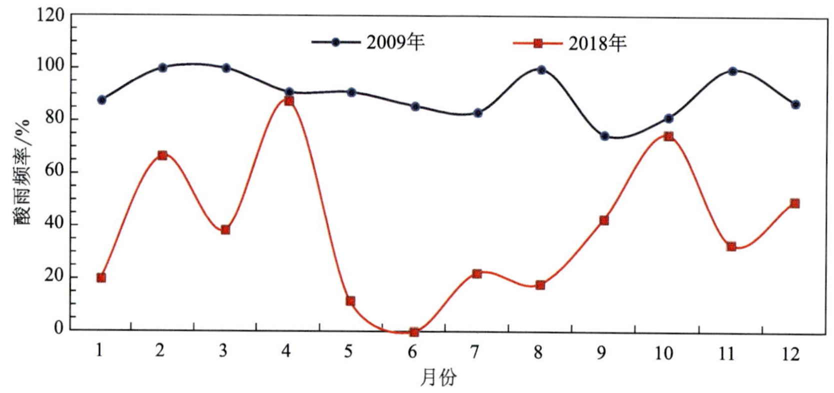

图4.10　重庆中心城区（沙坪坝站）2009年、2018年酸雨频率月度变化

4.3.2　大气降水pH值特征

降水pH值是反映降雨酸性程度的指标，pH值小于5.6作为判定酸雨的标准。从2009—2018年重庆降水pH值年均值逐年空间分布可以看出（图4.11），总体趋势是重庆酸雨范围逐年减小。2009年，重庆市除巫溪、巫山两个县降水pH值大于5.6以外，其余区（县）降水pH值均小于5.6，酸雨区占比为94%，形成以渝西片区大部分区域、城口、奉节、武隆、酉阳、忠县、石柱等区（县）为代表的pH值小于4.5的较严重酸雨区，2010年全市降水pH值分布与2009年相比变化不大。从2011年开始，降水pH值低值区范围开始逐渐缩小，主要分布在重庆西部和东南部地区。2013—2014年，降水pH值低值区范围进一步缩小，降水pH值低值区主要分布在重庆西部及石柱、丰都一带。2015年以后，重庆酸雨较重的范围已经缩小到中心城区及长寿、石柱等小范围内，其中渝东北和渝东南地区降水pH值年均值大于5.6，基本很少出现酸雨。到2018年，除长寿、江津、綦江及石柱等区

（县）酸雨相对较重外，其余大部分区（县）酸雨有了明显的下降。

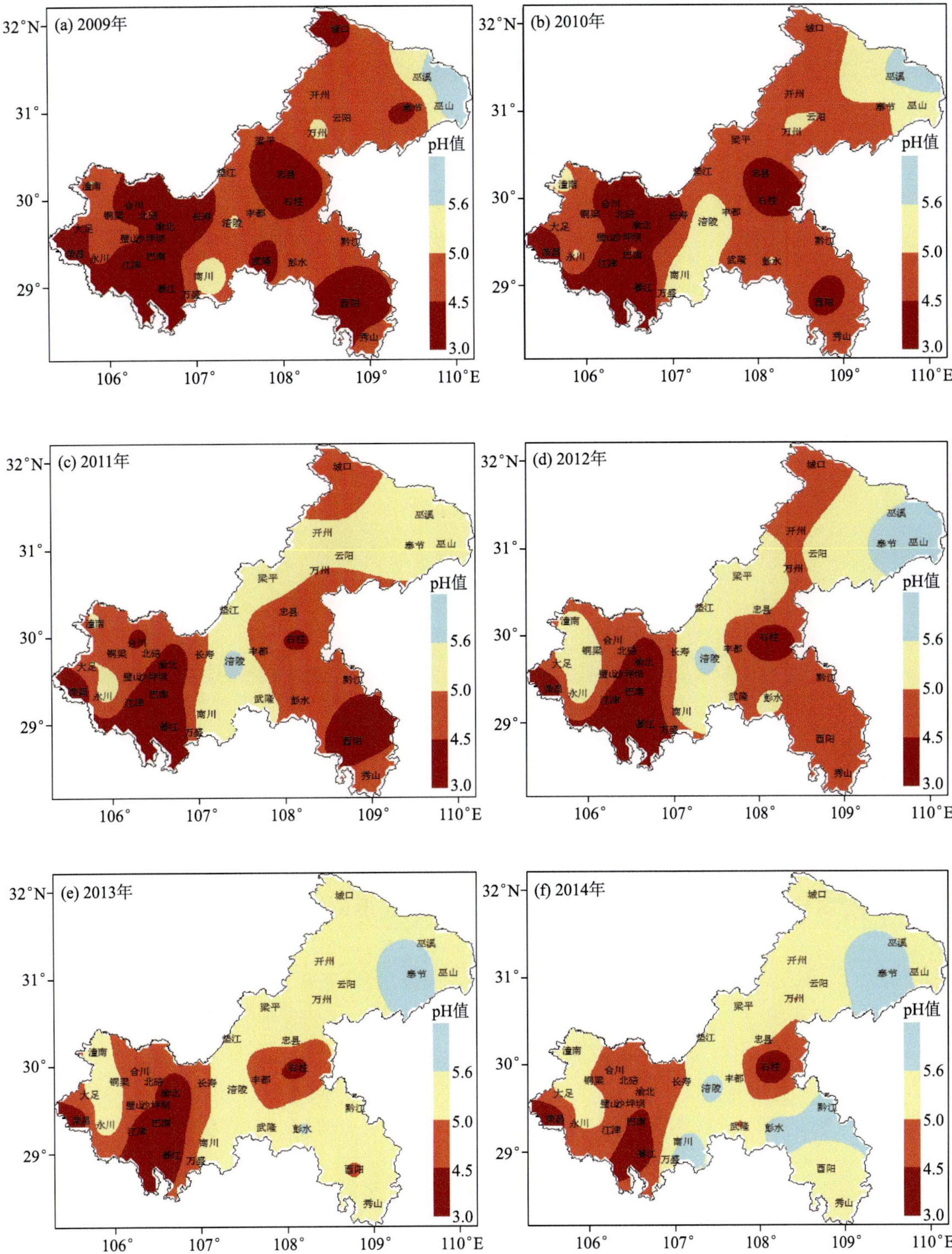

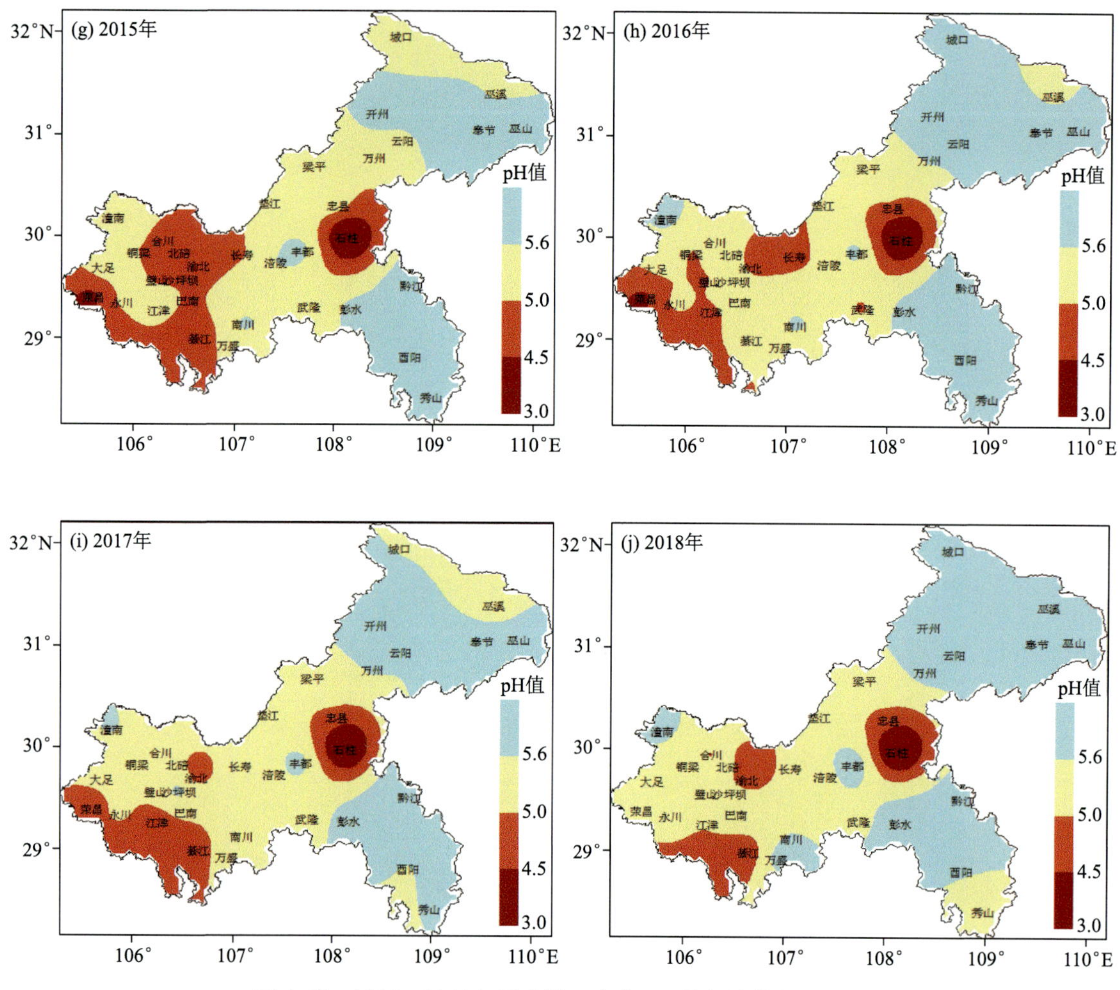

图 4.11　2009—2018 年重庆地区降水 pH 值年均值空间分布

从 2009—2018 年重庆降水 pH 值年均值逐年变化可以看出（图 4.12），近 10 年全市降水 pH 值年均值逐年呈缓慢上升，但均小于 5.6，说明酸雨现象一直存在，尤其在 2013 年以前 pH 值年均值均小于 5.0，相对比较严重。对比中心城区（图 4.13），2016 年以前中心城区的降水 pH 值年均值均低于全市平均，表明中心城区的酸雨较其他区域严重，从 2016 年开始中心城区降水 pH 值年均值已高于全市平均值，尤其 2016 年和 2017 年两年的降水 pH 值年均值高于 5.6，中心城区的酸雨问题得到较大改善。从中心城区降水 pH 值的月变化来看（图 4.14），无论是 2009—2015 年前 7 年的降水 pH 值月平均或是 2016—2018 年近 3 年的降水 pH 值月平均，其变化趋势是基本一致的，均是冬半年的 pH 值更低、夏半年的 pH 值较高，近 3 年中心城区降水 pH 值月均值低于 5.6 的主要集中在 4 月、9 月、10 月、11 月 4 个月。尤其在 2014 年以前，几乎每个月沙坪坝站（57516）的 pH 值月均值均低于 5.0（表 4.1），可见重庆中心城区酸雨问题还是比较严重的。

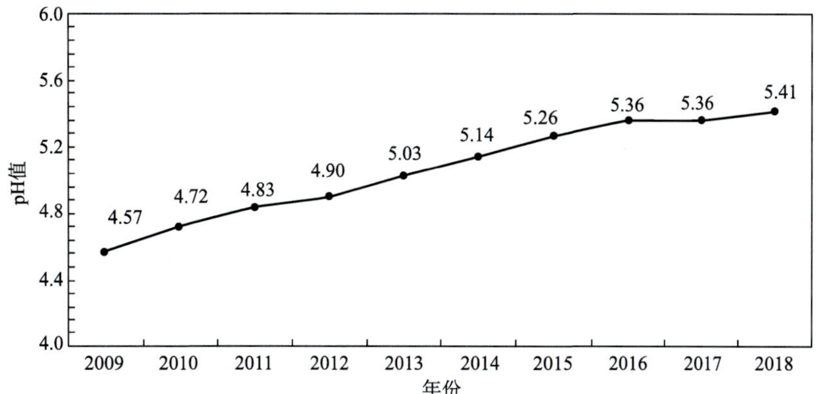

图 4.12 2009—2018 年重庆地区降水 pH 值年均值变化

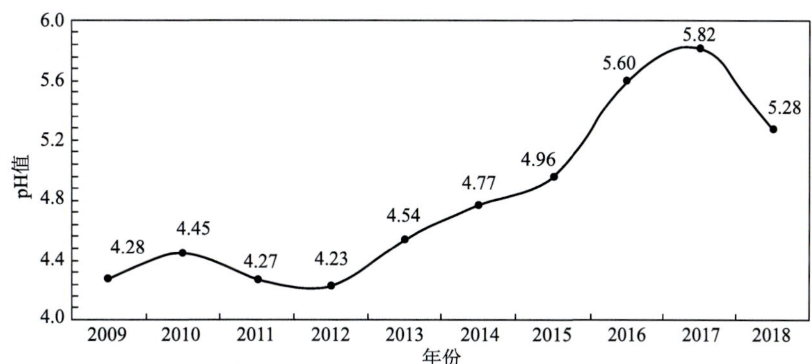

图 4.13 2009—2018 年重庆中心城区降水 pH 值年均值变化

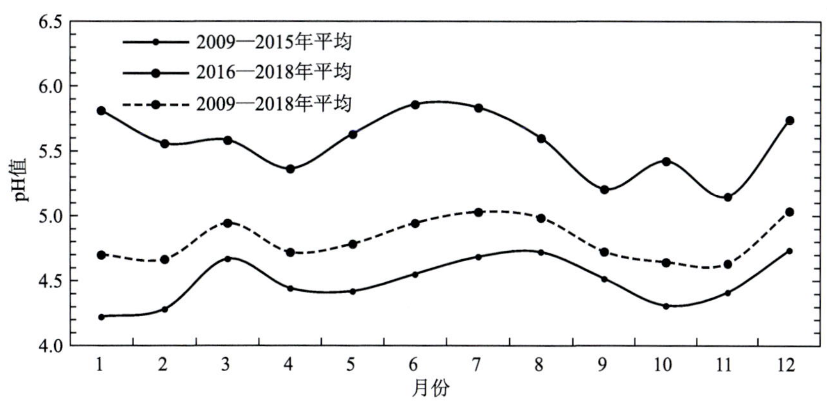

图 4.14 重庆中心城区近 10 年降水 pH 值月平均值变化

表 4.1 重庆中心城区酸雨月平均 pH 值变化

站点	月份	2009 年	2010 年	2011 年	2012 年	2013 年	2014 年	2015 年	2016 年	2017 年	2018 年
57516	1	4.25	3.71	4.03	3.97	3.65	5.46	4.51	5.76	5.83	5.86
57516	2	4.47	4.57	3.88	4.37	3.93	4.27	4.51	5.34	5.76	5.58
57516	3	4.19	4.48	4.08	4.68	5.37	4.48	5.41	5.60	5.99	5.17

续表

站点	月份	2009 年	2010 年	2011 年	2012 年	2013 年	2014 年	2015 年	2016 年	2017 年	2018 年
57516	4	4.38	4.17	4.43	4.68	4.26	4.69	4.50	5.02	5.90	5.17
57516	5	4.25	4.42	4.41	4.01	4.38	4.63	4.85	5.39	5.78	5.73
57516	6	4.27	4.66	4.75	4.13	4.58	4.85	4.64	5.34	6.02	6.23
57516	7	4.17	4.96	4.30	4.32	5.47	4.54	5.06	5.92	6.06	5.53
57516	8	4.71	4.97	4.16	4.11	4.99	4.83	5.31	5.69	5.58	5.54
57516	9	4.15	4.89	3.92	4.02	4.28	5.54	4.83	5.43	5.94	4.25
57516	10	4.03	4.23	4.47	3.42	4.39	4.73	4.92	5.81	5.76	4.70
57516	11	4.10	4.16	4.47	4.26	4.11	4.37	5.43	5.81	5.38	4.27
57516	12	4.44	4.15	4.33	4.76	5.08	4.88	5.53	6.09	5.85	5.30

4.3.3 大气降水 K 值特征

大气降水中含有带正、负电荷的粒子（即各种阴、阳离子），在电场的作用下发生定向移动，形成电流。水中所含离子成分的多少决定着水的导电性能，离子浓度越高，导电性能越强，反之越小。大气降水的电导率定义为通过电导测量池中待测溶液的电流密度（单位：$A \cdot m^{-2}$）与施加其上的电场强度（单位：$V \cdot m^{-1}$）之比，俗称 K 值（单位：$\mu S \cdot cm^{-1}$）。大气降水的电导率用来反映大气降水的导电能力，即反映大气降水洁净程度的重要评价参数，一般来说 K 值越大，大气降水的酸性越强。

2011 年开始全市 34 个区（县）国家气象观测站开始测量 K 值。从 2011—2018 年重庆市平均 K 值空间分布可以看出（图 4.15），近 8 a 来，渝东南和渝东北的大部分区（县）大气降水 K 值

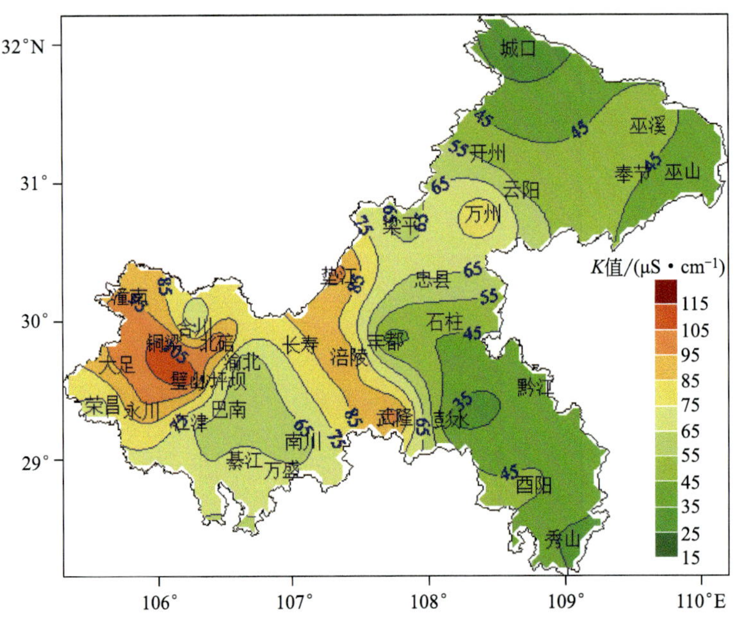

图 4.15　2011—2018 年重庆市大气降水 K 值 8 a 平均空间分布

低于 50 μS·cm^{-1}，重庆中部及渝西各区（县）大气降水 K 值均高于 50 μS·cm^{-1}。其中，渝东北地区大气降水 K 值的高值区为万州区，K 值达到 84.2 μS·cm^{-1}，重庆中部地区大气降水 K 值的高值区主要分布在垫江、涪陵、武隆等，K 值超过 90 μS·cm^{-1}，渝西地区大气降水 K 值的高值区主要分布在铜梁、璧山、北碚等，K 值超过 100 μS·cm^{-1}，为重庆大气降水 K 值的高值中心。对比 2011 年、2018 年重庆市平均 K 值空间分布可以看出（图 4.16、图 4.17），总体趋势是全市大部分区（县）的大气降水 K 值呈下降趋势，K 值平均下降 13.3 μS·cm^{-1}，降幅为 17.9%。但渝东北地区的巫溪、奉节、梁平等区（县）的 K 值呈弱上升趋势，增加值为 3～33 μS·cm^{-1}，渝中地区的垫江、武隆等区（县）的 K 值增加值为 22～36 μS·cm^{-1}，渝西区县的 K 值基本均呈下降趋势。

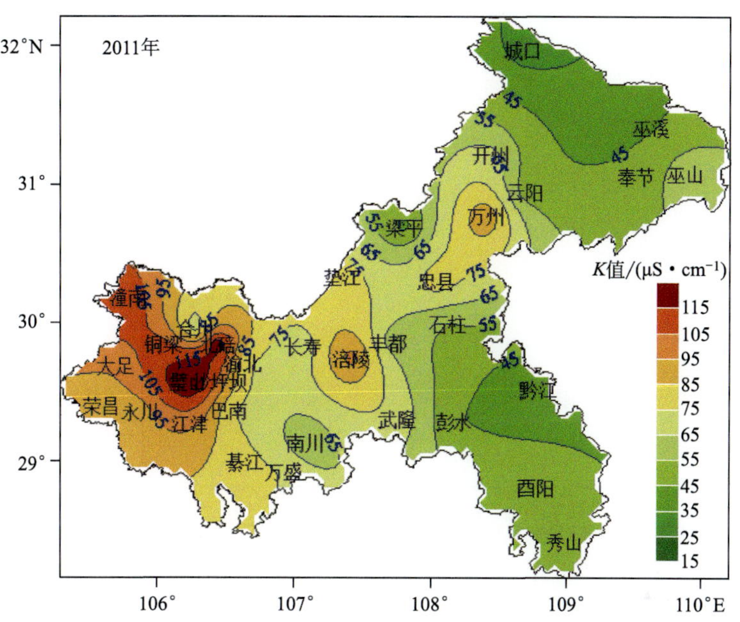

图 4.16　2011 年重庆市大气降水 K 值年平均空间分布

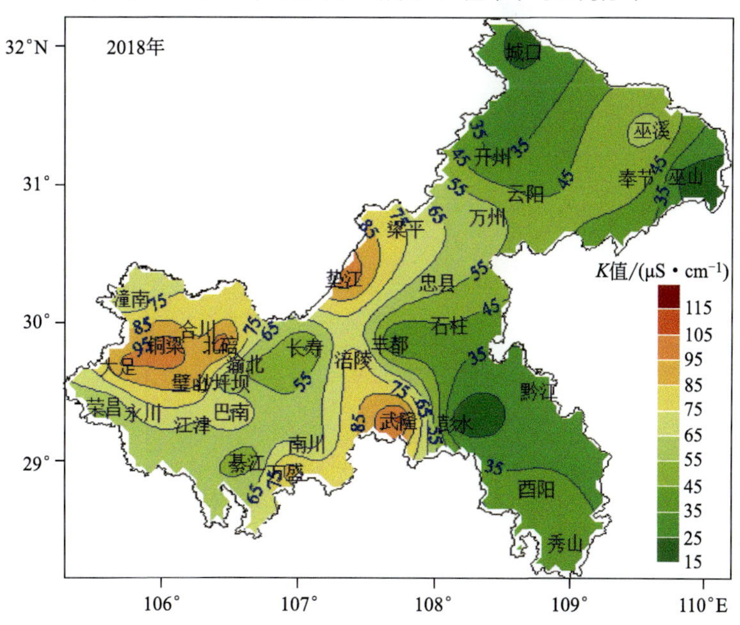

图 4.17　2018 年重庆市大气降水 K 值年平均空间分布

从重庆中心城区（沙坪坝站）与全市平均大气降水 K 值年度变化来看（图 4.18），总趋势是逐年下降。2011 年中心城区大气降水 K 值明显高于全市平均值，超过 100 $\mu S \cdot cm^{-1}$，2012 年之后中心城区大气降水 K 值与全市平均值接近，在 70 $\mu S \cdot cm^{-1}$ 左右。从重庆中心城区（沙坪坝站）与全市平均大气降水 K 值月度变化来看（图 4.19），总趋势是冬半年 K 值高、夏半年 K 值低，中心城区的 K 值月均值基本高于全市，尤其在 12 月和 1 月、2 月、3 月 K 值月均值达到 96～102 $\mu S \cdot cm^{-1}$，明显高于全市平均值。同时，K 值与降水量也存在明显的负相关关系，降水量越大，K 值越小。

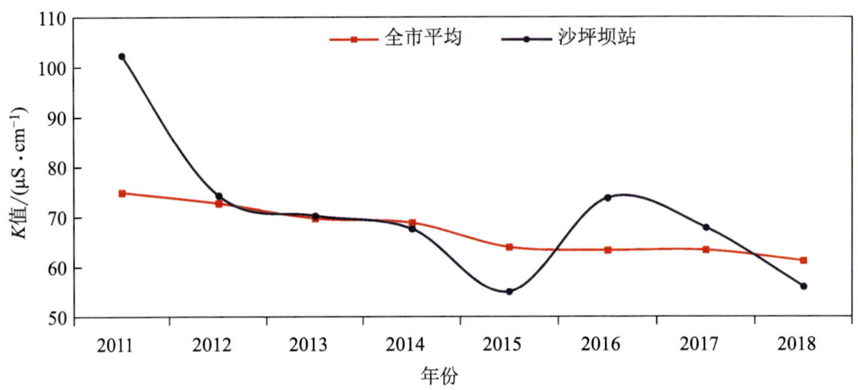

图 4.18　重庆中心城区（沙坪坝站）与全市平均大气降水 K 值年变化

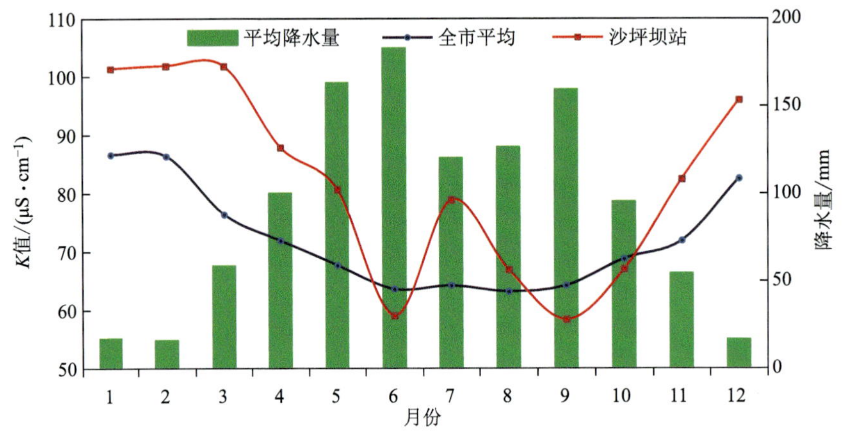

图 4.19　重庆中心城区（沙坪坝站）与全市平均大气降水 K 值月变化

4.4 本章小结

利用重庆市气象部门 2009—2018 年 34 个国家气象观测站日降水 pH 值和电导率数据，对比分析了重庆市及中心城区酸雨时空变化规律。

（1）重庆酸雨发生频率较高，但呈逐年下降趋势。近 10 年来，重庆市大部分区（县）

酸雨发生频率都在 50%以上，部分区（县）甚至超过了 90%；在时间变化上，全市平均酸雨发生频率总体呈逐年下降趋势，由 2009 年的 79%下降至 2018 年的 54.3%，酸雨主要出现在 9 月—次年 4 月，5—8 月酸雨发生频率相对较低。中心城区酸雨发生频率基本高于全市平均值。

（2）重庆酸雨范围逐渐缩小，pH 值呈逐年上升趋势。近 10 年来，重庆酸雨 pH 值低值区范围总体呈逐年缩小趋势，全市及中心城区降水 pH 值年均值逐年呈缓慢上升趋势，中心城区的酸雨问题得到明显改善。

（3）重庆大气降水 K 值呈逐年下降趋势。重庆中、西部地区大气降水 K 值高于渝东北、渝东南地区，总体趋势是全市大部分区（县）的大气降水 K 值呈下降趋势。K 值与降水量也存在明显的负相关，降水量越大，K 值越小。

第5章 重庆空气污染研究

重庆特殊的地理和气候条件除了容易形成雾外，还容易造成空气污染，尤其重庆中心城区污染问题一直备受关注。本章主要总结了重庆气象部门近年来对重庆空气污染的天气学和卫星遥感研究成果。

5.1 空气污染监测与评价标准

5.1.1 空气污染监测布局

从 1996 年开始，重庆市环保局在中心城区设立空气质量监测站开展空气质量自动监测，监测项目包括可吸入颗粒物（PM_{10}）、二氧化硫（SO_2）、二氧化氮（NO_2）3 项。2002 年对外公布的监测点分别为渝中区的解放碑、大渡口区的新山村、沙坪坝的高家花园和天星桥、九龙坡的杨家坪、南岸区的南坪、渝北区的人和站点以及北碚区的缙云山清洁对照点。2006 年取消沙坪坝的天星桥，增加了渝北区的两路、北碚区的天生、巴南区的鱼洞站点；2007 年增加渝北区的礼嘉和沙坪坝区的虎溪站点；2008 年增加江北区的唐家沱站点；2009 年增加南岸区的茶园站点；2011 年增加九龙坡区的白市驿站点。2013 年 1 月，根据环境保护部统一部署和要求，重庆市（中心城区）作为全国首批 74 个城市（京津冀、长三角、珠三角等重点区域以及直辖市和省会城市）之一开始实施空气质量新标准《环境空气质量标准》（GB 3095—2012），中心城区以外的区（县）从 2016 年 9 月开始实施空气质量新标准，并向社会发布可吸入颗粒物（PM_{10}）、二氧化硫（SO_2）、二氧化氮（NO_2）、细颗粒物（$PM_{2.5}$）、臭氧（O_3）、一氧化碳（CO）等大气污染物的实时浓度、环境空气质量指数（AQI）等信息（重庆市生态环境局官网 http://sthjj.cq.gov.cn/）。截至 2019 年，重庆中心城区（包括渝中区、大渡口区、江北区、沙坪坝区、九龙坡区、南岸区、北碚区、渝北区、巴南区、两江新区、高新区）共设有空气质量监测点 32 个，其中国控点 17 个（缙云山为清洁对照点），市控点 15 个（图 5.1，高家花园、水土站点为研究点，未标示）。

2013 年以后，重庆市环保局逐步在中心城区以外的其他行政区（县）设立空气质量监测站开展空气质量自动监测，截至 2019 年，重庆中心城区以外的 30 个区、县（长寿区、江津区、合川区、永川区、南川区、綦江区、大足区、璧山区、铜梁区、潼南区、荣昌区、万州区、开州区、梁平区、武隆区、黔江区、涪陵区、城口县、丰都县、垫江县、忠县、云阳

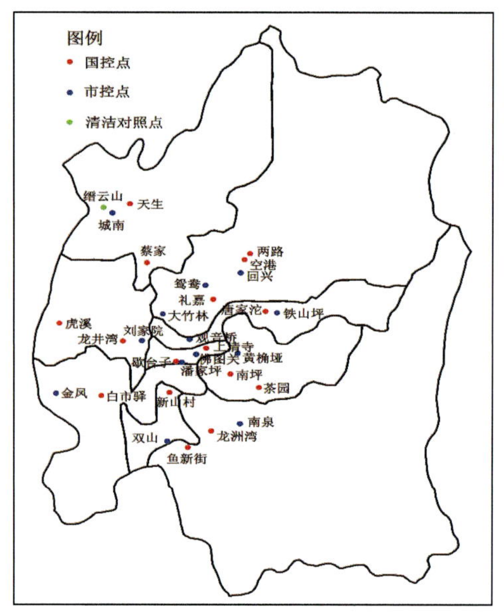

图 5.1　2019 年重庆中心城区空气质量监测点分布

县、奉节县、巫山县、巫溪县、石柱土家族自治县、秀山土家族苗族自治县、酉阳土家族苗族自治县、彭水苗族土家族自治县及万盛经开区）共设有空气质量监测点 42 个（图 5.2）。

图 5.2　2019 年重庆市环境空气质量监测点分布

5.1.2 环境空气质量监测与评价标准

根据环保部门的相关规定，环境空气质量监测与评价在 2013 年以前采用的是《环境空气质量标准》（GB 3095—1996），用空气污染指数（Air Pollution Index，API）来表征空气质量的优劣，API 由 PM_{10}、SO_2、NO_2 3 项的污染指数取最大值来确定，其空气污染指数对应的污染物浓度限值及空气质量状况如表 5.1、表 5.2 所示。2013 年之后采用的是《环境空气质量标准》（GB 3095—2012），以空气质量指数（Air Quality Index，AQI）来表征空气质量的优劣，AQI 由 PM_{10}、$PM_{2.5}$、SO_2、NO_2、O_3、CO 6 项的污染指数取最大值来确定，其空气质量指数对应的污染物浓度限值及空气质量状况如表 5.3、表 5.4 所示。新标准中空气质量指数级别由旧标准的 5 级调整为 6 级。由于 AQI 采用分级限制标准更严，AQI 较 API 监测的污染物指标更多，其评价结果更加客观。

表 5.1 空气污染指数对应的污染物浓度限值（GB 3095—1996）

污染指数	污染物浓度/($\mu g \cdot m^{-3}$)		
API	SO_2(日均值)	NO_2(日均值)	PM_{10}(日均值)
50	50	80	50
100	150	120	150
200	800	280	350
300	1600	565	420
400	2100	750	500
500	2620	940	600

表 5.2 空气污染指数范围及相应的空气质量类别（GB 3095—1996）

空气污染指数 API	空气质量级别	空气质量状况
0～50	Ⅰ	优
51～100	Ⅱ	良
101～200	Ⅲ	轻度污染
201～300	Ⅳ	中度污染
＞300	Ⅴ	重污染

表 5.3 空气质量分指数及对应污染物项目浓度限值（GB 3095—2012）

空气质量分指数(IAQI)	二氧化硫(SO_2) 24 h 平均/($\mu g \cdot m^{-3}$)	二氧化硫(SO_2) 1 h 平均/($\mu g \cdot m^{-3}$)	二氧化氮(NO_2) 24 h 平均/($\mu g \cdot m^{-3}$)	二氧化氮(NO_2) 1 h 平均/($\mu g \cdot m^{-3}$)	颗粒物(PM_{10} 粒径小于或等于 10 μm) 24 h 平均/($\mu g \cdot m^{-3}$)	一氧化碳(CO) 24 h 平均/($mg \cdot m^{-3}$)	一氧化碳(CO) 1 h 平均/($mg \cdot m^{-3}$)	臭氧(O_3) 1 h 平均/($\mu g \cdot m^{-3}$)	臭氧(O_3) 8 h 滑动平均/($\mu g \cdot m^{-3}$)	颗粒物($PM_{2.5}$ 粒径小于或等于 2.5 μm) 24 h 平均/($\mu g \cdot m^{-3}$)
0	0	0	0	0	0	0	0	0	0	0
50	50	150	40	100	50	2	5	160	100	35

续表

空气质量分指数（IAQI）	二氧化硫（SO_2）24 h平均/（$\mu g \cdot m^{-3}$）	二氧化硫（SO_2）1 h平均/（$\mu g \cdot m^{-3}$）	二氧化氮（NO_2）24 h平均/（$\mu g \cdot m^{-3}$）	二氧化氮（NO_2）1 h平均/（$\mu g \cdot m^{-3}$）	颗粒物（PM_{10}粒径小于或等于10 μm）24 h平均/（$\mu g \cdot m^{-3}$）	一氧化碳（CO）24 h平均/（$mg \cdot m^{-3}$）	一氧化碳（CO）1 h平均/（$mg \cdot m^{-3}$）	臭氧（O_3）1 h平均/（$\mu g \cdot m^{-3}$）	臭氧（O_3）8 h滑动平均/（$\mu g \cdot m^{-3}$）	颗粒物（$PM_{2.5}$粒径小于或等于2.5 μm）24 h平均/（$\mu g \cdot m^{-3}$）
100	150	500	80	200	150	4	10	200	160	75
150	475	650	180	700	250	14	35	300	215	115
200	800	800	280	1200	350	24	60	400	265	150
300	1600	(2)	565	2340	420	36	90	800	800	250
400	2100	(2)	750	3090	500	48	120	1000	(3)	350
500	2620	(2)	940	3840	600	60	150	1200	(3)	500
说明	(1)二氧化硫（SO_2）、二氧化氮（NO_2）和一氧化碳（CO）的1 h平均浓度限值仅用于实时报，在日报中需使用相应污染物的24 h平均浓度限值。 (2)二氧化硫（SO_2）1 h平均浓度值高于800 $\mu g \cdot m^{-3}$的，不再进行其空气质量分指数计算，二氧化硫（SO_2）空气质量分指数按24 h平均浓度计算的分指数报告。 (3)臭氧（O_3）8 h平均浓度值高于800 $\mu g \cdot m^{-3}$的，不再进行其空气质量分指数计算，臭氧（O_3）空气质量分指数按1 h平均浓度计算的分指数报告。									

表 5.4　空气质量指数范围及相应的空气质量类别（GB 3095—2012）

空气质量指数 AQI	空气质量级别	空气质量状况
0～50	Ⅰ	优
51～100	Ⅱ	良
101～150	Ⅲ	轻度污染
151～200	Ⅳ	中度污染
201～300	Ⅴ	重度污染
＞300	Ⅵ	严重污染

5.2 空气污染天气学研究

2013年执行新的环境空气质量标准后，重庆市环保部门公开发布了PM_{10}、SO_2、NO_2、$PM_{2.5}$、O_3、CO 6项大气污染物监测结果。本节主要基于2013—2019年《重庆市生态环境状况公报》中PM_{10}、SO_2、NO_2、$PM_{2.5}$、O_3、CO 6项大气污染物年资料进行统计分析。2013—2015年中心城区以外其他区（县）仅有PM_{10}、SO_2、NO_2 3项大气污染物年数据，2016年由于中心城区以外其他区（县）7—8月空气质量监测系统因升级改造暂停监测工作，2017—2019年全市各区（县）均有PM_{10}、SO_2、NO_2、$PM_{2.5}$、O_3、CO 6项大气污染物年均值数据。

5.2.1 全市空气污染时空分布特征

5.2.1.1 主要污染物浓度空间分布特征

(1) PM_{10} 空间分布特征

从全市各区（县）PM_{10} 平均浓度空间分布来看（图 5.3），2013—2019 年（不包括 2016 年）PM_{10} 平均浓度存在明显的区域性差异，呈现出以中心城区为中心的盆地区域较高、东南部山区较低的特点。PM_{10} 平均浓度高值区主要位于中心城区以及江津、长寿等地，PM_{10} 平均浓度超过 70 $\mu g \cdot m^{-3}$，中心城区甚至超过 80 $\mu g \cdot m^{-3}$，中心城区仍然是全市 PM_{10} 的高浓度中心；低值区主要位于东南部的彭水、石柱、黔江、酉阳、秀山及渝东北的城口等区县，PM_{10} 平均浓度低于 60 $\mu g \cdot m^{-3}$。

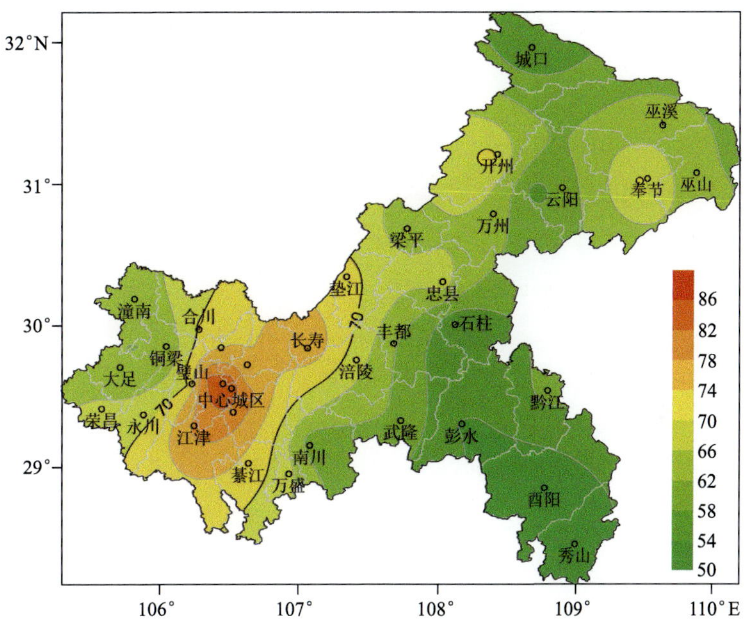

图 5.3 2013—2019 年（不包含 2016 年）重庆地区 PM_{10} 平均浓度空间分布（单位：$\mu g \cdot m^{-3}$）

从全市各区（县）PM_{10} 年均浓度的时间变化（图 5.4）来看，与 2013 年相比，2015 年重庆各区（县）PM_{10} 年均浓度均呈下降趋势（图 5.4a），其中荣昌、忠县、石柱等下降最为明显，荣昌 PM_{10} 年均浓度降低 40 $\mu g \cdot m^{-3}$ 以上；与 2015 年相比，2017 年重庆各区（县）PM_{10} 年均浓度变化呈波动趋势，有升有降，中心城区、中部偏北地区、东北部大部分地区、东南部偏北地区普遍有不同程度的下降，其中中心城区下降明显，而西部、西南部、中部偏南地区、东北部部分地区、东南部偏南地区普遍有不同程度的上升，其中荣昌、大足、铜梁等 PM_{10} 年均浓度增幅超 20 $\mu g \cdot m^{-3}$（图 5.4b）；与 2017 年相比，2019 年重庆各区（县）PM_{10} 年均浓度普遍有不同程度的下降，其中大足、铜梁、璧山、永川、江津、南川、万盛经开区、武隆等下降较为明显，下降 20 $\mu g \cdot m^{-3}$ 以上（图 5.4c）。

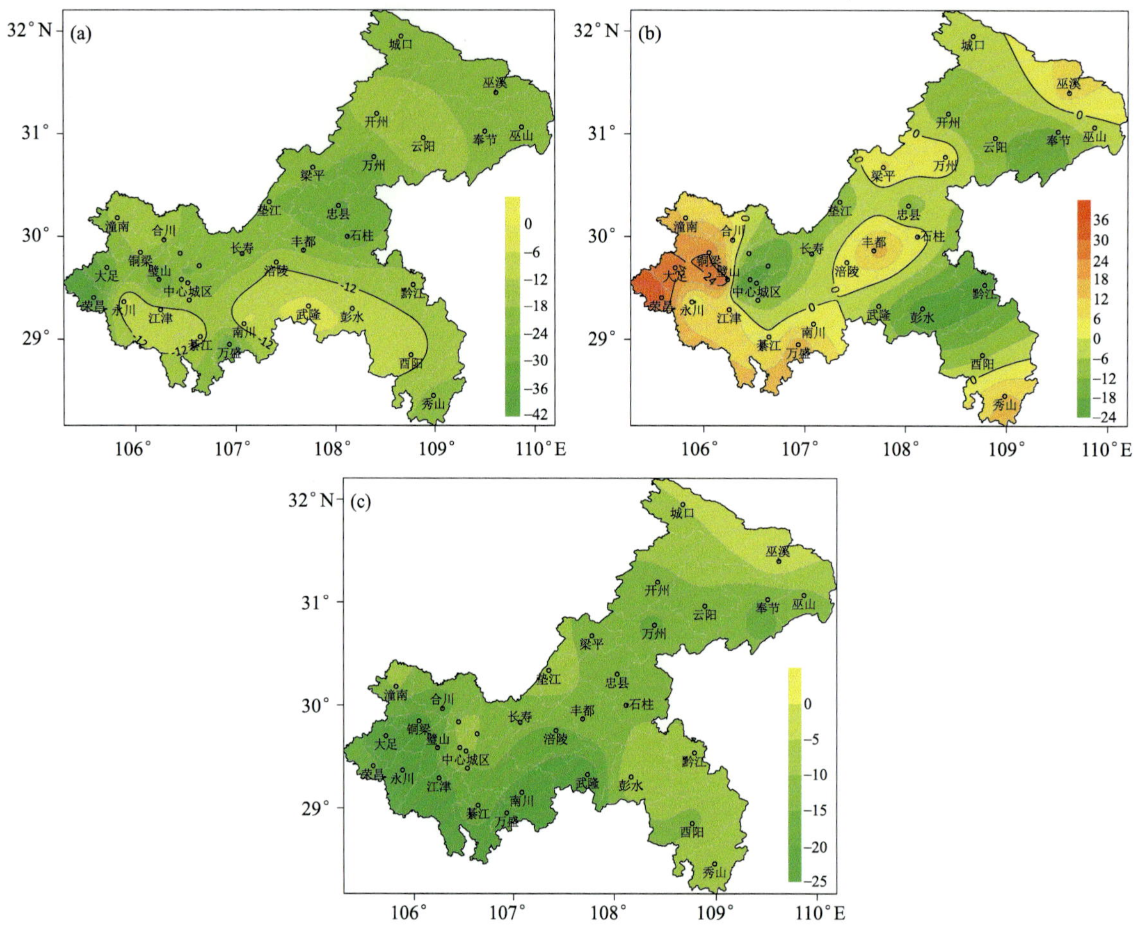

图 5.4 重庆地区 PM_{10} 年均浓度 2015 年较 2013 年的变化量（a）、 2017 年较 2015 年的变化量（b）、 2019 年较 2017 年的变化量（c）（单位： μg · m^{-3}）

（2）NO_2 空间分布特征

从全市各区（县）NO_2 平均浓度的空间分布来看（图 5.5），2013—2019 年（不包括 2016 年）NO_2 平均浓度存在明显的区域性差异，呈现出中心城区、西南部、中部以及东北部大部分地区较高，西部偏西地区、东北部偏北地区以及东南部较低的特点，NO_2 平均浓度高值区主要位于中心城区、西南部的江津等地，其中中心城区 NO_2 平均浓度超过 40 μg · m^{-3}，低值区主要位于东北部的城口、巫溪以及东南部的石柱、黔江、酉阳、秀山等地，NO_2 平均浓度低于 20 μg · m^{-3}。

从全市各区（县）NO_2 平均浓度的时间变化来看（图 5.6），与 2013 年相比，2015 年重庆各区（县）NO_2 年均浓度变化分布不均，中心城区、西南部大部分地区、东南部偏南地区、东北部偏东地区普遍有不同程度的上升，其中万盛经开区、垫江、巫溪、巫山等区（县）NO_2 平均浓度增幅接近或超过 20 μg · m^{-3}，西部、中部地区、东南部偏北地区、东北部偏西地区普遍有不同程度的下降（图 5.6a）；与 2015 年相比，2017 年重庆大部分区（县）NO_2 年均浓度有不同程度的下降，其中垫江、万盛经开区等地下降较为明显，下降 20 μg · m^{-3} 以上，恢复到 2015 年水平；与 2017 年相比，2019 年重庆各区（县）NO_2 年均浓度变化幅度较小，变化量绝对值普遍在 10 μg · m^{-3} 以内。

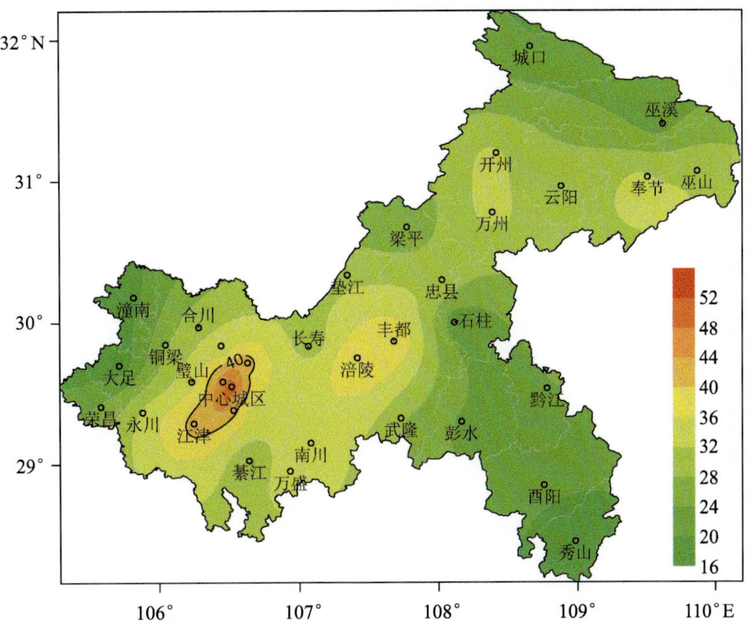

图 5.5 2013—2019 年（不包括 2016 年）重庆地区 NO_2 平均浓度空间分布（单位：μg · m^{-3}）

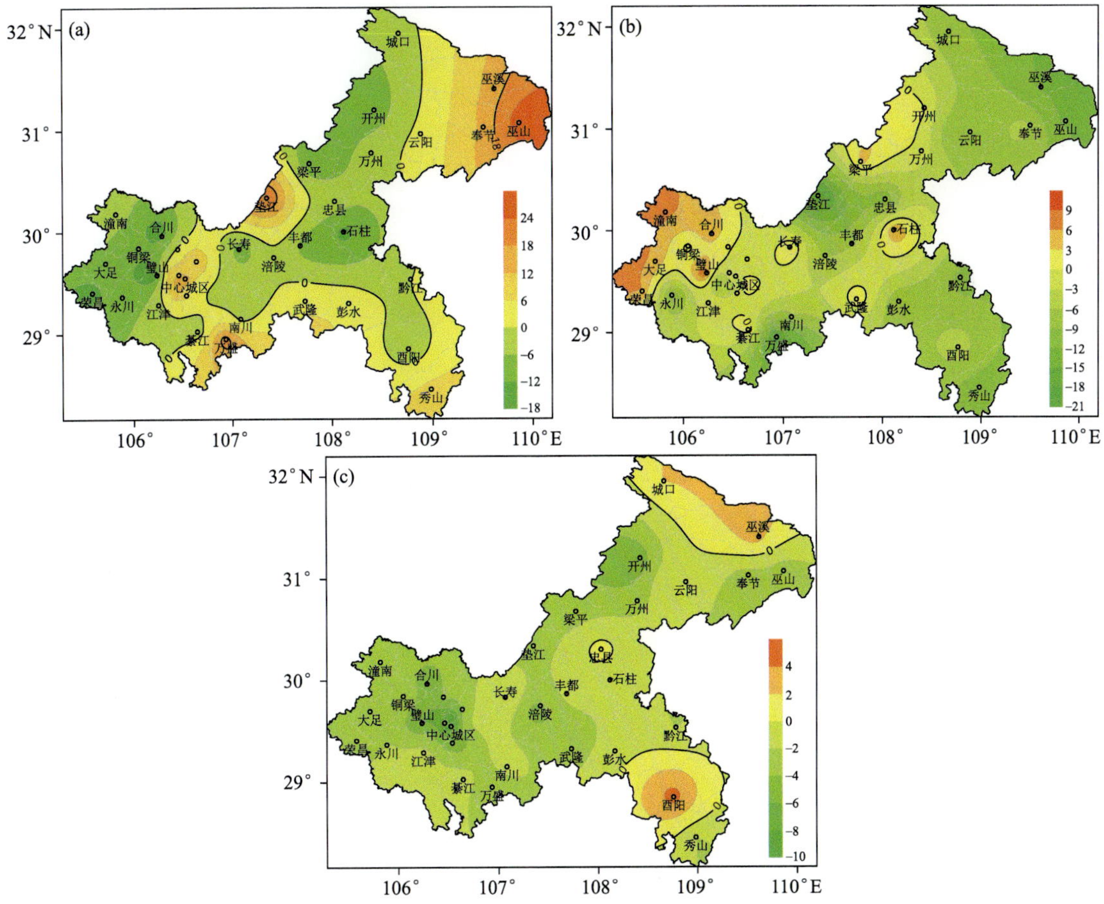

图 5.6 重庆地区 NO_2 年均浓度 2015 年较 2013 年的变化量（a）、
2017 年较 2015 年的变化量（b）、2019 年较 2017 年的变化量（c）（单位：μg · m^{-3}）

（3）SO_2 空间分布特征

从全市各区（县）SO_2 平均浓度空间分布来看（图 5.7），2013—2019 年（不包括 2016 年）SO_2 平均浓度存在明显的区域性差异，呈现出西南部较高、东部偏东地区较低的特点，SO_2 平均浓度高值区主要位于西南部的万盛经开区、南川、綦江等地，超过 30 $\mu g \cdot m^{-3}$，低值区主要位于东北部的巫山、巫溪、云阳、奉节、东南部的酉阳以及中部的梁平等地。

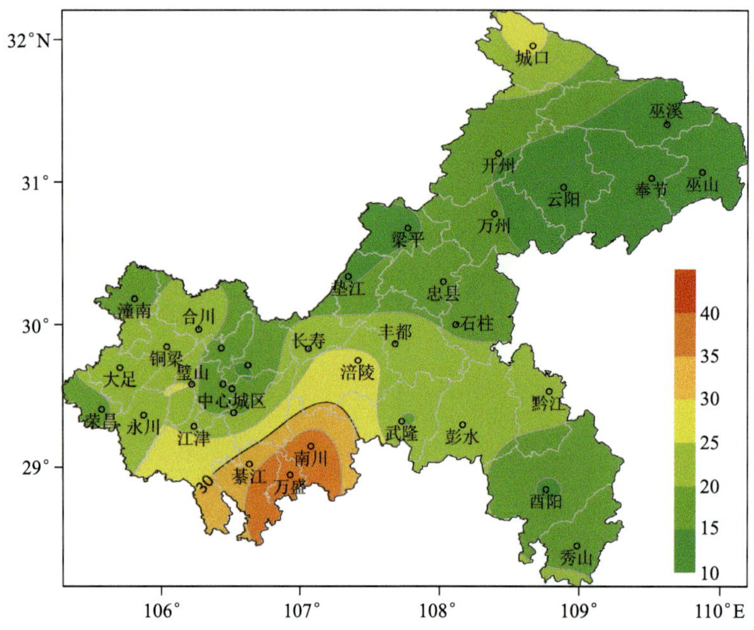

图 5.7　2013—2019 年（不包含 2016 年）重庆地区 SO_2 平均浓度空间分布（单位：$\mu g \cdot m^{-3}$）

从全市各区（县）SO_2 平均浓度的时间变化（图 5.8）来看，与 2013 年相比，2015 年重庆各区（县）SO_2 年均浓度均有不同程度的下降，其中涪陵、丰都下降较为明显，降幅超过 30 $\mu g \cdot m^{-3}$（图 5.8a）；与 2015 年相比，2017 年重庆大部分区（县）SO_2 年均浓度有不同程度的下降，其中城口下降最为明显，下降 20 $\mu g \cdot m^{-3}$ 以上；与 2017 年相比，2019 年重庆大部分区（县）SO_2 年均浓度有所下降，其中万盛经开区、南川、璧山下降较为明显，下降 15 $\mu g \cdot m^{-3}$ 以上。

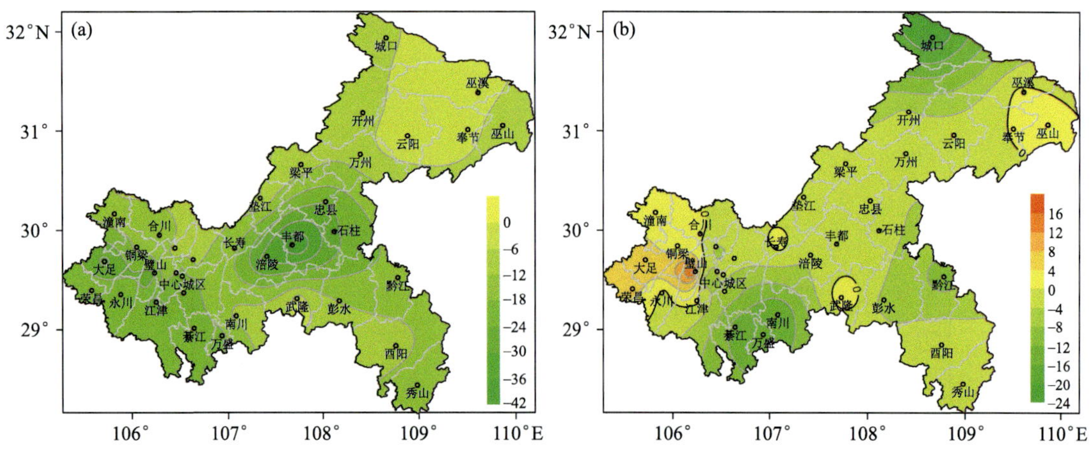

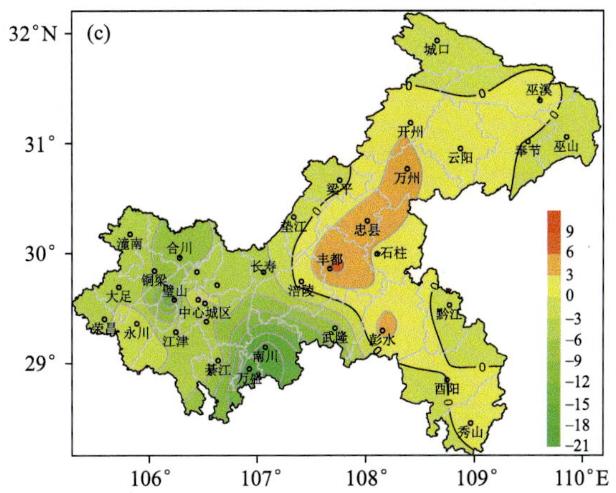

图 5.8　重庆地区 SO_2 平均浓度 2015 年较 2013 年的变化量（a）、2017 年较 2015 年的变化量（b）、 2019 年较 2017 年的变化量（c）（单位：μg · m^{-3}）

（4）$PM_{2.5}$ 空间分布特征

从全市各区（县）$PM_{2.5}$ 平均浓度空间分布来看（图 5.9），重庆 2017—2019 年 $PM_{2.5}$ 平均浓度存在明显的区域性差异，呈现出西部、西南部以及中部偏北地区较高，东南部及东北部偏东地区较低的特点，$PM_{2.5}$ 平均浓度高值区主要位于西部的荣昌、璧山、合川以及西南部的江津等地，$PM_{2.5}$ 年均浓度超过 50 $\mu g \cdot m^{-3}$，低值区主要位于东北部的城口、云阳以及东南部的黔江、酉阳、彭水、武隆等地，$PM_{2.5}$ 年均浓度低于 30 $\mu g \cdot m^{-3}$。

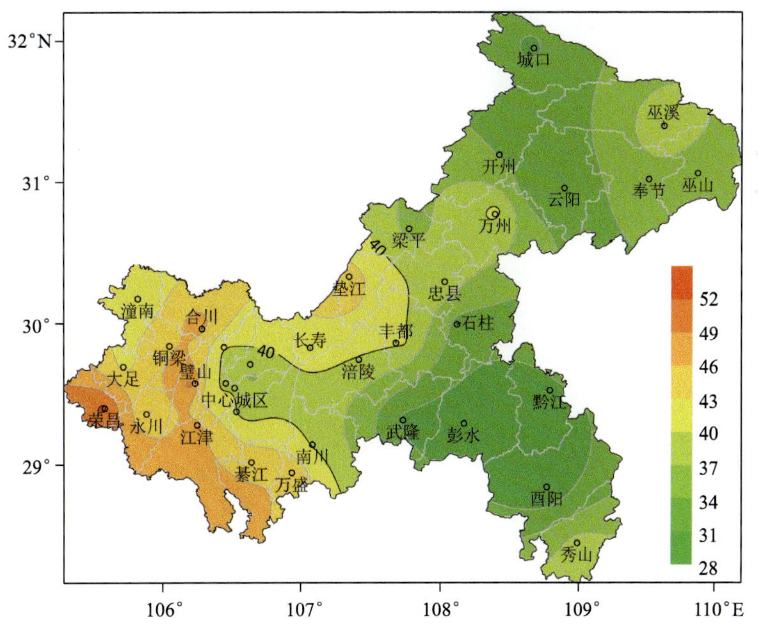

图 5.9　2017—2019 年重庆地区 $PM_{2.5}$ 平均浓度空间分布（单位：μg · m^{-3}）

从全市各区（县）$PM_{2.5}$ 年均浓度的时间变化来看（图 5.10），与 2017 年相比，2018 年重庆各区（县）$PM_{2.5}$ 年均浓度均有下降（图 5.10a），其中合川、永川、南川、大足、丰都下降较为明显，降幅超过 10 $\mu g \cdot m^{-3}$；与 2018 年相比，2019 年重庆各区县 $PM_{2.5}$ 年均浓度普遍有所下降，其中西部大部分区（县）下降明显，降幅超过 10 $\mu g \cdot m^{-3}$（图 5.10b）。

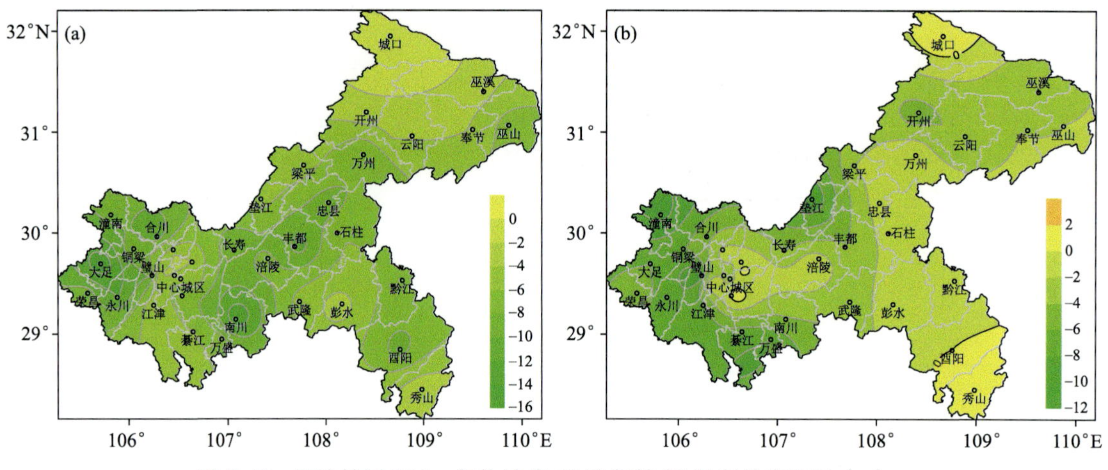

图 5.10 重庆地区 $PM_{2.5}$ 年均浓度 2018 年较 2017 年的变化量（a）、2019 年较 2018 年的变化量（b）（单位：$\mu g \cdot m^{-3}$）

（5）O_3 空间分布特征

从全市各区（县）O_3 浓度的空间分布来看（图 5.11），重庆 2017—2019 年 O_3 平均浓度（O_3 年浓度为 O_3 日最大 8 h 平均浓度的第 90 百分位数，2017—2019 年 O_3 平均浓度为这 3 a 年浓度平均值）存在明显的区域性差异，呈现出中心城区、西南部偏西地区以及中部偏北地区较高、东北部偏北地区以及东南部大部分地区较低的特点，O_3 平均浓度高值区主要位于中心城区、西南部的江津以及西部的合川、璧山等地，平均浓度超过 150 $\mu g \cdot m^{-3}$，低值区主要位于东北部的城口、巫溪以及东南部的彭水等地，平均浓度低于 100 $\mu g \cdot m^{-3}$。

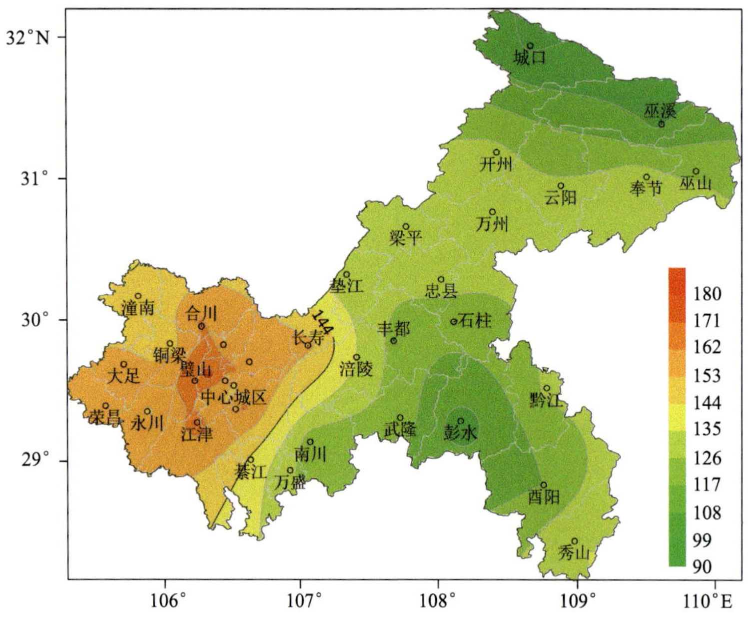

图 5.11 2017—2019 年重庆地区 O_3 平均浓度空间分布（单位：$\mu g \cdot m^{-3}$）

从全市各区（县）O_3 平均浓度的时间变化（图 5.12）来看，与 2017 年相比，2018 年重庆各区（县）O_3 平均浓度变化分布不均，西部部分地区、中部、东南部大部分地区、东北部部分地区普遍有不同程度的上升，其中璧山、铜梁、合川、忠县等区（县）O_3 平均浓度增幅接近或超过 20 $\mu g \cdot$

m^{-3}，西南部、东北部偏北地区普遍有不同程度的下降，O_3 平均浓度降幅超过 10 μg・m^{-3}（图 5.12a）；与 2018 年相比，2019 年重庆各区（县）O_3 平均浓度变化分布不均，西部偏南地区、西南部大部分地区、中部大部分地区、东南部、东北部偏东地区普遍有不同程度的上升，中心城区、西部偏西及偏北地区、中部偏北地区、东北部偏西地区普遍有不同程度的下降（图 5.12b）。

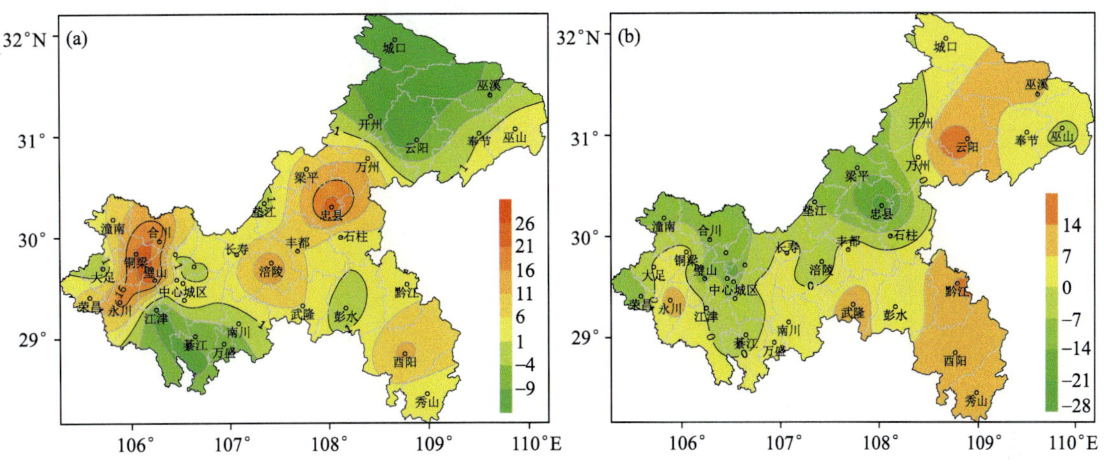

图 5.12　重庆地区 O_3 平均浓度 2018 年较 2017 年的变化量（a）、2019 年较 2018 年的变化量（b）（单位：μg・m^{-3}）

（6）CO 空间分布特征

从全市各区县 CO 浓度的空间分布来看（图 5.13），重庆 2017—2019 年 CO 平均浓度（CO 年浓度为 CO 日均浓度的第 95 百分位数，2017—2019 年 CO 平均浓度为这 3 a 年浓度的平均值）存在较明显的区域性差异，呈现出东北部偏北地区较高、东南部偏南地区较低的特点，CO 平均浓度高值区主要位于东北部的巫溪，超过 1.9 mg・m^{-3}，低值区主要位于东南部的秀山，低于 1.0 mg・m^{-3}。

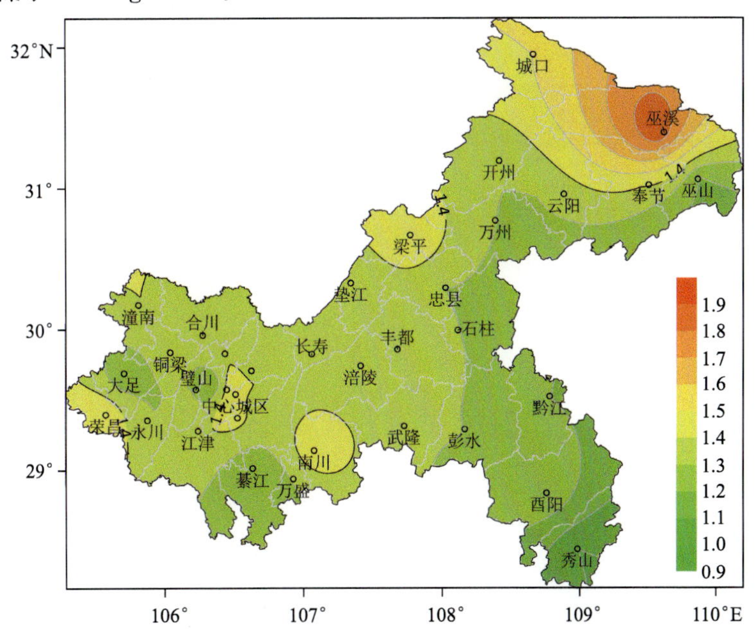

图 5.13　2017—2019 年重庆地区 CO 平均浓度空间分布（单位：mg・m^{-3}）

从全市各区（县）CO 平均浓度的时间变化（图 5.14）来看，与 2017 年相比，2018 年重庆大部分区（县）CO 平均浓度有所下降，其中石柱下降最为明显，降幅超过 0.2 mg·m^{-3}（图 5.14a）；与 2018 年相比，2019 年重庆各区（县）CO 平均浓度均呈下降趋势，其中巫溪下降最为明显，降幅超过 0.4 mg·m^{-3}（图 5.14b）。

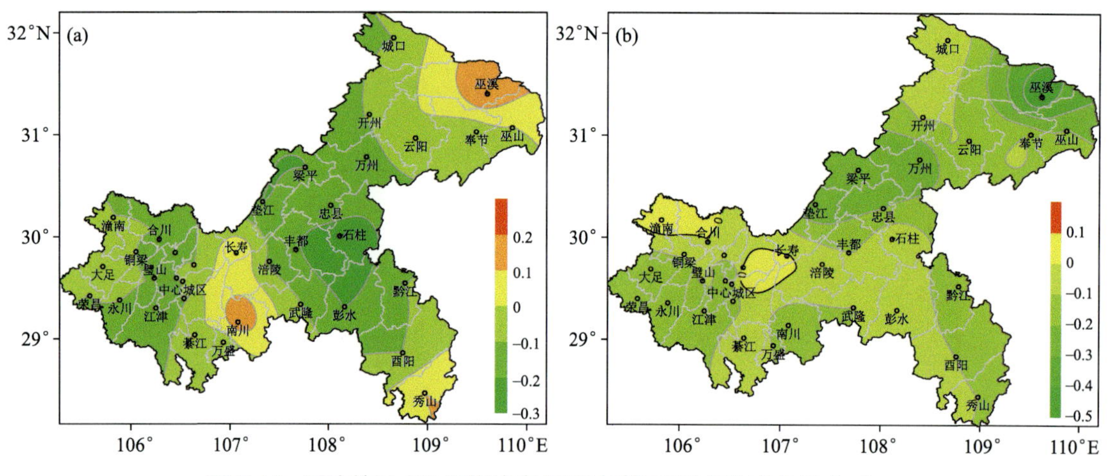

图 5.14 重庆地区 CO 平均浓度 2018 年较 2017 年的变化量（a）、2019 年较 2018 年的变化量（b）（单位：mg·m^{-3}）

5.2.1.2 空气质量超标日数空间分布和各类首要污染物分布日数特征

根据《环境空气质量指数（AQI）技术规定》（HJ 633—2012），按照 AQI>100（超标日数）、100<AQI≤150（轻度污染日数）、150<AQI≤200（中度污染日数）、200<AQI≤300（重度污染日数）分析了 2017—2019 年 3 a 平均污染超标日数的空间分布特征。由于重庆地区 AQI 超过 300 的严重污染仅在两个区（县）各出现过一次，因此未对严重污染进行分析。

从全市各区（县）超标日数的空间分布（图 5.15）来看，2017—2019 年超标日数、轻度污染日数、中度污染日数均呈现较明显的区域性差异。超标日数呈现出西部、中心城区以及西南部大部分地区较多、东部地区较少的特点，高值区主要位于西部的合川、璧山、荣昌等地，超标日数超过 80 d，低值区主要位于东南部的彭水、黔江、酉阳等地，超标日数不到 20 d（图 5.15a）；轻度污染日数呈现出西部大部分地区以及西南部偏西地区较多、东部较少的特点，高值区主要位于西部的合川、璧山、江津等地，轻度污染日数超过 60 d，低值区主要位于东南部的彭水、黔江、酉阳等地，轻度污染日数不到 15 d（图 5.15b）；中度污染日数呈现出西部大部分地区以及西南部偏西地区较多、东部较少的特点，高值区主要位于西部的璧山、合川、荣昌等地，中度污染日数超过 15 d，低值区主要位于东南部的彭水、酉阳等地，中度污染日数不到 5 d（图 5.15c）；重度污染日数呈现出西部部分地区、西南部大部分地区以及东北部偏东地区偏多、东南部较少的特点，高值区主要位于西部的璧山和东北部的巫溪等地，重度污染日数超过 5 d，东南部地区基本未出现过重污染天气（图 5.15d）。

据统计，2017—2019 年重庆各区（县）CO 均未超标，SO_2 也仅在南川造成 2 d 轻度污染，重庆地区的空气污染主要是由 $PM_{2.5}$、PM_{10}、O_3、NO_2 这 4 种污染物造成的。从各主要大气污染物超标日数的空间分布来看，$PM_{2.5}$ 超标日数呈现出西部大部分地区、西南部部分地区以及中部偏北地区较多、东北部大部分地区以及东南部较少的特点，高值区主要位于

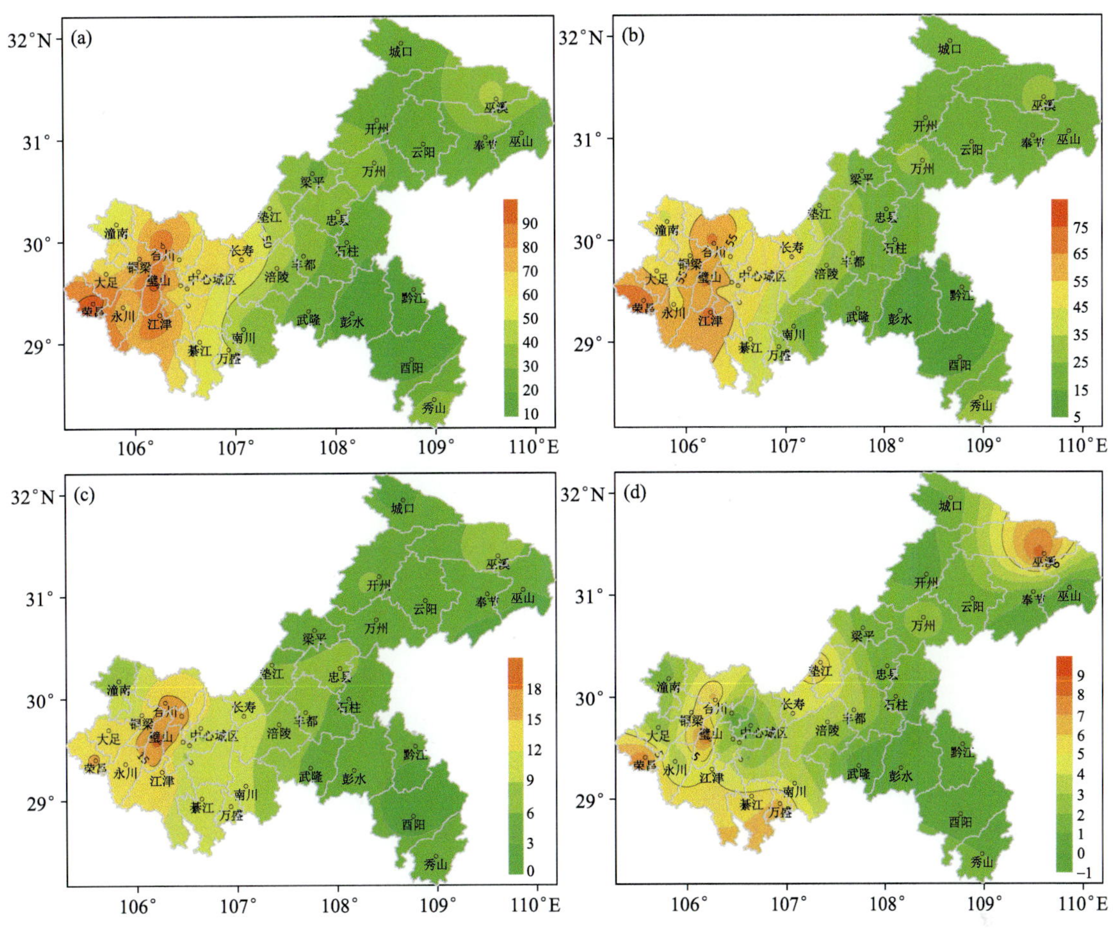

图 5.15 2017—2019 年重庆地区 3 a 平均超标日数（a）、轻度污染日数（b）、中度污染日数（c）、重度污染日数（d）空间分布（单位：d）

西部的荣昌、璧山、合川等地，$PM_{2.5}$ 超标日数接近或超过 50 d，低值区主要位于东南部的酉阳、黔江、彭水等地，$PM_{2.5}$ 超标日数为 10～15 d（图 5.16a）；PM_{10} 超标日数相对很少，中部大部分地区以及东部大部分地区未出现 PM_{10} 超标现象（图 5.16b）；O_3（日 O_3 浓度滑动平均最大值 $O_{3\_8\,h}$）超标日数呈现出中心城区、西部部分地区以及西南部偏西地区较多、中部偏东地区以及东部地区较少的特点，高值区主要位于中心城区的部分地区、西南部的江津以及西部的璧山、合川，O_3 超标日数超过 30 d，低值区主要位于东北部的城口以及东南部的彭水等地，O_3 超标日数不到 10 d（图 5.16c）；NO_2 超标日数中心城区相对较多，在 10 d 以上，西部大部分地区以及东部部分地区未出现 NO_2 超标现象（图 5.16d）。

各类污染物在首要污染物中所占日数的多少，直接反映了一个地区的主要污染物类型。重庆地区 SO_2 仅 2017 年在南川（20 d）、万盛经开区（10 d）、武隆（2 d）、彭水（3 d）成为首要污染物；CO 仅 2017 年在梁平（2 d）、巫溪（1 d）、綦江（1 d）、垫江（1 d）成为首要污染物，其余年份和其他区（县）均没有 SO_2 和 CO 为首要污染物的情况。以下仅统计 2017—2019 年 $PM_{2.5}$、PM_{10}、O_3、NO_2 为首要污染物 3 a 平均日数的情况。

从各主要大气污染物为首要污染物日数的空间分布（图 5.17）来看，$PM_{2.5}$ 为首要污染

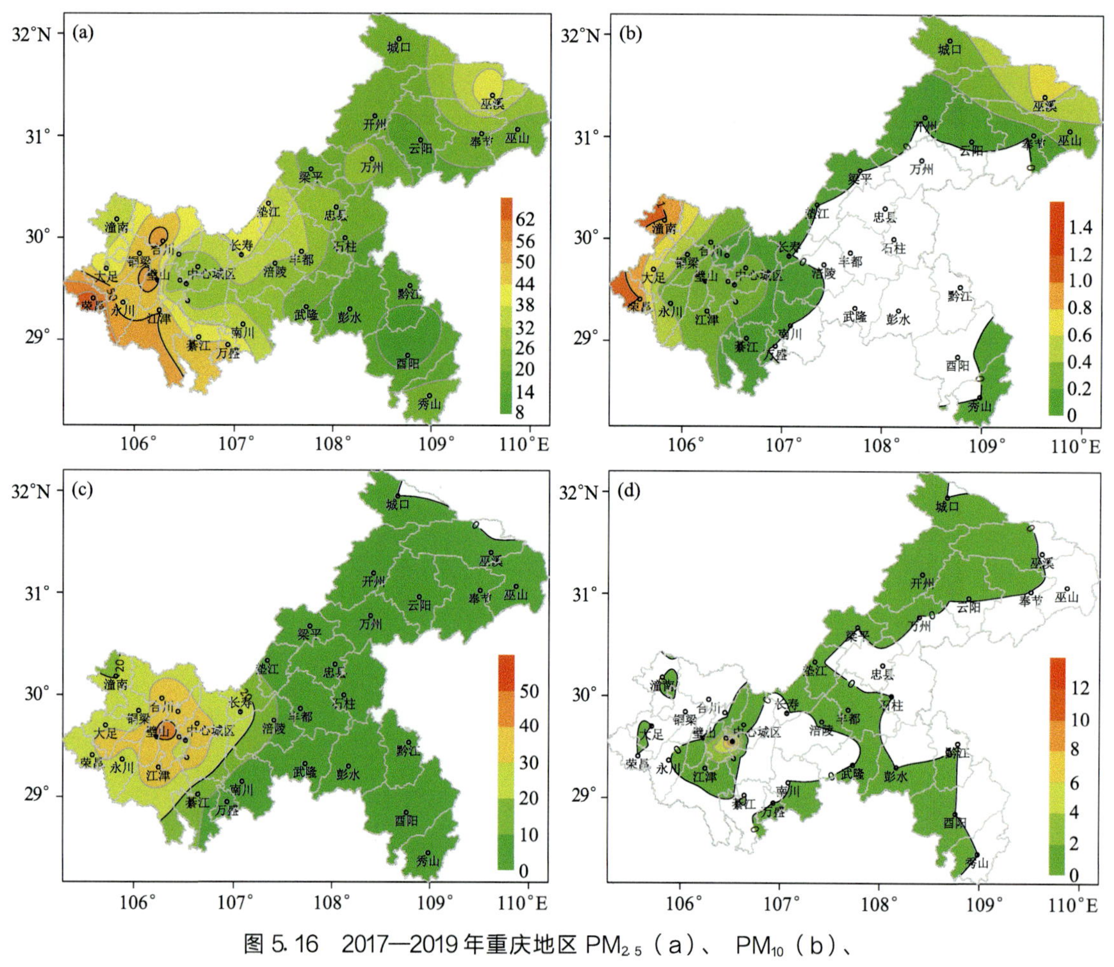

图 5.16 2017—2019 年重庆地区 $PM_{2.5}$（a）、PM_{10}（b）、O_3（c）、NO_2（d）3 a 平均超标日数空间分布（单位：d）

物的 3 a 平均日数呈现出西部、西南部以及中部偏北地区较多，东部偏东地区较少的特点，高值区主要位于西部的合川、荣昌以及西南部的万盛经开区等地，低值区主要位于东南部的酉阳等地（图 5.17a）；PM_{10} 为首要污染物的 3 a 平均日数呈现出东北部偏北地区较多、西部大部分地区、东北部偏南地区以及东南部大部分地区较少的特点，高值区主要位于东北部的巫溪、开州等地，低值区主要位于西部的荣昌、东北部的忠县以及东南部的彭水等地（图 5.17b）；O_3 为首要污染物的 3 a 平均日数呈现出中心城区、西部、西南部偏西地区以及中部偏北地区较多、东北部偏北地区以及东南部偏西地区较少的特点，高值区主要位于西部的大足、合川、永川、潼南、中心城区部分地区、西南部的江津、中部的长寿以及东北部的奉节等地，低值区主要位于东北部的城口、巫溪以及东南部的彭水等地（图 5.17c）；NO_2 为首要污染物的 3 a 平均日数中心城区相对较多，西部偏西地区、南部部分地区未出现 NO_2 为首要污染物的现象（图 5.17d）。总体来看，影响重庆大部分区（县）空气质量的大气污染物主要是 $PM_{2.5}$ 和 O_3。

5.2.1.3 主要污染物季节变化特征

从前面分析的主要污染物浓度空间分布特征可以看出，重庆空气污染呈现较明显的区域

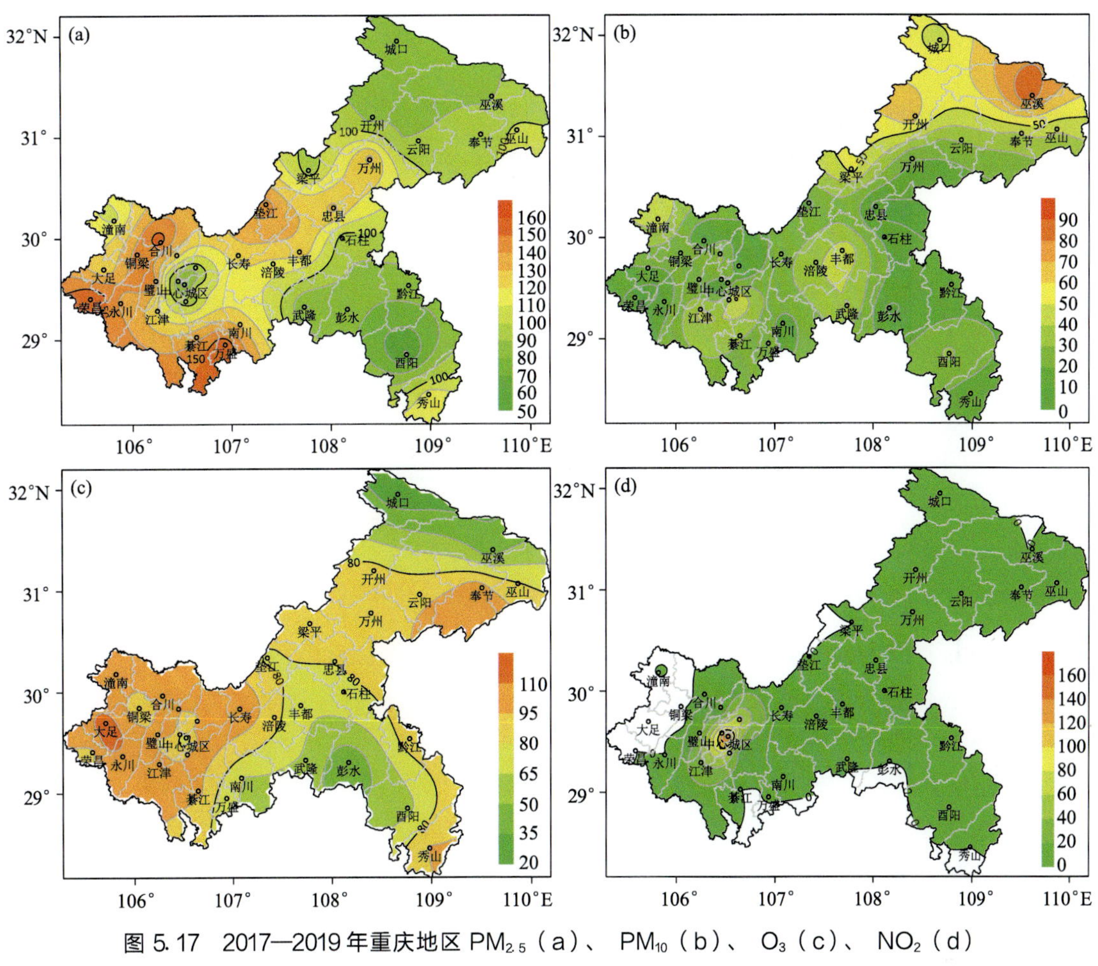

图 5.17 2017—2019 年重庆地区 $PM_{2.5}$（a）、 PM_{10}（b）、 O_3（c）、 NO_2（d）为首要污染物 3 a 平均日数的空间分布（单位：d）

性差异。为了更好地了解重庆空气污染的时间变化特征，下面从季节尺度分析主要污染物的变化特征。

从各类污染物浓度季节变化曲线（图 5.18）来看，重庆地区 $PM_{2.5}$、PM_{10}、NO_2、SO_2、CO 与 $O_{3\_8\,h}$ 的浓度季节变化呈现一个相反的趋势。$PM_{2.5}$、PM_{10}、NO_2、SO_2、CO 浓度都是冬季最高，夏季最低，春、秋两季居中；除 CO 以外，$PM_{2.5}$、PM_{10}、NO_2、SO_2 的浓度都是春季略高于秋季。而 $O_{3\_8\,h}$ 则是夏季最高，冬季最低，春、秋两季居中，且春季浓度值高于秋季。其中 $PM_{2.5}$ 冬季平均浓度为 65.8 $\mu g \cdot m^{-3}$，为全年最高值，是夏季平均浓度 23.6 $\mu g \cdot m^{-3}$ 的 2.8 倍，春、秋两季 $PM_{2.5}$ 平均浓度相差不多，春季为 34.5 $\mu g \cdot m^{-3}$，秋季为 33.3 $\mu g \cdot m^{-3}$。PM_{10} 的季节变化趋势与 $PM_{2.5}$ 非常相似，冬季为全年最高值（88.7 $\mu g \cdot m^{-3}$），是夏季平均浓度 39.5 $\mu g \cdot m^{-3}$ 的 2.2 倍，春季浓度略高于秋季，春季浓度为 57 $\mu g \cdot m^{-3}$，秋季为 50.2 $\mu g \cdot m^{-3}$。NO_2 浓度冬季最高为 35.3 $\mu g \cdot m^{-3}$，夏季最低为 23.9 $\mu g \cdot m^{-3}$，最高值是最低值的 1.5 倍，年变化幅度远小于 $PM_{2.5}$ 和 PM_{10}。SO_2 和 CO 的季节变化幅度较小，SO_2 冬季最高为 15.4 $\mu g \cdot m^{-3}$，夏季最低为 12.5 $\mu g \cdot m^{-3}$，冬季平均浓度值仅比夏季高 20%；CO 浓度冬季最高为 1.12 $mg \cdot m^{-3}$，夏季最低为 0.84 $mg \cdot m^{-3}$，冬季平均浓度比夏季高 33%。$O_{3\_8\,h}$ 平均浓度季节变化与其他 5 种污染物相反，夏季

为全年最高，浓度达到 111.7 $\mu g \cdot m^{-3}$，冬季为全年的最低，浓度为 44.1 $\mu g \cdot m^{-3}$。$O_{3\_8\,h}$ 夏季平均浓度是冬季的 2.5 倍。

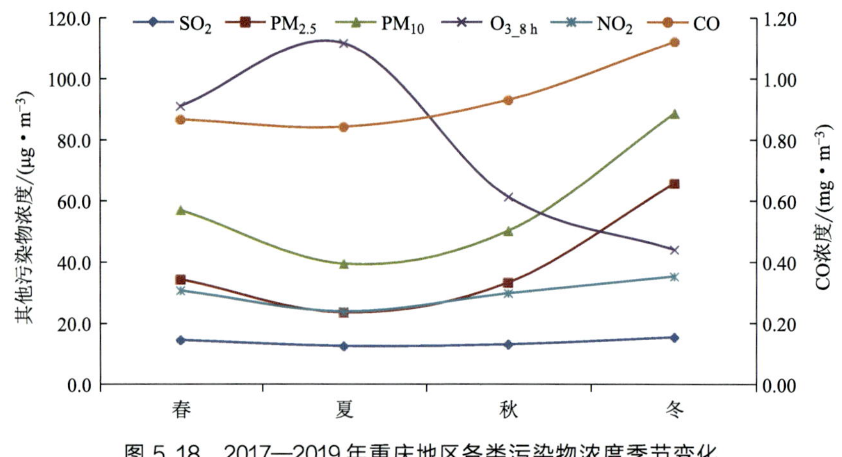

图 5.18 2017—2019 年重庆地区各类污染物浓度季节变化

重庆地区海拔相对高差达 2723.9 m，东部、东南部和南部地势高，多在海拔 1500 m 以上；西部地势低，大多为海拔 300～400 m 的丘陵。根据地理位置及相应气候特点将重庆地区划分为 6 个区域：①中心城区：渝中区、北碚区、渝北区、江北区、沙坪坝区、南岸区、九龙坡区、大渡口区、巴南区、两江新区 10 个区；②东北部：万州区、梁平区、开州区、城口县、巫溪县、巫山县、奉节县、云阳县、忠县 9 个区县；③西部：潼南区、合川区、铜梁区、大足区、璧山区、荣昌区、永川区 7 个区；④中部：涪陵区、长寿区、垫江县、丰都县 4 个区（县）；⑤西南部：江津区、綦江区、南川区、万盛经开区 4 个区；⑥东南部：黔江区、武隆区、石柱县、酉阳县、秀山县、彭水县 6 个区（县、自治县）。

重庆地区各类污染物的季节变化在不同区域呈现不同的特征（图 5.19）。从各区域 $PM_{2.5}$（图 5.19a）的季节变化来看，变化幅度差异较小。从浓度值的大小来看，西南部和渝西地区浓度略高于其他区域，渝东南和渝东北浓度较低，渝东南是 6 个区域中浓度最低的，中心城区和中部地区的浓度居中。PM_{10}（图 5.19b）的区域季节变化与 $PM_{2.5}$ 相似，但与 $PM_{2.5}$ 季节特征相比，中心城区 PM_{10} 的浓度夏季较其他区域高。NO_2 各区域的季节变化趋势一致，从浓度来看，中心城区在每个季节的值都明显高于其他区域。$O_{3\_8\,h}$ 浓度的季节变化，中心城区变化幅度大于其他区域，夏季中心城区的浓度是 6 个区域中最高的，为 127 $\mu g \cdot m^{-3}$，而冬季中心城区 $O_{3\_8\,h}$ 则是 6 个区域的最低，仅有 31.04 $\mu m \cdot m^{-3}$，是夏季浓度的四分之一。中心城区是 6 个区域中人口密度和车辆保有量最大的区域，这是造成中心城区 NO_2 和 $O_{3\_8\,h}$ 浓度远高于其他区域的重要原因。各区域 SO_2 浓度的季节变化大致相同，从浓度的高低来看西南地区最高，中心城区最低。CO 浓度的季节变化，中心城区的变化幅度大于其他几个区域，中心城区夏季最低值是冬季最高值的 73%，其他区域夏季浓度是冬季浓度的 75%～78%，从浓度的高低来看，渝东南地区是 6 个区域中最低的，其他 5 个区域的浓度接近。

从各区域不同污染物季节超标日数的统计（表 5.5）来看，重庆地区主要的超标污染物是 $PM_{2.5}$ 和 $O_{3\_8\,h}$。CO 在每个季节各区域都没有超标的情况发生。SO_2 仅在春、夏两季在

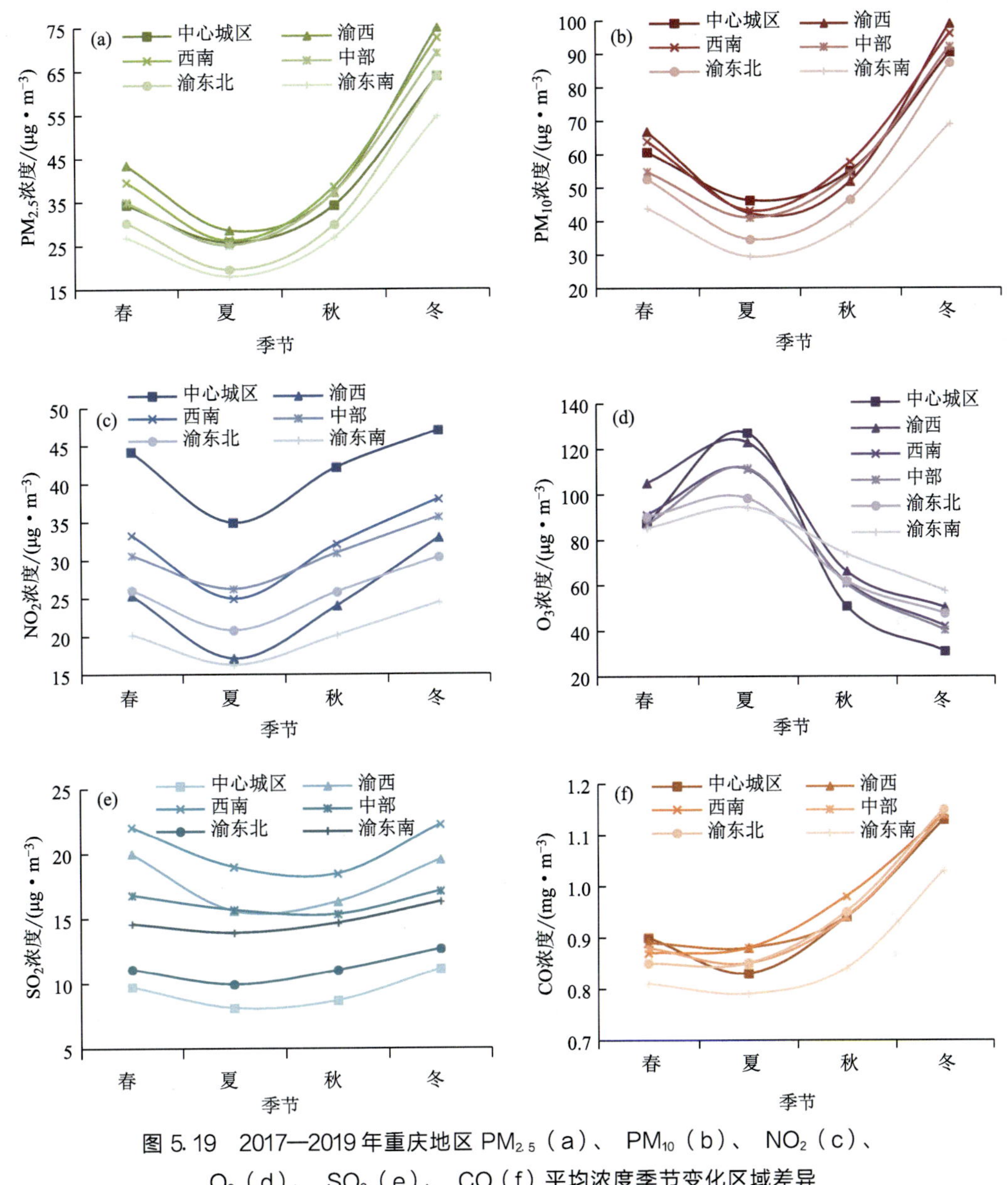

图 5.19　2017—2019 年重庆地区 $PM_{2.5}$（a）、 PM_{10}（b）、 NO_2（c）、 O_3（d）、 SO_2（e）、 CO（f）平均浓度季节变化区域差异

西南区域有 0.08 d 的超标，其余季节和区域都没有发生 SO_2 超标。NO_2 超标主要发生在中心城区，春季最高为 1.43 d，其余各季都低于 0.5 d，西南区域在春季，渝东北地区在秋季也有 0.1 d 左右的 NO_2 超标日。PM_{10} 超标主要发生在冬季，渝西、渝东北、西南、中心城区 4 个区都有小于 1 d 的 PM_{10} 超标；春季渝西和渝东北地区分别有 0.24 d 和 0.04 d PM_{10} 超标发生。比较 $PM_{2.5}$ 和 $O_{3\_8\,h}$ 的超标日数可以看出，秋、冬两季以 $PM_{2.5}$ 超标为主，春、夏两季则以 $O_{3\_8\,h}$ 超标为主。从区域分布来看，渝西地区 $PM_{2.5}$ 的超标日数在各季都是 6 个区域之首，而 $O_{3\_8\,h}$ 在不同季节表现出不同的区域差异。冬季是 $PM_{2.5}$ 超标最明显，渝西地区超标日数最多达 36.67 d，其次是西南区域为 34.33 d，冬季 $PM_{2.5}$ 超标日数最少的是渝东南地区，有 17.39 d，不到渝西地区超标日数的一半。$PM_{2.5}$ 春季和秋季超标日数相当，超

标最多的渝西地区，春、秋两季的超标日数分别为5.52 d和5.76 d。夏季$PM_{2.5}$超标日数最少，仅渝西地区和中部地区有超标日数发生但都小于0.3 d。O_{3_8h}超标日最多的季节是夏季，中心城区超标最严重为24.73 d，渝东南地区，超标最少，仅有1.28 d，不到中心城区的6%。其次是春季，春季渝西地区O_{3_8h}超标日最多为10.71 d，超标日数最少的是渝东南地区仅有0.39 d。秋季O_{3_8h}超标日明显降低，各区域不足2 d。冬季各区域都没有发生臭氧超标。

表5.5 2017—2019年重庆地区各类污染物超标日数季节变化区域差异 单位：d

季节	区域	SO_2	$PM_{2.5}$	PM_{10}	O_{3_8h}	NO_2	CO
春	渝西	0	5.52	0.24	10.71	0	0
	渝东北	0	0.52	0.04	0.93	0	0
	西南	0.08	3.42	0	3.58	0.08	0
	中部	0	1.75	0	2.42	0	0
	中心城区	0	0.57	0	7.17	1.43	0
	渝东南	0	0.17	0	0.39	0	0
夏	渝西	0	0.24	0	15.62	0	0
	渝东北	0	0	0	2.67	0	0
	西南	0.08	0	0	9.58	0	0
	中部	0	0.17	0	8.33	0	0
	中心城区	0	0	0	24.73	0.1	0
	渝东南	0	0	0	1.28	0	0
秋	渝西	0	5.76	0	1.52	0	0
	渝东北	0	0.59	0	0.04	0.11	0
	西南	0	5.17	0	1.5	0	0
	中部	0	4.42	0	0.75	0	0
	中心城区	0	3.07	0	1.93	0.4	0
	渝东南	0	0.44	0	1	0	0
冬	渝西	0	36.67	0.33	0.05	0	0
	渝东北	0	24.04	0.11	0	0	0
	西南	0	34.33	0.08	0	0	0
	中部	0	29.17	0	0	0	0
	中心城区	0	25.33	0.3	0	0.3	0
	渝东南	0	17.39	0	0	0	0

5.2.1.4 主要污染物月变化特征

6种污染物浓度的月变化特征（图5.20）与季节变化特征类似，$PM_{2.5}$、PM_{10}、NO_2、SO_2、CO与O_{3_8h}的浓度月变化呈现一个相反的趋势。$PM_{2.5}$、PM_{10}、NO_2、SO_2、CO浓度曲线呈U型分布，5种污染物都是秋末到初春（11月—次年3月）平均浓度较高，而最高值都出现在1月，分别为74.6 $\mu g \cdot m^{-3}$、98.1 $\mu g \cdot m^{-3}$、37.7 $\mu g \cdot m^{-3}$、16.7 $\mu g \cdot m^{-3}$、1.2 $mg \cdot m^{-3}$。夏季（6—8月）平均浓度较低，最低值都出现在7月，分别为20 $\mu g \cdot m^{-3}$、35.1 $\mu g \cdot m^{-3}$、21.9 $\mu g \cdot m^{-3}$、12 $\mu g \cdot m^{-3}$、0.8 $mg \cdot m^{-3}$。年变化幅度最大的是$PM_{2.5}$，

7月的平均浓度是1月浓度的27%，变化幅度最小的是SO_2，7月的平均浓度是1月浓度的72%。O_{3_8h}浓度的月变化呈抛物线型分布，夏季（6—8月）平均浓度较高，最高值都出现在8月，为126.1 μg·m^{-3}。秋末到初春（11月—次年3月）平均浓度低，最低值出现在12月，为34.9 μg·m^{-3}，年变化幅度较大，12月平均浓度是8月的27%，与$PM_{2.5}$的变化幅度相当。

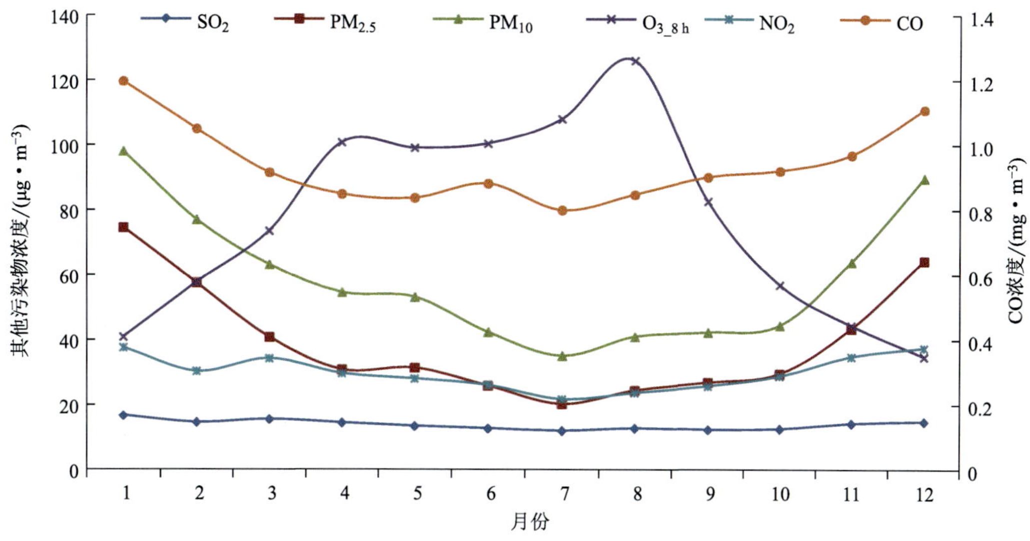

图5.20　2017—2019年重庆地区$PM_{2.5}$、PM_{10}、O_{3_8h}、NO_2、SO_2、CO平均浓度月变化

统计6种污染物2017—2019年平均的逐月超标日数发现，CO没有造成轻度以上污染天气，SO_2也仅在5月和8月产生了不到0.01 d的污染天气。图5.21给出了$PM_{2.5}$、PM_{10}、O_3、NO_2平均超标日数月变化。发现重庆地区超标日数全年呈现两个峰值，一个在12月—次年2月，另一个在8月，每个月份主要污染物不同，冬半年以$PM_{2.5}$超标为主，夏半年以O_3超标为主。最多在1月，有12.3 d，其中$PM_{2.5}$为12.25 d，NO_2有0.05 d。其次是12月，重庆地区污染日数有8.6 d，其中$PM_{2.5}$为8.5 d，PM_{10}有0.1 d。污染日数排在第三位的是2月，有6.3 d，也是以$PM_{2.5}$污染为主。污染日数排在第四位的是8月，有5.68 d。与1月、12月、2月不同的是，8月主要污染是由O_3造成的，O_3超标日数为5.65 d，占8月所有污染日数的99%。污染日数最少的月份是10月，仅有0.62 d，其中$PM_{2.5}$为0.44 d，O_3为0.15 d，NO_2为0.03 d。

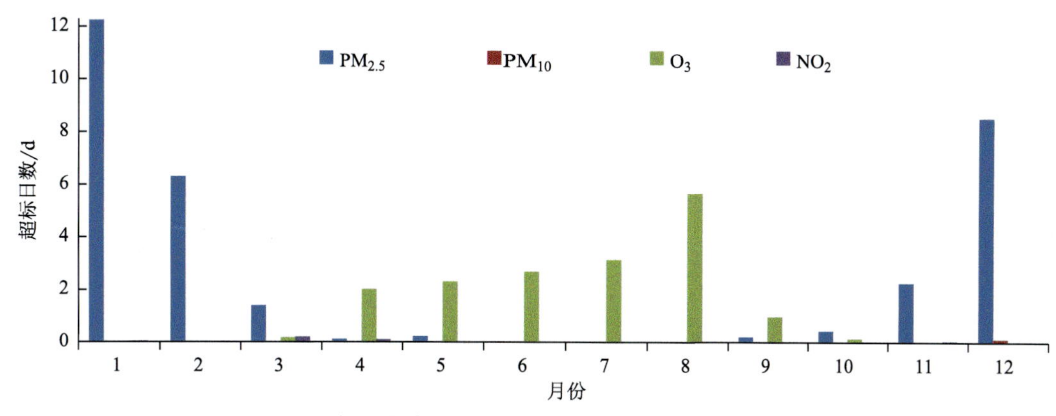

图5.21　2017—2019年重庆地区$PM_{2.5}$、PM_{10}、O_3、NO_2平均超标日数月变化

重庆地区不同污染物月变化的区域差异（图 5.22）较小，变化趋势各区域基本一致，只是变化幅度有所不同。$PM_{2.5}$ 和 PM_{10} 全年变化趋势一致，呈 U 型分布，1 月值最高，1—7 月逐月降低，但渝西地区在 5 月都出现了污染物浓度的上升，而其他 5 个区域则是一致下降的趋势，7 月以后浓度开始升高，12 月到达全年的次高值。从 O_3 月变化特征来看，中心城区的变化幅度大于其他区域，1—3 月中心城区的浓度低于其他 5 个区域，4—6 月浓度值仅次于渝西地区，从 7 月开始浓度值激增，7—8 月都超过了其他几个区域，成为全市 O_3 最高的区域，9—10 月浓度值迅速降低，10 月以后中心城区 O_3 浓度又成为全市最低。NO_2 各区域都在 1 月达到全年的峰值，1—7 月总体呈下降趋势，3 月出现一个弱的反弹，7 月到达全年的最低值，7 月以后浓度值开始逐月上升，12 月达到全年的次高值。区域浓度比较来看，中心城区的浓度值在每个月份都远高于其他区域。SO_2 各区域的变化曲线呈 U 型分布，

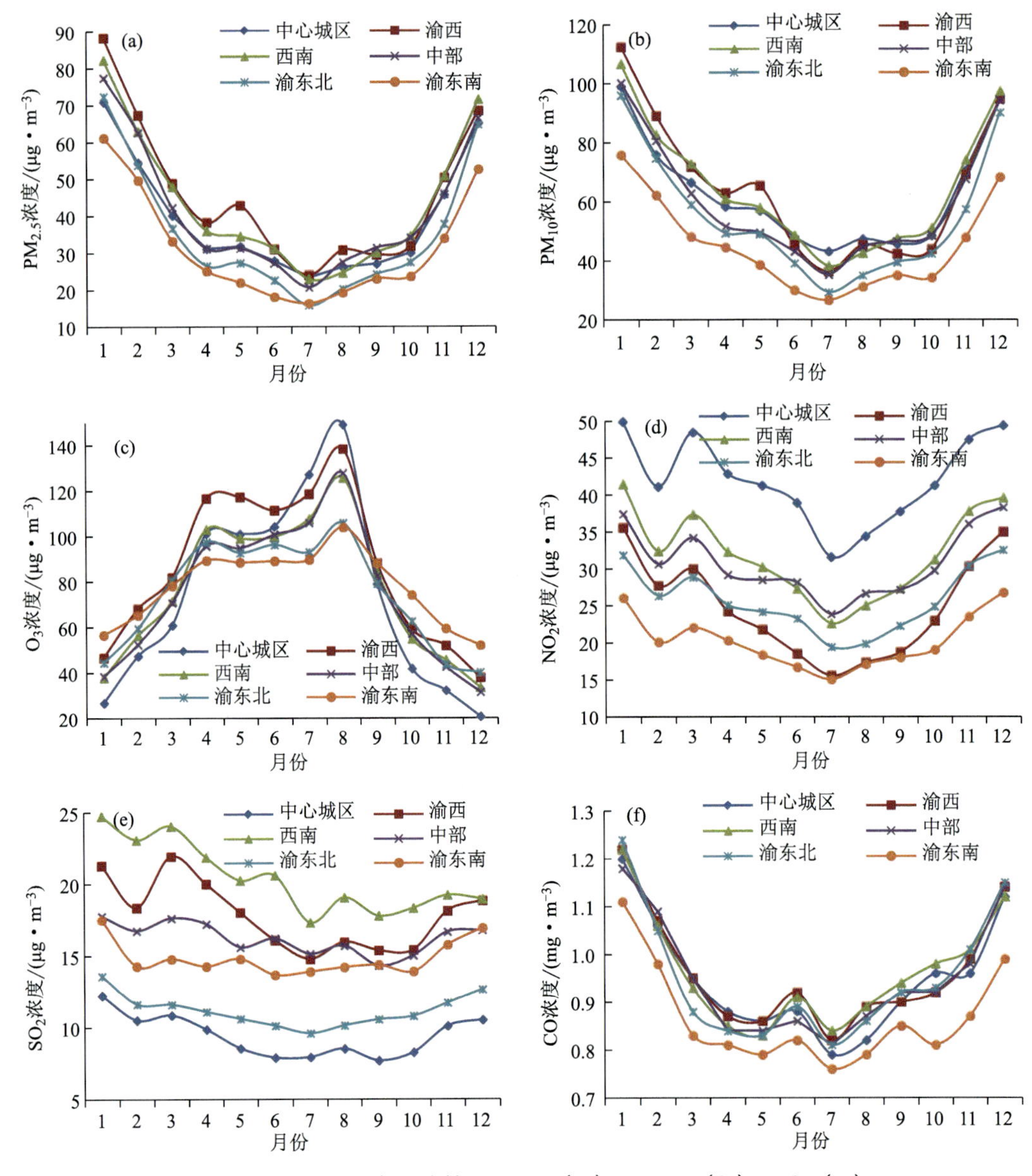

图 5.22 2017—2019 年重庆地区 $PM_{2.5}$（a）、PM_{10}（b）、O_3（c）、NO_2（d）、SO_2（e）、CO（f）平均浓度月变化区域差异

年变化幅度都较小，峰值都出现在 1 月，但最低值各区域出现的月份略有不同，渝东南最低值出现在 6 月，渝东北、渝西、西南出现在 7 月，中心城区和中部地区出现在 9 月。浓度值的大小来看，西南地区是 6 个区域中 SO_2 浓度最高的，浓度最低的区域是中心城区。CO 月平均浓度各区域都有相似的变化趋势，都是 1 月为全年的最高值，7 月达到全年最低值。比较来看，渝东南各月的浓度都是 6 个区域中最低的，其他 5 个区域浓度接近。

5.2.2　重庆中心城区空气污染时、空分布特征

重庆中心城区位于“两江”（长江、嘉陵江）和“四山”（缙云山、中梁山、铜锣山、明月山）之间的槽谷地带，平均风速小，相对湿度高，逆温时有发生，地理、气象条件均不利于大气污染物的扩散，城区组团式发展模式增加了大气污染集中治理的难度，加之是传统的重工业城市，其空气质量一直受到广泛关注。从前面全市空气污染时空分布特征可以看出，中心城区是重庆污染最重的区域，也是重庆市党委、政府及相关部门大气污染防治最为关注的区域。从 1996 年开始，重庆市环保部门在中心城区设立空气质量监测站开展空气质量自动监测，最初监测项目包括可吸入颗粒物（PM_{10}）、二氧化硫（SO_2）、二氧化氮（NO_2）3 项，之后随着经济社会的发展和改善城市大气环境治理的需要，中心城区监测站点逐渐增多，监测要素也逐渐增多，因而积累的污染监测资料相对丰富，针对中心城区大气污染研究成果也相对较多。

据统计，重庆中心城区 2013—2019 年空气以良为主，占总天数的 57.0%；未出现严重污染；首要污染物为 $PM_{2.5}$，其次为 O_3，SO_2、CO 为非首要污染物（重庆中心城区 2013—2019 年首要污染物分布见图 5.23）；三级及以上污染日中，首要污染物为 $PM_{2.5}$ 的天数占 69.1%，首要污染物为 O_3 的天数占 30.1%，首要污染物为 PM_{10} 的天数占 0.6%，首要污染物为 NO_2 的天数占 0.2%；重度污染日首要污染物基本为 $PM_{2.5}$。2013—2019 年影响重庆中心城区的空气污染物主要为 $PM_{2.5}$ 和 O_3。

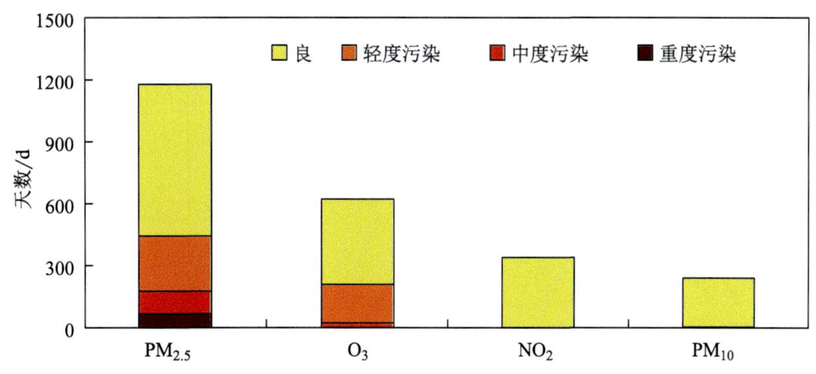

图 5.23　重庆中心城区 2013—2019 年首要污染物分布

5.2.2.1　大气污染物浓度年际变化特征

为了更好地反映重庆中心城区环境空气质量改善情况，对重庆市环保部门公布的 2002—2020 年近 20 a 空气质量监测数据进行了分析。统计表明，2002—2020 年，重庆中心

城区空气质量逐年持续改善，空气质量达标天数从 2002 年 221 d（60.5%）上升到 2020 年的 333 d，近 20 a 时间空气质量满足良好天数增加了 112 d（图 5.24）。2005 年和 2006 年升幅较大，分别比上年增加 23 d、21 d，2007 年以后空气质量满足良好天数增幅放缓，2012 年达到历史最高值，空气质量达标天数达到 340 d。2013 年采用新标准后，按照新标准评估空气质量达标天数仅为 206 d，之后两年中空气质量得到快速改善，2015 年空气质量达标天数达到 292 d，2 a 增加了 86 d。2016 年之后，中心城区空气质量达标天数稳定在 300 d 以上，2020 年达到 333 d，空气质量达标天数占比为 91%。至此，重庆中心城区空气质量得到了明显提升。

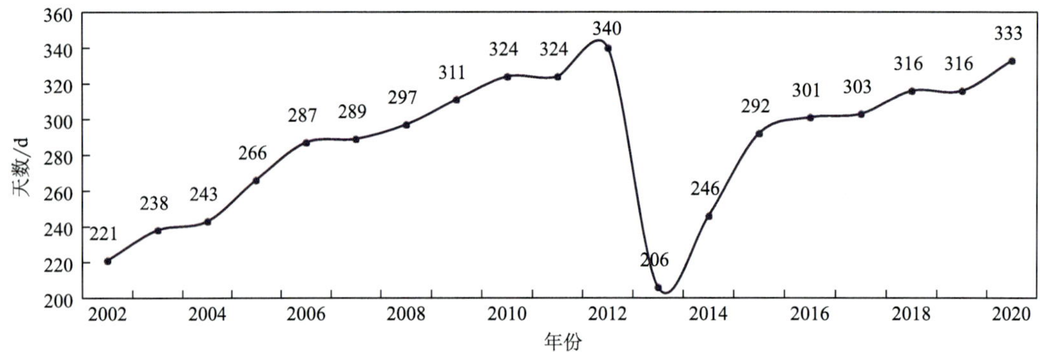

图 5.24　2002—2020 年重庆中心城区空气质量达标天数逐年变化

图 5.25 给出了 2002—2020 年重庆中心城区主要污染物年平均质量浓度逐年变化。2002 年以来，PM_{10} 年平均浓度总体呈下降趋势，其中 2005 年下降幅度最大，2005 年比 2004 年下降了 15.5%。2006—2012 年，逐年缓慢下降，6 a 平均下降率为 2.6%/a。年均浓度从 2002 年的 152 $\mu g \cdot m^{-3}$ 下降到 2012 年的 90 $\mu g \cdot m^{-3}$，10 a 降幅达 38.8%，2011 年 PM_{10} 年平均浓度首次降到 100 $\mu g \cdot m^{-3}$ 以下，达到创建国家环保模范城市标准。2013 年 PM_{10} 年平均浓度略有上升，突破 100 $\mu g \cdot m^{-3}$，由于采用了新标准，重庆夏季 O_3 超标日数较多，使得空气质量达标天数明显下降，2013 年以后，PM_{10} 年平均浓度呈线性下降趋势，到 2020 年仅为 53 $\mu g \cdot m^{-3}$，空气质量明显好转。此外，从 2013 年开始公布的 $PM_{2.5}$ 年平均浓度变化趋势可以看出，PM_{10} 和 $PM_{2.5}$ 年平均浓度的变化趋势是一致的，到 2020 年 $PM_{2.5}$ 年平均浓度仅为 33 $\mu g \cdot m^{-3}$。

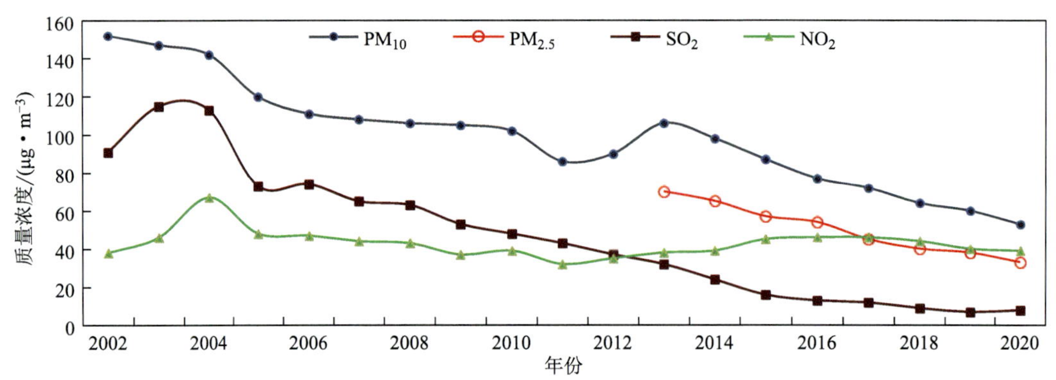

图 5.25　2002—2020 年重庆中心城区主要污染物年平均质量浓度逐年变化

SO_2 浓度2003年比2002年上升了26.4%，2003年 SO_2 年均浓度为近20年的最高值，达到115 μg·m⁻³，2004年与2003年基本持平，也是重庆中心城区 SO_2 污染的高峰时段。2005年开始出现大幅度下降，由2004年的113 μg·m⁻³ 下降到73 μg·m⁻³，下降35.4%。2006—2017年，逐年持续下降，12 a平均年下降7%左右，其中2018—2020年 SO_2 年均浓度维持10 μg·m⁻³ 以下，可见重庆中心城区在控制 SO_2 污染方面取得了显著成效。

NO_2 浓度近20年总体变化趋势不明显，2002年较2001年有所下降，2003年上升，至2004年达到最高值68 μg·m⁻³，为近20 a中 NO_2 的最高浓度值，2005年下降明显，2005—2008年 NO_2 浓度维持在44～48 μg·m⁻³，变化幅度不大，2009年略有下降，2010年 NO_2 浓度又上升到39 μg·m⁻³，2011年又略有下降，下降到32 μg·m⁻³，下降到近20 a的最低值。但2015年以后 NO_2 浓度有上升趋势，基本维持在40 μg·m⁻³ 以上。

由于2013年开始执行新的环境空气质量标准，图5.26给出了2013—2020年重庆中心城区 PM_{10}、SO_2、NO_2、$PM_{2.5}$、O_3、CO 6项大气污染物平均浓度逐年变化。可以看出，重庆中心城区 PM_{10}、$PM_{2.5}$、SO_2 的年均浓度2013—2020年整体呈逐年下降趋势；NO_2 的年均浓度2013—2016年呈逐年上升趋势，2017—2020年呈缓慢下降趋势；CO浓度（CO日均浓度的第95百分位数）2014年较2013年有所上升，2015年与2014年大致持平，之后呈逐年下降趋势；O_3 浓度（O_3 日最大8 h滑动平均值的第90百分位数）2013—2015年呈逐年下降趋势，2016—2018年呈逐年上升趋势，2019年之后略有下降。从年均浓度来看，重庆中心城区 PM_{10} 年均浓度2017年之前均超过国家环境空气质量二级标准，之后均达到国家环境空气质量二级标准；$PM_{2.5}$ 年均浓度2019年之前均超过国家环境空气质量二级标准；SO_2 年均浓度各年均达到国家环境空气质量二级标准；NO_2 年均浓度2013年、2014年达到国家环境空气质量二级标准，2015—2019年超过国家环境空气质量二级标准（《环境空气质量二级标准》(GB 3095—2012)：SO_2 年均值≤60 μg·m⁻³，NO_2 年均值≤40 μg·m⁻³，PM_{10} 年均值≤70 μg·m⁻³，$PM_{2.5}$ 年均值≤35 μg·m⁻³）。

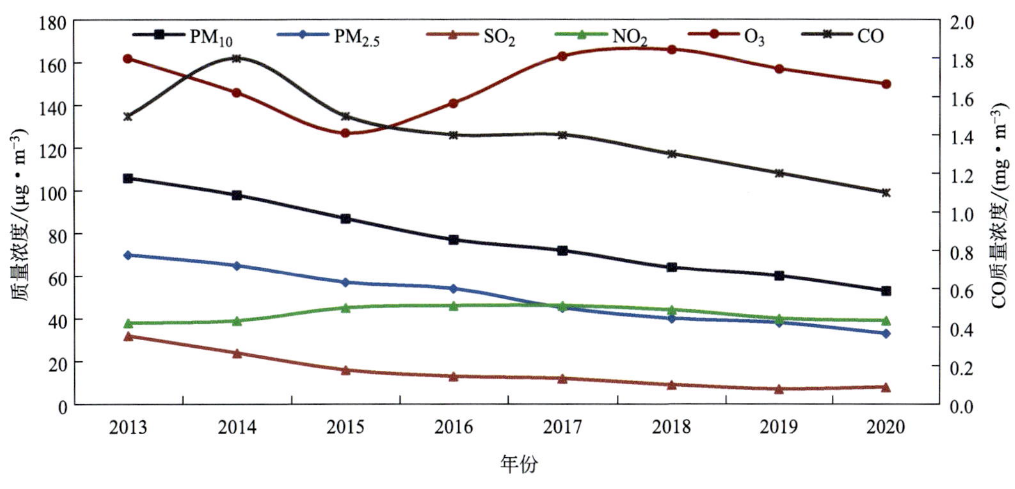

图5.26 2013—2020年重庆中心城区6类大气污染物年平均浓度逐年变化

5.2.2.2 大气污染物浓度月变化特征

图5.27给出了2013—2020年重庆中心城区主要大气污染物平均浓度逐月变化。可以看

到，PM_{10}、$PM_{2.5}$ 及 CO 的月均浓度变化趋势较为相似，均呈“U”型分布，表现出冬季高夏季低的变化特征，最高值出现在 1 月，其次为 12 月，最低值出现在 7 月；SO_2、NO_2 的月均浓度变化趋势大致相似，不存在明显的季节差异，最高值出现在 1 月，最低值出现在 6 月或 7 月，在 3 月有一个小高峰；O_3（臭氧日最大 8 h 滑动平均）的月均浓度呈倒“U”型，呈现出夏季高冬季低的变化特征，最高值出现在 8 月，其次是 7 月，最低值出现在 12 月。

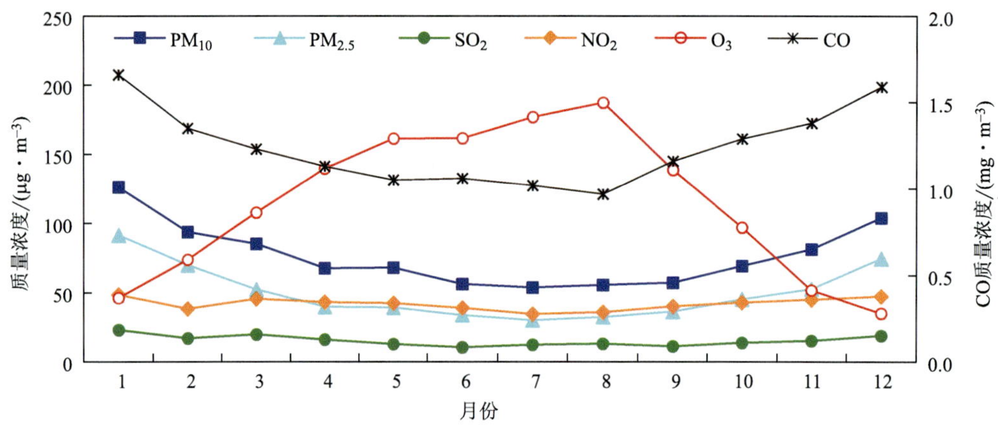

图 5.27 重庆中心城区 2013—2020 年大气污染物平均浓度逐月变化

5.2.2.3 污染物浓度日变化特征

为了了解重庆中心城区主要大气污染物的日变化规律，以季节划分，统计了 2015 年 9 月 1 日 00 时—2016 年 8 月 31 日 23 时不同季节不同时刻 $PM_{2.5}$、PM_{10}、SO_2、NO_2、O_3、CO 的小时平均值。从逐时平均浓度变化趋势来看（图 5.28），重庆中心城区 $PM_{2.5}$、PM_{10} 呈现较明显的“双峰双谷”特征，日变化趋势大致相同，浓度第一峰值春季出现在 11 时前后，夏季出现在 08—09 时，秋、冬季出现在 11—13 时，第二峰值出现在 21—23 时，第二峰值浓度高于第一峰值浓度。SO_2 逐时浓度呈现“单峰型”变化特征，夜间浓度相对较低，浓度峰值主要出现在 10—13 时，这可能与人类活动以及工业生产导致的燃料燃烧等过程有关。NO_2 逐时浓度呈现“双峰双谷”变化特征，浓度第一峰值春、夏季出现在 08—09 时，秋、冬季出现在 11—12 时，第二峰值出现在 20—22 时，第二峰值浓度高于第一峰值浓度。第一峰值可能与人类活动“早高峰”有关，夜间的峰值则与光化学反应以及夜间不利气象条件有关。O_3 逐时浓度呈现明显的“单峰型”变化特征，夏季日变化较其他季节剧烈，浓度峰值春秋季、冬季出现在 16 时前后，夏季出现在 15 时前后，夜间浓度较低。CO 逐时浓度呈现“双峰双谷”分布，第一峰值出现在 08—10 时，夏季出现较早，冬季出现较晚，第二峰值出现在 20—23 时，第一峰值浓度高于第二峰值浓度，16—17 时出现一个低谷。

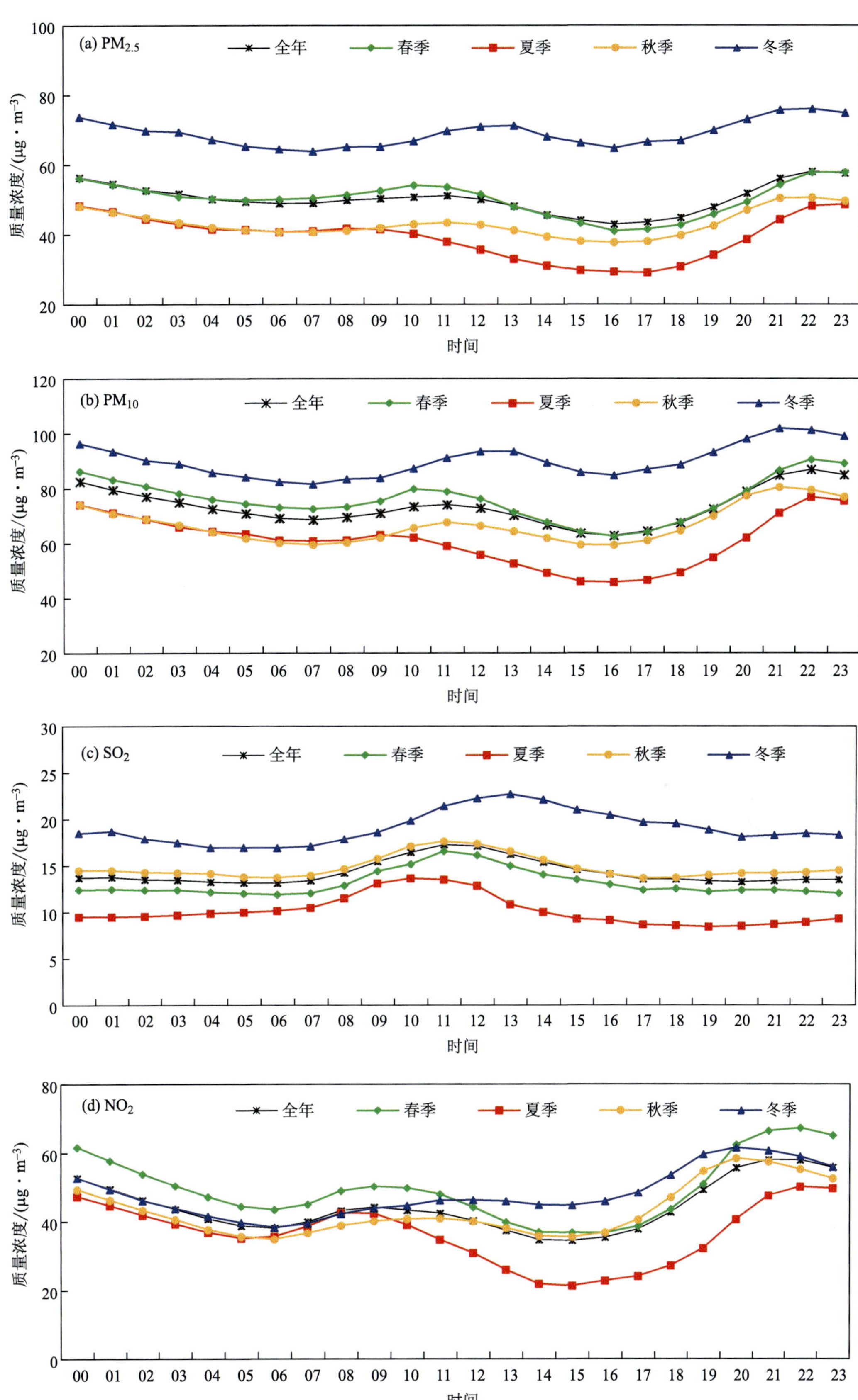

(a) PM2.5
全年
春季
夏季
秋季
冬季
质量浓度/(μg·m⁻³)
时间
(b) PM10
(c) SO2
(d) NO2

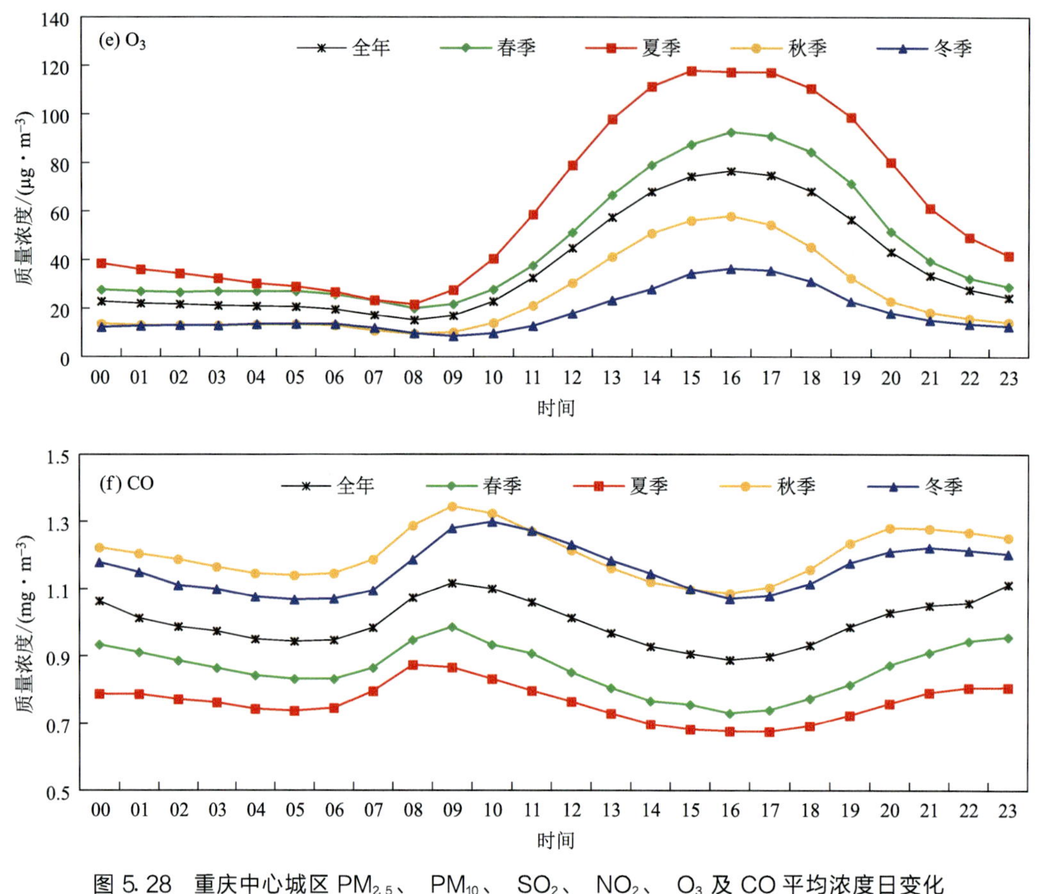

图 5.28　重庆中心城区 $PM_{2.5}$、 PM_{10}、 SO_2、 NO_2、 O_3 及 CO 平均浓度日变化

5.2.3　气象条件对空气污染的影响

许多研究结果也表明，城市空气污染不仅取决于城市的能源结构、交通和工业排放污染物的多少，而且与大气环流背景以及当地、当时的局地气象条件有密切的关系（胡春梅 等，2009；江文华 等，2022)。作为气象工作者更加关注气象条件对空气污染的影响（周国兵，2014)。从前面分析可知，由颗粒物造成重庆市空气污染的主要时段出现在冬半年，本节重点讨论冬半年造成重庆中心城区空气污染的大气环流特征、大气边界层特征。

5.2.3.1　污染天气 500 hPa 大气环流特征

由于大气环流变化具有周期性和相似性等特点，在相似的环流背景下，往往也会出现相似的天气现象，这一规律在天气预报中广为采用。通过对造成污染天气的大气环流进行分类，可以归纳出容易造成空气污染的主要天气类型，能为定性开展污染潜势预报提供参考（周国兵 等，2010)。

在天气预报中，500 hPa 高度场是最常用的大气环流形势场，能较好地反映天气系统的变化。在大气环流形势分类中通常采用聚类分析方法，常见的聚类分析方法有划分方法、层次方法、基于密度的方法和基于网格的方法。本节通过采用划分方法中的 *K*-means 算法，对 2002—2011 年冬半年重庆中心城区轻度污染以上污染天气 500 hPa 高度场进行分类，将相同类型的高度场进行合成，归纳出5类大气环流形势，并计算了每一类天气类型下重庆中心城区（沙坪坝站）主要气象要素的平均值（表5.6），同时统计了每一类天气类型在每月中的分布（表5.7）。为了方便大气环流形势分析，将5类天气类型分别自定义为一槽一脊（1类）型、纬向环流型（2类）、两槽一脊型（3类）、西高东低型（4类）和低槽东移型（5类）。

表5.6 不同天气类型气象要素平均值

类	气温 /℃	气压 /hPa	相对湿度 /%	能见度 /km	风速 /(m·s^{-1})	雨量 /mm	日照 /h	总云量 /成	低云量 /成
1	10.8	990.4	80.3	2.9	1.28	0.4	1.2	7.8	4.7
2	18.8	986.9	82.8	3.6	1.31	0.8	1.7	6.9	4.8
3	14.6	990.3	82.0	3.2	1.26	0.6	0.8	8.0	5.4
4	9.8	988.2	79.0	3.4	1.30	0.3	0.7	8.7	6.4
5	12.7	988.5	82.9	3.5	1.24	0.6	1.3	7.6	4.8

表5.7 不同天气类型在冬半年每月中的分布

	1类	2类	3类	4类	5类
1月	79	—	1	24	19
2月	58	—	2	28	2
3月	33	—	14	13	31
10月	—	52	5	—	—
11月	1	36	58	—	44
12月	46	—	16	48	59

一槽一脊天气类型（图5.29），一槽是位于乌拉尔山附近的深厚的低槽系统，槽区高度负距平显著，负距平中心位于乌拉尔山北部；一脊为位于蒙古国境内的高压脊，在蒙古国脊附近表面为弱的正距平，中国基本受强大的高压脊控制，脊线位于贝加尔湖到青藏高原中部一线，重庆为脊前西偏北气流控制。这类天气类型是造成重庆中心城区空气污染的主要天气类型，占到污染天数的32.4%，该类型主要出现在冬季，气温相对较低，平均风速小，相对湿度较大。此类天气类型下3种污染物的平均浓度值是最高的，其中PM_{10}和SO_2平均浓度分别达到0.224 mg·m^{-3}和0.137 mg·m^{-3}，容易造成重庆中心城区长时间的较重的污

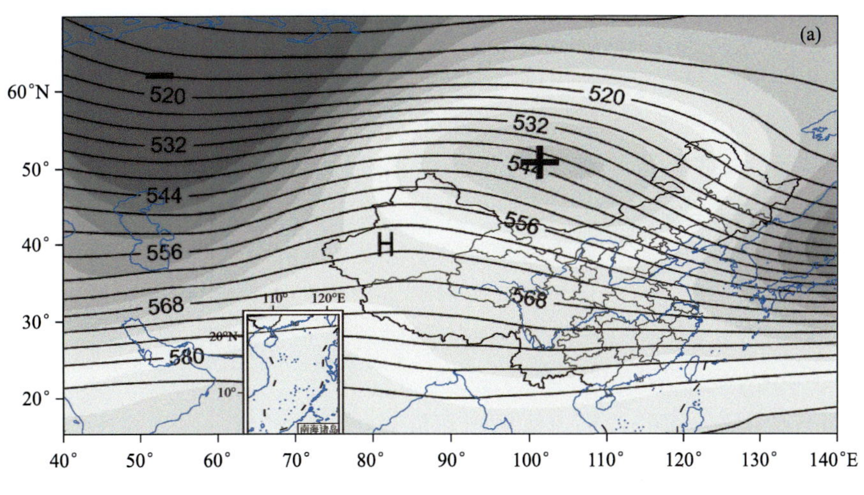

图5.29 一槽一脊天气类型500 hPa高度场合成

染天气，使得能见度也相对较差，随着槽、脊的周期变化，污染天气也相应出现周期性变化。从统计情况看，2002—2007 年这类天气类型所占比较大，污染物的年均浓度也比较高，2008 年以后随着该类天气类型的减少，污染物的年平均浓度下降也比较快。

纬向环流天气类型（图 5.30），东亚区域内 500 hPa 高度场表现为平直的纬向环流在整个东亚区域内均为正距平，其中东、西两个正距平中心分别位于里海附近和中国东北地区，中国大陆主要以偏西风气流为主，四川盆地及重庆主要受平直的偏西气流影响。这一类天气主要出现在秋季，由于北方没有明显的冷空气活动，在北方通常表现为秋高气爽的好天气，然而在四川盆地及重庆地区表现为受弱高压脊前偏西气流控制下的阴晴相间天气，日照相对较多，白天气温较高，昼夜温差较大，夜间容易出现逆温，大气边界层相对比较稳定，不利于污染扩散，容易造成污染物累积，出现持续性污染天气，平均污染物浓度也相对较高。此类天气类型下 3 种污染物的平均浓度是仅次于一槽一脊天气类型，其中 PM_{10} 和 SO_2 平均浓度分别达到 208 mg·m^{-3} 和 126 mg·m^{-3}，容易造成重庆中心城区长时间的较重污染，2009 年以后随着该类天气明显减少，污染物的年平均浓度下降也比较明显。

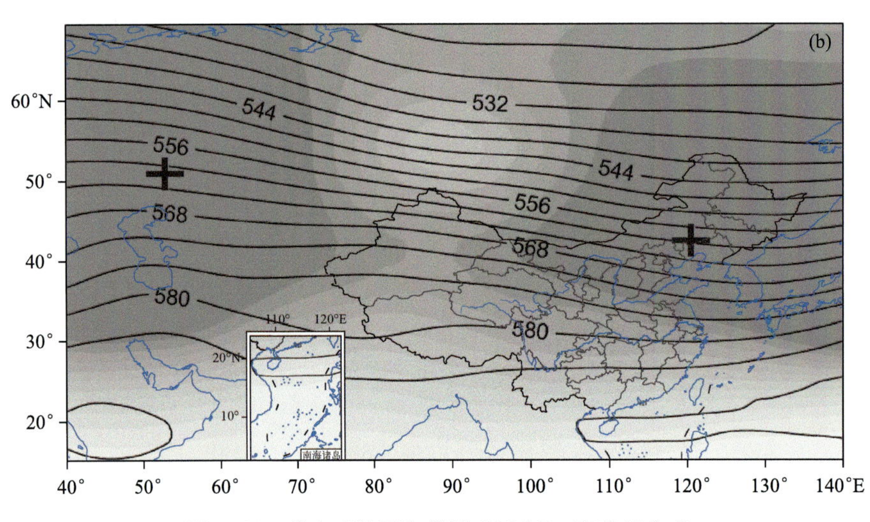

图 5.30　纬向环流天气类型 500 hPa 高度场合成

两槽一脊天气类型（图 5.31），两槽是分别位于乌拉尔山附近的低槽和中国东北低压大槽系统，一脊为两槽之间位于蒙古国以北的较强高压脊。高度值的正、负距平中心位置均偏北，分别位于乌拉尔山西北侧和俄罗斯东西伯利亚地区，两槽相对平浅，而高脊势力较强，中国大部分地区受此高脊控制，北方地区环流经向度较大，南方地区相对要小。重庆地区受上述高脊底部的西偏北气流控制。此类天气类型主要出现在秋冬或冬春的过渡季节，属于北方冷空气活动比较活跃的季节，通常是北方冷空气在乌拉尔山附近大量聚集时，四川盆地及重庆处于冷高压前的低压控制下，此类天气形势下，气压低，相对湿度大，日照相对较多，大气边界层相对稳定，容易造成污染物聚集，但随着北方冷空的入侵，容易出现降雨天气，会迅速清除大气中的大气污染物。

西高东低天气类型（图 5.32），从欧洲东部到中国东部为一强大高压脊，控制范围宽广，脊线位于 50°—70°E，位置相对偏西，高度场正距平中心位于俄罗斯西西伯利亚地区，在中国沿海为较平浅的东亚槽，在东北地区东南部为高度场负距平中心。中国大部分地区受

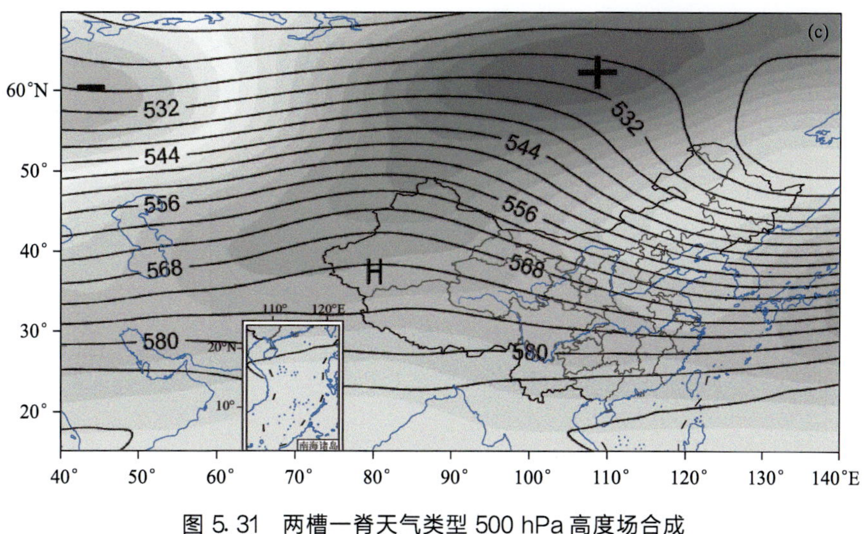

图 5.31　两槽一脊天气类型 500 hPa 高度场合成

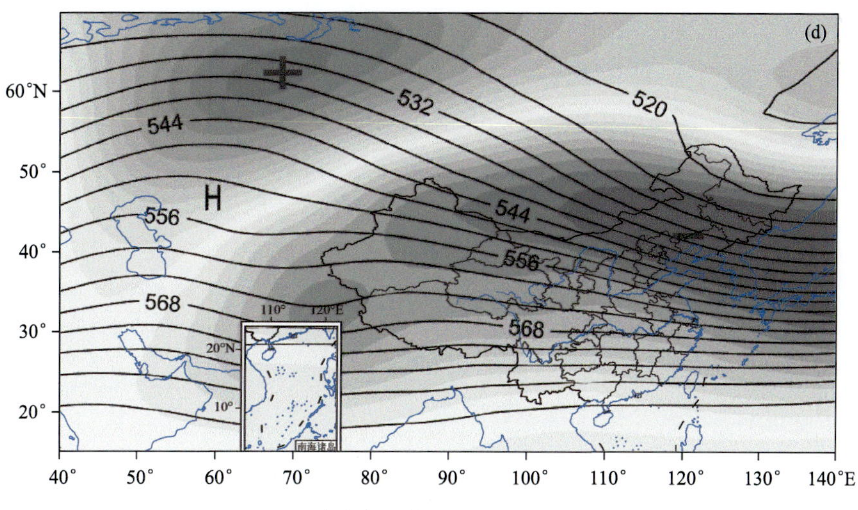

图 5.32　西高东低天气型 500 hPa 高度场合成

高压脊控制，由于高压脊主体偏西，从青藏高原到重庆地区的环流相对平直，呈弱脊状态，但为弱的高度负距平区。此类天气形势下，气压低，相对湿度小，云量多、日照少，主要以阴天为主，大气边界层相对稳定，容易造成污染物聚集。

低槽东移天气类型（图 5.33），在俄罗斯西伯利亚以东有强大的低压中心，在乌拉尔山附近的高压脊不断增强发展（在距平上表现为较强的正距平），不断推动低压中心向东南移动。随着低压中心逐渐由西北向东南移动，低压大槽也逐渐由西向东移动，将冷空气不断地由西向东、由北向南输送，逐渐影响中国。这种天气类型主要出现在秋冬和冬春交替季节，通常是冷空气活跃季。在此类天气影响下，北方强冷空气爆发前重庆处于低压控制下的静稳期，随着时间的推移，天气由晴天逐渐向阴天转换，相对湿度会逐渐增大，云量逐渐增多，日照逐渐减少，城区大气边界层越来越相对稳定，污染物浓度出现逐渐升高现象。当低压大槽推动强冷空气南下时，通常在北方造成寒潮天气，而在重庆也会出现强降温和小雨天气，能够迅速清除前期聚集的污染物。

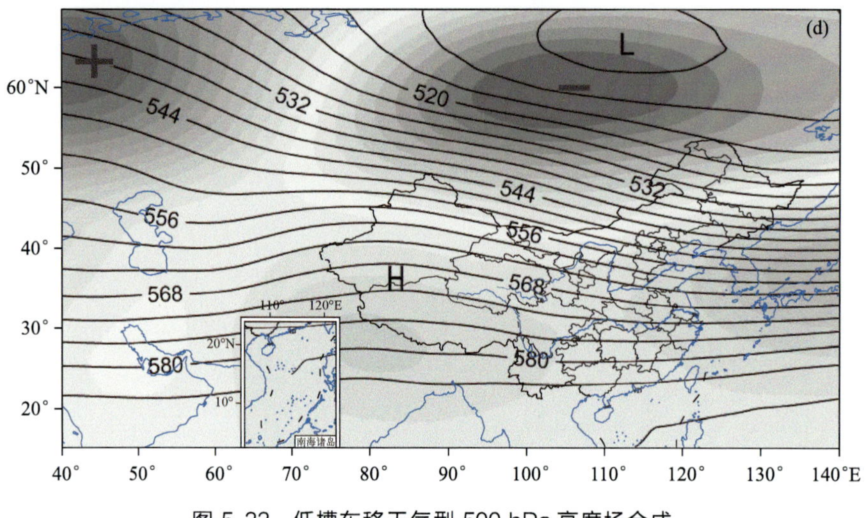

图 5.33 低槽东移天气型 500 hPa 高度场合成

5.2.3.2 边界层气象条件对空气污染物的影响

（1）地面气象要素与污染物浓度的相关

① 地面气象要素与污染物浓度的年际变化相关

由前面的统计分析发现，2002 年以来，重庆中心城区 3 种污染物年平均浓度总体呈下降趋势，为了分析污染物浓度年际变化与气象要素的关系，以 PM_{10} 为例，分别按照冬半年和夏半年进行统计。结果表明（图 5.34），2002 年以来，夏半年 PM_{10} 平均浓度的年际变化呈逐年下降趋势，冬半年 PM_{10} 平均浓度的年际变化总体呈逐年下降趋势，但在 2009—2010 年 PM_{10} 平均浓度略有上升。通过计算 PM_{10} 平均浓度与部分气象要素平均值的相关系数发现，PM_{10} 平均浓度并非与所有的气象要素都有好的相关，在不同的季节里，不同的气象要素对污染物浓度影响所起的作用也是不一样的。从冬半年气象要素平均值与 PM_{10} 浓度平均值相关系数可以发现（表 5.8），冬半年的总降雨量与 PM_{10} 浓度的相关系数为−0.62（通过 $\alpha=0.05$ 显著性检验），具有较好的相关，冬季总降雨量越大（一般来说雨日也越多），PM_{10} 浓度越低，说明在冬半年易污染时期降雨对污染物湿清除作用占主导地位。由于风速和气温在冬半年的年际变化趋势并不明显，尽管 PM_{10} 浓度与平均风速和气温相关系数较大，但不是负相关，并不具有物理意义。从夏半年气象要素平均值与 PM_{10} 浓度平均值相关性可以发

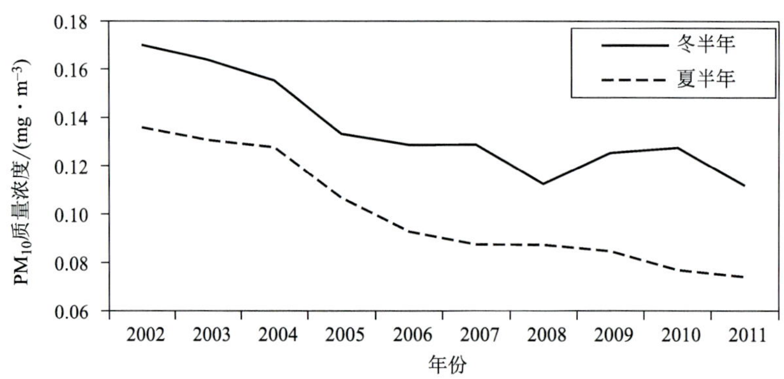

图 5.34 冬半年和夏半年 PM_{10} 平均浓度年际变化

现（表 5.9），夏半年平均气温与 PM_{10} 浓度的相关系数为－0.42（未通过显著性检验），可以认为具有一定的相关性，夏半年气温越高，PM_{10} 浓度越低，说明在夏半年气温高，大气垂直扩散能力强，对污染物浓度具有较好的降低作用。相反，尽管夏季降雨量大，与污染物浓度的相关并不好，其主要原因是夏季的强降水比较集中，由于夏季扩散条件好，污染物浓度低，同样降雨量对污染物的清除率比冬季低。综合上述结果，如果在冬半年降水越多，夏半年气温越高，污染物的年均浓度就会相对越低。

表 5.8 冬半年气象要素平均值与 PM_{10} 浓度平均值的相关性

年份	PM_{10} 浓度 /(mg·m^{-3})	平均气温 /℃	降水量 /mm	平均气压 /hPa	相对湿度 /%	风速 /(m·s^{-1})
2002	0.170	13.4	213.3	989.2	82.3	1.6
2003	0.164	12.9	151.4	989.7	82.0	1.5
2004	0.155	12.2	284.4	990.4	81.6	1.3
2005	0.133	12.0	235.2	990.5	80.2	1.3
2006	0.129	12.5	266.8	989.7	82.2	1.3
2007	0.129	13.3	230.0	989.4	84.4	1.2
2008	0.112	12.1	346.5	990.7	86.2	1.2
2009	0.125	13.0	192.7	988.6	83.0	1.3
2010	0.128	12.9	236.3	988.4	79.4	1.2
2011	0.112	12.0	350.3	990.7	76.6	1.3
PM_{10} 与气象要素相关系数		0.45	−0.62	−0.19	0.06	0.82

表 5.9 夏半年气象要素平均值与 PM_{10} 浓度平均值的相关性

年份	PM_{10} 浓度 /(mg·m^{-3})	平均气温 /℃	降水量 /mm	平均气压 /hPa	相对湿度 /%	风速 /(m·s^{-1})
2002	0.136	24.3	1217.3	977.5	78.8	1.8
2003	0.131	24.9	881.1	976.8	78.7	1.8
2004	0.128	24.6	897.7	977.8	74.4	1.4
2005	0.107	25.3	784.6	976.8	75.9	1.5
2006	0.093	26.0	572.8	976.2	67.2	1.6
2007	0.088	24.8	1209.2	977.3	78.3	1.5
2008	0.087	25.0	616.2	976.9	78.3	1.4
2009	0.085	25.1	1006.2	977.0	76.8	1.4
2010	0.077	24.4	808.4	977.6	75.7	1.4
2011	0.074	25.7	487.5	976.5	63.8	1.6
PM_{10} 与气象要素相关系数		−0.42	0.45	0.33	0.43	0.57

② 地面气象要素与污染物浓度的日变化相关特征

同时，研究还表明，3 种污染物的逐时平均浓度有着独特的日变化特征，于是试图在地面气象要素变化中寻找规律性。以沙坪坝站（57516）的气象观测站资料为例，4 类主要气象要素（气温、气压、风速、相对湿度）冬半年逐时平均值也具有典型的日变化特征（全年也具有同样的特征，只是值的大小有差异，为了保持气象与污染资料时间的一致性，仅选取了 2009—2011 年 10 月—次年 3 月的逐时气象资料计算平均）。

从图 5.35 可以看出，城区内逐时平均气温、平均气压、平均风速、平均相对湿度都具有各自独特的变化特征，但是从 4 种气象要素与 3 种污染物浓度的相关性（表 5.10）看，平均气压和平均风速与 3 种污染物浓度呈负相关，相关系数在－0.13～－0.20，相关相对较好，相对湿度与 SO_2、NO_2 浓度呈负相关，相关系数为－0.20，但是相对湿度与 PM_{10} 相关不好，气温与 3 种污染物浓度的相关均较差。此外，从不同风向上的平均风速与相应风向上 PM_{10} 的平均浓度对比（图 5.36），可以看出重庆中心城区在 WNW—NNE 风向上平均风速较大，PM_{10} 的平均浓度相对也较低，相应在 SSE—W 风向上平均风速较小，PM_{10} 的平均浓度较高，静风时 PM_{10} 的平均浓度最高。可以简单地认为地面风速，有利于污染物水平扩散，污染物浓度可能会降低；地面气压低，存在下沉气流，不利于污染垂直扩散，污染物浓度高；相对湿度大时，SO_2、NO_2 易吸附水汽，浓度降低，但是气温对污染物浓度的影响规律性不明显，存在复杂关系。因此，地面气象条件的变化对污染物浓度变化是有影响的，但是还不能很好地解释污染物浓度的日变化趋势。

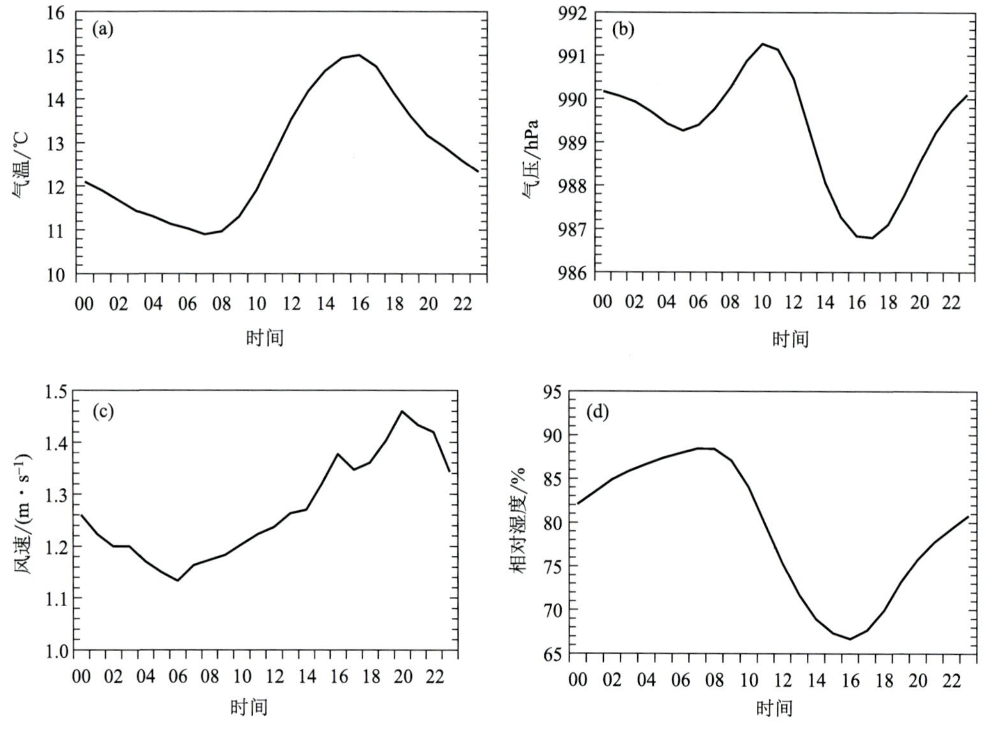

图 5.35　逐时平均气温（a）、平均气压（b）、平均风速（c）、平均相对湿度（d）变化

表 5.10　在无降雨情况下污染物浓度与气象要素的相关性

气象要素	SO_2	NO_2	PM_{10}
平均气温	0.090	0.090	－0.084
平均气压	－0.187	－0.201	－0.127
平均相对湿度	－0.200	－0.200	0.033
平均风速	－0.157	－0.138	－0.205

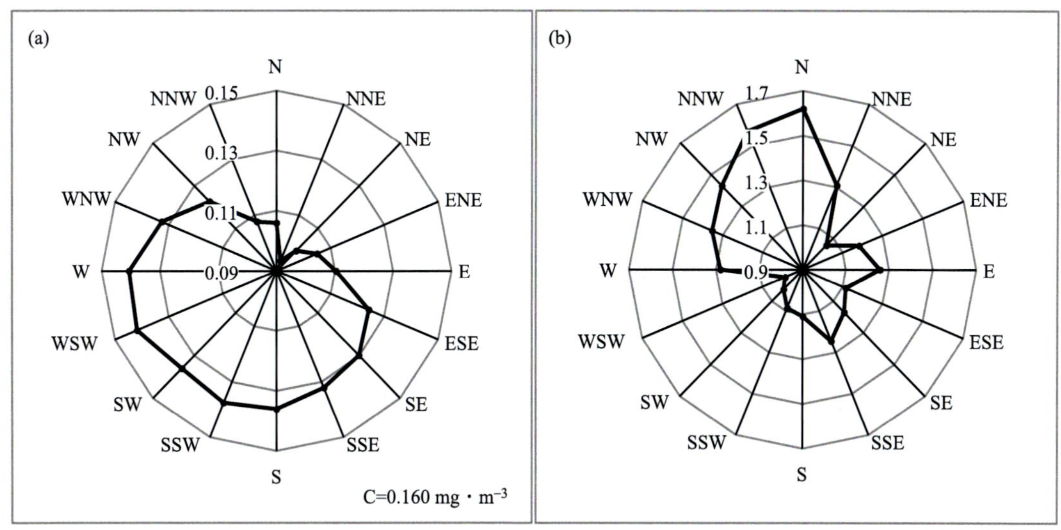

图 5.36　各方向上 PM_{10} 平均浓度与平均风速

(a) PM_{10} 平均浓度（mg · m^{-3}），(b) 平均风速（m · s^{-1}）

（2）逆温对污染物浓度的影响

许多研究都表明，稳定的大气状态不利于空气污染物的扩散，而逆温又是大气稳定度的标志，逆温的出现表征大气层结稳定，它就像“盖子”一样抑制了近地面空气中的热量、动量、水汽、污染物等的垂直输送和扩散，使之大量聚集在对流层底部，从而加剧了空气污染的程度。因此，很有必要分析逆温对污染物浓度的影响。边界层逆温根据逆温是否接地分为贴地逆温和脱地逆温，贴地逆温是从地表开始的逆温，而脱地逆温是从一定高度开始的逆温，本节只研究逆温层层底高度小于 1500 m 的逆温层，不包括等温层。

根据边界层理论，逆温层厚度越厚、逆温强度越强，大气越稳定，污染扩散能力越弱，地面空气污染物浓度越高。从表 5.11 可以看出，3 种污染物与贴地逆温相关好于脱地逆温。无论是 08 时或是 20 时 PM_{10} 和 NO_2 与贴地逆温强度和厚度相关都较好，相关系数在 0.19～0.36，其中 08 时贴地逆温强度与 PM_{10} 和 NO_2 的相关系数分别为 0.25 和 0.36，与 SO_2 的相关系数仅为 0.09。PM_{10} 和 NO_2 与 08 时脱地逆温层底高度存在一定相关，相关系数分别为－0.16 和－0.28，脱地逆温强度和厚度与 3 种污染物的相关都比较差。因此可以认为，重庆中心城区夜间贴地逆温强度越强、厚度越厚，越不利于污染物的扩散，污染物的累积也会越多，浓度也相对越高，但是脱地逆温对污染物浓度的影响不大。

表 5.11　污染物浓度与逆温的相关性

时段		逆温参数	PM_{10}	SO_2	NO_2
贴地逆温	08 时	强度	0.25*	0.09#	0.36*
		厚度	0.21*	0.05	0.33*
	20 时	强度	0.19*	−0.01	0.33*
		厚度	0.20*	0.04	0.23*

续表

时段		逆温参数	PM_{10}	SO_2	NO_2
脱地逆温	08 时	强度	−0.01	−0.04	0.03
		厚度	−0.02	−0.10*	0.02
		逆温层底高度	−0.16*	−0.04	−0.28*
	20 时	强度	0.02	0.08	0.04
		厚度	−0.05	−0.01	−0.01
		逆温层底高度	−0.02	0.05	−0.05

注：* 表示通过 α=0.01 显著性检验，# 表示通过 α=0.05 显著性检验。

根据前面的分析，虽然污染物（PM_{10}、SO_2、NO_2）浓度与贴地逆温强度和厚度具有一定的相关性，但相关系数并不高。通过统计 3 种污染物浓度与低空逆温层内平均风速、平均相对湿度和平均温度露点差的相关性，却发现具有较好的相关性（表 5.12），其中 3 种污染物浓度与平均风速和平均温度露点差呈负相关，与平均相对湿度呈正相关。在 08 时，PM_{10}、SO_2 与风速的相关系数分别为−0.65、−0.53，负相关比较好，NO_2 与风速的相关系数为−0.15，相关性稍差，但在 20 时，3 种污染物与风速的相关系数均在−0.6 左右，负相关比较好。一般情况下，平均温度露点差越大，水汽条件越差，平均相对湿度应该越小，空气越干燥，因此平均相对湿度与平均温度露点差呈反相关。但从 3 种污染物与平均温度露点差及平均相对湿度的相关系数可以看出，无论在 08 时或是 20 时，3 种污染物浓度与平均温度露点差相关性都好于与平均相对湿度的相关性，其中 20 时温度露点差与 PM_{10}、SO_2、NO_2 浓度的相关系数分别为−0.69、−0.61、−0.27，比 08 时的相关性更强一些。NO_2 与逆温层内 3 种气象要素相关性最差，可能与重庆中心城区 NO_2 的平均浓度较低且变化幅度小有关。总之，3 种污染物中 PM_{10} 浓度与平均风速、平均相对湿度和平均温度露点的相关最好，其次为 SO_2，最差为 NO_2，可以认为在有逆温存在的情况下，如果风速越大，空气越干燥，污染扩散能力越强，污染物浓度越低。

表 5.12　3 种污染物与逆温层内气象要素的相关系数

逆温层内气象要素	时段	PM_{10}	SO_2	NO_2
平均风速	08 时	−0.65	−0.53	−0.15
	20 时	−0.62	−0.60	−0.63
平均相对湿度	08 时	0.48	0.33	0.18
	20 时	0.59	0.47	0.11
平均温度露点差	08 时	−0.61	−0.49	−0.32
	20 时	−0.69	−0.61	−0.27

此外，从不同高度上逆温强度变化趋势可以看出，随着高度的上升逆温强度是逐渐减弱的，一般 300 m 以下的逆温较强，尤其以贴地逆温最强。按照不同高度上出现逆温对应同时段污染物浓度，08 时，对于地面 PM_{10} 和 NO_2 在逆温层底 600 m 以下，随着逆温层高度的升高，地面 PM_{10} 和 NO_2 平均浓度呈下降趋势，当逆温层底超过 600 m 时，对地面 PM_{10}

和 NO_2 平均浓度影响不大。对于 SO_2 在逆温层底 300 m 以下，随着逆温层高度的升高，污染物平均浓度呈下降趋势，当逆温层底超过 300 m 时，对地面 SO_2 平均浓度影响不大。20 时，对于地面 PM_{10}、SO_2 和 NO_2 在逆温层底 300 m 以下，随着逆温层高度的升高，平均浓度呈下降趋势，当逆温层底超过 300 m 时，对地面污染物平均浓度影响不大。这种现象表明：逆温层底越低，逆温强度也越强，平均风速也越小，地面大气污染物的扩散能力越弱，浓度越高，污染越严重。

总之，通过逆温对污染物的影响分析，可以认为，重庆中心城区逆温对污染扩散有一定的影响，可能由于逆温强度不强、厚度不够厚等原因造成重庆中心城区冬半年轻度污染天气相对较多，而很少出现中度以上污染天气，这一点与北方城市存在一定的差异。

(3) 边界层气象条件对污染的影响

空气污染物排放进入大气层，其活动决定于各种尺度的大气过程，首先是受大气边界层活动支配（周国兵 等，2013a；周国兵，2016）。大气边界层是直接受地表影响最强烈的垂直气层，有时也称为行星边界层，大气边界层的厚度随天气条件、地表特征等有明显差异，一般在 1000～2000 m。在这一层里，气流受地面摩擦力和下垫面地形地物的影响，并受这一层里的动量、热量、水汽和其他物质的输送及其通量的支配。因此，空气污染物的传输和扩散与大气边界层有直接关系（胡春梅 等，2016）。污染物从污染源排出后，一方面随风水平传输，风速越大污染物被传输得越远，对污染物的稀释作用越强；另一方面污染物也会因湍流作用而在边界层内上下扩散。因此，研究分析大气边界层对污染物的影响具有十分重要的意义。

前面分析了重庆中心城区污染天气大气环流特征、部分气象要素与污染物浓度的关系，初步了解了污染与气象条件的关系。下面按照雾天、晴天、阴天 3 种天气背景分类，通过对比污染与非污染情况边界层气象条件变化特征，来进一步探讨边界层气象条件对污染的影响机制。

① 资料与方法

由于有无降水时的边界层气象条件对污染物影响的物理机制不同，本节主要讨论非降水情况下边界层风、气温和湍流对污染的影响。在边界层风和气温对污染的影响机制研究中，主要选取了 2009—2011 年 10 月—次年 3 月（冬半年）的天气个例，按照雾天、晴天、阴天 3 种天气背景进行分类对比分析。在湍流对污染影响分析中，由于计算湍流动能需要分钟级加密观测资料，仅采用典型个例分析的方式来初步探讨边界层湍流动能对污染物浓度的影响。

由于重庆中心城区探空资料只有 08 时和 20 时两个时次，为了弥补探空资料的时间密度缺陷，借助重庆中心城区特殊的地理特点，利用山顶和山脚下地面气象观测资料来代替高、低空观测（图 5.37、表 5.13），其中 A 点代表主城西面山脚下气象观测站，B 点为与 A 点对应的主城西面山上气象观测站，C 点代表城区内气象观测站（图 5.38）。

② 边界层风对污染的影响

空气相对于地面的水平运动称为风，风有方向和大小。排放到大气中的污染物在风的作用下会被输送到其他地区，风越大，单位时间内污染物被输送的距离越远，混入的空气量越多，污染物浓度越低，所以风不但对污染物进行水平搬运，而且有稀释作用。下面，我们按照雾天、晴天、阴天 3 种天气背景分类，对比污染与非污染情况边界层风的变化特征。

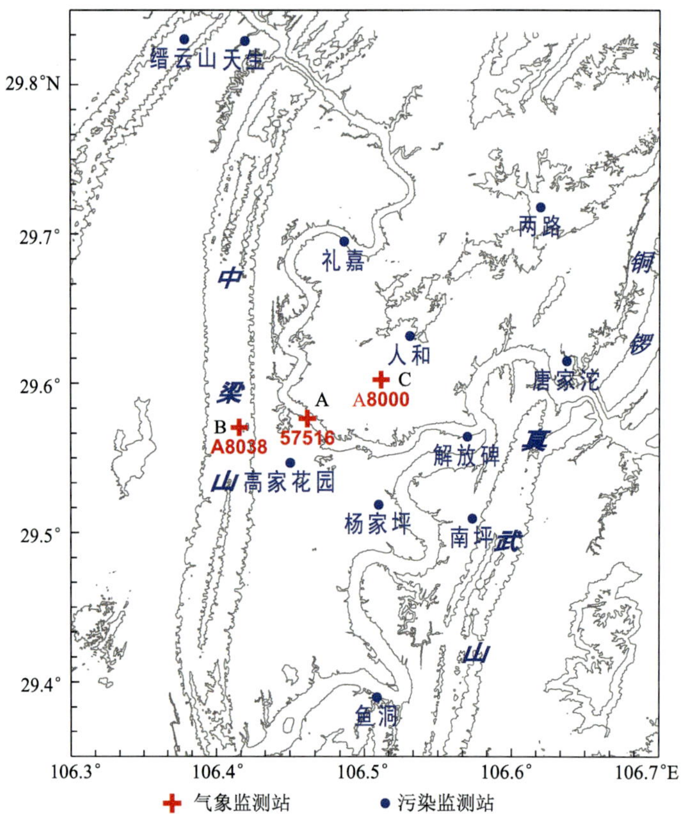

图 5.37 代表站点位置示意

表 5.13 代表站点基本信息

序号	站点	经度/°E	纬度/°N	海拔高度/m
A	沙坪坝(57516)	106.461	29.576	259
B	歌乐山(A8038*)	106.415	29.570	518
C	新牌坊(A8000*)	106.511	29.602	342

注：带 * 的站点为区域自动气象站。

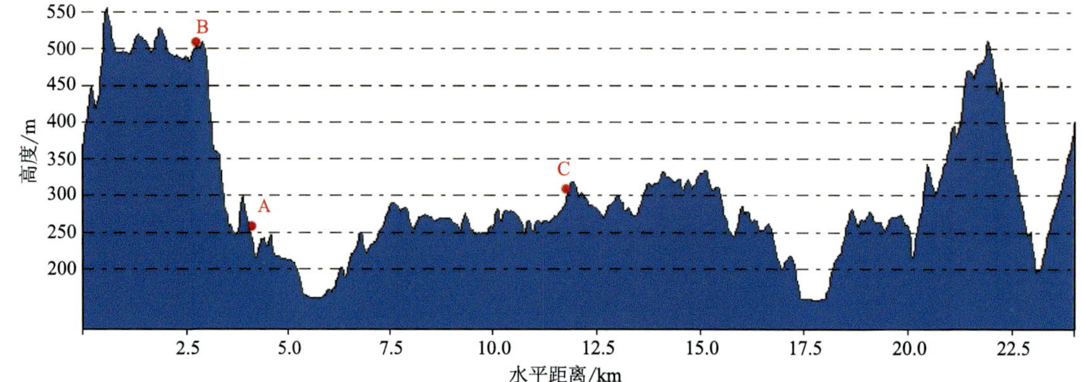

图 5.38 沿 29.6° N 重庆中心城区地形剖面

从探空曲线可以看出，有雾天气背景下（图 5.39），无论是 08 时或是 20 时，从地面到高空均是有污染时的平均风速小于非污染时的平均风速，在 200 m 以上逐渐增大，尤其是在 200～1000 m 高度层内风速差别更大。在 200～1400 m 高度层内，在 08 时有污染时平均风速为 3 $m \cdot s^{-1}$，非污染时平均风速为 4 $m \cdot s^{-1}$，在 20 时的 200～1000 m 高度层内，有污染时平均风速为 3～4 $m \cdot s^{-1}$，非污染时平均风速为 4～5 $m \cdot s^{-1}$，污染和非污染平均风速差在 1 $m \cdot s^{-1}$ 以上。晴天气背景下（图 5.40），无论是 08 时或是 20 时，从地面到高空也是污染时的平均风速小于非污染时的平均风速，只是在 08 时的变化趋势不及 20 时变化明显；在 08 时，污染与非污染风速差主要体现在 200～500 m 高度层内，平均风速差为 0.5 $m \cdot s^{-1}$ 左右，500 m 以上变化不明显；在 20 时污染与非污染风速差主要体现在 150～1000 m 高度层内，有污染时平均风速为 2.5～4 $m \cdot s^{-1}$，非污染时平均风速为 4～5 $m \cdot s^{-1}$，污染和非污染平均风速差在 1～1.5 $m \cdot s^{-1}$ 以上。阴天气背景下（图 5.41），在 08 时，污染与非污染风速差主要体现在 100～500 m 高度层内，平均风速差为 0.5 $m \cdot s^{-1}$ 左右，500 m 以上变化不明显；在 20 时污染与非污染风速差主要体现在 600～1000 m 高度层内，污染和非污染平均风速差在 1～1.5 $m \cdot s^{-1}$。

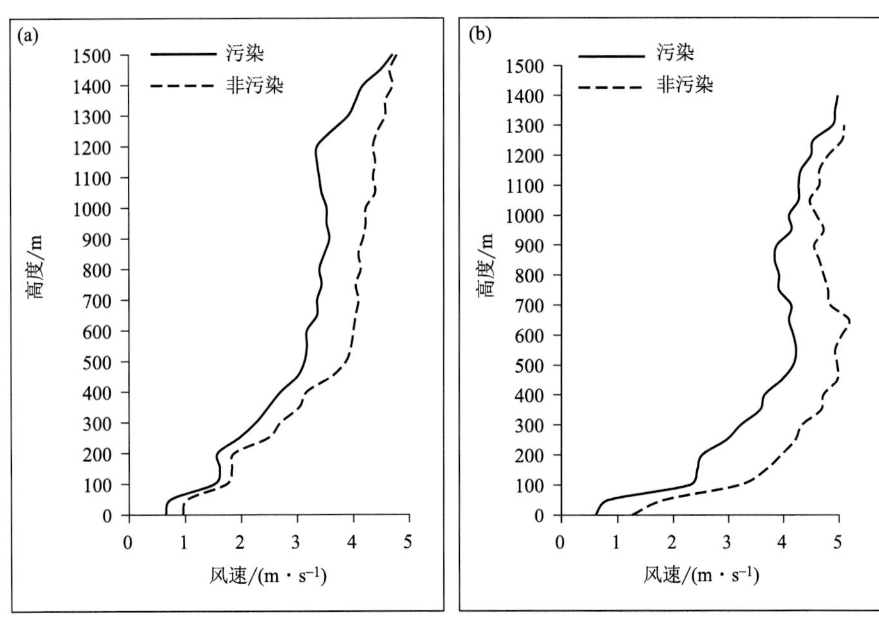

图 5.39　雾天 08 时（a）、20 时（b）平均风速探空曲线

因此，可以认为，在不同的天气背景下，由于重庆中心城区近地层平均风速都比较小，高空风速的大小与污染有着直接的联系，风速越大越有利于污染物的垂直扩散，不容易造成污染。

由于探空资料只有 08 时和 20 时两个时次，可以简单反映夜间和白天边界层变化对污染的影响，但是还不足以解释污染物在不同天气背景下的日变化特征（以 PM_{10} 为例，图 5.42）。因此，利用具有高度差的地面气象观测站逐时资料来代替探空资料，分析边界层气象条件日变化对污染物浓度日变化的影响。

从边界层风逐时变化可以看出，在雾天气条件下，从山脚下（沙坪坝站）和山顶上（歌

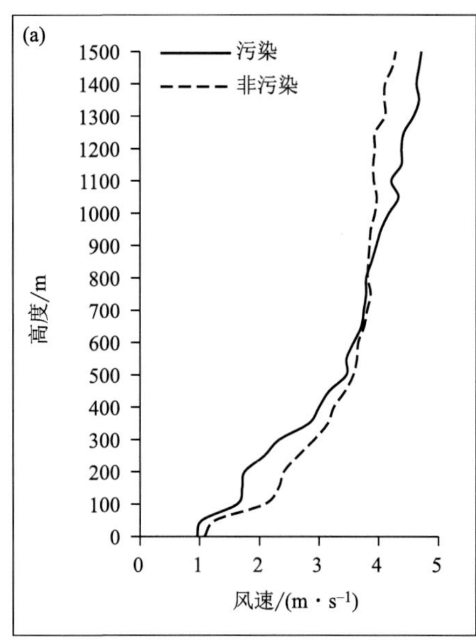

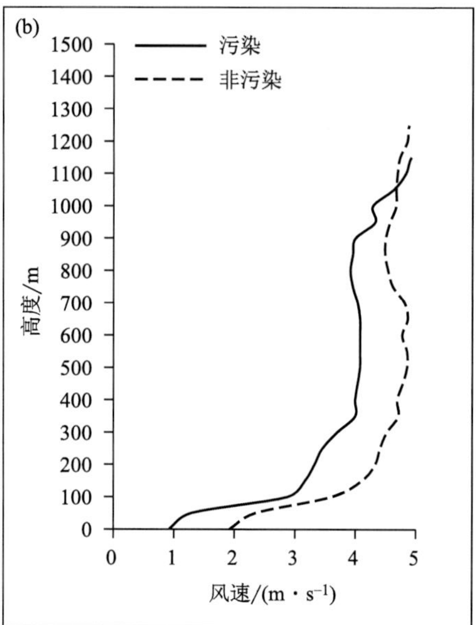

图 5.40 晴天 08 时（a）、 20 时（b）平均风速探空曲线

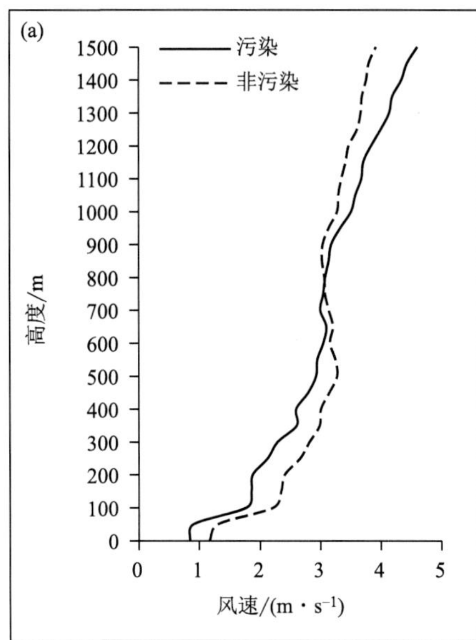

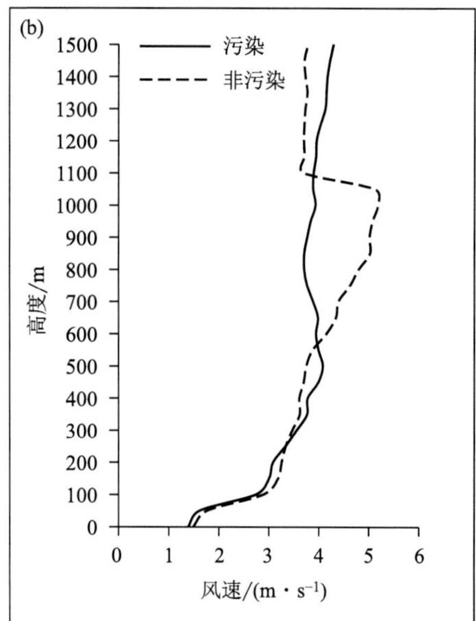

图 5.41 阴天 08 时（a）、 20 时（b）平均风速探空曲线

乐山站）风速逐时变化趋势显示（图 5.43、图 5.44），有污染时地面风速在 1.0～1.3 $m \cdot s^{-1}$，高空风速 1.0～1.9 $m \cdot s^{-1}$，尤其在夜间高、低空的风速都非常小，大气呈稳定状态，08 时以后虽然高空风有增大趋势，09—15 时达到 1.5～1.9 $m \cdot s^{-1}$，但是由于低层仍然维持 1.0～1.2 $m \cdot s^{-1}$ 较小的风速，使得在地面污染排放增加的时间内，污染向上扩散能力弱，污染物出现大量累积，此外由于高层风速大，低层风速小，还可能出现上层污染物向下输送的情况（与风向有关系），造成更严重的污染；而非污染时地面风速在 1.2～1.5 $m \cdot s^{-1}$，高

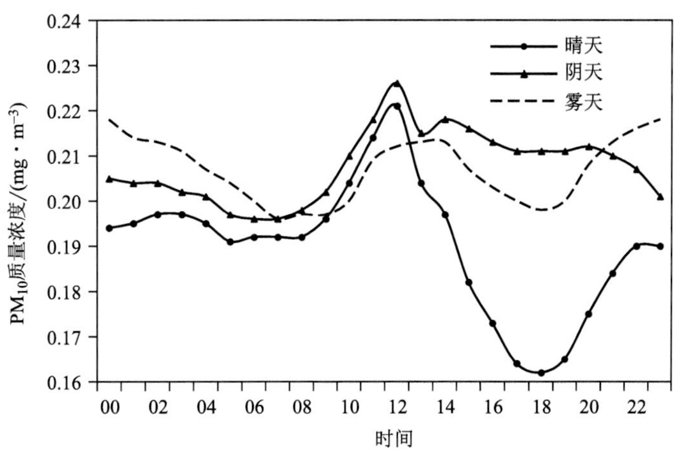

图 5.42　雾天、晴天和阴天背景下 PM_{10} 平均逐时浓度

空风速为 1.3～2.1 m·s^{-1}，在夜间高空风都基本维持在 1.4～2.0 m·s^{-1}，尤其在 09—12 时高、低空风速都基本维持在 1.5～2.0 m·s^{-1}，且地面风速比高空风速大，有利于地面污染物向上输送，从而使得在近地面污染排放增加的时间内抑制了污染物的累积。

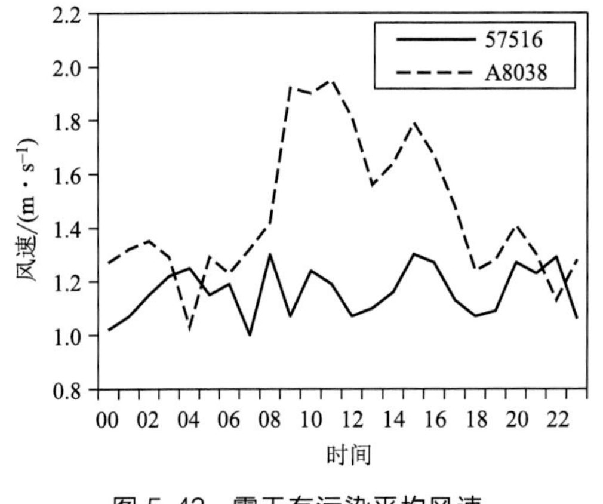

图 5.43　雾天有污染平均风速

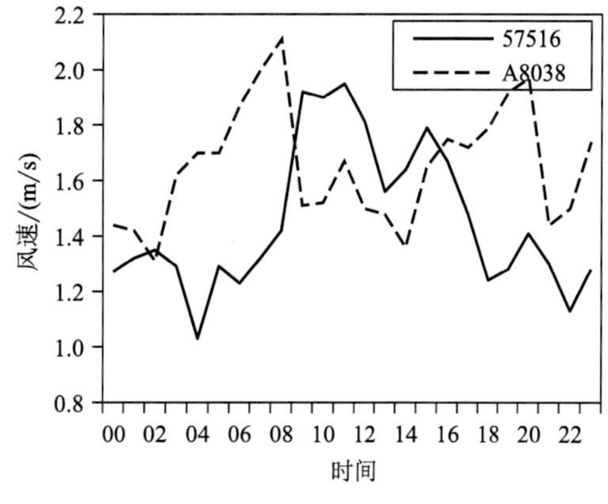

图 5.44　雾天无污染平均风速

在晴天条件下，沙平坝站（57516）和歌乐山站（A8038）风速逐时变化趋势显示（图 5.45、图 5.46），有污染时地面和高空风速都随着时间的推移呈逐渐增大的趋势，尤其 00—08 时，高、低空风速基本均维持在 0.9～1.2 m·s^{-1}，大气状态非常稳定。10 时以后高空风速才缓慢增大，但地面风速增速较小，14 时以后高、低空风速明显增大，地面风速为 1.3～1.6 m·s^{-1}，高空风速 1.6～1.9 m·s^{-1}，由于高、低空风速都增大，有利于地面污染物向上输送。而在非污染时，00—08 时，高、低空风速在 1.2～1.4 m·s^{-1}，10 时以后高、低空风速都明显增大，10—20 时地面风速维持在 1.4～1.7 m·s^{-1}，高空风速为 1.5～2.0 m·s^{-1}，较有利于地面污染物向上输送，从而降低地面污染物浓度。

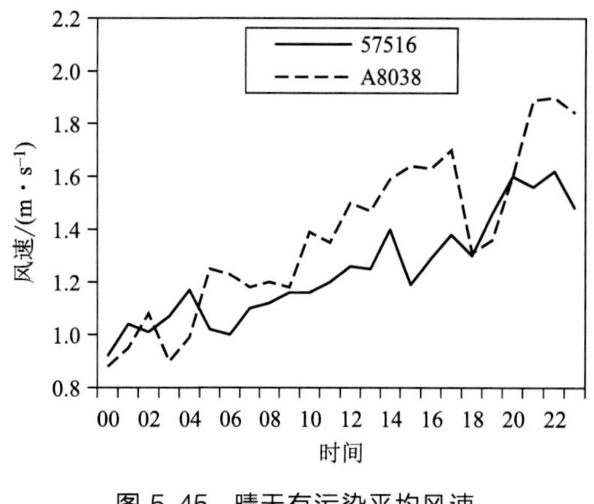

图 5.45 晴天有污染平均风速

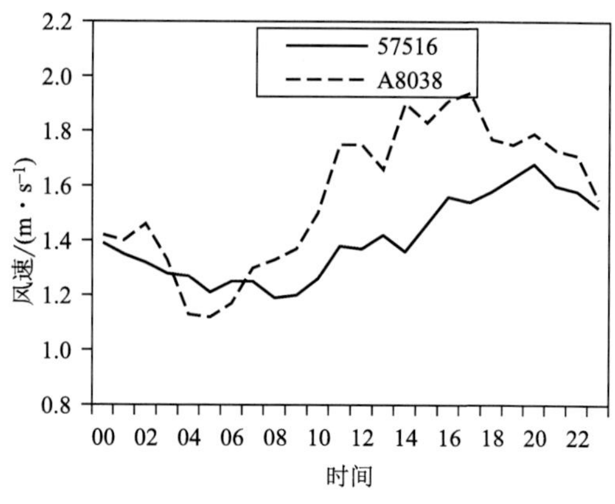

图 5.46 晴天无污染平均风速

阴天条件下，沙坪坝站（57516）和歌乐山站（A8038）风速逐时变化趋势显示（图 5.47、图 5.48），有污染时地面和高空风速都随着时间的推移呈逐渐增大的趋势，但是风速增加的绝对值很小，尤其在 00—12 时，高、低空风速基本都维持在 0.8～1.2 $m \cdot s^{-1}$，大气处于非常稳定状态，容易造成污染物的大量累积。13 时以后高空风速才出现增大趋势，地面风速在 1.2～1.4 $m \cdot s^{-1}$，高空风速为 1.3～1.6 $m \cdot s^{-1}$，地面污染物向上输送和水平扩散能力都比较弱。在非污染时，地面风速变化不大，基本维持在 1.1～1.4 $m \cdot s^{-1}$，高空风速为 1.2～1.7 $m \cdot s^{-1}$。

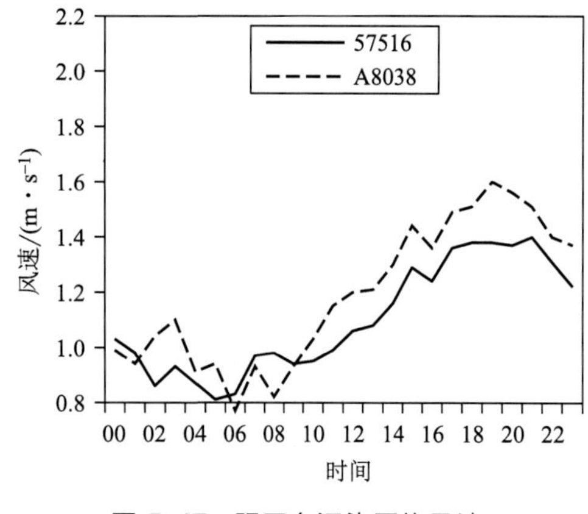

图 5.47 阴天有污染平均风速

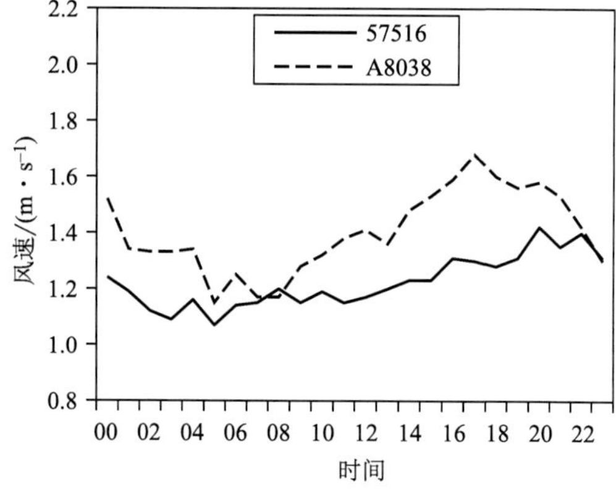

图 5.48 阴天无污染平均风速

③ 边界层温度变化对污染的影响

气温的垂直分布表征大气层结的稳定度，直接影响湍流活动的强弱，支配空气污染物的扩散。同样，我们按照雾天、晴天、阴天 3 种天气背景分类，对比污染与非污染情况边界层温度的变化特征。

由于沙坪坝站（57516）和歌乐山站（A8038）两站高差为 251 m，又因重庆特殊的地理条件，近地逆温层主要集中在 0～200 m，因此两站的温度差 σT（$\sigma T = T_A - T_B$，T_A 表示 A 点的温度，T_B 表示 B 点的温度）可以很好表征重庆城区近地层大气层结状况。由于对流层大气的主要热源是地面长波辐射，离地面越高，受热越少，气温就越低，因此对流层中气温随高度升高而降低，一般平均每上升 100 m 气温约降低 0.6 ℃。按此计算，在海拔高度相差约 250 m 的情况下，高、低空温差应该在 1.6 ℃左右，如果 $\sigma T < 1.6$ ℃时，可以认为城区近地面存在逆温层现象，数值越小逆温越强。

从图 5.49、图 5.50、图 5.51 中可以看出，在 3 种天气背景下，污染天气高、低空温差比非污染天气温差要小，在夜间基本都存在逆温。由于在雾天和晴天夜间基本为无云和少云天气，大气辐射降温强。对比污染和非污染的情况，雾天有污染时一般在 00—11 时逆温较强，在 12 时以后逆温才逐渐减弱消失，雾开始消散，雾天非污染时也同样出现逆温，但是强度要弱一些；晴天有污染时，00—10 时逆温较强，一般在 11 时以后逆温开始减弱消失，晴天非污染时，00—10 时逆温较弱，一般在 11 时以后近地层逆温基本完全消失。而在阴天时，由于夜间有大量的云层覆盖，有污染时在近地层会出现弱的逆温，逆温出现时间一般在 04—09 时，白天一般很少出现逆温，非污染时一般不会出现逆温。

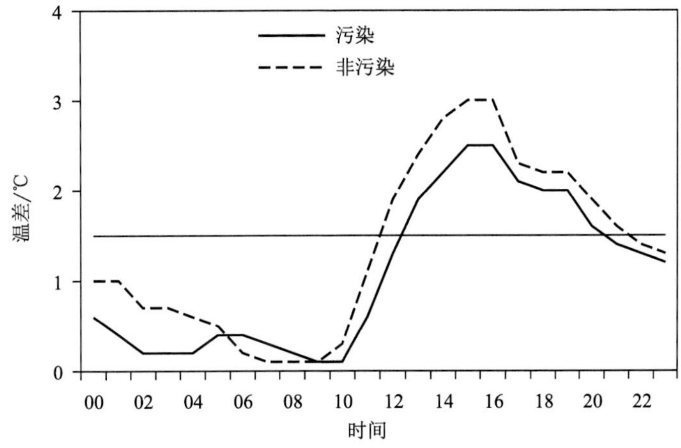

图 5.49　雾天污染与非污染情况下高低空温差时间变化

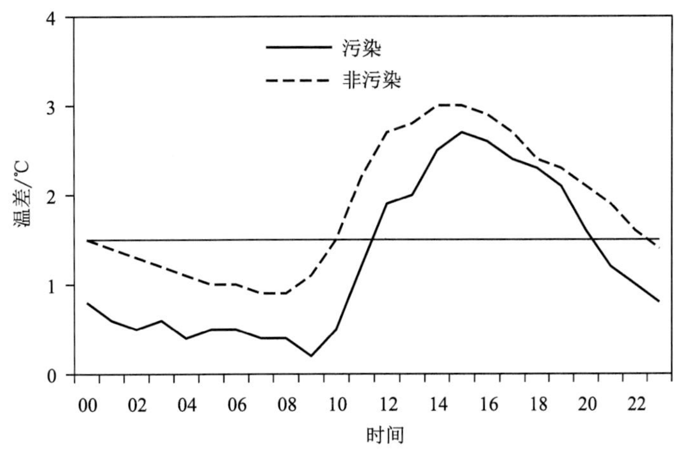

图 5.50　晴天污染与非污染情况下高低空温差时间变化

④ 边界层湍流对污染的影响

根据边界层理论，气流或风可以分为平均风速、湍流和波动三大类。大气边界层内主要的物理过程就是湍流运动引起的各种物理量，包括热量、水汽、动量和各种物质如污染物的

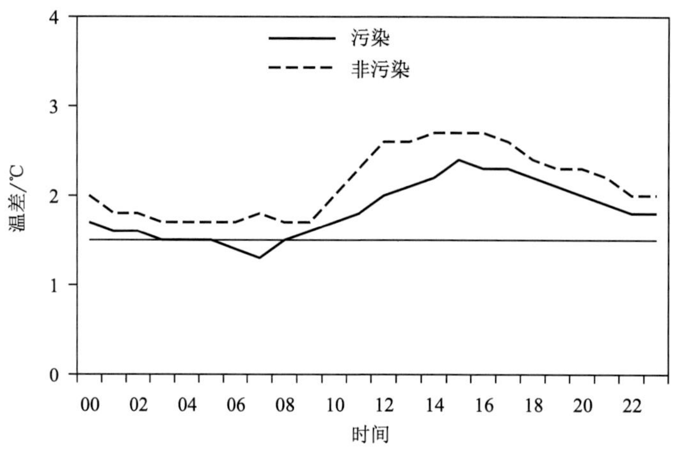

图 5.51　阴天污染与非污染情况下高低空温差时间变化

湍流交换和输送，这种湍流交换过程决定了边界层内各种变量的空间分布和时间变化，湍流输送的结果是将各种量由高值区向低值区输送，如污染物由源区输向低污染区。污染物在大气中水平方向的平流输送主要由平均风速来完成，它比水平方向的湍流输送大很多，但垂直方向的输送主要由湍流输送来完成，因此湍流的强弱决定了湍流对污染垂直输送过程的强弱。研究湍流或波动的一般方法是把风分解为平均和扰动两部分，平均部分表示平均风速的影响，扰动部分则表示波的影响或叠加在平均风速上的湍流影响，因此湍流即叠加在平均风速上的阵风。前面已经讨论了不同天气背景下高、低空风对污染扩散的影响，下面主要以个例分析的形式初步讨论湍流对污染物扩散的影响。选取的天气个例为 2009 年 11 月 8—11 日一次连续污染天气过程，8 日为雾天，浓雾出现于 08 时，消散于 12 时 21 分，最小能见度 300 m，9 日为晴天，10 日为阴天，11 日为阴天有短时多云，其中 8—10 日为轻度污染，11 日为污染结束日。

a. 湍流分析方法

在湍流研究中简易分离湍流变化的方法是，通过在 30 min 到 1 h 周期上求风速测值平均，就能够消除湍流速度对平均速度的正负偏差，一旦有了任何周期的平均速度（$\overline{V}$），就可以把它从瞬时实测风速（V）中减去，得到的就是湍流（V'）：

$$V' = V - \overline{V} \tag{5.1}$$

由于湍流动能可以表征湍流的强度，为了分析湍流对污染物扩散的影响，利用高时间分辨率的风观测资料计算单位质量湍流动能。单位质量平均湍流动能定义如下：

$$\frac{\text{TKE}}{M} = \overline{e} = \frac{1}{2}(\overline{u'^2} + \overline{v'^2} + \overline{w'^2}) \tag{5.2}$$

其中：

$$u = V\cos\left(\frac{(270 - \infty)}{180}\pi\right) \tag{5.3}$$

$$v = V\sin\left(\frac{(270 - \infty)}{180}\pi\right) \tag{5.4}$$

$$u' = u - \overline{u} \tag{5.5}$$

$$v' = v - \overline{v} \tag{5.6}$$

$$w' = w - \overline{w} \tag{5.7}$$

式中，u'、v'、w' 分别表示风的 u、v 水平分量的扰动量和垂直速度 w 的扰动量，将 2 min 平均风资料当作瞬时风进行 u、v 分解，连续 3 个 10 min 平均风的 u、v 分量的平均值作为 $\overline{u}$、$\overline{v}$。由于在实际大气中 u、v 分量比 w 要大 1～2 个数量级，因此在计算湍流动能时可以忽略 w' 值。

利用重庆中心城区内新牌坊（A8000）和城边山顶上歌乐山站（A8038）自动气象站 2009 年 11 月 8—11 日连续观测的每 2 min 和 10 min 平均风向风速资料计算 $\frac{\mathrm{TKE}}{M}$，分别表示城区地面和 200 m 高空的单位质量湍流动能。

b. 不同天气背景下湍流动能的变化

在一般天气情况下，随着夜幕的降临，大气边界层逐渐趋于稳定，大气的湍流运动也会明显减弱。从 $\frac{\mathrm{TKE}}{M}$ 的时间变化（图 5.52）可以看出，在 8 日夜间湍流运动较弱，尤其 03—07 时，无论是城区地面或是 200 m 高空上的湍流动能都非常小，高空和地面基本没有湍流发生，大气处于非常稳定的晴空状态。随着夜间温度的逐渐降低，水汽逐渐达到饱和，由于没有湍流的发生，加上 PM_{10} 浓度较高，有充足的凝结核来吸收水汽，对形成雾提供了良好的物理条件。此外，07 时前后相对湿度到达了 99%，在水汽的主要吸附作用下 PM_{10} 浓度也降到最低值，雾基本完全生成。07—10 时城区地面和高空仍然维持着弱的湍流，使得雾能够得到持续，11 时以后，在日照的作用下城区地面和 200 m 高空的湍流逐步增强，$\frac{\mathrm{TKE}}{M}$ 超过 0.3 $\mathrm{m^2 \cdot s^{-2}}$，雾也逐渐消散。尤其在 13 时以后，随着雾的完全消散，日照显著增强，湍流得到明显发展，15 时湍流发展最旺盛，地面 $\frac{\mathrm{TKE}}{M}$ 达到 1.0 $\mathrm{m^2 \cdot s^{-2}}$，$PM_{10}$ 质量浓度呈明显下降趋势，21 时前后城区内地面湍流明显减弱，PM_{10} 质量浓度又开始逐渐上升。因此，夜间无湍流发生、水汽和凝结核充足时对形成雾是十分有利的。

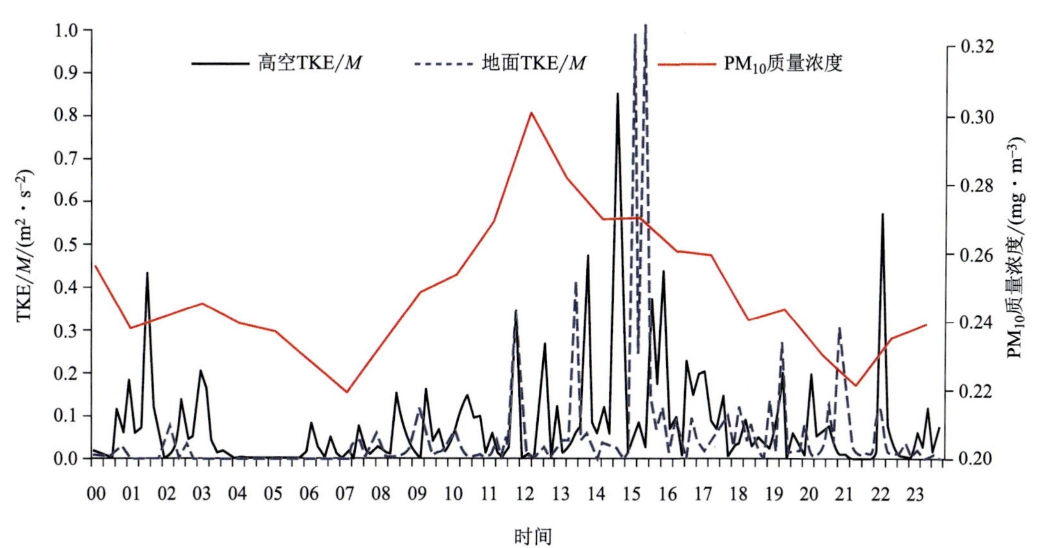

图 5.52　2009 年 11 月 8 日单位质量湍流动能变化

由图 5.53 可以看出，9 日夜间城区地面和 200 m 高空湍流动能仍然较弱，与 8 日夜间相比存在一定的不同，9 日夜间 00—07 时城区地面和 200 m 高空都一直存在弱的湍流，$\frac{TKE}{M}$ 平均在 0.1 $m^2 \cdot s^{-2}$ 左右，虽然夜间均为晴空且相对湿度都比较大（超过 90%），但由于一直有湍流的发生，9 日的凌晨并没有出现雾，可能是由于没有雾生成消耗凝结核，PM_{10} 浓度的降低速度相对 8 日凌晨慢。正因为 9 日凌晨没有雾和云的影响，在 12—14 时由于日照强，高空湍流明显增强，$\frac{TKE}{M}$ 达到 0.7～1.0 $m^2 \cdot s^{-2}$，大气的垂直扩散能力也显著增强，因而 PM_{10} 浓度呈现快速下降趋势。17—18 时随着湍流的减弱，PM_{10} 浓度降速减弱呈逐步升高趋势，20 时以后随着湍流的再次增强，PM_{10} 浓度又呈现下降趋势。

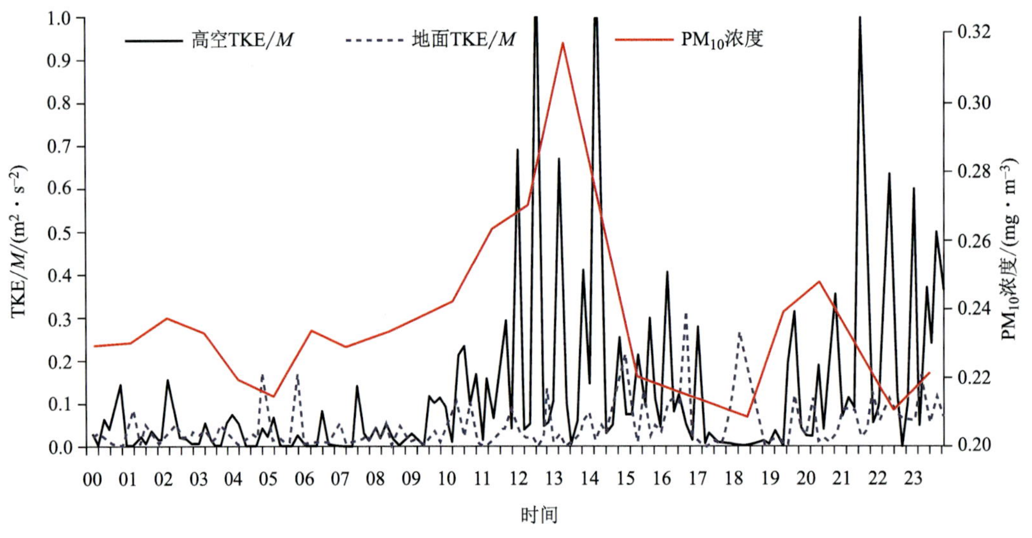

图 5.53　2009 年 11 月 9 日单位质量湍流动能变化

在阴天天气背景下，10 日夜间由于有大量的云层覆盖，从 $\frac{TKE}{M}$ 的时间变化（图 5.54）可知，虽然在夜间地面湍流较弱，但是高空湍流却比较强，$\frac{TKE}{M}$ 达到 0.2～0.7 $m^2 \cdot s^{-2}$，大气并未完全处于稳定状态，白天高空和地面的 $\frac{TKE}{M}$ 基本都维持在 0.2～0.4 $m^2 \cdot s^{-2}$，大气维持着相对较好的扩散条件。从 10 日 PM_{10} 浓度的变化情况看，在 00—07 时 PM_{10} 浓度变化与 8 日和 9 日不同，呈现缓升现象，可能原因是相对湿度较小（相对湿度为 75%～83%）水汽吸附作用弱，地面湍流弱，污染物垂直扩散能力也非常弱。白天由于高空和地面的湍流都相对较强，大气扩散条件好，使得 PM_{10} 的最大浓度值明显低于 8 日和 9 日。从 10 日 21 时开始到 11 日 06 时（图 5.55），湍流动能都存在增强的趋势，尤其是高空，湍流动能增强明显，200 m 高空 $\frac{TKE}{M}$ 维持在 0.3～1.0 $m^2 \cdot s^{-2}$，地面 $\frac{TKE}{M}$ 也基本维持在 0.2～0.5 $m^2 \cdot s^{-2}$，明显要比 8 日、9 日夜间强。在此期间 PM_{10} 浓度出现较大幅度的下降，11 日 09 时以后地面、高空 $\frac{TKE}{M}$ 都迅速增大，在中午前后高空达到最大值（5.8 $m^2 \cdot s^{-2}$），地面达到

2.0 $m^2 \cdot s^{-2}$，导致污染物浓度迅速下降。此外，PM_{10} 浓度在 10 日 21 时之后出现快速下降的原因除了湍流增强，垂直扩散能力增强外，平均风速也明显增大，水平扩散能力也明显增强，这将在后面章节中详细讨论。

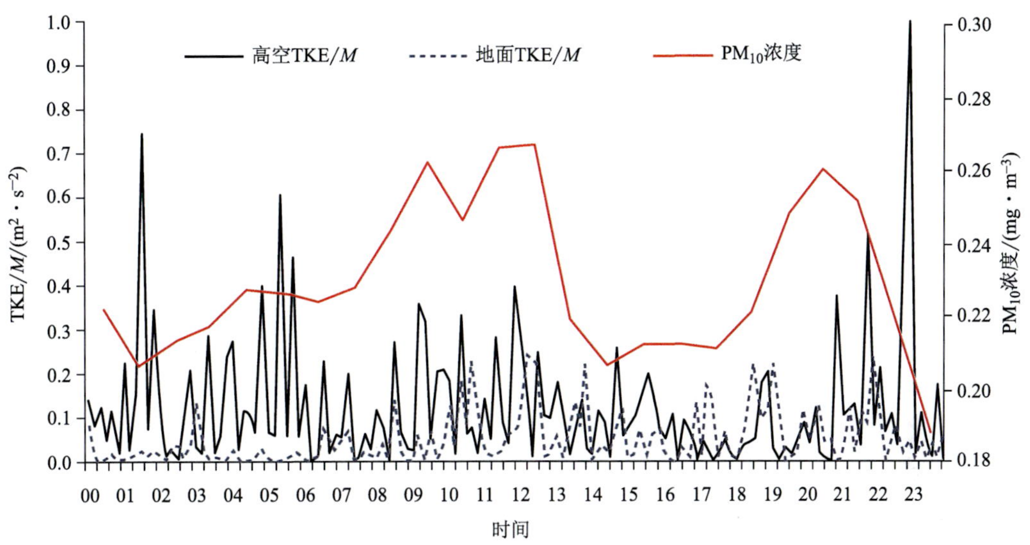

图 5.54　2009 年 11 月 10 日单位质量湍流动能变化

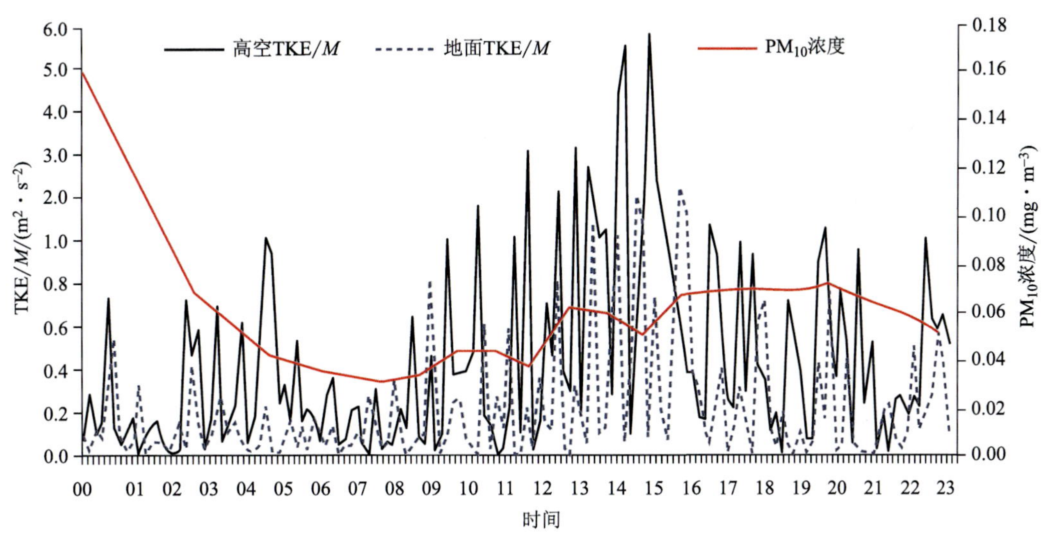

图 5.55　2009 年 11 月 11 日单位质量湍流动能变化

c. 湍流动能与污染物浓度的相关

通过分别计算城区地面和 200 m 高空单位质量平均湍流动能（TKE/*M*）与各污染物监测点 3 种污染物浓度的相关系数（表 5.14），可以看出 TKE/*M* 与 SO_2、NO_2、PM_{10} 浓度均呈负相关，其中 TKE/*M* 与 PM_{10} 浓度相关性最好，城区内 10 个站 PM_{10} 平均浓度与 TKE/*M* 相关系数达到－0.54，相关较好。因此，可以认为湍流动能越强，污染物的垂直扩散能力越强，污染物浓度越低。

表 5.14 单位质量平均湍流动能与污染物浓度的相关系数

		SO_2	NO_2	PM_{10}
解放碑	山顶	−0.37	−0.23	−0.39
	城区	−0.36	−0.16	−0.41
杨家坪	山顶	−0.31	−0.23	−0.48
	城区	−0.34	−0.16	−0.43
南坪	山顶	−0.19	−0.36	−0.51
	城区	−0.24	−0.31	−0.51
唐家沱	山顶	−0.35	−0.21	−0.51
	城区	−0.34	−0.20	−0.46
高家花园	山顶	−0.16	−0.48	−0.49
	城区	−0.14	−0.46	−0.55
两路	山顶	−0.33	−0.33	−0.36
	城区	−0.30	−0.22	−0.30
人和	山顶	−0.19	−0.25	−0.41
	城区	−0.21	−0.25	−0.46
礼嘉	山顶	−0.40	−0.40	−0.49
	城区	−0.38	−0.35	−0.51
鱼洞	山顶	−0.20	−0.33	−0.53
	城区	−0.19	−0.28	−0.53
天生	山顶	−0.21	−0.31	−0.56
	城区	−0.22	−0.26	−0.55
缙云山	山顶	−0.28	−0.22	−0.25
	城区	−0.21	−0.11	−0.26
平均	山顶	−0.36*	−0.39*	−0.54*
	城区	−0.36*	−0.32*	−0.54*

注：* 表示通过 $\alpha=0.01$ 显著性检验。

通过分别计算城区地面和200 m高空平均风速与城区各污染物监测点3种污染物浓度的相关系数（表5.15），从表中可以看出，平均风速与SO_2、NO_2、PM_{10}浓度均呈负相关，其中平均风速与PM_{10}浓度相关性最好，城区内10个站PM_{10}平均浓度与平均风速相关系数达到−0.73～−0.71，相关性非常好。通过对比平均风速和TKE/M与3种污染物浓度的相关系数，平均风速与3种污染物浓度的相关性要好于TKE/M与3种污染物浓度的相关性。因此，可以认为污染物在大气中水平方向由平均风速完成的平流输送能力要明显强于由湍流完成的垂直方向输送能力。

表 5.15 逐时平均风速与污染物浓度相关系数

		SO_2	NO_2	PM_{10}
解放碑	山上	−0.39	−0.55	−0.45
	城区	−0.40	−0.19	−0.32

续表

		SO_2	NO_2	PM_{10}
杨家坪	山上	−0.78	−0.32	−0.65
	城区	−0.60	−0.11	−0.53
南坪	山上	−0.60	−0.59	−0.56
	城区	−0.35	−0.35	−0.47
唐家沱	山上	−0.40	−0.29	−0.69
	城区	−0.30	−0.23	−0.75
高家花园	山上	−0.57	−0.37	−0.73
	城区	−0.41	−0.19	−0.63
两路	山上	−0.23	−0.22	−0.76
	城区	−0.28	−0.24	−0.74
人和	山上	−0.53	−0.26	−0.64
	城区	−0.50	−0.20	−0.59
礼嘉	山上	−0.33	−0.57	−0.73
	城区	−0.34	−0.42	−0.70
鱼洞	山上	−0.65	−0.71	−0.73
	城区	−0.54	−0.45	−0.70
天生	山上	−0.52	−0.79	−0.69
	城区	−0.23	−0.48	−0.75
缙云山	山上	−0.41*	−0.17*	−0.06*
	城区	−0.36*	0.05*	−0.24*
平均	山上	−0.61*	−0.54*	−0.73*
	城区	−0.51*	−0.34*	−0.71*

注：* 表示通过 $\alpha=0.01$ 显著性检验。

此外，从表 5.14、表 5.15 还发现，无论是平均风速或是 TKE/M 与缙云山污染监测点的 3 种污染物浓度的相关都相对比较差，尤其是 PM_{10}，可能存在两个原因：一是城区内湍流强度弱，PM_{10} 垂直输送高度达不到 910 m 左右的高度；另外，从统计的个例风向频率看（图 5.56），无论是在城区或是在 200 m 高空主导风均为东北风，由于缙云山监测点位于重庆中心城区的西北部，在主导风东北风的输送下，城区内的空气污染物主要由东北向西南方向输送，因而缙云山污染物浓度与城区内污染物浓度变化趋势并不一致。

综上所述，在 3 种天气背景下，边界层温度场和风场的逐时变化规律可以较好地解释重庆中心城区主要污染物 PM_{10} 的日变化特征。在夜间到早上（00—08 时），由于 3 种天气均出现有逆温且高、低空风速较小，因而 PM_{10} 向高空扩散能力弱，在污染排放明显减弱的情况下污染物浓度呈现自然下降态势，但从下降速度看，雾天由于相对湿度大，对水汽的吸附作用，污染物浓度下降速度比晴天和阴天快。08 时以后随着人类活动，污染排放增加，在 3 种天气背景下均呈快速上升趋势，但由于在 08—13 时阴天升温不及雾天和晴天快且高、低空风速也比较小，直接导致污染物浓度上升速度也比雾天和晴天快。13 时以后，3 种天气背景下边界层逆温均基本消失，高、低空风速也明显增大，大气扩散条件明显增强，污染物浓

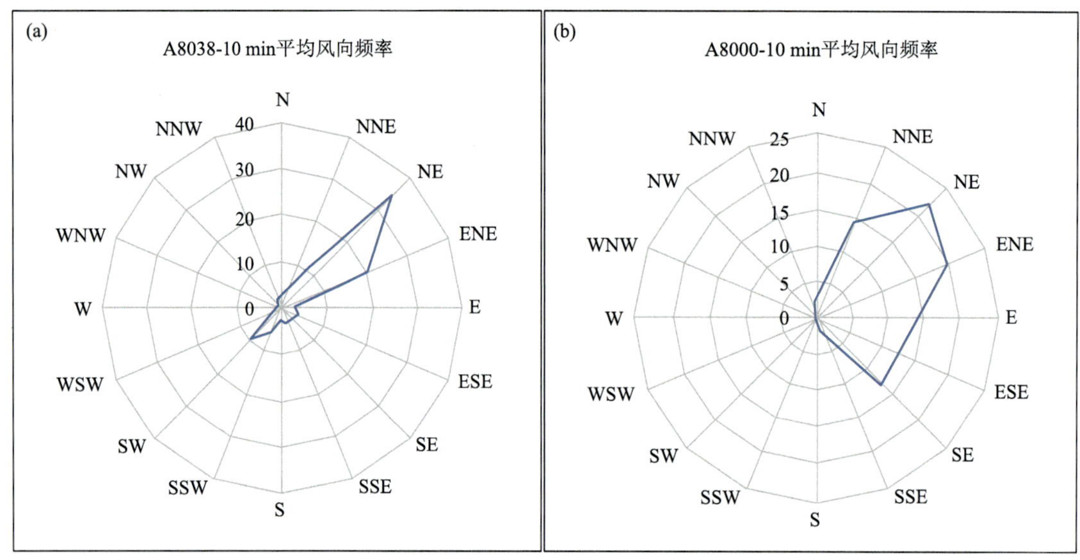

图 5.56　山顶（a）和城区（b）平均风向频率

度开始明显下降，但对比 3 种天气背景下污染物浓度下降速度，晴天由于增温速度快，温度高，高、低空风速也呈明显增大趋势，因而 PM_{10} 浓度下降速度非常快；相应在雾天由于雾在 12 时前后消散后一般是晴天，也可能是阴天，温度也会出现迅速升高，但温度增速不及晴天，尤其由于地面风速变化不大，因而 PM_{10} 浓度降低速度要低于晴天背景下。然而在阴天，由于午后增温速度明显比晴天和雾天慢，高低空风速差不多，平均为 1.3～1.6 $m \cdot s^{-1}$，地面污染物向上输送和水平扩散能力都比较弱，因而 PM_{10} 浓度降低速度也就比较慢。此外，逆温是影响污染扩散的重要因素，由于重庆中心城区昼夜温差小，导致逆温强度弱、厚度不厚等原因造成重庆中心城区冬半年轻度污染天气相对较多，而很少出现中度以上污染天气，这一点与北方城市存在一定的差异。

通过对不同天气背景下湍流动能的变化分析和湍流动能与污染物浓度的相关分析，湍流动能越强，污染物的垂直扩散能力越强，污染物浓度越低，污染物在大气中水平方向由平均风速完成的平流输送能力要明显强于由湍流完成的垂直方向输送能力。此外，夜间无湍流发生、水汽和凝结核充足时对形成雾是十分有利的。

5.2.3.3　降水对污染物浓度的影响

从前面的讨论中我们知道，风、温度等气象要素对污染物浓度的影响主要是通过传输和扩散作用来实现，而降水对空气污染物浓度的影响主要是通过降水的清洗作用来实现，它们的影响机制是不一样的（周国兵 等，2013b；杨茜 等，2019）。本节主要利用 2002—2011 年重庆中心城区主要污染物（PM_{10}、SO_2、NO_2）浓度与降水观测资料，讨论日降水量和逐时降水量对污染物浓度的影响。

设某日空气污染物浓度的日均值（或 API 值）为 C_T，其前一天的日均值（或 API 值）为 C_{T-1}，则 $\mathrm{d}C = \dfrac{C_{T-1} - C_T}{C_{T-1}} \times 100\%$，表示该日空气污染物浓度（或 API 值），较前一天变化幅度占前一日浓度（或 API 值）的百分比。若 $\mathrm{d}C > 0$，则表示某日空气污染物浓度（或 API 值）较前一日下降，空气质量有改善；若 $\mathrm{d}C < 0$，则表示某日空气污染物浓度（或 API 值）较前

一天增大，空气质量恶化。将其与日降水资料结合，可以简单用来反映日降水对空气污染物的湿清除能力。同理，将 C_T 、C_{T-1} 设为当时和前 1 h 的逐时浓度值，将其与逐时降水资料结合，就可以深入分析逐时降水对空气污染物的湿清除能力。文中分别用 dPM_{10}、dSO_2 和 dNO_2 表示 3 种污染物（PM_{10}、SO_2、NO_2）的变化率，用 dAPI 表示 API 值的变化率。

（1）日降水量对空气污染物的湿清除效率

① 日降水量对污染物湿清除效率分布

从不同日雨量对 3 种污染物浓度和 API 值变化率影响分布来看（图 5.57），$dC>0$ 分布区域为 0～100%，PM_{10} 和 SO_2 大部分分布在 0～50%，而 NO_2 绝对大部分分布在 0～50%，API 值全部分布在 0～80%。$dC<0$ 分布区域在 0～150%，分布范围都较 $dC>0$ 区域广，PM_{10} 主要分布在－100%～0，SO_2 主要分布在－150%～0，而 NO_2 和 API 值绝对大部分分布在－50%～0。随着降水量的增大 $dC>0$ 的趋势明显增大，湿清除的作用越大。不同降水量级对不同污染物的清除效果也不一样，一般 10 mm 以上的降水对污染物的湿清除作用为正效应。

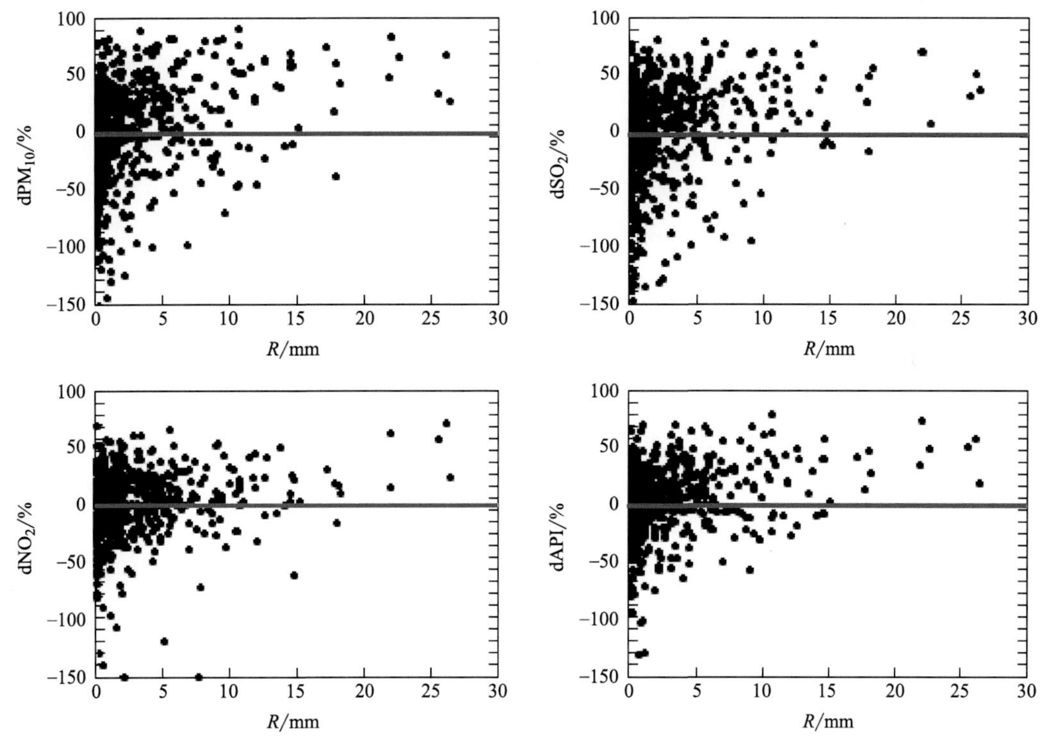

图 5.57　不同日雨量对空气污染物浓度和 API 值变化率影响

② 不同日降水等级对污染物湿清除率

根据中国气象局现行业务规范，24 h 降水等级主要分为 4 类：小雨（0～9.9 mm）、中雨（10～24.9 mm）、大雨（25～49.9 mm）、暴雨（50 mm 以上）。但由于重庆地区冬、春季降水量较小，普遍为小雨和中雨，大雨以上量级的降水出现概率较低，10 年间也仅仅出现 4 次大雨以上天气过程。

从图 5.57 污染物浓度变化率随雨量分布可以看出，气象业务规范上的等级划分跨度太大，特别是小雨量级和中雨量级，不能较好地反映日降雨量对空气污染物的清除能力。因此，在本节中我们将研究范围内的日雨量进一步细分成 5 个等级（表 5.15）。

表 5.16　日雨量分级表

日雨量/mm	气象等级
0.1～0.9	毛毛雨
1.0～4.9	小雨
5.0～9.9	小雨
10.0～19.9	中雨
≥20	中雨

按照表 5.16 中的分类标准，分别计算不同等级的日降雨量对 3 种大气污染物浓度和 API 值的平均清除能力（即通过计算 dC 的平均值来反映降水对污染物的平均清除效率）。从图 5.58 可以看出，降雨量在 1 mm 以上时，降水对 3 种空气污染物都有明显的清除作用，但清除能力明显不同。当日雨量在 20 mm 以上时，清除能力最强，3 种污染物 dC 平均值都超过了 40%，对 PM_{10} 的清除能力达到 55.1%，对 SO_2 的清除能力为 40.7%，对 NO_2 的清除能力为 40.5%，API 值下降 48.6%。日雨量在 10～20 mm 时，对 PM_{10} 和 SO_2 的清除能力相近，分别为 32.8%、32.4%，对 NO_2 的清除能力稍差（12.7%），API 值下降 24.5%。日雨量在 5～10 mm 时，对 PM_{10} 的清除能力也是最好，为 17.7%，对 SO_2 的清除能力次之，为 14.3%，对 NO_2 的清除能力为 5%，API 值下降 13.4%。日雨量在 1～5 mm 时，对 PM_{10} 的清除能力为 8.1%，对 SO_2 的清除能力为 5.7%，对 NO_2 的清除能力为 3.7%，API 值下降 6.6%。1 mm 以下降水时 3 种大气污染物浓度平均变化率均为负值，API 值增大 3.3%，空气质量呈变差的趋势，说明 1 mm 以下的降水不但不具有清除大气污染物作用，相反可能还有增大污染物浓度的可能。总体表明，降水对 PM_{10}、SO_2 的清除能力均比对 NO_2 的清除能力强，对于重庆主城区而言，PM_{10}、SO_2 两种污染物浓度的变化直接影响空气污染指数（API）的变化，因此降水对 PM_{10}、SO_2 的清除效果将直接影响空气质量。

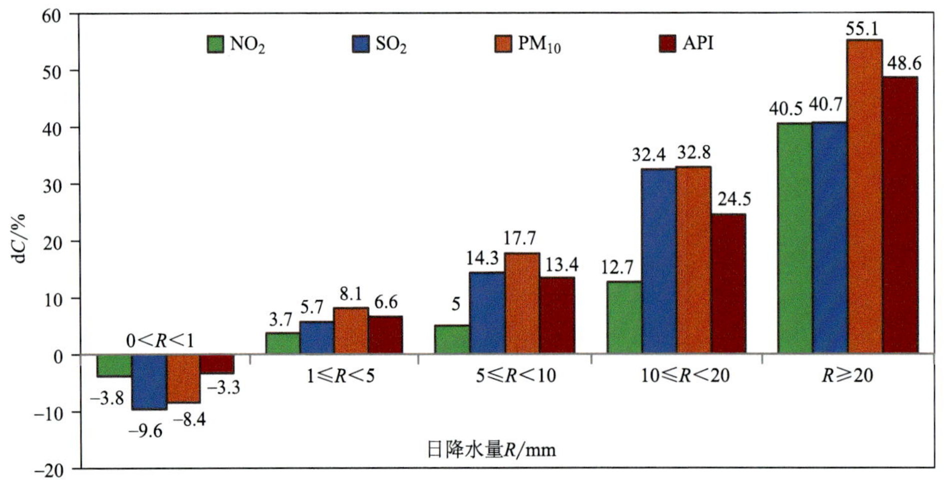

图 5.58　不同等级日降水对空气污染物清除效率和 API 值平均变化率

按照表5.16的分类标准，在不考虑1 mm以下降水呈负效应的情况下，按日降水等级从低到高绘制3种污染物和API值的平均变化趋势（图5.59），可以看出不同等级日降水量对PM_{10}、SO_2、NO_2清除效率和对API值降低率呈现指数变化，拟合的趋势方程分别为：

$$PM_{10}: y=4.59e^{0.64x} \quad R^2=0.99 \tag{5.8}$$

$$SO_2: y=3.38e^{0.67x} \quad R^2=0.95 \tag{5.9}$$

$$NO_2: y=1.30e^{0.81x} \quad R^2=0.94 \tag{5.10}$$

$$API: y=3.47e^{0.66x} \quad R^2=0.999 \tag{5.11}$$

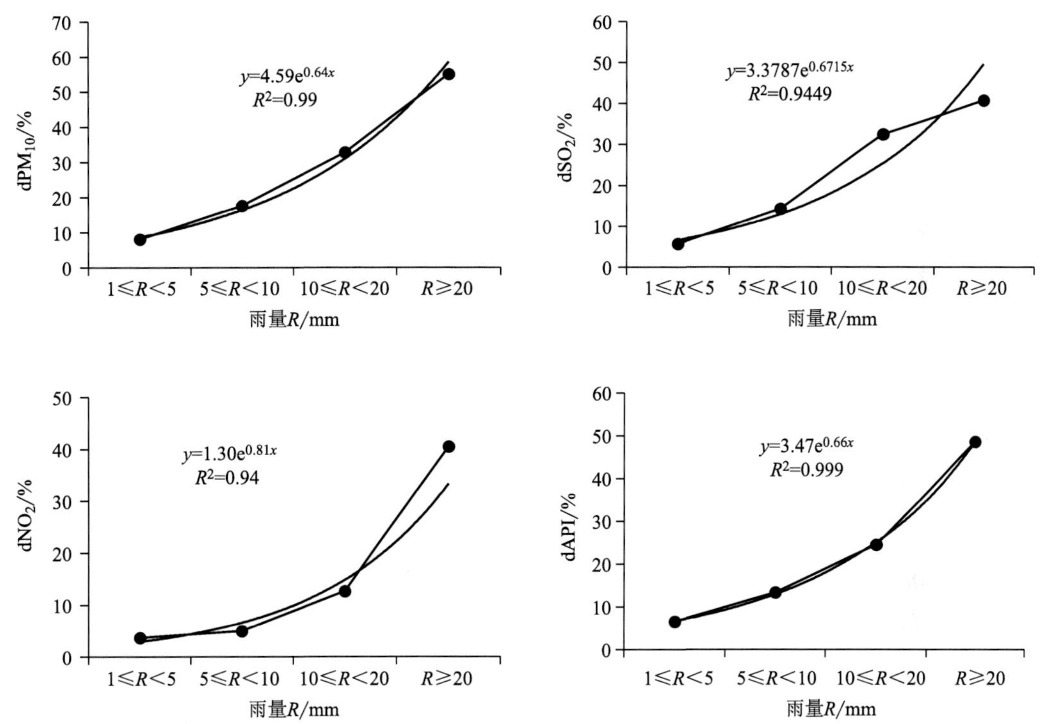

图5.59　不同等级日降水量对空气污染物清除率和API值平均变化率影响趋势

（2）连续日降水对污染物湿清除效率

通过上面的分析，总的趋势是降水对3种空气污染物均有清除作用，且降水量级越大，清除效率越高，但同时也发现有许多个例中降水对污染物浓度影响并不大，有时还可能出现负效应，甚至在较大降水量级时对污染物的清除效率也不明显。因此，有必要继续深入分析不同性质的降水对污染物浓度的影响。

① 连续性降水对污染物湿清除率的分布

我们把连续2 d及以上的降水称为连续性降水。图5.60—图5.63中给出连续降水第1天、第2天、第3天和第4天3种空气污染物浓度和API值变化率随雨量的分布。可以看出，第1天降水，dPM_{10}和dSO_2主要分布在$-100\%\sim70\%$，其中$dPM_{10}>0$个例数占60.9%，$dSO_2>0$个例数占69.2%；dNO_2和dAPI主要分布在$-50\%\sim50\%$，其中$dNO_2>0$个例数占60.9%，$dAPI>0$个例数占57.7%。第2天降水，dPM_{10}和dSO_2主要分布在$-100\%\sim100\%$，正效应区域扩大，其中$dPM_{10}>0$个例数占75.6%，$dSO_2>0$个例数占

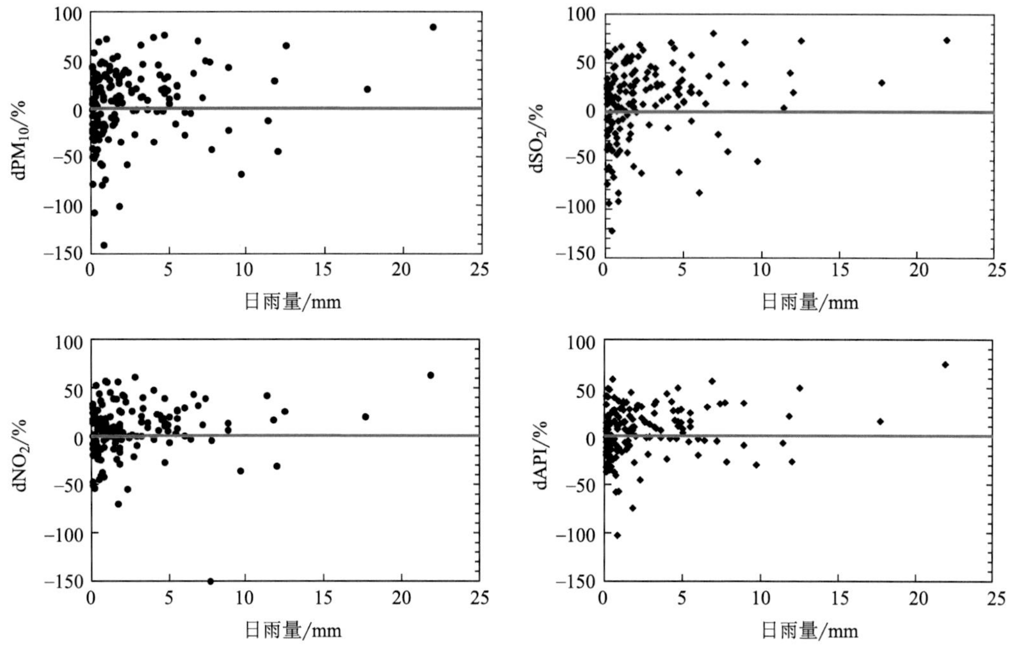

图 5.60 第 1 天日降水量对空气污染物浓度和 API 值变化率的影响

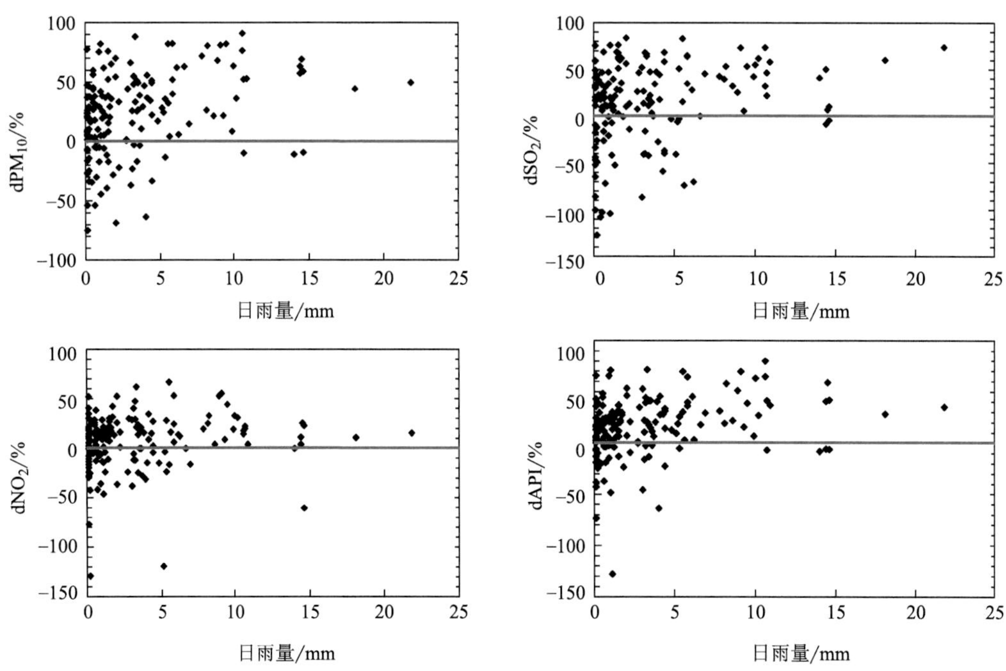

图 5.61 第 2 天日降水量对空气污染物浓度和 API 值变化率的影响

68.6％；dNO_2 和 dAPI 主要分布在－50％～70％，正效应区域也有所扩大，其中 dNO_2＞0 个例数占 65.4％，dAPI＞0 个例数占 75.0％。说明连续性降水的第 2 天降水对 PM_{10} 和 dNO_2 的清除效果较第 1 天降水更好，对 SO_2 的清除效果与第 1 天相近。重庆中心城区由于 PM_{10} 为首要污染物，API 值的变化趋势跟 PM_{10} 基本一致。此外，连续性降水的第 2 天，一般 5 mm 以上的降水对污染物的湿清除作用基本为正效应，而在第 1 天这种特点却不显著。从第 3 天开始，降水对 3 种污染物的清除效率明显下降，正效应个例数只占到 50%左右，到第 4 天，降水对 3 种污染物的清除效率继续下降，正效应个例数仅占 40%左右。可以认为，对污染物清除有贡献的降水主要是前 2 d 的降水，当连续 2 d 的降水对污染物已经清除到一定的极限值之后，降水对污染的清除效果明显减弱。

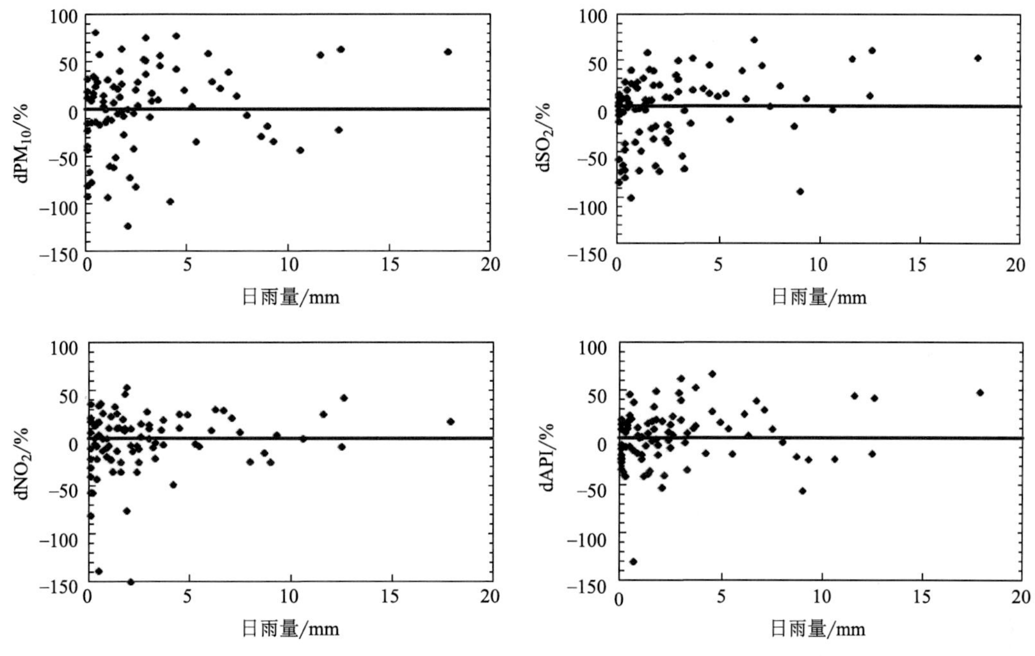

图 5.62　第 3 天日降水量对空气污染物浓度和 API 值变化率的影响

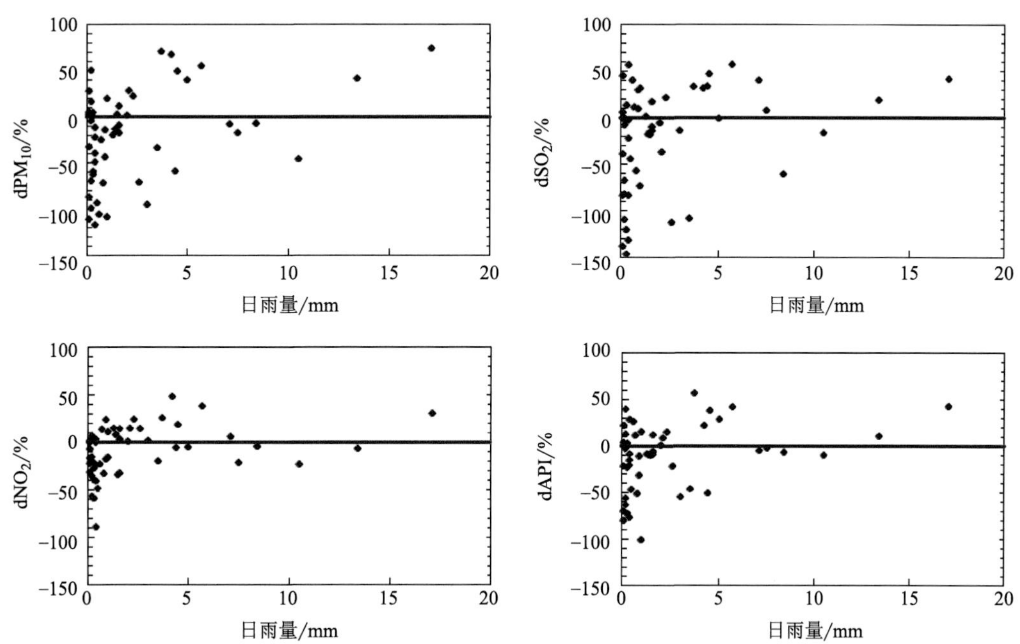

图 5.63　第 4 天日降水量对空气污染物浓度和 API 值变化率的影响

② 连续性日降水对污染物湿清除效率

表 5.17 给出了连续 4 d 降水时空气污染物浓度变化率 dC 的平均值，可以看出，在前 2 d 各项污染物浓度变化率 dC>0，其中，第 1 天 SO_2 浓度变化率最大，为 9.0%；PM_{10} 浓度变化率次之，为 5.8%；NO_2 浓度变化率为 5.1%，API 变化率为 5.5%。第 2 天 PM_{10} 浓度变化率最大，为 22.2%；SO_2 浓度变化率次之，为 11.8%；NO_2 浓度变化率为 6.3%，API 变化率为 16.5%，第 2 天的降水对 3 种污染物的清除效率比第 1 天要高，从而使得 API 也有较大幅度的降低。第 3 天和第 4 天降水对 3 种污染物平均清除效率为负值，因此可以看出两天以后的降水对污染物的清除作用明显降低，其中第 3 天使得 SO_2 浓度变化率为 −11.9%，NO_2 浓度变化率为 −7.4%，PM_{10} 浓度变化率为 −5.9%，API 变化率为 −1.0%。第 4 天 SO_2 浓度变化率为 −17.7%，NO_2 浓度变化率为 −6.5%，PM_{10} 浓度变化率为 −17.4%，API 变化率为 −8.8%。连续降水后，空气中污染物浓度处于低值，此时，降水对污染物浓度影响极小，由于污染物排放量的持续，使得污染物浓度从第 3 天开始升高，PM_{10} 和 SO_2 两种浓度相对高的污染物升高较 NO_2 明显。因此，在考虑降水对空气污染物湿清除能力时，最好选择连续降水日的前两天来进行分析。

表 5.17 连续降水对空气污染物浓度和 API 的影响

连续降水	雨量平均/mm	dSO_2	dNO_2	dPM_{10}	dAPI	个例数
第 1 天	2.8	9.0%	5.1%	5.8%	5.5%	156
第 2 天	3.6	11.8%	6.3%	22.2%	16.5%	156
第 3 天	3.1	−11.9%	−7.4%	−5.9%	−1.0%	91
第 4 天	2.9	−17.7%	−6.5%	−17.4%	−8.8%	53
第 5 天	1.8	−28.2%	−10.9%	−12.8%	−8.1%	25
第 6 天	3.0	−0.3%	1.3%	−6.7%	0.9%	11
第 7 天	3.6	−10.0%	−36.8%	−27.7%	−17.6%	5
第 8 天	1.3	4.4%	35.6%	32.6%	22.3%	2

(3) 日降水量对不同空气质量状况下的湿清除效率

由 $\mathrm{d}C=\dfrac{C_{T-1}-C_T}{C_{T-1}}\times 100\%$ 可以计算出污染物浓度变化率，但是，我们也可以明显地看出，在污染物浓度变化率相同的情况下，当 dC > 0 时，前一天污染物浓度越高，其污染物浓度降低的绝对值就越大，当 dC < 0 时，前一天污染物浓度越高，其污染物浓度上升的绝对值也越大。比如：一种情况是前一天污染物浓度为 0.2 mg·m^{-3}，当天污染物浓度为 0.1 mg·m^{-3}；另一种情况是前一天污染物浓度为 0.4 mg·m^{-3}，当天污染物浓度为 0.2 mg·m^{-3}，两种情况的浓度变化率都是 50%，但是污染物浓度降低的绝对值却完全不同。因此，为了深入了解不同量级降水在不同空气质量状况下对各类污染物的清除效率，分别对 3 种污染物按 API>100 和 API≤100 两种情况讨论（降雨日的前一天 API 值）。

从不同降水量级对不同污染物的清除效率可以看出（表 5.18、表 5.19、表 5.20、表 5.21），降水对 3 种污染物的平均清除效率在 API>100（高浓度值）时均高于在 API≤100（低浓度值）时，降水量级越大对污染物的清除效率越高。

表 5.18　API＞100 时不同等级降水量对污染物平均清除率

R/mm	dPM_{10}/%	dSO_2/%	dNO_2/%
$R\geqslant 20$	63.7	36.1	59
$10\leqslant R<20$	42.6	39.8	—
$5\leqslant R<10$	45.9	40.6	—
$1\leqslant R<5$	27.2	35.8	44.1
$0<R<1$	11.2	31.0	47.5

表 5.19　API＞100 时不同等级降水量对应污染物个例数

R/mm	dPM_{10}/%	dSO_2/%	dNO_2/%
$R\geqslant 20$	4	1	1
$10\leqslant R<20$	7	2	0
$5\leqslant R<10$	17	8	0
$1\leqslant R<5$	83	23	2
$0<R<1$	90	26	2

表 5.20　API≤100 时不同等级降水量对污染物平均清除率

R/mm	dPM_{10}/%	dSO_2/%	dNO_2/%
$R\geqslant 20$	43.6	47.5	36.8
$10\leqslant R<20$	26.9	31.9	11.8
$5\leqslant R<10$	8.3	11.5	4.9
$1\leqslant R<5$	−2.1	2.3	3.4
$0<R<1$	−20.7	−13.7	−4.2

表 5.21　API≤100 时不同等级降水量对应污染物个例数

R/mm	dPM_{10}/%	dSO_2/%	dNO_2/%
$R\geqslant 20$	3	6	6
$10\leqslant R<20$	26	31	33
$5\leqslant R<10$	52	61	69
$1\leqslant R<5$	155	215	236
$0<R<1$	147	211	235

对 PM_{10} 的影响分析：当 PM_{10} 的 API＞100 时，在降水量（R）≥20 mm 时，降水平均清除率为 63.7%（由于个例个较少，该值不一定具有很好的代表性），较 PM_{10} 的 API≤100 时高出 20.1 个百分点；当 10 mm≤R＜20 mm 时，PM_{10} 的 API≤100 时的降水平均清除率为 26.9%，仅仅相当于 PM_{10} 的 API＞100 时降水量 1 mm≤R＜5 mm 时的清除率；当 1 mm≤R＜5 mm 时，在 PM_{10} 的 API≤100 时的降水平均清除率为−2.1%，表明此等级的降水对低浓度 PM_{10} 的清除效果很弱；1 mm 以下的降水平均清除率为−20.7%，表明此等级的降水对低浓度 PM_{10} 不仅不具有清除效率，相反可能会提升 PM_{10} 的浓度。

对 SO_2 的影响分析：当 SO_2 的 API＞100（高浓度值）时，不同量级的降水对 SO_2 的平均清除率在 30.1%～40.6%，效果基本相当，由于 R≥20 mm 时仅有一个个例，10 mm ≤R＜20 mm 时只有两个个例，因此在 R≥10 mm 以上的清除率仅供参考，不具有代表性。当 SO_2 的 API≤100（低浓度值）时，当降水量大于 10 mm 时，对 SO_2 的平均清除率在

30%以上，与高浓度值时平均清除率相当，但是当降水量级小于10 mm时，平均清除率迅速降低，1 mm≤R<5 mm时平均清除率仅为2.3%，1 mm以下的降水平均清除率为−13.7%，表明此等级的降水对低浓度SO_2的清除效果很弱。

对NO_2的影响分析：由于重庆的主要污染物是PM_{10}，其次是SO_2，NO_2的浓度不高，因此对于NO_2的API>100（高浓度值）的个例很少，表5.18中的值不具有代表性，本节只分析NO_2的API≤100（低浓度值）时的情况。在降水量R≥20 mm时，降水平均清除率为36.8%；10 mm≤R<20 mm时，降水平均清除率迅速降为11.8%；当5 mm≤R<10 mm时，平均清除率为4.9%；当1 mm≤R<5 mm时，平均清除率仅为3.4%；1 mm以下的降水平均清除率为−4.2%，表明此等级的降水对低浓度NO_2的清除效果很弱。

总之，对3种污染物，如果前期浓度越高，日降水量越大，降水对污染物的清除率越高。

由于不同降水等级湿清除率不同，因此有必要研究各个降水等级每1 mm降水的湿清除率。按照3种污染物API>100和API≤100分类，对4种降水等级对应空气污染物浓度变化率（dC）及对应的日降水量分别平均，可以粗略得到4种降水等级中每1 mm降水的湿清除效率（当日降水量小于1 mm时，计算出的结果没有物理意义，此处不讨论0<R<1 mm等级降水情况）。

在API>100的情况下（表5.22），当R≥20 mm时，每1 mm降水能将2.7%的PM_{10}、1.4%的SO_2和2.3%的NO_2湿清除（SO_2、NO_2个例少，仅供参考），API指数下降2.5%；当10 mm≤R<20 mm时，每1 mm降水能将3.2%的PM_{10}、3.5%的SO_2湿清除（NO_2个例缺），API指数下降2.5%。当5 mm≤R<10 mm时，每1 mm降水能将6.4%的PM_{10}、5.6%的SO_2湿清除（NO_2个例缺），API指数下降4.6%；当1 mm≤R<5 mm时，每1 mm降水能将10.9%的PM_{10}、13.8%的SO_2和14.9%的NO_2湿清除，API指数下降8.7%。

表5.22 API>100时不同等级降水量每1 mm对空气污染物平均湿清除率

R/mm	dAPI/%	dPM_{10}/%	dSO_2/%	dNO_2/%
R≥20	2.5	2.7	1.4	2.3
10≤R<20	2.5	3.2	3.5	—
5≤R<10	4.6	6.4	5.6	—
1≤R<5	8.7	10.9	13.8	14.9

在API≤100的情况下（表5.23），当R≥20 mm时，每1 mm降水仅有1.6%的PM_{10}、1.9%的SO_2和1.4%的NO_2被湿清除，API指数下降1.3%。当10 mm≤R<20 mm时，每1 mm降水有2.1%的PM_{10}、2.5%的SO_2和0.9%的NO_2被湿清除，API指数下降1.7%。当5 mm≤R<10 mm时，每1 mm降水有1.2%的PM_{10}、1.7%的SO_2和0.7%的NO_2被湿清除，API指数下降0.9%。当1 mm≤R<5 mm时，每1 mm降水，PM_{10}的清除率为负，0.9%的SO_2和1.4%的NO_2被湿清除，API指数下降0.5%。

表 5.23　API≤100 时不同等级降水量每 1 mm 对空气污染物平均湿清除率

R/mm	dAPI/%	dPM_{10}/%	dSO_2/%	dNO_2/%
$R\geqslant 20$	1.3	1.6	1.9	1.4
$10\leqslant R<20$	1.7	2.1	2.5	0.9
$5\leqslant R<10$	0.9	1.2	1.7	0.7
$1\leqslant R<5$	0.5	−0.9	0.9	1.4

对比 API＞100 时和 API≤100 时，单位降水量（1 mm）在不同降水级别中的清除率是不一样的，且有如下特点：

在 API＞100 时，按照日降水量从大到小的顺序，每 1 mm 的降水对 3 种污染物的清除率是递增，即日降水量级（≥1 mm）越小每 1 mm 降水的清除率越高。

在 API≤100 时，当日降水量≥10 mm，按照日降水量从大到小的顺序，每 1 mm 的降水对 PM_{10}、SO_2 的清除率是递增的，即日降水量量级越小，每 1 mm 降水的清除率越高，但是当日降水量＜10 mm，按照日降水量从大到小的顺序，每 1 mm 的降水对 PM_{10}、SO_2 的清除率是递减的，即量级越小，每 1 mm 降水的清除率越低。对于 NO_2，当日降水量≥5 mm 时，按照日降水量从大到小的顺序，每 1 mm 的降水对其清除率是递减的，即量级越小每 1 mm 降水的清除率越低。

（4）逐时降水对污染物的清除效率

从前面的分析我们已经清楚了降水对污染物有着明显的清除作用，降水对降低空气污染起重要的作用。在前期不同空气质量状况下，日降水量对不同污染物的清除率也不一样，一般来说，前一日污染物浓度越高，降水对污染的清除能力越强，随着降水对污染物的不断清除，污染物浓度逐渐下降，当污染物浓度降低到一定程度后，降水对污染物的清除率也会明显降低。但是，在前面统计中也发现有些降水并不能降低污染物浓度，改善空气质量，也并不完全是日降水量越大，对污染清除效果越好，对改善空气质量效果越好。其实，日降水量是由每天逐小时的降水量累计起来的，因此，单纯日降水量并不能反映降水出现的时段。在降水时段内空气污染物可以被降水清除掉，但是降水停止后，污染物是否还会下降，或者说能持续下降多少，这就是一个比较复杂的问题。本节尝试利用 2009—2011 年冬半年逐时污染和降水资料来深入探讨降水对降低污染改善空气质量的作用。

从第 2 章中重庆中心城区 3 种污染物多年逐时平均变化曲线可以看出，3 种污染物的日变化趋势基本是相对固定的，即 PM_{10} 和 NO_2 为“双峰双谷”特征，SO_2 为“单峰单谷”特征，重庆市作为南方城市，城区冬季没有供暖设备，不存在冬季污染源显著增加的情况，因此我们可以假定重庆中心城区一年中每天污染是按照相对固定的规律排放，污染物浓度变化主要受气象条件影响，在研究气象要素对污染物浓度影响时，不考虑污染排放情况。分别计算有降水和无降水的情况下 3 种污染物逐时平均浓度，3 种污染物浓度的逐时变化趋势是不一样的。在无降水的情况下，污染物浓度变化主要受温度、风、气压、相对湿度等气象要素的影响，形成有规律的变化曲线，即 PM_{10} 和 NO_2 为“双峰双谷”特征，SO_2 为“单峰单谷”特征；在有降水时，典型的日变化特征消失，同时段的污染物平均浓度要比无降水时低得多，因此可以认为，降水对降低污染物浓度确实起了重要作用（图 5.64、图 5.65、图 5.66）。

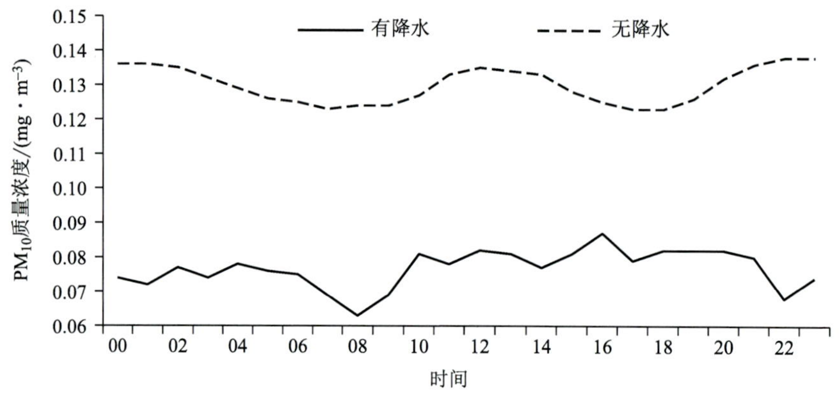

图 5.64 有降水和无降水情况下 PM_{10} 逐时平均浓度

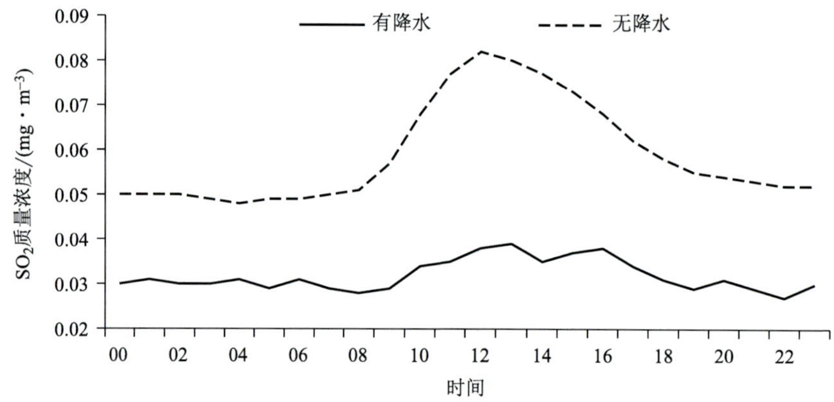

图 5.65 有降水和无降水情况下 SO_2 逐时平均浓度

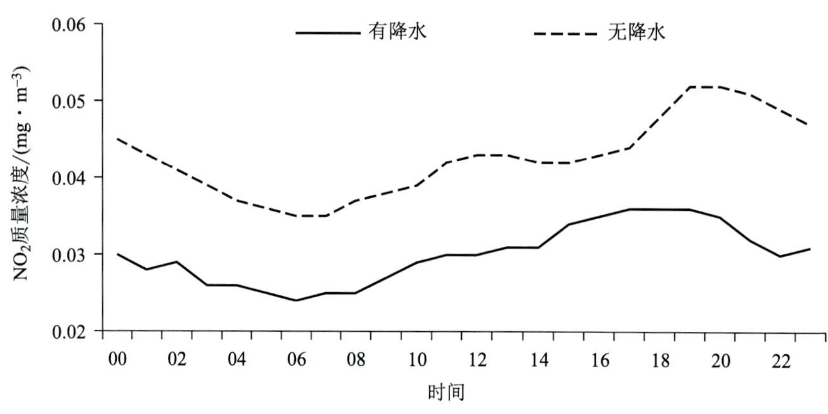

图 5.66 有降水和无降水情况下 NO_2 逐时平均浓度

此外，从重庆中心城区冬半年逐时平均降水量变化可以看出（图 5.67，只统计有降水出现的时段），夜间降水量明显比白天大。00 时前后平均小时降水量最大，之后逐渐减小，10—20 时降水量较小，尤其在 19—20 时为降水量最小时段，20 时以后降雨量明显增大，反映了重庆多夜雨现象。因此，在一天 24 h 中，不同时段内出现降水，对污染的日平均值影响是不一样的，单纯用日降水量并不能完全真实反映降水对污染的清除效应。为了弄清楚不同时段内降水对污染的清除效应，仍然利用 $dC=\frac{C_{T-1}-C_T}{C_{T-1}}\times 100\%$ 的方法计算了当时与前1 h污染浓度的变化率，其中 C_T、C_{T-1} 分别为当时和前1 h的逐时污染物浓度值，同时为了对照分析，按照有降水和无降水两种情况分别计算。

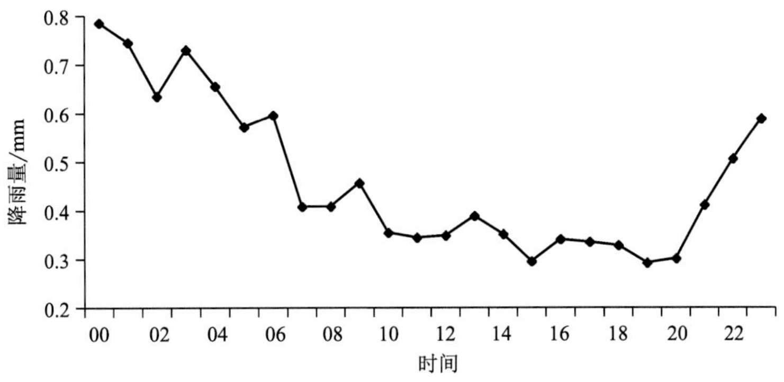

图 5.67 重庆中心城区逐时平均降雨量

从前面的分析可知，由 $dC=\frac{C_{T-1}-C_T}{C_{T-1}}\times 100\%$ 计算出的浓度变化率，在污染物浓度值较小时，其浓度变化率波动较大，因此为了更真实地反映降水对污染物的清除率，我们选取 PM_{10} 浓度＞0.05 mg·m^{-3} 的个例作为统计样本（PM_{10} 浓度＜0.05 mg·m^{-3} 样本计算结果波动较大，本节不作讨论），由于重庆中心城区 SO_2 和 NO_2 相对 PM_{10} 浓度要低得多，为了保证样本的有效性和代表性，选取 SO_2 和 NO_2 浓度＞0.03 mg·m^{-3} 的个例作为统计样本，同时剔除了3种污染物浓度变化率超过±20%的异常值，保持了平均浓度变化率的相对稳定和计算结果的可靠。

① 逐时降水对 PM_{10} 的湿清除率

从图5.64可以清楚地看到，在没有降水的情况下，PM_{10} 浓度日变化“双峰双谷”特征明显（由于降水个例明显少于无降水个例，将降水个例和无降水个例一同计算平均时，仍然会维持这种“双峰双谷”特征）。

从 PM_{10} 浓度逐时变化率曲线（图5.68）可以看出，在00—07时，无降水时，PM_{10} 浓度逐时变化率为正（表示污染物浓度后一时刻比前一时刻低，称之为浓度下降），且基本保持相对平稳的下降趋势，平均每小时下降率（简称平均下降率，以后本节中提到的平均下降率和平均清除率均表示每小时的平均下降率和平均清除率）为0.7%左右，PM_{10} 浓度随时间推移逐渐降低，尤其06—07时的正值很小，08时已为负值（呈上升趋势），因此可以认为06—07时 PM_{10} 浓度降到低值，为 PM_{10} 日变化“双峰双谷”特征中第一个谷值的出现时间；有降水时，PM_{10} 浓度的下降率明显大于无降水的情况，基本维持在2.7%～5.7%，平均下降率为4.7%，PM_{10} 浓度随时间推移逐渐降低明显，表现出降水对 PM_{10} 具有明显的清除效应。

08—13时，在无降水的情况下，PM_{10} 浓度逐时变化率为负值（表示污染物浓度后一时刻比前一时刻高，称之为浓度上升），PM_{10} 浓度随着时间推移呈逐渐升高趋势，尤其在10—12时变化率为−4%～−5%，可以认为在此时段由于人类活动污染排放增加，PM_{10} 浓度会出现快速增长趋势，13时变化率为−0.2%左右，污染物浓度增长速度明显减弱，14时

之后 PM_{10} 浓度变化率转为正值，可以认为在 13 时前后 PM_{10} 浓度升到高值，出现 PM_{10} 日变化“双峰双谷”特征中第一个峰值；相应在有降水的情况下，08—09 时 PM_{10} 浓度变化率明显减小，在 10—13 时，PM_{10} 浓度的变化值很小，平均变化率仅为 0.02%，应该说在此期间本应是 PM_{10} 浓度快速上升的时段，但由于降水抑制了污染物浓度快速增长趋势，此时降水对 PM_{10} 的清除率与 PM_{10} 的排放增长率基本相当，但从 14 时开始，正值增大，PM_{10} 浓度又将出现明显的下降趋势。

14—23 时，在无降水的情况下，15—17 时，PM_{10} 浓度逐时变化率为正值，PM_{10} 浓度处于下降趋势，18 时前后变化率出现负值，PM_{10} 浓度时由下降向上升转换，因此在 18 时前后出现 PM_{10} 日变化“双峰双谷”特征中第二个谷值，之后 PM_{10} 浓度又开始上升，在 23 时前后上升到峰值。在有降水的情况下，14 时以后一直保持正的变化率，在 15—17 时保持较高的下降率，PM_{10} 平均下降率为 3.1%，之后变化率逐渐减小，18—21 时 PM_{10} 平均下降率仅为 1%，21 时以后 PM_{10} 的下降率又明显增大。

由于图 5.68 中无降水情况下 PM_{10} 浓度的变化主要是受除降水以外的其他气象因素的影响造成，有降水情况下 PM_{10} 的变化主要是受降水和其他气象因素共同影响的结果，因此为了弄清楚单一降水对污染物浓度变化的影响，我们利用有降水情况下污染物浓度变化率减去无降水情况下污染物浓度变化率（去掉其他气象因素的影响）就可以得到单一降水对污染物的影响情况，称之为降水对污染物的清除率。从图 5.69 可以看出，在全天均为正值，可以认为降水对 PM_{10} 具有较好的清除效果，但在不同的时段清除效果不同，00—12 时降水对 PM_{10} 的清除率为 2%～5%，平均清除率为 4%；13—18 时，降水对 PM_{10} 的清除效果较差，平均清除率仅为 1.6%；19—23 时降水对 PM_{10} 的清除效果较好，平均清除率为 3.6%。对应重庆中心城区逐时平均雨量，可以归纳为：由于夜间逐时平均降水量大，对 PM_{10} 的清除率高，白天平均逐时降水量差不多，但是降水对 PM_{10} 浓度上升阶段清除率高于下降阶段。由于重庆中心城区在 PM_{10} 浓度＞0.05 $mg \cdot m^{-3}$ 且逐时降水量＞1 mm 的个例仅占 5.7%，本节不讨论单位小时降水量的清除率。

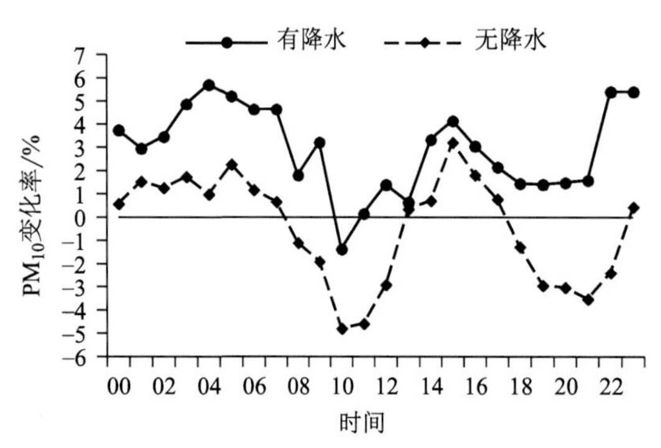

图 5.68　有降水和无降水情况下 PM_{10} 浓度逐时变化率

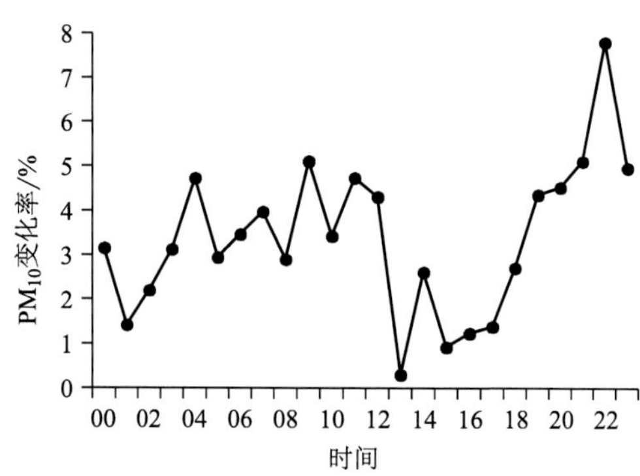

图 5.69　单一降水情况下 PM_{10} 浓度逐时变化率

② 逐时降水对 SO_2 的湿清除率

重庆中心城区 SO_2 浓度平均日变化趋势相对 PM_{10} 要简单一些。在无降水的情况下（图 5.70），00—06 时，SO_2 浓度的变化率基本为正值，SO_2 浓度为逐渐下降趋势，但平均下降率仅为 0.8%；07—12 时，SO_2 浓度的变化率为负值，平均变化率为－4.6%，SO_2 浓度呈现快速上升趋势，尤其在 09—11 时，增长速度较快，在 12 时前后出现峰值；13 时以后 SO_2 浓度的变化率基本为正值，SO_2 浓度呈下降趋势，尤其在 14—19 时，SO_2 浓度平均变化率为 4.3%，20 时以后 SO_2 浓度下降趋势明显减弱。在有降水的情况下，00—07 时，SO_2 浓度的变化率为正值，平均下降率为 2.7%，SO_2 浓度下降趋势明显；08—13 时，SO_2 浓度的变化率出现弱的负值（−1.7%），SO_2 浓度呈现弱的增长趋势，但 14 时以后 SO_2 浓度的变化率基本为正值，SO_2 浓度呈明显下降趋势，平均下降率达到 3.7%。

同样除去其他气象因素后，单一降水对 SO_2 浓度的影响也有明显的特点（图 5.71），在 00—12 时，SO_2 浓度的变化率基本为正值，降水对 SO_2 的清除效应明显，平均清除率为 3%，尤其在 07—10 时清除率最高，平均清除率达到 5.7%左右，在 13—19 时出现正、负值交错现象，SO_2 浓度平均变化率为−0.5%，此时段降水对 SO_2 的清除效果不明显，20 时以后降水对 SO_2 的清除率明显增强。

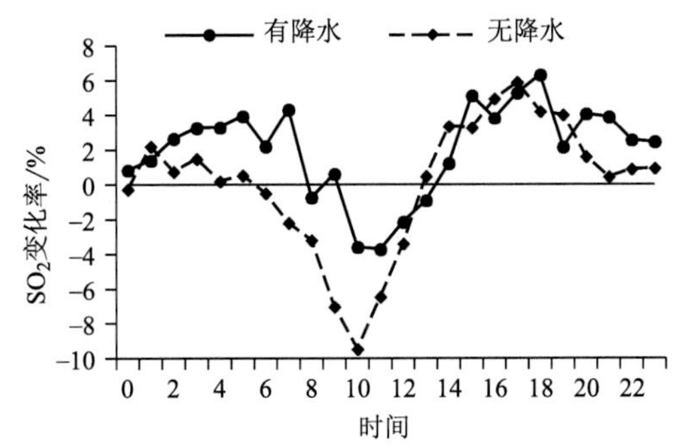

图 5.70　有降水和无降水情况下 SO_2 浓度逐时变化率

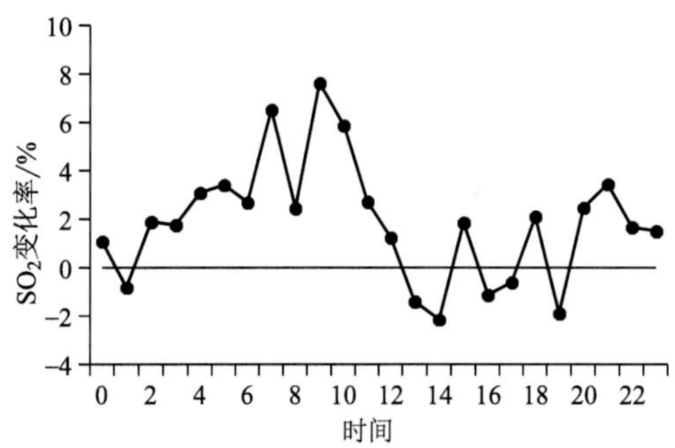

图 5.71　单一降水情况下 SO_2 浓度逐时变化率

③ 逐时降水对 NO_2 的湿清除效率

从图 5.72 可以看出，无论是在有降水或是无降水的情况下，NO_2 浓度变化率趋势基本一致，只是变化值存在差异，NO_2 浓度变化总趋势是夜间为正变化，白天为负变化，主要表现为 NO_2 浓度夜间下降白天上升，但是在正、负值转换时间上，有降水较无降水提前 1 h。在夜间，无降水时，在 00—06 时、21—23 时 NO_2 平均浓度的变化率为正，平均变化率分别为 3.8%和 2.6%；相应在有降水情况下，00—06 时、20—23 时内 NO_2 平均浓度的变化率为正，平均变化率分别为 4.3%和 3.4%。在白天，无降水时，07—20 时 NO_2 平均浓度的变化率基本为负值，呈现 W 变化型，即在 13 时前变化率是先增大后减小，平均变化率为−3%，13—14 时变化率很小，14 时以后又转为先增大后减小，平均变化率为−2%，20 时前后向正值转换；相应在有降水情况下，07—20 时内 NO_2 平均浓度的变化率基本为负值，仍然呈现 W 变化型，即在 13 时前变化率是先增大后减小，平均变化率为−3%，13—14 时变化率很小，14 时以后又转为先增大后减小，平均变化率为−3%，19 时前后向正值转换。

同样去除其他气象因素后，单一降水对 NO_2 浓度的影响也有相应的特点（图 5.73），在 00—04 时，NO_2 浓度的变化率为正值，且呈逐渐缓慢增大的趋势，降水对 NO_2 平均清除率为 1%；但是在 05—10 时和 14—16 时，NO_2 浓度的变化率为负值，平均变化率分别为−0.7%和−0.4%，表现为在此时段降水对 NO_2 的清除效果不明显；在 10—12 时和 17—23 时，NO_2 浓度的变化率为正值，平均变化率分别为 1.0%和 1.7%。降水对 NO_2 有清除效应，尤其在 18—20 时，平均变化率达到 3.4%，降水对 NO_2 的清除效果更加明显。

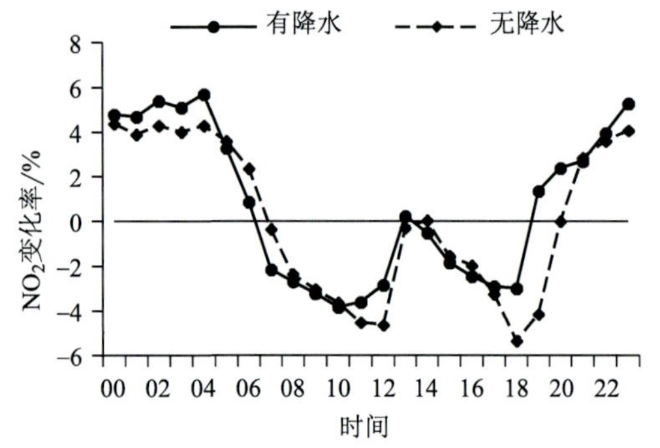

图 5.72 有降水和无降水情况下 NO_2 浓度逐时变化率

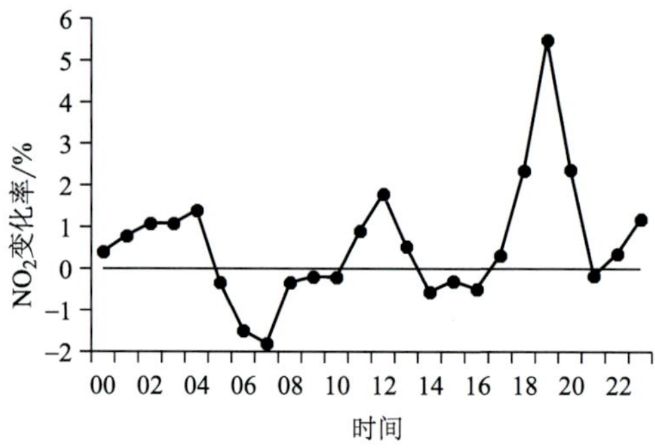

图 5.73 单一降水情况下 NO_2 浓度逐时变化率

5.3 空气污染卫星遥感研究

前面利用地面空气质量监测数据分析了重庆大气污染物时、空分布特征，但由于地面空气质量监测站点比较稀疏，难以全面反映大气污染物的空间分布。卫星遥感可以提供广阔范围内的气溶胶区域分布，在污染物监测、污染事件的确定、污染源解析以及污染物的区域输送方面有广泛的应用。气溶胶遥感资料尤其是气溶胶光学厚度（AOD）产品应用于大气污染研究中，能极大地弥补地面空气质量监测站的不足。中外学者利用中分辨率成像光谱仪（MODIS）卫星遥感产品中的气溶胶光学厚度数据，研究了全球、区域和局地大气污染状况，证明 $PM_{2.5}$ 质量浓度与 MODIS 气溶胶光学厚度有很好的相关，证实了用气溶胶光学厚度监测大气污染的可行性，指出卫星数据在区域尺度空气质量监测方面有很大的应用潜力（李成才 等，2005；冯建东 等，2006；黄艇 等，2006；何透 等，2010）。本节主要介绍气溶胶光学厚度反演的基本原理、主要方法以及重庆在利用卫星遥感资料开展大气污染研究的成果。

气溶胶光学厚度（Aerosol Optical Depth）简称 AOD，定义为介质的消光系数在垂直方向上的积分，描述的是气溶胶对光的消减作用。它是气溶胶最重要的参数之一，是表征大气浑浊程度的关键物理量，也是确定气溶胶气候效应的重要因素。通常，高的 AOD 值预示着气溶胶纵向积累的增长导致大气能见度的降低。现阶段对于 AOD 的监测主要有地基遥感和卫星遥感两种方法。其中地基遥感又有多种形式：多波段光度计遥感、全波段太阳直接辐射遥感、激光雷达遥感等。其中多波段光度计遥感是目前地基遥感研究中采用得最广泛的方法。美国 NASA 和法国 LOA-PHOTONS 联合建立的全球地基气溶胶遥感观测网 AERONET 所使用的就是多波段太阳光度计（Sun/Sky Photometer），在全球共布设 1217 个站点长期观测全球气溶胶的光学特性，积累了大量的 AOD 数据，并用作检测气溶胶光学厚度反演精度的标准。近年来卫星遥感技术的快速发展，多种传感器被用于研究气溶胶特性，加上经济发展带来的大气污染问题使得利用卫星遥感资料反演 AOD 成为热门课题。

5.3.1 气溶胶光学厚度反演及近地面颗粒物估算

5.3.1.1 气溶胶光学厚度反演基本原理

大气气溶胶光学厚度是指沿辐射传输路径单位截面上气体吸收和粒子散射产生的总削弱，是无纲量值。在可见光和近红外波段，它可以由下列公式计算得出：

$$\tau(\lambda)=\tau_m(\lambda)+\tau_{\omega 1}(\lambda)+\tau_{\omega 2}(\lambda)+\tau_{\mu}(\lambda)+\tau_{\alpha}(\lambda) \tag{5.12}$$

式中，$\tau(\lambda)$ 表示大气总的光学厚度，$\tau_m(\lambda)$ 表示整层大气的分子散射光学厚度，$\tau_{\omega 1}(\lambda)$ 表示氧气的吸收光学厚度，$\tau_{\omega 2}(\lambda)$ 表示臭氧的吸收光学厚度，$\tau_{\mu}(\lambda)$ 表示水汽的吸收光学厚度，$\tau_{\alpha}(\lambda)$ 表示气溶胶光学厚度。

卫星遥感反演大气气溶胶是利用卫星传感器探测到的大气顶部的反射率，也称为表观反射率，可以表示为：

$$\rho^*=\pi L/\mu_s F_s \tag{5.13}$$

式中，L 表示卫星传感器探测到的辐射值，F_s 表示大气上界太阳辐射通量，μ_s 表示太阳天顶角 θ_s 的余弦值。ρ^* 与地表二项反射率之间的关系可以表达为：

$$\rho^*(\theta_v,\ \theta_s,\ \phi)=\rho_a(\theta_v,\ \theta_s,\ \phi)+\frac{\rho(\theta_v,\ \theta_s,\ \phi)F_d(\theta_s)T(\theta_v)}{1-s\rho^*} \tag{5.14}$$

式中，θ_v 表示传感器天顶角，θ_s 表示太阳天顶角，ϕ 是由太阳方位角和卫星方位角确定的相对方位角；$\rho_a(\theta_v,\ \theta_s,\ \phi)$ 表示由大气分子和气溶胶散射造成的路径辐射，它与地表状况无关；$F_d(\theta_s)$ 表示地表反射率归一化为 0 时总的向下辐射通量，也可以称为总的向下透过率，由于气溶胶粒子对太阳光的吸收和散射作用，它的值小于 1.0；$T(\theta_v)$ 是向上进入卫星传感器视场方向的总透过率，s 是大气后向散射比。在单次散射近似中，$\rho_a(\theta_v,\ \theta_s,\ \phi)$ 路径辐射与气溶胶光学厚度（τ_α）和单次散射反射率（ω_0）的关系如下：

$$\rho_a(\theta_v,\ \theta_s,\ \phi)=\rho_m(\theta_v,\ \theta_s,\ \phi)+\frac{\omega_0\tau_\alpha p_a(\theta_v,\ \theta_s,\ \phi)}{4\mu_v\mu_s} \tag{5.15}$$

式中，$\rho_m(\theta_v,\ \theta_s,\ \phi)$ 是分子散射造成的路径辐射，它取决于大气模式，μ_v 表示传感器天顶角的余弦值，μ_s 表示太阳天顶角的余弦值。在式（5.14）中，$F_d(\theta_s)$、$T(\theta_v)$ 和 s 取决于 ω_0、τ_α 和 $p_a(\theta_v,\ \theta_s,\ \phi)$。

假设地表是均匀朗伯表面，大气垂直均匀变化，将式（5.15）代入式（5.14）得：

$$\begin{aligned}\rho^*(\theta_v,\ \theta_s,\ \phi)=&\rho_m(\theta_v,\ \theta_s,\ \phi)+\frac{\omega_0\tau_\alpha\rho_a(\theta_v,\ \theta_s,\ \phi)}{4\mu_v\mu_s}\\&+\frac{\rho(\theta_v,\ \theta_s,\ \phi)F_d(\theta_s,\ \omega_0,\ \tau_\alpha,\ p_a)T(\theta_s,\ \omega_0,\ \tau_\alpha,\ p_a)}{1-s(\omega_0,\ \tau_\alpha,\ p_a)\rho^*}\end{aligned} \tag{5.16}$$

式中，$\rho(\theta_v,\ \theta_s,\ \phi)$ 为假设的朗伯体特性的地表反射率，卫星传感器接收到的表观发射率（$\rho^*(\theta_v,\ \theta_s,\ \phi)$）既是地表反射率（$\rho(\theta_v,\ \theta_s,\ \phi)$）的函数，又是气溶胶光学厚度（$\tau_\alpha$）的函数。表观反射率（$\rho^*(\theta_v,\ \theta_s,\ \phi)$）以及太阳和传感器的几何参数（$\theta_v$，$\theta_s$，$\phi$）可以从卫星遥感资料中获取，假如可以得知地表反射率（$\rho^*(\theta_v,\ \theta_s,\ \phi)$）并用气溶胶类型和大气模式来确定 ω_0 和 $p_a(\theta_v,\ \theta_s,\ \phi)$ 的相关参数，理论上就可以计算得出地面上空的气溶胶光学厚度（τ_α）。反之，若已知地面上空气溶胶光学厚度（τ_α）、气溶胶类型以及大气模式，也可以反演出地表反射率（$\rho^*(\theta_v, \theta_s, \phi)$）。

由式（5.16）可以得出反演气溶胶的最优条件是地表反射率低且光谱波段波长较短。在地表反射率角度较小的情况下，气溶胶散射引起的路径辐射（$\rho_a(\theta_v, \theta_s, \phi)$）（与地表状况无关）对表观反射率（$\rho^*(\theta_v, \theta_s, \phi)$）起主要作用，此时反演气溶胶光学厚度误差较小；而在地表反射率较大的情况下，地表贡献项对表观反射率（$\rho^*(\theta_v, \theta_s, \phi)$）影响较大，此时反演精度较低。

5.3.1.2 重庆气溶胶光学厚度反演技术研究

自20世纪70年代中期开始，利用卫星数据反演气溶胶光学厚度的研究已经有40年的历史，反演的方法有单通道算法、多通道算法、暗像元法、结构函数法、深蓝算法、多星协同反演法、海陆对比法、多角度偏振法、热辐射对比等。目前有代表性的常用气溶胶光学厚度反演算法有两种：一种是通过路径辐射项求取气溶胶光学厚度的暗像元法，另一种是通过透过率求取气溶胶光学厚度的对比法。本节主要介绍在重庆地区开展应用的暗像元法和深蓝算法。

（1）暗像元法

暗像元法英文全称为 Dense Dark Vegetation，简称 DDV，它是通过路径辐射项来计算气溶胶光学厚度。由于地表物体的复杂多样性造成反射率变化范围很大，很难从辐射值中分离出辐射项，如果想通过辐射项来获取气溶胶信息，就必须使地表辐射值较小且能确定其精确值，这样就能够最大限度地消除地表反射率的不确定性带来的影响。在卫星影像中，大量浓密植被区由于在可见光波段反射率极低（约为0.01～0.02），它们被称作暗像元。

暗像元法是利用路径辐射反演气溶胶的典型方法，由 Kaufman 和 Sendra 于1988年提出，其后得到不断发展和广泛应用。他们通过对多种下垫面进行了大量的卫星、飞机观测实验并结合相关资料分析发现：中红外通道（2.1 μm）在其地表反射率小于0.15的情况下，不受气溶胶的影响（尘埃除外），其观测到的表观反射率与其地表反射率基本相等，且其地表反射率与红（0.66 μm）、蓝（0.49 μm）通道地表反射率具有 $\rho_{0.66} \approx \rho_{2.1}/2$、$\rho_{0.49} \approx \rho_{2.1}/4$ 的相关关系。因此，对于水面、森林等地表反射率较低的地区，在反演其上空的气溶胶光学厚度时，可以用卫星中红外通道观测的表观反射率代替其地表反射率来选取反演像元。为了使这一方法适用范围更广，Kaufman 等（1997a）又提出了扩展的暗像元法，即：在星下点，暗像元法适用于中红外波段地表反射率小于0.4的地区；在非星下点，则适用于中红外波段地表反射率小于 $0.25 \times (1/\mu_v + 1/\sqrt{\mu_s})$ 的地区（其中 ν 为卫星传感器天顶角），$\mu_v = \cos\nu$，s 为太阳天顶角，$\mu_s = \cos s$，在这两种情况下中红外通道地表反射率与红蓝、蓝通道地表反射率仍具有 $\rho_{0.66} \approx \rho_{2.1}/2$、$\rho_{0.49} \approx \rho_{2.1}/4$ 的相关关系。随着暗像元法的不断改进，暗像元的选取方法也逐渐发展起来，主要有基于植被指数（NDVI）、3.8 μm 通道、2.1 μm 通道的选取方法，不同的选取方法具有不同的特点。由于植被指数要受到卫星传感器与太阳所形成的观测几何条件、大气作用、地表双向反射率等方面因素的影响，因此运用植被指数法选取暗像元要求图像的尺寸较小、植被覆盖度较高，加之植被指数本身受气溶胶的影响，故这种方法选取暗像元具有天生的缺陷；3.8 μm 通道是一个大气窗口，除尘埃微粒外基本不受气溶胶的影响，能敏感地将植被覆盖度高的暗像元与云、雪、水体像元区分开来，相比植被指数法具有一定的优点，但是3.8 μm 通道受到地表热辐射及对弱的太阳光反射的影响，限制了这一通道在选取暗像元时的应用；2.1 μm 通道是 3.8 μm 通道之前的一个大气窗口，它既避免了 3.8 μm 通道受地表热辐射的影响，又具有 3.8 μm 通道同样的优点，并且在地表反射率较低时与红蓝通道地表反射率具有 $\rho_{0.66} \approx \rho_{2.1}/2$、$\rho_{0.49} \approx \rho_{2.1}/4$ 的相关关系，因此选取暗像元时通常利用 2.1 μm 通道。

HJ 卫星传感器仅设置了红、绿、蓝、近红外 4 个波段，因此不能通过中红外波段识别暗像元。然而，HJ 卫星的红、蓝波段同 MODIS 通道相对应，有研究发现，CCD 数据红、蓝波段地表反射率存在一定的线性相关：

$$\rho_{red} = k\rho_{blue} \tag{5.17}$$

式中，ρ_{red} 是暗像元区域红光波段的地表反射率，ρ_{blue} 是暗像元区域蓝光波段的地表反射率。k 为红光和蓝光波段地表反射率的比率，该值由地表暗像元的类型决定。根据王中挺等（2009）利用在广西北部湾测量获得甘蔗、花生、茉莉花、木薯、桑树、水稻 6 种植被的地物光谱数据如表 5.24（王中挺 等，2009），k 设置为 1.55。将 ρ_{red}、ρ_{blue} 代入式（5.17）计算红蓝波段地表反射率比值，最后通过查找表最接近 k 值即为所求像元的 AOD。

表 5.24 不同植被类型平均光谱指数（王中挺 等，2009）

地物类型	地表反射率			k
	CCD1	CCD3	CCD4	
甘蔗	0.051	0.089	0.254	1.733
花生	0.035	0.052	0.326	1.491
茉莉花	0.025	0.040	0.377	1.582
木薯	0.032	0.046	0.415	1.449
桑树	0.036	0.058	0.406	1.617
水稻	0.052	0.118	0.260	2.248

Kaufman 等（1988）最早通过计算像元归一化植被指数（NDVI），设定适当的阈值进行暗像元的判定。

$$\mathrm{NDVI} = \frac{\rho_{nir} - \rho_{red}}{\rho_{nir} + \rho_{red}} \tag{5.18}$$

式中，ρ_{nir} 和 ρ_{red} 分别代表近红外和红外波段的表观反射率。

但 NDVI 仍存在一些不足，在高植被覆盖区，NDVI 会出现饱和状态，对大气成分的干扰去除存在一定的局限，从而导致无法正确识别像元类型。为解决 NDVI 存在的问题，Liu 等（1995）提出增加参数构建一个同时校正土壤和大气影响的反馈机制——增强型植被指数（Enhanced Vegetation Index，EVI）

$$\mathrm{EVI} = \frac{2.5(\rho_{nir} - \rho_{red})}{\rho_{nir} + 6\rho_{red} - 7\rho_{blue} + L} \tag{5.19}$$

式中，ρ_{blue} 为蓝光波段表观反射率，L 是土壤调节参数，其值设定为 1。

张瀛等（2011）针对环境卫星 CCD 相机波段设置的特点，提出构建 EVI 时加入反演植被长势、叶绿素浓度变化的绿光波段，增强植被同土壤背景之间的辐射差异，有利于消除大气干扰。

$$\mathrm{EVI}=\frac{2(\rho_{\mathrm{nir}}-\rho_{\mathrm{red}})}{7\rho_{\mathrm{green}}-7.5\rho_{\mathrm{blue}}+0.9} \tag{5.20}$$

式中，ρ_{green} 为绿光波段表观反射率。本节分别利用 3 种计算方式判断暗像元，比较其反演结果。

（2）深蓝算法

对于非暗像元，红光和蓝光波段的地表反射率通常不满足上述关系，因此无法采用暗像元法对其进行气溶胶反演。Hsu 等（2006）通过实验表明，在蓝光波段上大气反射较强，地表反射较弱。因此，可采用构建深蓝波段地表反射率库的方法实现地气解耦，将构建库资料代入红、蓝、中红外通道地表反射率之中，求解出与 6S 模拟查找表中最接近的值即为所求气溶胶值。根据李莘莘等（2011）基于 HJ-1-CCD 数据反演地表反射率与 MOD09 产品比较结果，红、蓝波段相关系数分别为 0.9 和 0.85。因此本研究采用 MODIS 提供的产品构建蓝波段地表反射率库。然而两种传感器具有不同光谱响应参数，根据王中挺等（2012）通过全波段野外光谱仪在北京、广州等地进行光谱测量，通过蓝波段的响应函数得出 CCD 与 MODIS 之间的线性关系（表 5.25）进行修正。

表 5.25　CCD 相机和 MODIS 地表反射率线性分析表

	相关系数	*a*	*b*	平均修正偏差（修正前）	平均修正偏差（修正后）
HJ-1A-CCD1	0.941	0.012	0.980	0.009	0.003
HJ-1A-CCD2	0.983	0.006	0.976	0.005	0.002
HJ-1B-CCD1	0.922	0.014	0.921	0.011	0.004
HJ-1B-CCD2	0.952	0.010	0.960	0.009	0.003

通过上节对暗像元和深蓝算法的基本原理分析得出，两种方法均基于大气辐射传输方程理论，通过 6S 模拟出大气参数、表观反射率、气溶胶光学厚度的查找表。区别在于消除地表影响方法不同，而暗像元法对浓密植被区反演效果较好，深蓝算法主要针对反演亮地表区域。因此，针对两种反演方法特点，通过使用 Google Earth 目视解译遥感影像上研究区的浓密植被区域，判断暗像元 EVI（NDVI）阈值为 0.3，小于 0.3 视为亮地表（非暗像元）。针对亮地表，并非直接采用深蓝算法，而是提出假设 1 km 范围内大气条件状况不变，暗像元附近 3×3 区域进行缓冲区分析求取平均值作为非暗像元 AOD 值，采用深蓝算法进行反演。

（1）MODIS 数据反演结果

基于 MODIS 数据反演气溶胶光学厚度需要借助 6S 辐射传输模型及暗像元法，使用暗像元法时要求地表反射率要小，利用 6S 辐射传输模型模拟辐射传输过程时要求晴空无云、能见度大于 5 km，重庆中心城区地表反射率符合反演要求，因此在反演时去除了能见度低于 5 km、云、积雪以及其他技术因素影响不能使用的 MODIS 资料。由于资料获取限制，本节根据实际所掌握的资料情况，反演了重庆中心城区春、夏、秋、冬四季的大气气溶胶光学厚度。范围为：29.1°—30.2°N，106.2°—107°E，面积约为 4403.19 km^2，下面按季节给出四个季节的反演个例。

图 5.72 为 2010 年 3 月 17 日 12 时重庆中心城区气溶胶光学厚度分布（春季），此时主

城 9 个区气溶胶光学厚度最大值为 1.25，最小值为 0.6。从其空间分布可以看出，有 3 个气溶胶光学厚度高值区，除这 3 个高值区外，其他大部分地区气溶胶光学厚度相对较低。气溶胶光学厚度的 3 个高值区分别为：北部位于北碚中心城区的高值区，中部位于江北、渝北、渝中、南岸、大渡口、九龙坡中心城区的高值区（呈带状分布），还有一个是位于巴南区南部的高值区。3 个高值区中北部、中部高值区的气溶胶光学厚度的最大值为 1.05，南部高值区气溶胶光学厚度最大值为 1.25，3 个高值区的气溶胶光学厚度大都在 1.0 左右。

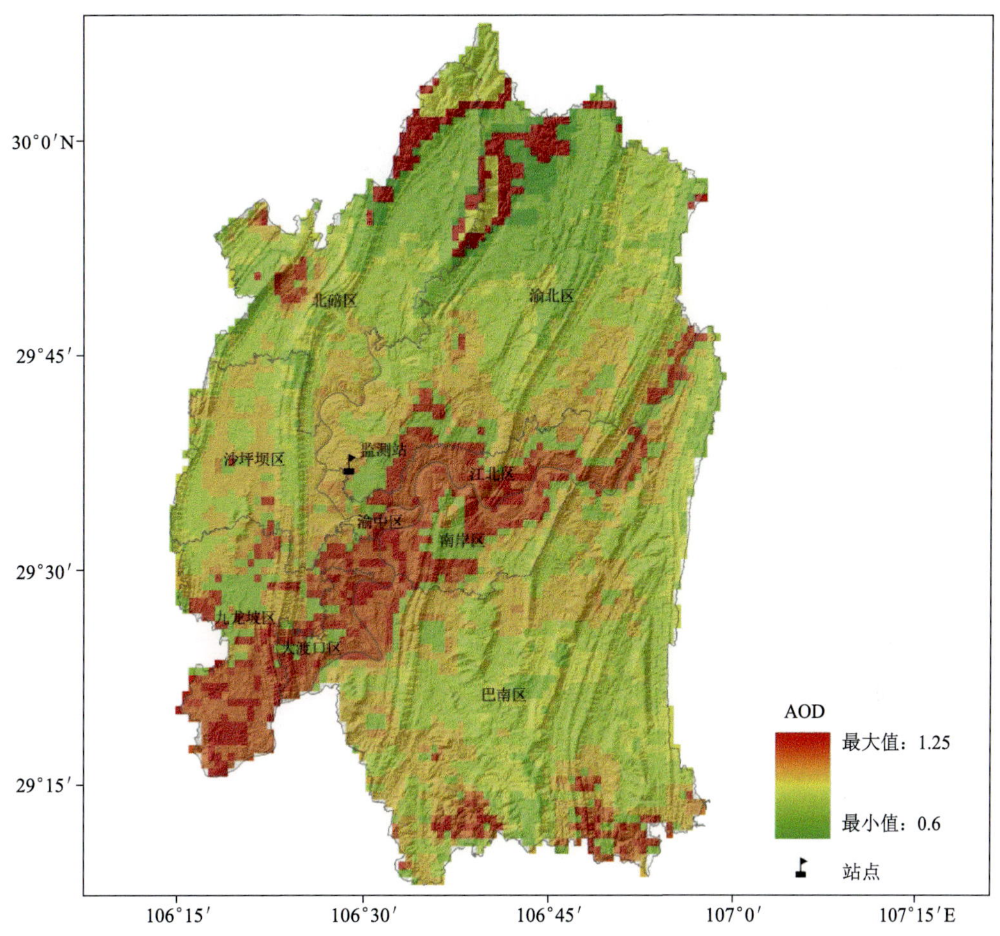

图 5.72　2010 年 3 月 17 日 12 时重庆中心城区 550 nm 气溶胶光学厚度分布

（环科院监测点太阳光度计测值为 0.70，反演值为 0.85）

图 5.73 为 2010 年 8 月 11 日 11 时重庆中心城区气溶胶光学厚度分布（夏季），由于当天九龙坡、沙坪坝、北碚的部分区域被云覆盖，在数据处理过程中对这些被云覆盖的区域进行了掩膜处理，因此这些区域气溶胶光学厚度均较低。可以看出，此时主城 9 个区气溶胶光学厚度最大值为 0.75，最小值为 0。主城 9 个区有一个气溶胶光学厚度高值中心，其他区域气溶胶光学厚度都相对较低，大都在 0.5 左右。这个高值中心大部分位于南岸—巴南的中心城区一带。从图 5.73 可知，重庆主城 9 个区夏季气溶胶光学厚度与春季相比要低，气溶胶高值区面积与春季相比略有减少。

图 5.74 为 2010 年 9 月 19 日 11 时重庆中心城区气溶胶光学厚度分布（秋季），从图中

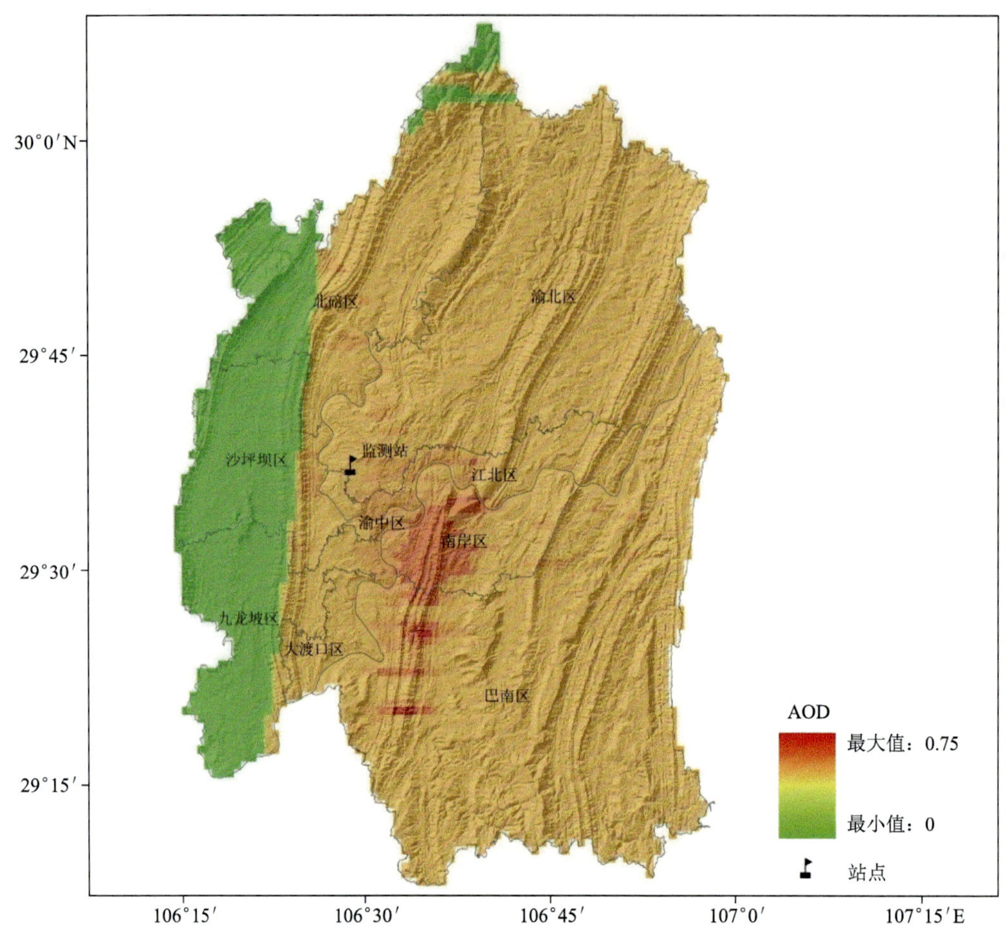

图 5.73　2010 年 8 月 11 日 11 时重庆中心城区 550 nm 气溶胶光学厚度分布

（环科院监测点太阳光度计测得值为 0.53，反演值为 0.50；图中沙坪坝区、九龙坡、北碚区绿颜色部分为云覆盖区域，反演结果不能代表其实际值）

可以看出，此时主城 9 个区气溶胶光学厚度最大值为 1.0，最小值为 0.50。主城 9 个区有一个气溶胶光学厚度高值中心和一个气溶胶光学厚度次高中心，其他区域气溶胶光学厚度都相对较低，大都在 0.6 左右。高值中心位于沙坪坝南部、九龙坡北部，气溶胶光学厚度值在 1.0 左右，次高中心位于九龙坡大部分区域，大渡口、巴南、渝中、南岸、江北、渝北等区的部分地区，气溶胶光学厚度值在 0.8 左右。从其空间分布看，除北碚区外，主城 9 个区中其他 8 个区的中心城区部分气溶胶光学厚度值与春季、夏季相似仍为相对较高。

图 5.75 为 2012 年 2 月 19 日 11 时重庆中心城区气溶胶光光学厚度分布（冬季），从图中可以看出，此时主城 9 个区气溶胶光学厚度最大值为 1.15，最小值为 0。主城 9 个区再次出现 3 个气溶胶光学厚度高值区，除这 3 个高值区外，其他大部分地区气溶胶光学厚度相对较低，大都在 0.7 左右。这 3 个高值中心分别为：北部位于北碚中心城区的高值区，中部位于江北、渝北、渝中、南岸、大渡口、九龙坡、沙坪坝中心城区的高值区（呈带状分布），还有一个是位于巴南区中部的高值区。这 3 个高值区与春季的 3 个高值区相比，首先在气溶胶光学厚度数值上要大；另外由于冬季重庆地区风速更小，污染不易扩散，相对其他季节，

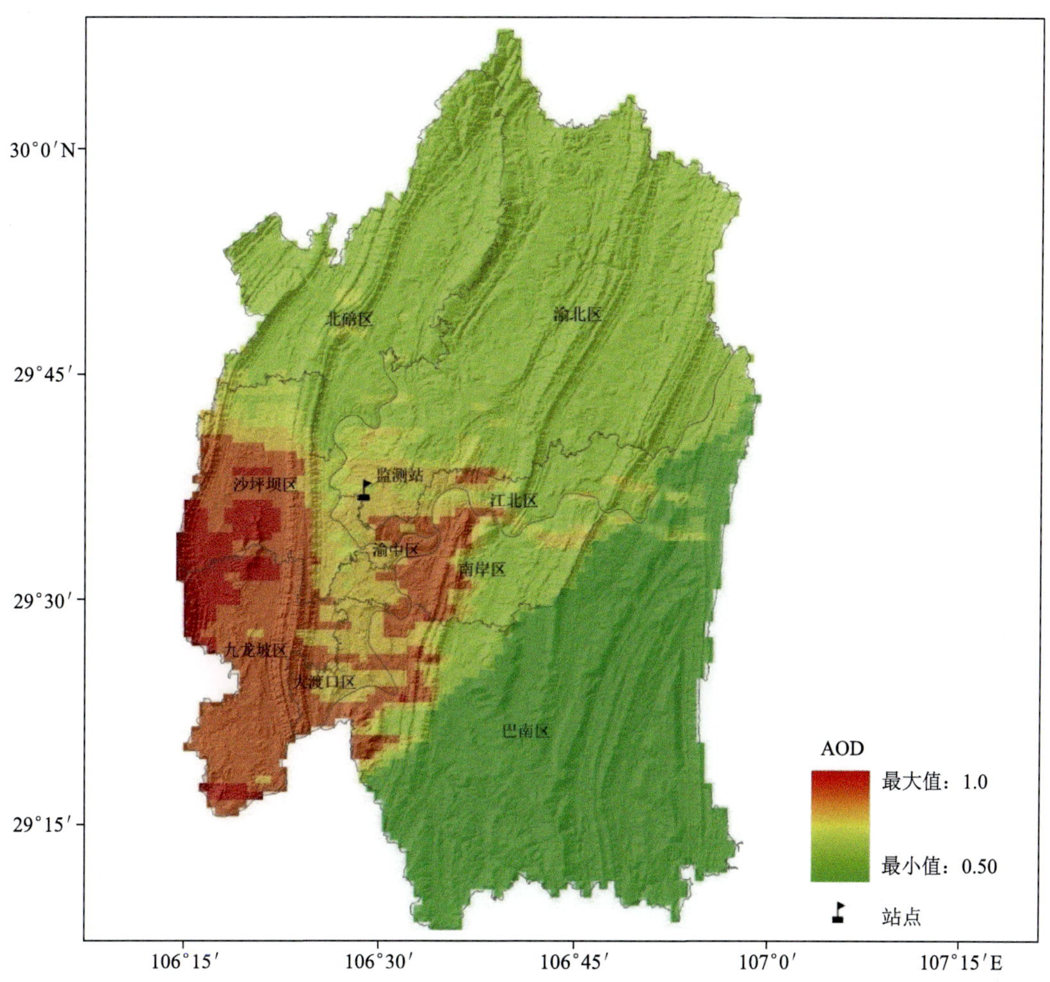

图 5.74　2010 年 9 月 19 日 11 时重庆中心城区 550 nm 气溶胶光学厚度分布

（环科院监测点太阳光度计测得值为 0.81，反演值为 0.65）

这 3 个高值区的范围更广。其中北部、中部的高值区可能是冬季当地居民在生活、取暖过程中使用了大量的化石燃料及燃放烟花爆竹排放出较多的大气污染物而导致。

为了验证反演结果的精度，通过与 CE-318 太阳光度计的观测数据进行对比，并利用动态气溶胶模式：$\Delta\tau_a=\pm(0.05+0.2\tau_a)$，其中 τ_a 为气溶胶光学厚度，计算反演结果的误差范围，结合实际情况进行误差分析，具体结果见表 5.26。

由表 5.26 可以看出，气溶胶光学厚度反演值与观测值存在一定的偏差，2010 年 9 月 19 日的反演值与观测值绝对误差最大，绝对误差值为－0.17，2010 年 8 月 11 日的反演值与观测值绝对误差最小，绝对误差值为－0.03。根据 Kaufman 等（1997b）的计算理论和实验证明，当气溶胶光学厚度较小时，反演的绝对误差值预计为：$\Delta\tau_a=\pm0.05\pm0.1$，当气溶胶光学厚度比较大时，反演的绝对误差值预计为：$\Delta\tau_a=20\%\tau_a\sim30\%\tau_a$。对于有些地区，由于复杂的地形、地貌以及其他特殊的下垫面影响，误差值有可能还会有一定的增大。由表 5.26 中的气溶胶光学厚度值可以看出，重庆地区气溶胶光学厚度值相对较大，其反演的绝对误差最大值为－0.17，约为观测值的 21%，符合 Kaufman 等（1997b）提出的当气溶胶

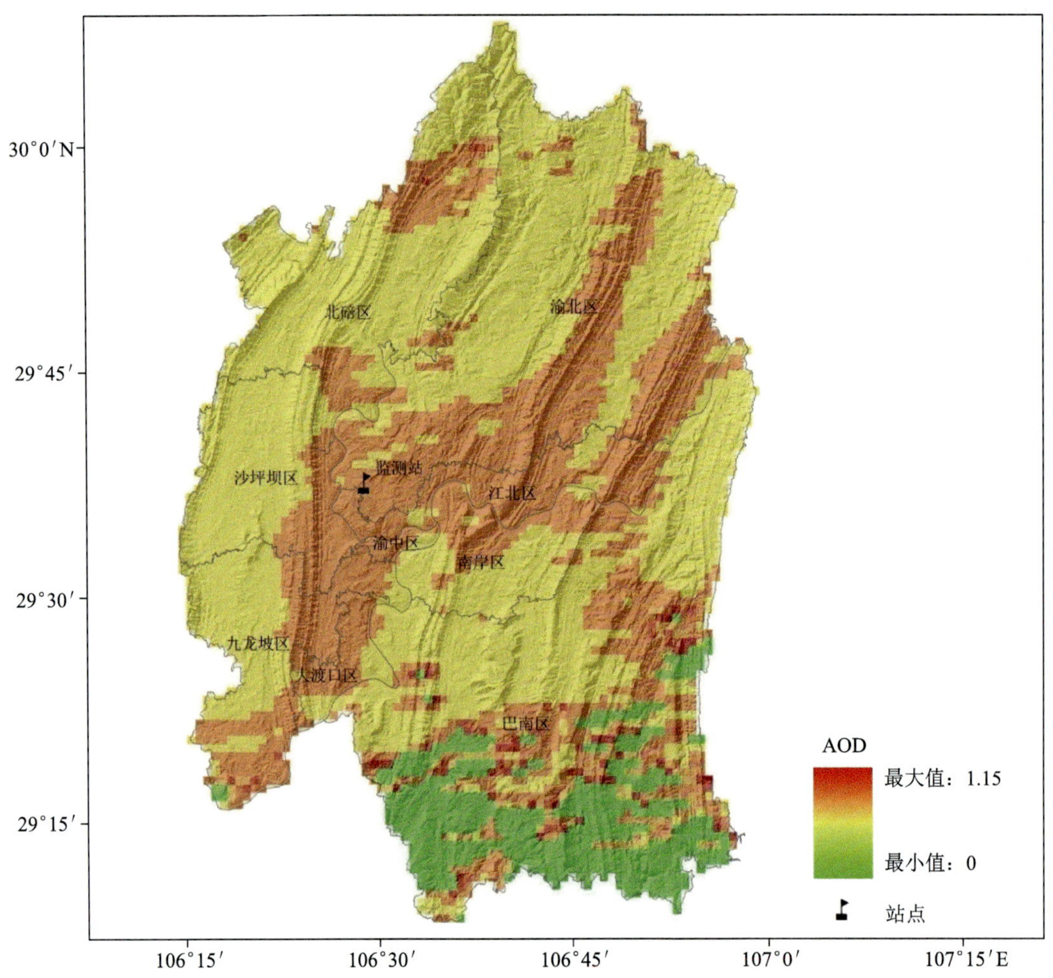

图 5.75　2012 年 2 月 19 日 13 时 35 分重庆中心城区 550 nm 气溶胶光学厚度分布

（环科院监测点太阳光度计测得值为 1.09，反演值为 0.95）

表 5.26　反演的结果与验证数据的对比及误差分析

日期	反演值	观测值	绝对误差	相对误差	误差范围
2010 年 03 月 17 日	0.85	0.70	0.15	17.6%	±0.19
2010 年 08 月 11 日	0.50	0.53	0.03	6.0%	±0.156
2010 年 09 月 19 日	0.65	0.81	0.17	27.6%	±0.212
2012 年 02 月 19 日	0.95	1.09	0.14	14.7%	±0.268

光学厚度较大时反演的绝对误差达到 $20\%\tau_a \sim 30\%\tau_a$ 的结论。因此，本节气溶胶光学厚度的反演结果相对较准确，反演误差比较合理，反演方法较为科学。

（2）HJ 卫星数据不同暗像元判定反演结果比较

① 不同暗像元判断反演结果比较

选取重庆地区的晴空天气 2014 年 6 月 18 日的 HJ 数据进行反演，采用 3 种不同植被指数方法判断暗像元，计算的 AOD 结果如图 5.76、图 5.78、图 5.80。从图中对比可知，NDVI 判断暗像元时达到饱和状态时无法计算部分浓密植被像元，而 EVI 增强型植被指数则反演结果相对较好。在重庆中心城区，采用 NDVI 和 EVI 反演结果差异较大，通过与 MOD04 数据提供的暗像元法反演产品进行对比分析，其散点图分布如图 5.77、图 5.79、图 5.81。统计分析其相关系数和均方根误差，分析 3 种方法反演结果与 MODIS 的相对误差以及绝对误差等因子，其中 NDVI 相关系数最低为 0.567，均方根误差（RMSE）=0.09。由 Liu 等（1995）提出的 EVI 结果比较相对于 NDVI 判断暗像元计算较好，相关系数为 0.647。加入绿光波段的增强型植被指数（EVI）比较结果后的相关系数达到 0.652，如表 5.27。因此，本节针对区域内的判断暗像元采用加入绿光波段的 EVI 进行判定。

② 不同反演方法比较

根据上述气溶胶反演原理方法，分别采用暗像元法、深蓝算法、暗像元法和深蓝算法结合、暗像元法、缓冲区处理后结合深蓝算法对 2014 年 6 月 18 日数据进行反演，结果如图 5.82、图 5.84、图 5.86。从整体上看，整体区域深蓝算法反演 AOD 结果较暗像元法高，

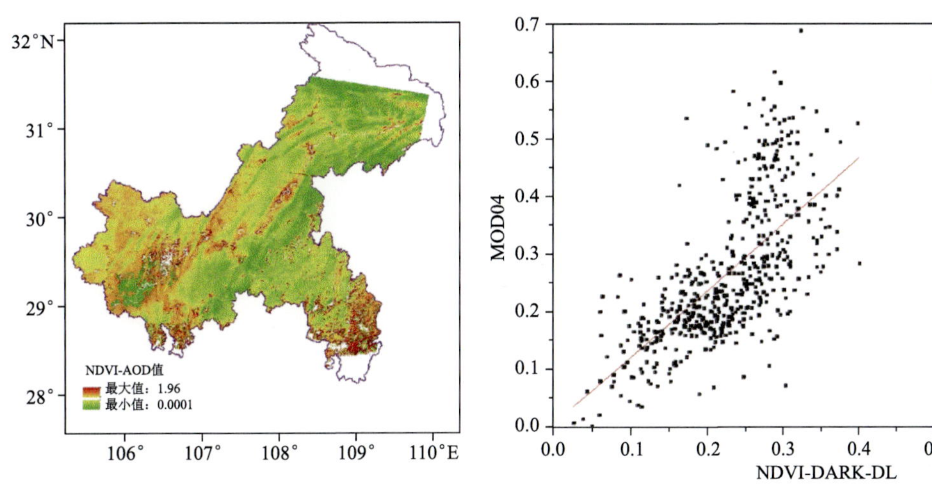

图 5.76 NDVI 判断暗像元反演结果

图 5.77 NDVI 判断暗像元反演结果与 MOD04 散点图

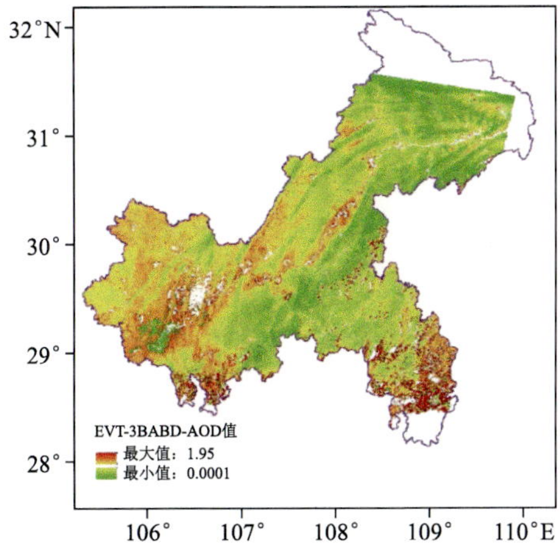

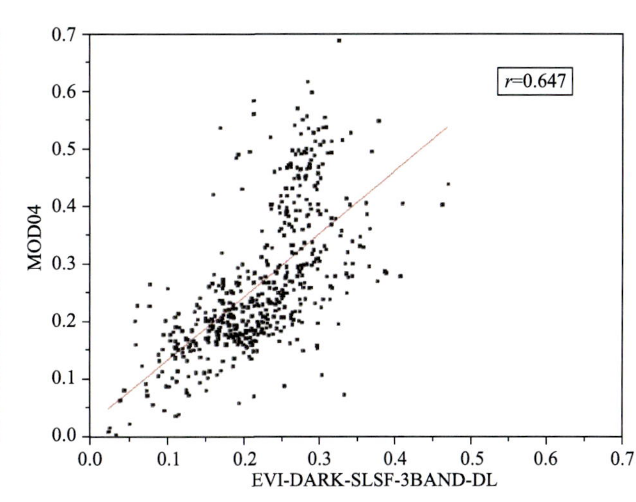

图 5.78 EVI 判断暗像元反演结果

图 5.79 EVI 判断暗像元反演结果与 MOD04 散点图

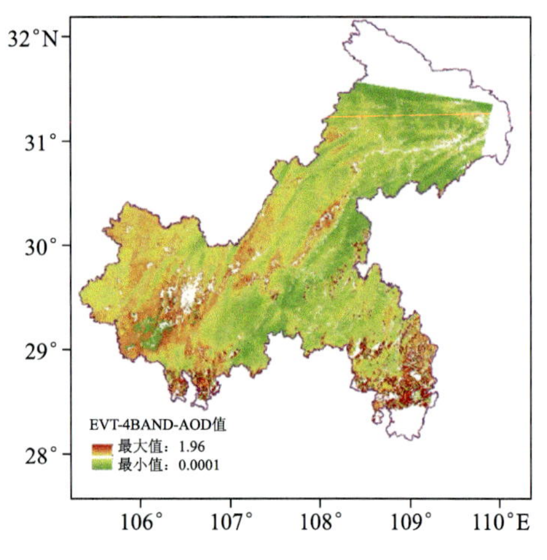

图 5.80 EVI（加入绿色波段）判断

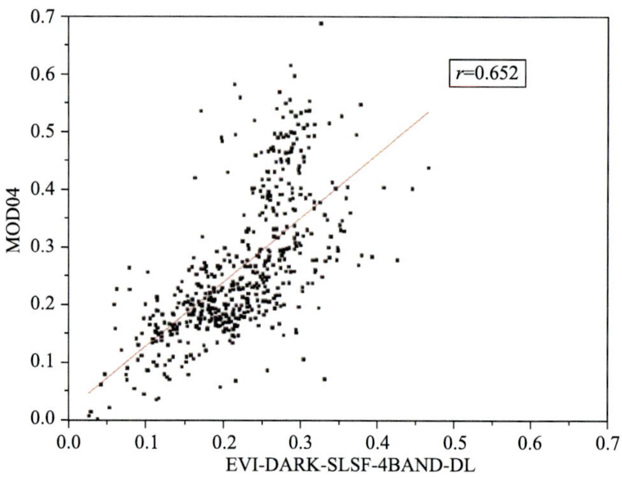

图 5.81 EVI（加入绿色波段）判断暗像元反演结果与 MOD04 散点图

表 5.27 三种不同暗像元反演 AOD 结果比较

暗像元判断类型	相关系数	绝对误差	相对误差	标准误差
$NDVI=(\rho_{nir}-\rho_{red})/(\rho_{nir}+\rho_{red})$	0.567	0.111	65.2%	0.006
$EVI=2.5\times(\rho_{nir}-\rho_{red})/(\rho_{nir}+6\times\rho_{red}-7.5\times\rho_{blue}+1)$	0.647	0.096	35.2%	0.006
$EVI=2\times(\rho_{nir}-\rho_{red})/(7\times\rho_{green}-7.5\times\rho_{blue}+0.9)$	0.652	0.09	30.0%	0.005

最高值为 1.2。以城市建筑为主的重庆市中心城区部分为亮地表地物区域，深蓝算法能够较好地反演该地区上空大气 AOD，与暗像元法相比，深蓝算法适用性更强，范围更广。根据深蓝算法结果与 MOD04 散点图（图 5.83）分析可知，两者相关性（相关系数为 0.661）较暗像元算法与 MOD04 的相关性高（0.652），但深蓝算法反演结果与 MOD04 绝对误差和相对差较大，最终结果并不太好。从图 5.85 和图 5.87 可知，深蓝算法与暗像元法相结合，能较好弥补暗像元法不足，并且能够改善深蓝算法反演结果高值域。将其反演结果与 MOD04 比较（图 5.85）相关系数比单独采用深蓝算法或暗像元法高，但针对亮地表的像元反演结果值仍较高。因而提出将暗像元、缓冲区后结合深蓝算法反演结果如图 5.86，该方法使用缓冲区计算部分非暗像元区域，该部分数据可以减少两种不同传感器数据造成的误差，提高反演精度。将其结果与 MOD04 比较，相关系数为 0.672，是相关最好的反演结果。

（3）AOD 与地面 PM_{10} 质量浓度相关性分析

PM_{10} 数据来源于重庆中心城区 17 个环境监测站观测值，分析 AOD 与 PM_{10} 质量浓度之间的相关性，验证 AOD 在某些范围内可用于地面大气污染监测。2014 年 6 月 18 日重庆地区 HJ 卫星反演 AOD 和 PM_{10} 质量浓度站点散点如图 5.88。可以看出，AOD 与 PM_{10} 变化趋势较为一致，相关系数为 0.55，具有较好的相关性。唐家沱、虎溪、解放碑 3 个监测站点 PM_{10} 与 AOD 变化差异较大，其他监测站点 PM_{10} 与 AOD 变化一致性较好。AOD 与 PM_{10} 存在的差异主要为两种数据获取手段不同，AOD 是通过卫星数据反演结果代表该像元范围内垂直方向上的积分，而 PM_{10} 质量浓度是该站点近地面观测日颗粒物浓度的均值。

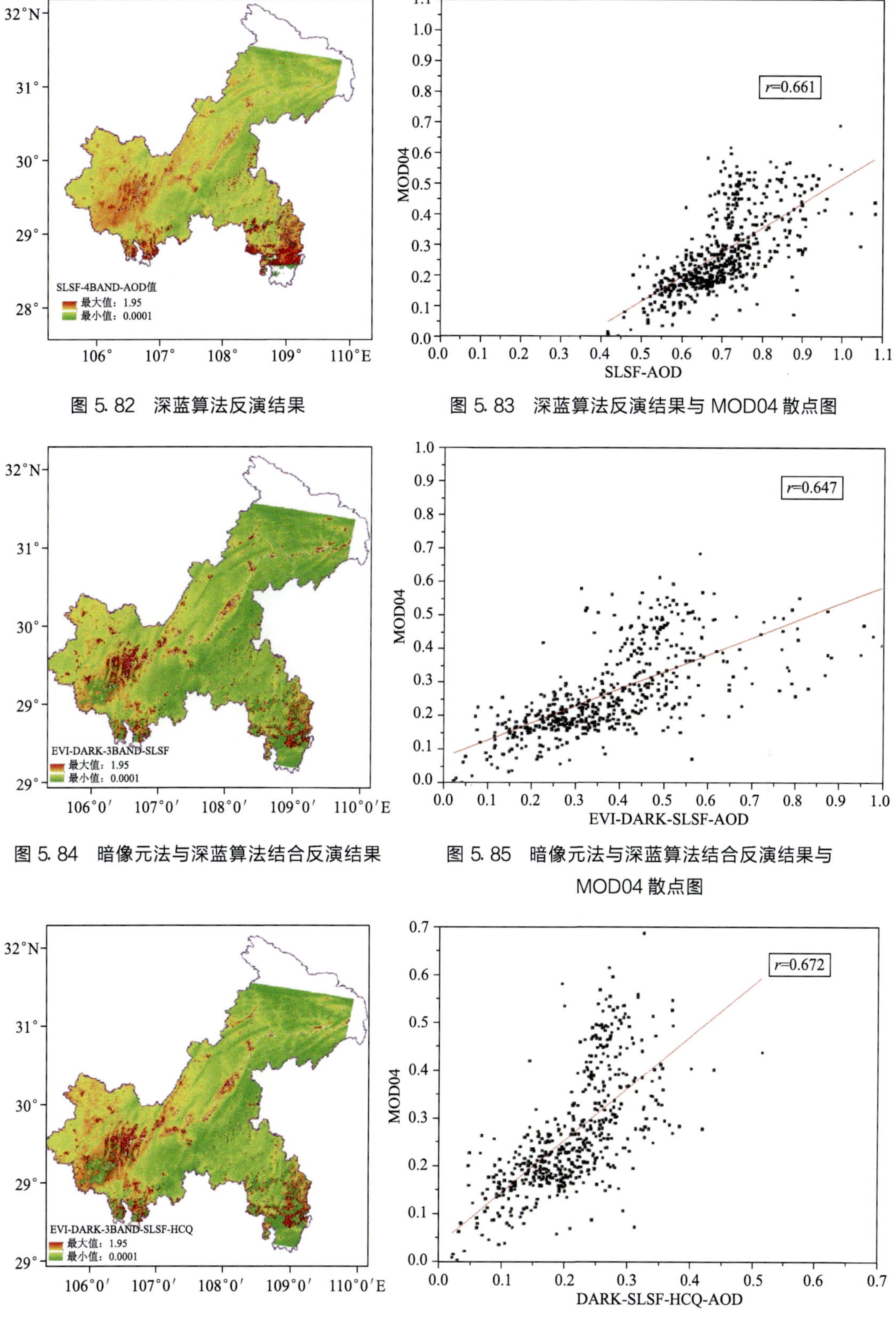

图 5.82　深蓝算法反演结果

图 5.83　深蓝算法反演结果与 MOD04 散点图

图 5.84　暗像元法与深蓝算法结合反演结果

图 5.85　暗像元法与深蓝算法结合反演结果与 MOD04 散点图

图 5.86　暗像元法、缓冲区与深蓝算法结合反演结果

图 5.87　暗像元法、缓冲区与深蓝算法反演结果 MOD04 散点图

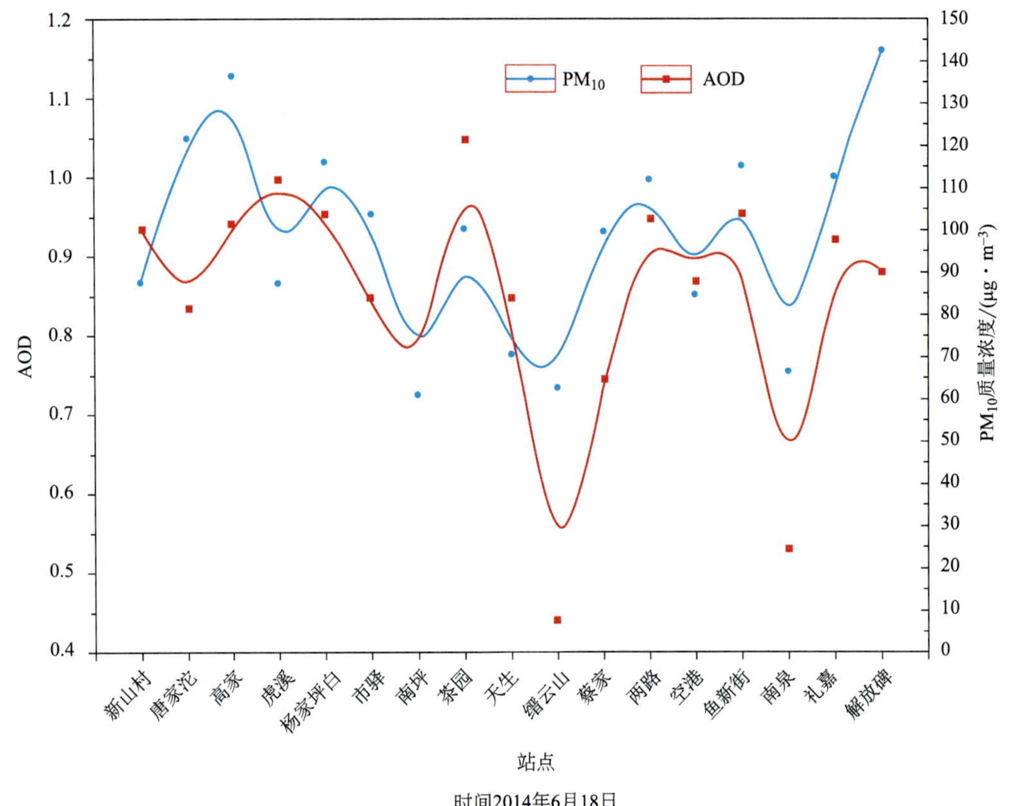

图 5.88 站点实测 PM_{10} 与反演结果散点图

5.3.1.3 重庆大气颗粒物估算研究

大气整层 AOD 为大气铅直柱内所有气溶胶粒子消光能力的总和，能在一定程度上反映近地面颗粒物的浓度，估算思路是基于站点实测数据（气象站的能见度观测数据、相对湿度数据，环境监测站的颗粒物数据)，计算近地面气溶胶消光系数，并拟合计算出近地面的气溶胶吸湿增长特性，分析近地面气溶胶消光系数随相对湿度变化的特征及其时、空分布规律。

(1) 垂直订正

AOD 与近地面颗粒物的相关较为复杂，首先气溶胶的垂直分布复杂多变，整层与近地面有尺度效应，其次受气溶胶吸湿增长特性影响，相同组分浓度颗粒物的消光能力随相对湿度升高逐渐增强。为此基于气溶胶的垂直分布信息和湿度信息对 AOD 进行垂直吸湿订正，从而计算近地面气溶胶的干消光贡献，是提高颗粒物估算精度的关键（陶金花 等，2013)。

在平面平行大气假设的前提下，AOD 是整层气溶胶消光系数在铅直方向上的积分（廖国男，2002)，如下式所示：

$$\tau_a(\lambda)=\int_0^{\infty}\sigma_a(\lambda, z)\mathrm{d}z \tag{5.21}$$

式中，$\tau_a(\lambda)$ 为气溶胶光学厚度，$\sigma_a(\lambda, z)$ 为 z 高度处气溶胶消光系数。若假定气溶胶浓度 N_a 随高度上升呈负指数下降，则有：

$$N_a(z)=N_a(0)e^{-\frac{z}{H_a}} \tag{5.22}$$

式中，$N_a(z)$ 表示 z 高度处气溶胶浓度，$N_a(0)$ 表示近地面的颗粒物浓度。H_a 为气溶胶标高，其定义为假定气溶胶浓度随高度呈负指数衰减，当浓度减少为地面浓度的 $\frac{1}{e}$ 时的高度，即认为大气中气溶胶浓度随高度保持不变时气溶胶层的等效厚度。气溶胶标高是反映气溶胶浓度随高度变化的关键参数，不仅随天气条件、季节和地域而显著变化，同时也随波长而改变。

若进一步假设气溶胶粒子的消光特性仅与其浓度有关，且相关关系不随高度变化，则近似有气溶胶消光系数也随高度呈负指数衰减，如下方程：

$$\sigma_a(\lambda,\ z)\approx\sigma_{a0}(\lambda)e^{-\frac{z}{H_a}} \tag{5.23}$$

式中，$\sigma_{a0}(\lambda)$ 为近地面的气溶胶消光系数。由式（5.21）和（5.23）可得：

$$\tau_a(\lambda)\approx\sigma_{a0}(\lambda)\int_0^{\infty}e^{-\frac{z}{H_a}}dz=\sigma_{a0}(\lambda)\cdot H_a \tag{5.24}$$

即 AOD 为近地面消光系数与气溶胶标高的乘积。因此只要获取与 AOD 对应的标高数据，就可以计算气溶胶近地面消光系数，实现垂直订正。

（2）吸湿订正

首先，通过能见度数据可以计算出近地面的气溶胶消光系数，由 Koschmieder 定律（Koschmieder，1925）可知，水平能见度和近地面大气消光能力呈负相关，可被表达为如下形式：

$$\sigma_a(\lambda)=\frac{3.912}{V}-\frac{32\pi^3(n-1)^2}{3N\lambda^4} \tag{5.25}$$

式中，V 为能见度，n 为大气折射率，在海平面处取值为 $n-1=293\times10^{-6}$，N 为分子数密度，海平面处取值为 $N=266\times10^{19}\,cm^{-3}$，本节中波长 λ 为 0.55 μm。

基于米散射理论，某一团气溶胶的消光系数与其质量浓度成正相关（Wang et al.，2014），如下式所示：

$$\sigma_a(\lambda)=\frac{3Q_{ext}}{4r_{eff}\rho}PM_X \tag{5.26}$$

式中，$\sigma_a(\lambda)$ 为该团气溶胶消光系数，Q_{ext} 为平均消光截面，与气溶胶组分、粒子谱分布等密切相关，r_{eff} 为有效半径，ρ 为平均密度。由于粒子中大量吸湿性组分的存在，上述 Q_{ext}、r_{eff} 和 ρ 等参数均受环境湿度的影响。

为了精确描述混合气溶胶的消光能力，Wang（2014）定义环境条件下混合气溶胶的平均质量消光率为消光能力和颗粒物浓度的比值，如下式所示：

$$E_{ext}=\frac{\sigma_a(\lambda)}{PM_X}=\frac{3Q_{ext}}{4r_{eff}\rho} \tag{5.27}$$

若假定在一定时空范围内粒子的理化性质变化不大（Liu et al.，2008），则平均消光率可近似表示为 RH 的函数：

$$E_{ext}(RH)\cong\frac{\sigma_a(\lambda)}{PM_X} \tag{5.28}$$

这里需要说明的是，$\sigma_a(\lambda)$ 是气溶胶粒子整体的消光贡献，而本节中采用的 $PM_{2.5}$ 只包含了其中空气动力学直径小于 2.5 μm 部分的颗粒物质量浓度，而直接利用 $PM_{2.5}$ 质量浓度来计算平均质量消光效率是用 $PM_{2.5}$ 来表达整体气溶胶的消光，在一定程度上“高估”了这部分粒子的消光能力，带来了不确定性。另外，自然环境下颗粒物物理化学性质易受天气、污染物传输等多种因素的影响，随时间和空间具有一定的变化，因此本节提出的平均质量消光率实际描述的是不同性质粒子的消光能力的平均状态。为了精确描述气溶胶在不同湿度下的散射能力，本节参照其他学者的工作，定义气溶胶消光吸湿增长因子 $f(RH)$ ：

$$f(RH)=\frac{E_{\mathrm{ext}}(RH)}{E_{\mathrm{ext,dry}}} \tag{5.29}$$

式中，$E_{\mathrm{ext}}(RH)$ 为不同 RH 下的颗粒物平均消光率，$E_{\mathrm{ext,dry}}$ 为 $RH<45$ 的颗粒物平均消光率。

大量学者的研究表明，$f(RH)$ 能被 3 种经验模型拟合（Kotchenruther et al.，1998；Im et al.，2001；Randriamiarisoa et al.，2006；Guo et al.，2009），而 $E_{\mathrm{ext,dry}}$ 是常数，则 $E_{\mathrm{ext}}(RH)$ 可类似地被下面三种模型拟合：

$$\text{Model1}: E_{\mathrm{ext}}(RH)=a\times\left(1-\frac{RH}{100}\right)^{-b} \tag{5.30}$$

$$\text{Model2}: E_{\mathrm{ext}}(RH)=a\times\left(1-\frac{RH}{100}\right)^{c} \tag{5.31}$$

$$\begin{aligned}\text{Model3}: E_{\mathrm{ext}}(RH)=&\left[a\times\left(\frac{RH}{100}\right)^{-b}\right]\left\{1-\frac{1}{\pi}\left\{\frac{\pi}{2}+\arctan\left[10^{24}\left(\frac{RH-c}{100}\right)\right]\right\}\right\}\\&+\left[d+\mathrm{e}\times\left(\frac{RH}{100}\right)^{f}\right]\left\{\frac{1}{\pi}\left\{\frac{\pi}{2}+\arctan\left[10^{24}\left(\frac{RH-c}{100}\right)\right]\right\}\right\}\end{aligned} \tag{5.32}$$

式中，a、b、c、d、e、f 均为 $E_{\mathrm{ext}}(RH)$ 和 RH 拟合得到的系数。Model1 对海洋型气溶胶的模拟结果较好，对生物质燃烧等产生的有机气溶胶模拟结果不好；Model2 主要是用于模拟含碳气溶胶的散射吸湿增长因子；Model3 是由上述两个模型加“切换函数”而得，优点是可以模拟气溶胶潮解点以上相对湿度时的散射吸湿增长因子（韩艳妮，2016），但由于该模型较为复杂，在实际工作中使用较少，以下仅对 Model1 和 Model2 进行研究。

（1）基于 FY-3C/AOD 产品的 $PM_{2.5}$、PM_{10} 估算

① $PM_{2.5}$ 估算及相关性分析

利用 2014—2015 年 FY-3C 气溶胶产品对重庆中心城区 9 个区（北碚、渝北、渝中、沙坪坝、九龙坡、大渡口、南岸、江北、巴南）$PM_{2.5}$ 浓度进行反演，进而得到重庆中心城区 $PM_{2.5}$ 浓度的空间分布特征，再用得到的 $PM_{2.5}$ 浓度结果与地面监测站点 $PM_{2.5}$ 浓度数据进行对比分析。

图 5.89 为 2014 年夏季中心城区反演结果（空白区为有云区域），可以看出 2014 年夏季整体的 $PM_{2.5}$ 浓度都不高，6—7 月 $PM_{2.5}$ 浓度降低，再到 8 月开始回升。秋、冬季的反演结果显示：从 9 月开始，$PM_{2.5}$ 浓度逐步增大，到 10 月底—11 月，$PM_{2.5}$ 都高于 100 $\mu g \cdot m^{-3}$；冬季，12 月 $PM_{2.5}$ 普遍偏大，在 100 $\mu g \cdot m^{-3}$ 之上，一直到次年 2 月中旬开始降低，从 3 月开始 $PM_{2.5}$ 降低到较低值，到 4 月又开始回升，到 5 月又降低。

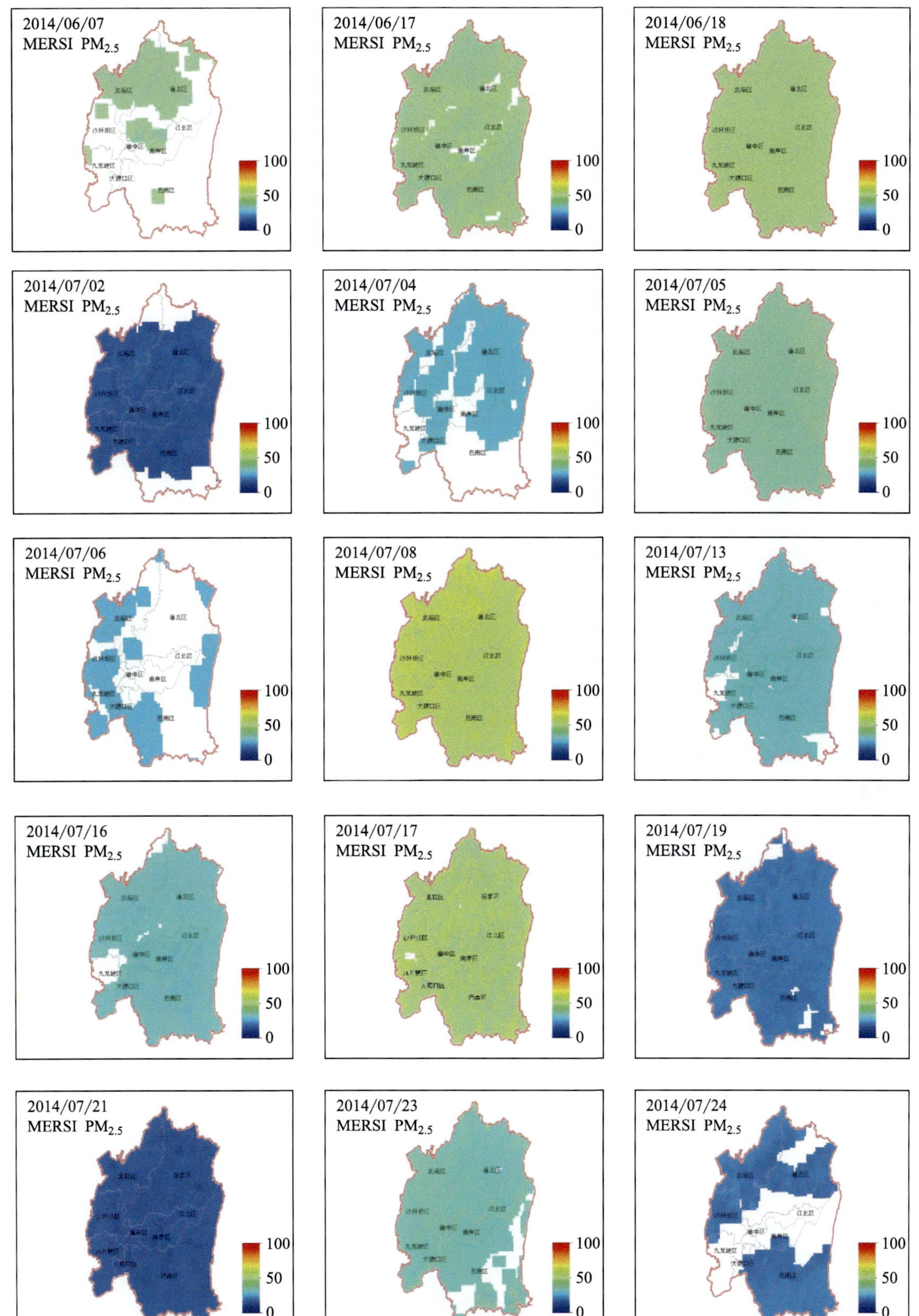
2014/06/07
MERSI PM2.5
2014/06/17
MERSI PM2.5
2014/06/18
MERSI PM2.5
2014/07/02
MERSI PM2.5
2014/07/04
MERSI PM2.5
2014/07/05
MERSI PM2.5
2014/07/06
MERSI PM2.5
2014/07/08
MERSI PM2.5
2014/07/13
MERSI PM2.5
2014/07/16
MERSI PM2.5
2014/07/17
MERSI PM2.5
2014/07/19
MERSI PM2.5
2014/07/21
MERSI PM2.5
2014/07/23
MERSI PM2.5
2014/07/24
MERSI PM2.5
100
50
0

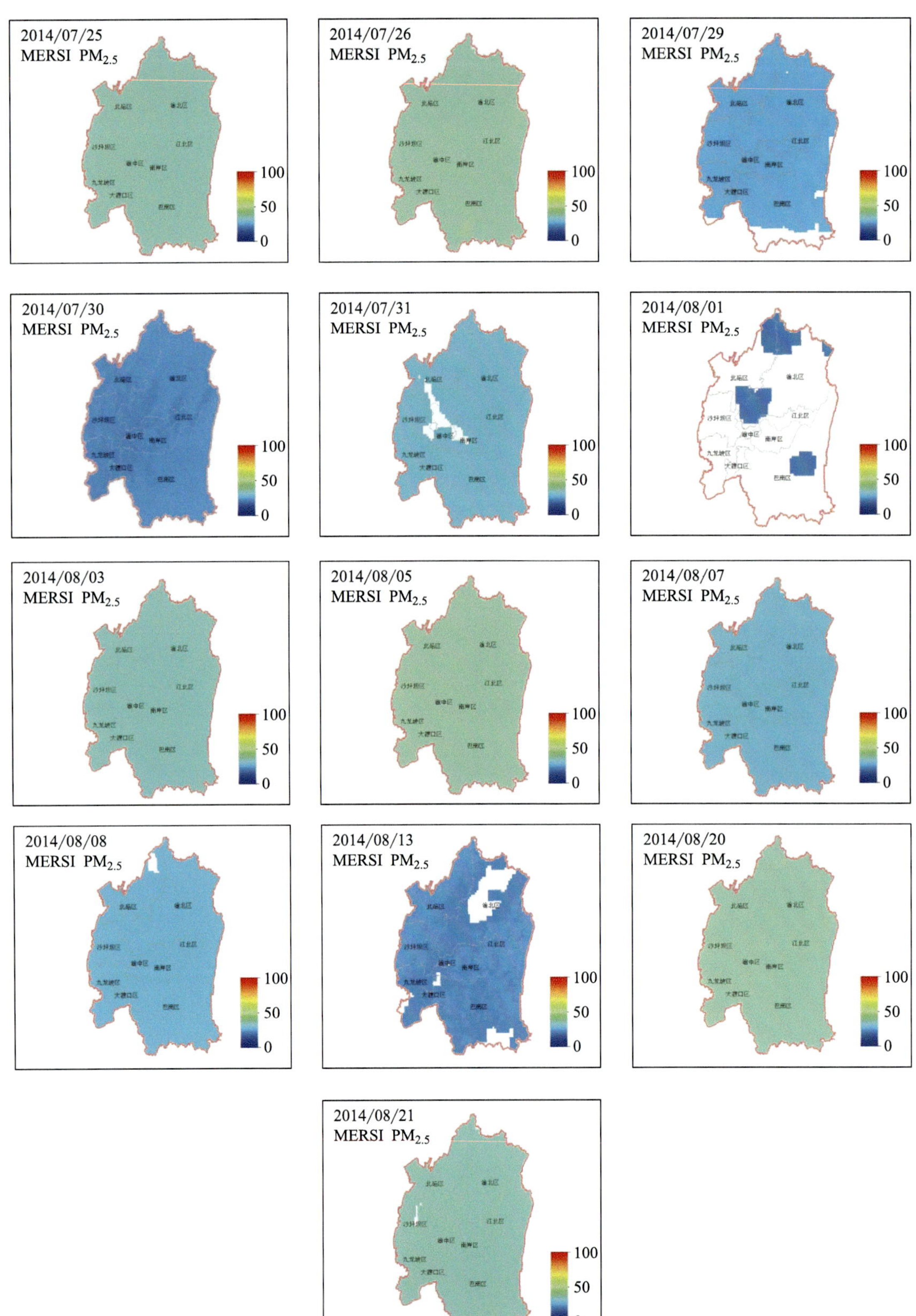

图 5.89　2014 年夏季中心城区 $PM_{2.5}$ 浓度（单位：$\mu g \cdot m^{-3}$）时、空分布

从图 5.90—图 5.94 可以看出，利用 FY-3C 气溶胶产品反演的 $PM_{2.5}$ 浓度与实际监测 $PM_{2.5}$ 浓度数据相关较高，总体相关系数达到了 0.891；分季节对比，2014 年夏季相关系数为 0.6858，秋季相关系数为 0.8927，冬季相关系数为 0.775，2015 年春季相关系数为 0.8095。从散点图上可以看出利用 FY-3C/AOD 产品反演 $PM_{2.5}$ 浓度的精度较高，得到的 $PM_{2.5}$ 浓度结果可信度极高。

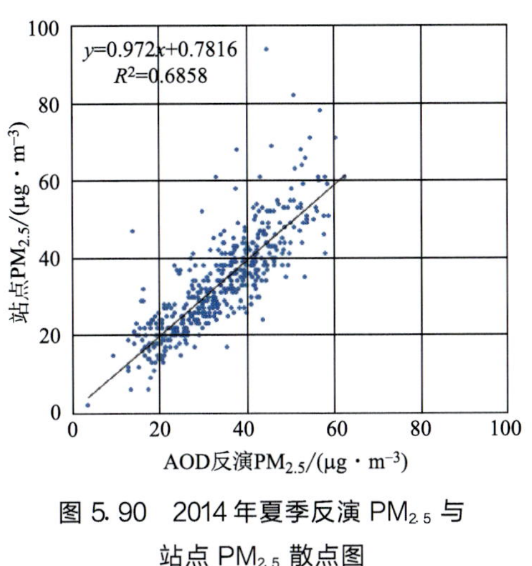

图 5.90　2014 年夏季反演 $PM_{2.5}$ 与站点 $PM_{2.5}$ 散点图

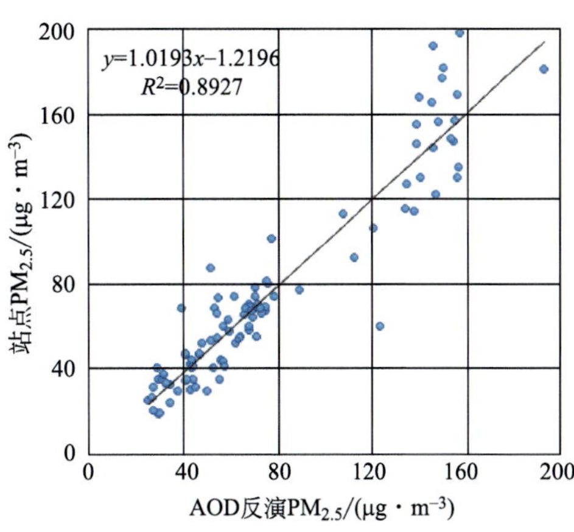

图 5.91　2014 年秋季反演 $PM_{2.5}$ 与站点 $PM_{2.5}$ 散点图

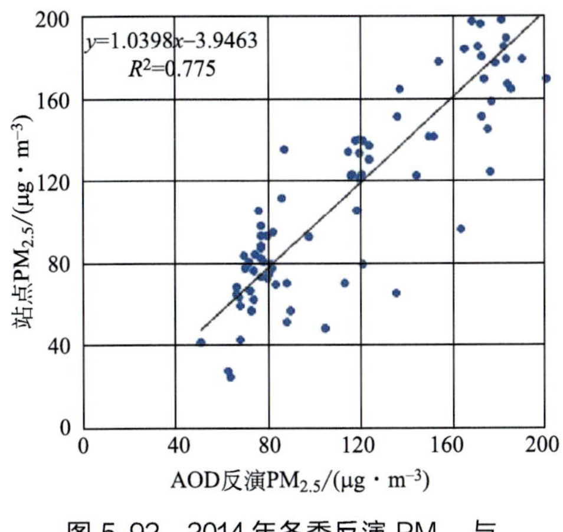

图 5.92　2014 年冬季反演 $PM_{2.5}$ 与站点 $PM_{2.5}$ 散点图

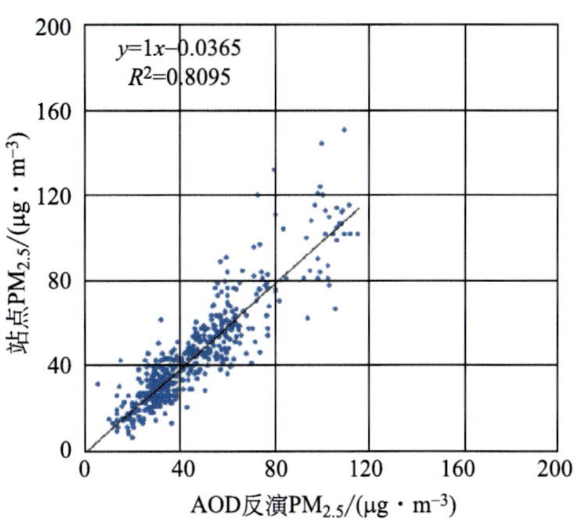

图 5.93　2015 年春季反演 $PM_{2.5}$ 与站点 $PM_{2.5}$ 散点图

② PM_{10} 估算及相关分析

PM_{10} 的估算结果变化趋势与 $PM_{2.5}$ 类似，2014 年夏季 PM_{10} 浓度都较高，6—7 月浓度降低，从 7 月初开始逐步上升，到中旬浓度升到 100 $\mu g \cdot m^{-3}$，之后到 8 月都慢慢降低。秋季 PM_{10} 浓度普遍偏高；冬季亦然。到 2015 年春季，PM_{10} 浓度开始会降低。总的来说春、夏季比秋、冬季 PM_{10} 浓度要低。总体趋势和 $PM_{2.5}$ 浓度类似（图 5.95）。

从图 5.96—图 5.100 可以看出，利用 FY-3C 气溶胶产品反演的 PM_{10} 与实际监测 PM_{10} 数据相关性较高，相关系数达到了 0.8492。分季节对比，2014 年夏季相关系数为 0.6379，

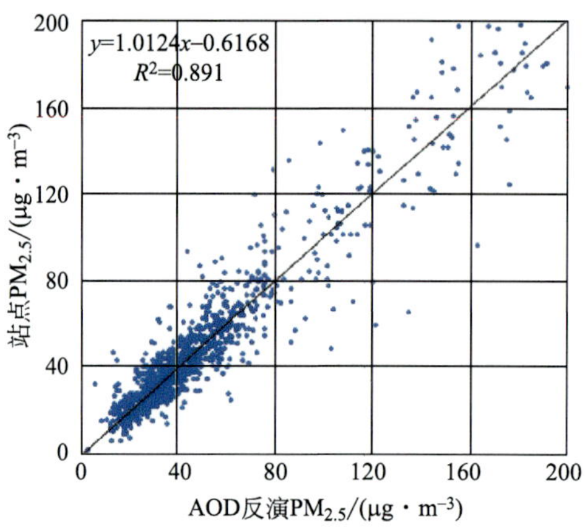

图 5.94　2014 年 6 月—2015 年 5 月 AOD 反演 $PM_{2.5}$ 与站点 $PM_{2.5}$ 散点图

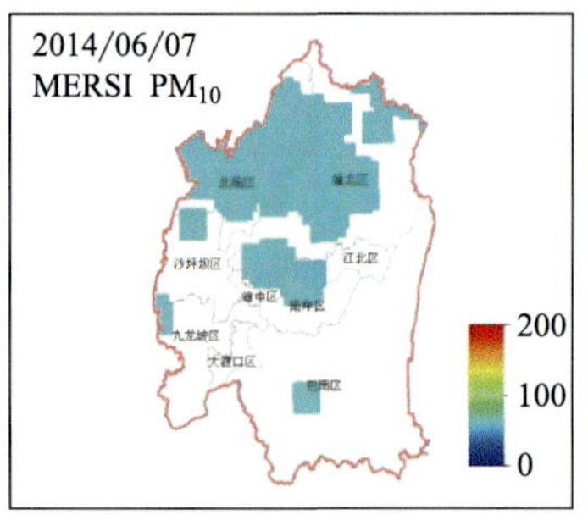

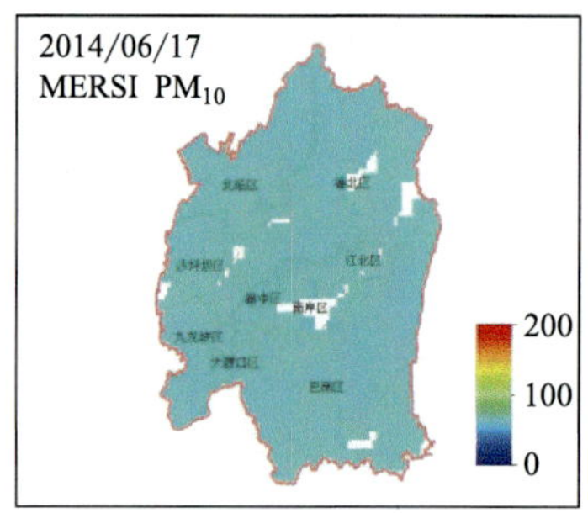

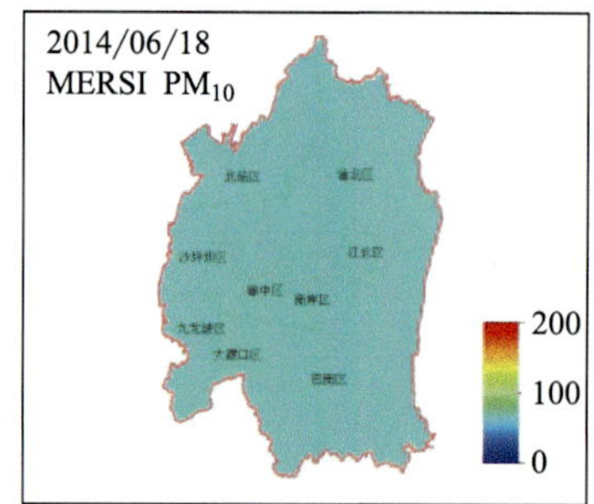

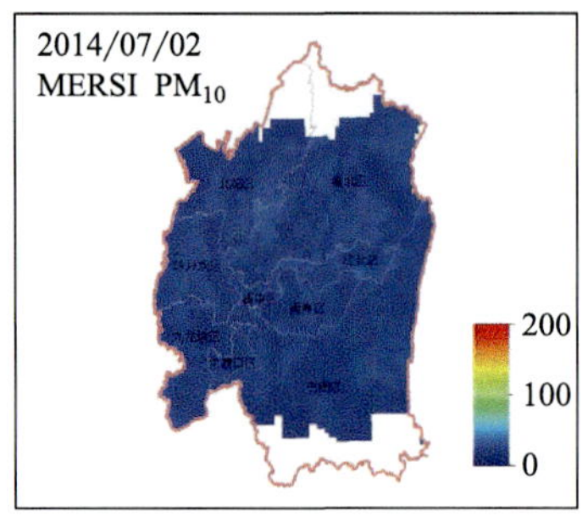

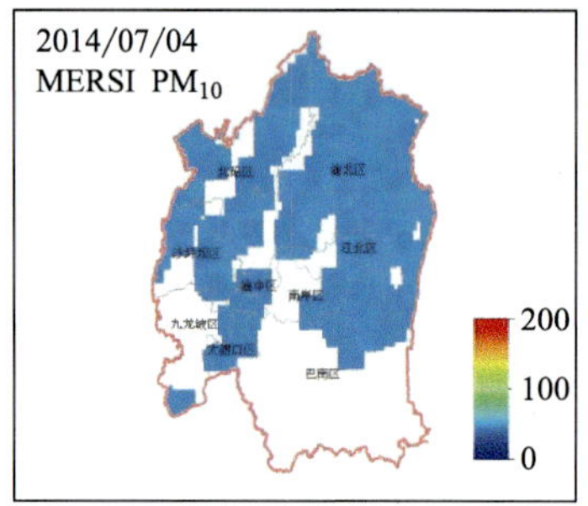

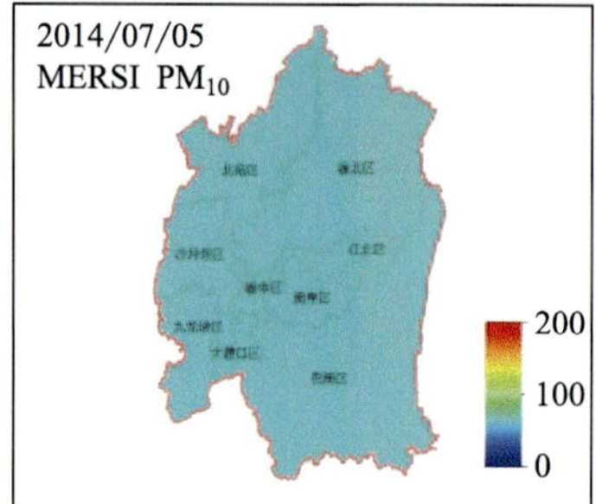

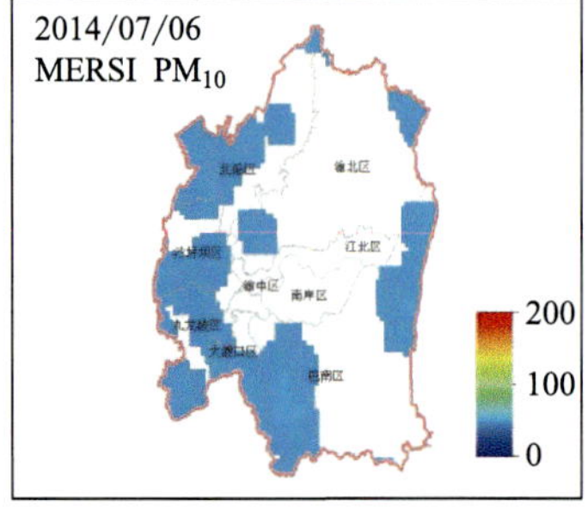

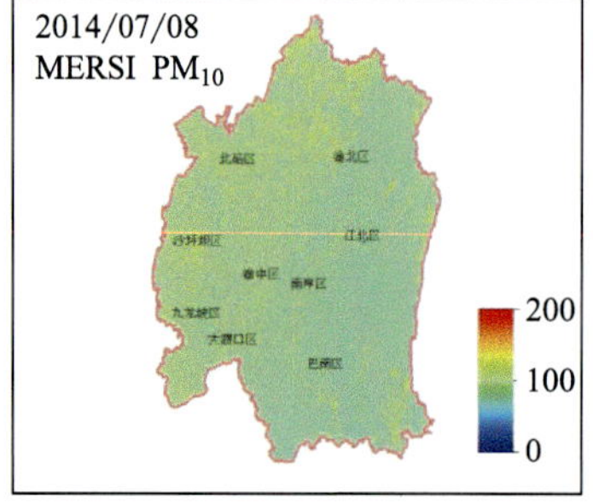

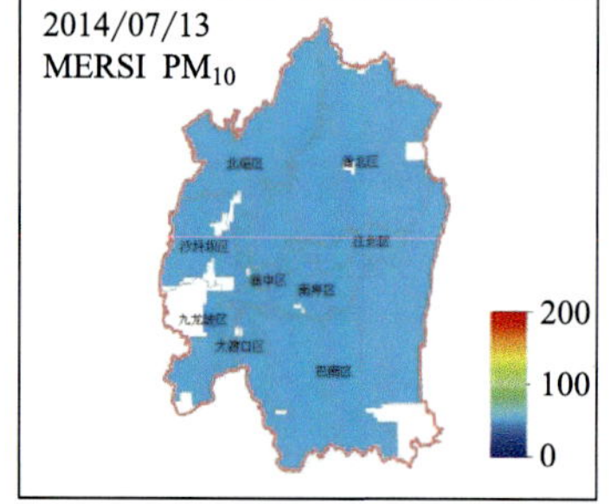

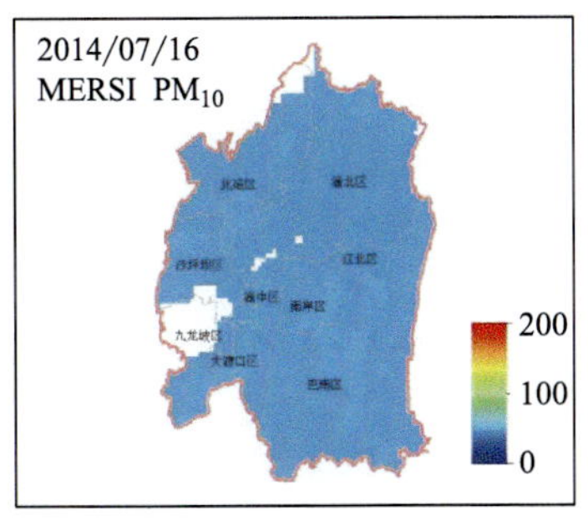
2014/07/16
MERSI PM_{10}
200
100
0

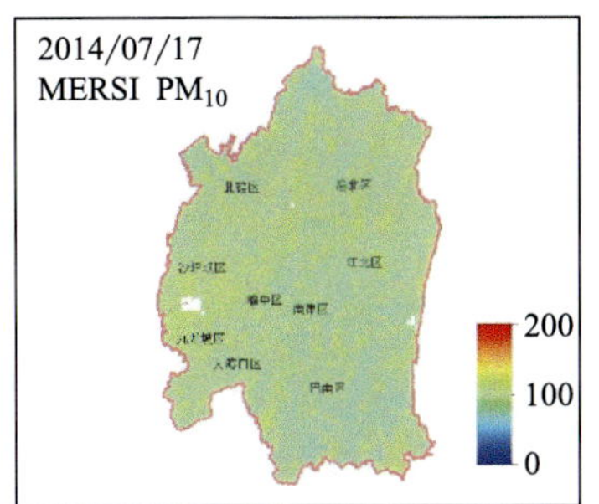
2014/07/17
MERSI PM_{10}
200
100
0

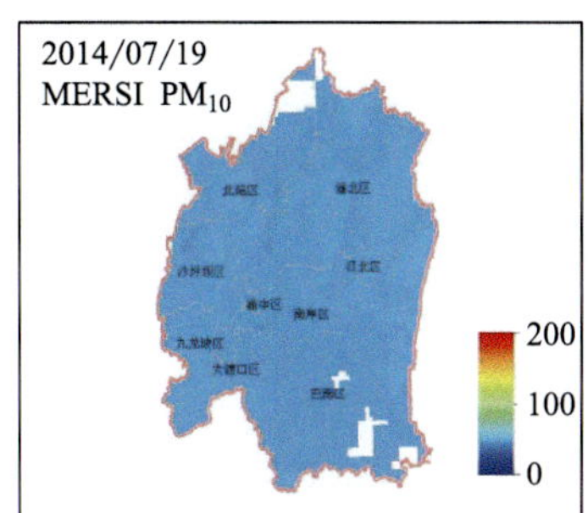
2014/07/19
MERSI PM_{10}
200
100
0

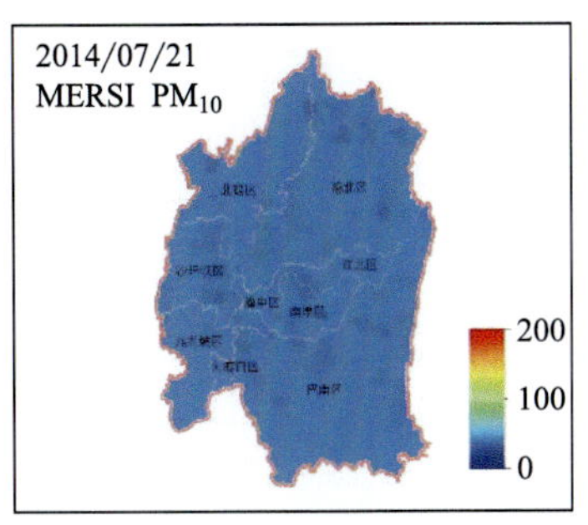
2014/07/21
MERSI PM_{10}
200
100
0

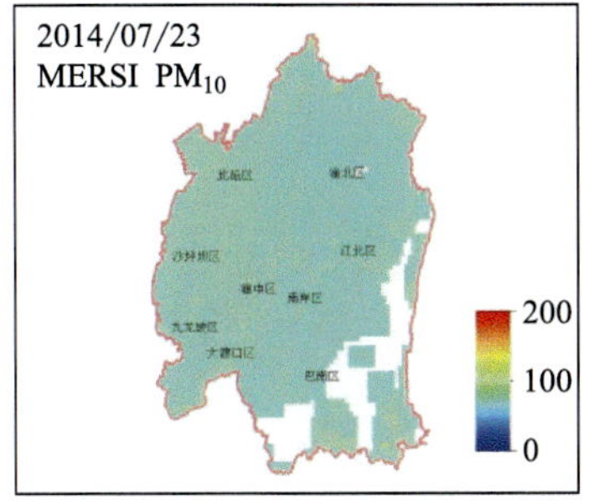
2014/07/23
MERSI PM_{10}
200
100
0

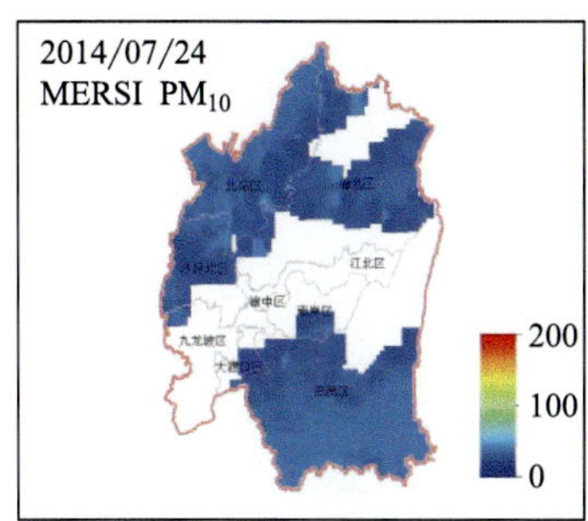
2014/07/24
MERSI PM_{10}
200
100
0

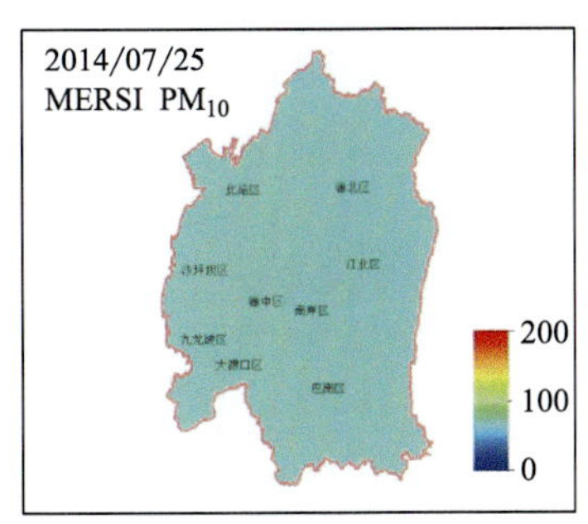
2014/07/25
MERSI PM_{10}
200
100
0

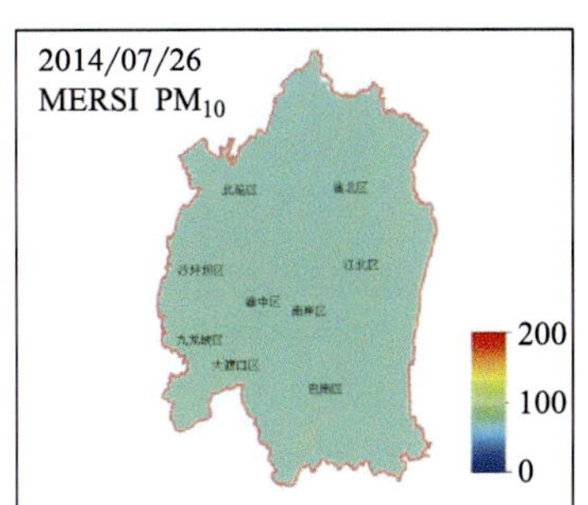
2014/07/26
MERSI PM_{10}
200
100
0

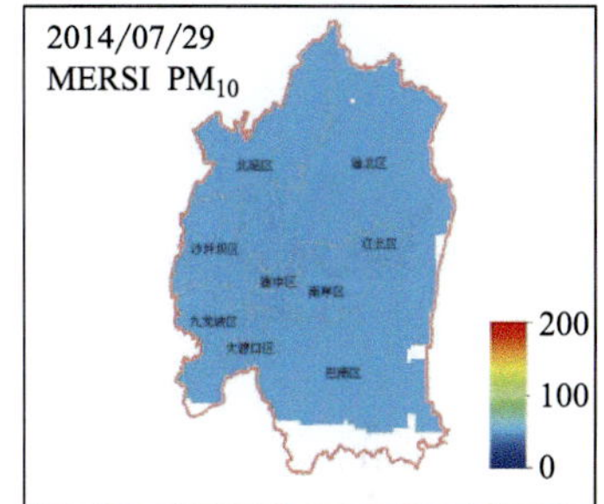
2014/07/29
MERSI PM_{10}
200
100
0

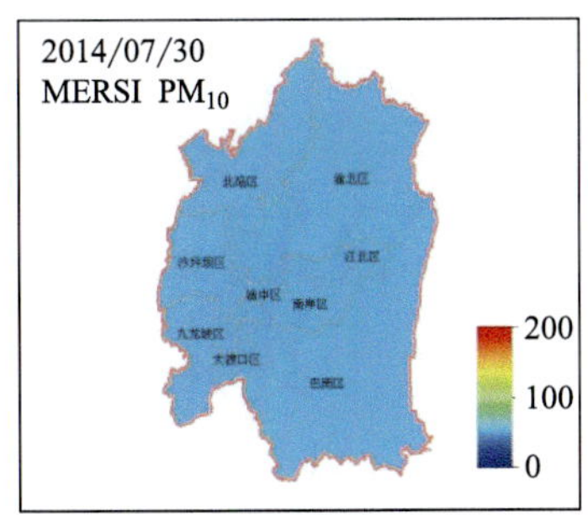
2014/07/30
MERSI PM_{10}
200
100
0

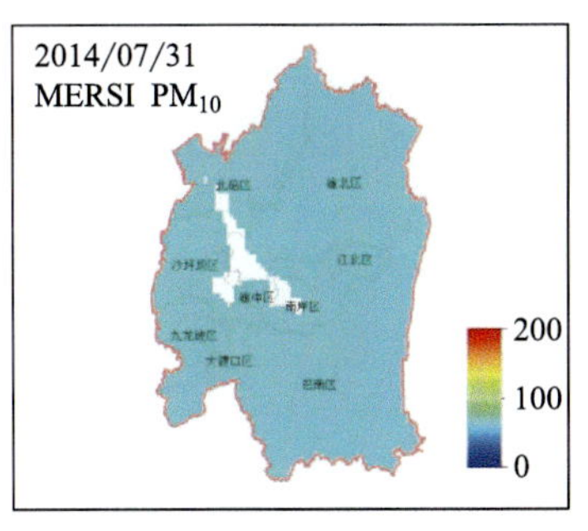
2014/07/31
MERSI PM_{10}
200
100
0

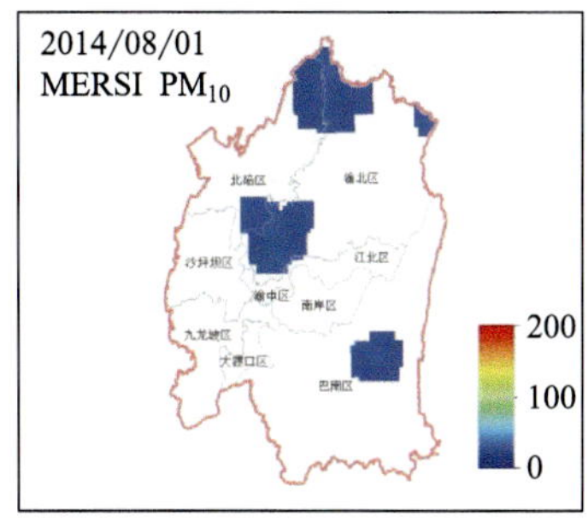
2014/08/01
MERSI PM_{10}
200
100
0

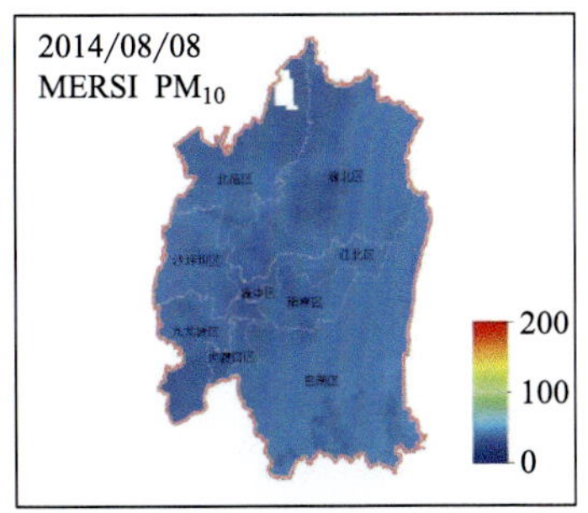
2014/08/08
MERSI PM_{10}
200
100
0

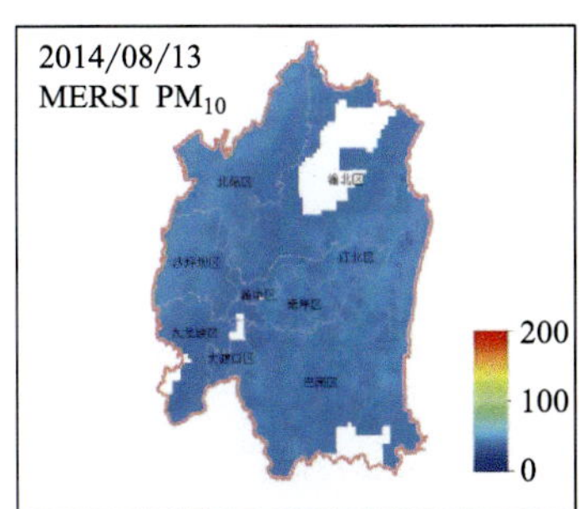
2014/08/13
MERSI PM_{10}
200
100
0

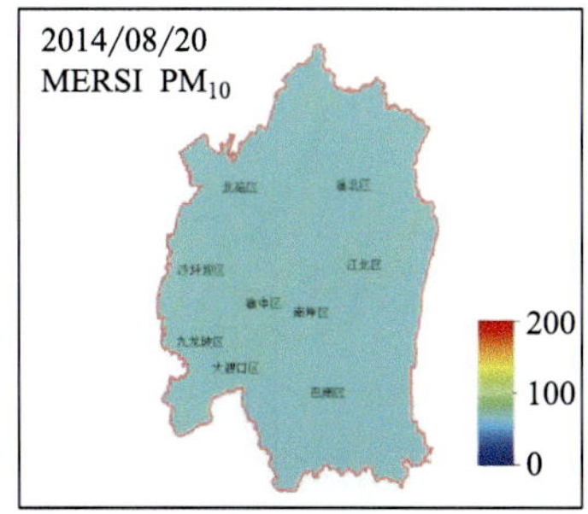
2014/08/20
MERSI PM_{10}
200
100
0

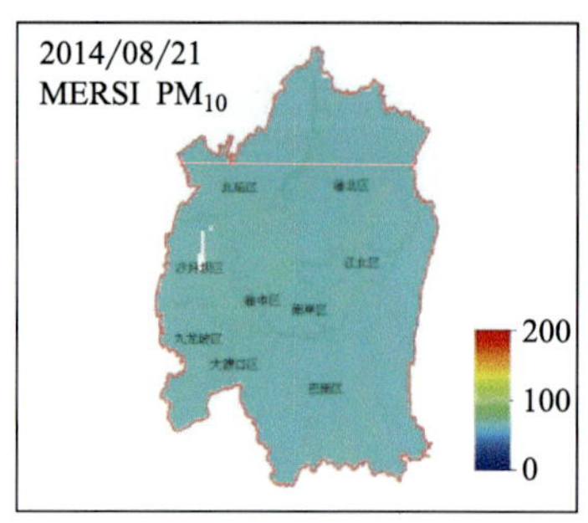

图 5.95　2014 年夏季中心城区 PM_{10} 浓度（单位：$\mu g \cdot m^{-3}$）时、空分布

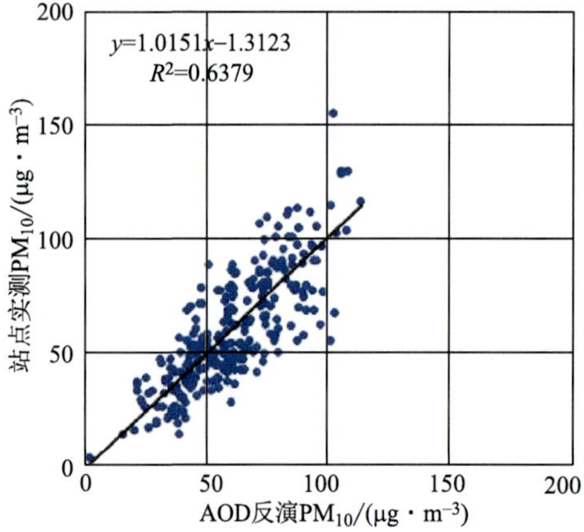

图 5.96　2014 年夏季反演 PM_{10} 与站点 PM_{10} 散点图

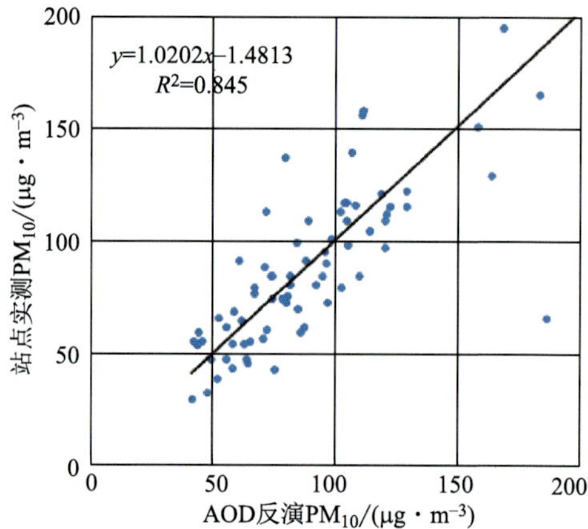

图 5.97　2014 年秋季反演 PM_{10} 与站点 PM_{10} 散点图

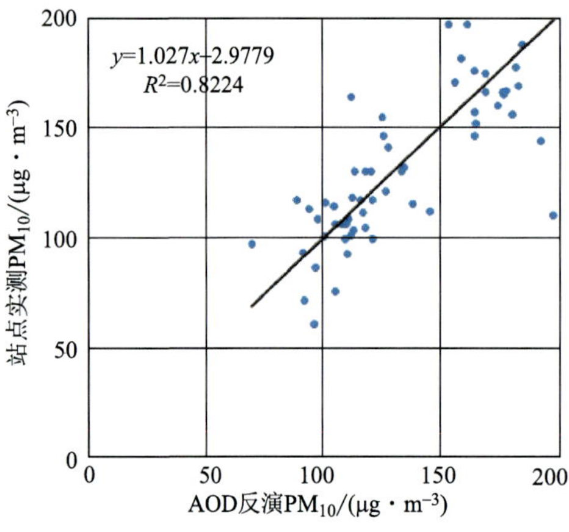

图 5.98　2014 年冬季反演 PM_{10} 与站点 PM_{10} 散点图

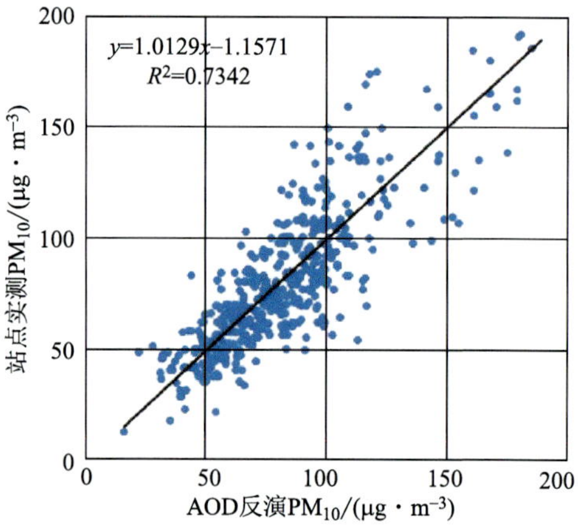

图 5.99　2015 年春季反演 PM_{10} 与站点 PM_{10} 散点图

秋季相关系数为 0.845，冬季相关系数为 0.8224，2015 年春季相关系数为 0.7342。从散点图上可以看出，利用 FY-3C/AOD 产品反演 PM_{10} 的精度较高，得到的 PM_{10} 结果可信度极高。

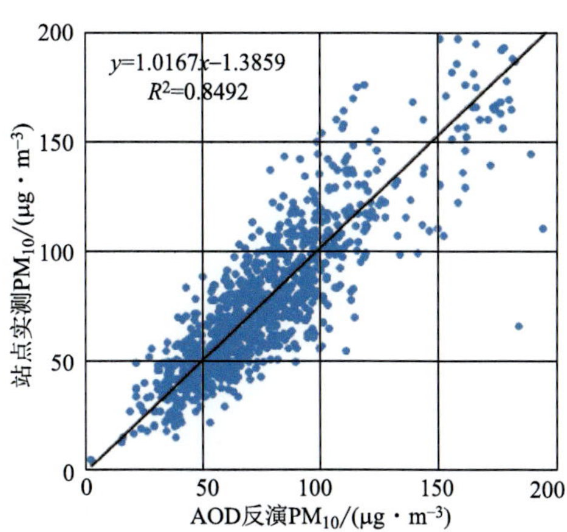

图 5.100　2014 年 6 月—2015 年 5 月 AOD 反演 PM_{10} 与站点 PM_{10} 散点图

(2) 基于 FY-4A/AOD 产品的 $PM_{2.5}$ 估算

FY-4A 是中国第二代静止轨道气象卫星风云四号系列的首发星，于 2016 年 12 月 11 日成功发射。FY-4A 搭载的多通道扫描成像辐射计和空间天气载荷显著提升了观测性能，其中多通道扫描成像辐射计的成像观测通道从 5 个扩展到 14 个，观测时效从半小时提高到 15 min，最高空间分辨率从 1.25 km 提高到 500 m。与国际同类卫星相比，FY-4A 卫星成像仪 14 个成像通道与国际水平相当（表 5.28）。

表 5.28　新一代静止轨道气象卫星仪器对比

		中国 FY-4A	美国 GOES-R	欧盟 MTG	日本 Himawari-8
多光谱成像	空间分辨率	可见光/近红外：0.5～1.0 km 中波/长波红外：2.0～4.0 km	可见光/近红外：0.5～1.0 km 中波/长波红外：2.0 km	可见光/近红外：0.5～1.0 km 中波/长波红外：2.0 km	可见光/近红外：0.5～1.0 km 中波/长波红外：2.0 km
	时间分辨率	15 min/全圆盘	5 min/全圆盘	10 min/全圆盘	10 min/全圆盘
	通道数量	14	16	16	16
	探测精度	0.2 K	0.1 K	0.1 K	0.1 K
垂直探测	光谱范围	700～2250 cm^{-1}	无	研制中	无
	通道数量	1648			
	光谱分辨率	0.625 cm^{-1}			
	空间分辨率	16 km			
闪电探测	光谱范围	777.4 nm	777.4 nm	777.4 nm	无
	观测间隔	2 ms	2 ms	2 ms	
发射时间		2016 年 10 月	2016 年 11 月	2016 年 12 月	2014 年 10 月

利用国家卫星气象中心高玲团队基于新一代静止气象卫星风云四号反演的 2019 年 2—9 月每日 09—16 时 4 km 空间分辨率的 AOD 数据如图 5.101 所示，卫星数据已将云、雪、水体等特殊天气影响的数据进行了处理，可直接用于颗粒物估算。

① 订正前 AOD 与地面 $PM_{2.5}$ 质量浓度相关性分析

图 5.102 给出了 2019 年 2—9 月基于 FY-4A 卫星每日多个时刻的 AOD 反演数据与时、空匹配的 $PM_{2.5}$ 浓度相关比较，纵坐标为反演 AOD，横坐标为站点地面 $PM_{2.5}$ 质量浓度，

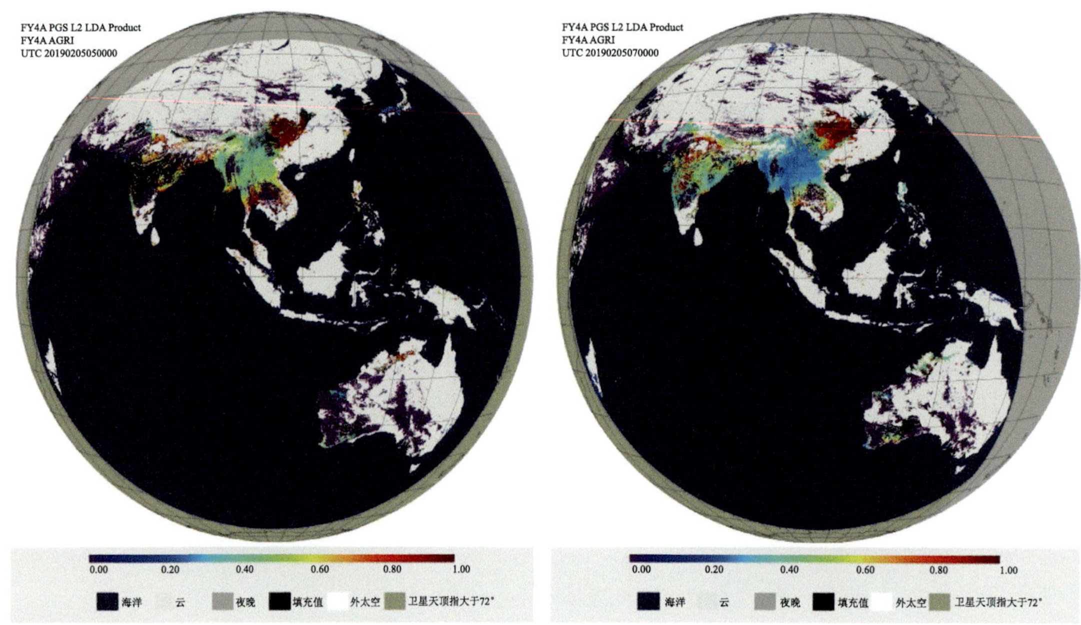

图 5.101　FY-4A 陆地气溶胶产品（AOD）

色带为归一化后的点密度，可以看出原始反演的 AOD 与 $PM_{2.5}$ 浓度的相关性较差，相关系数均在 0.15～0.35。

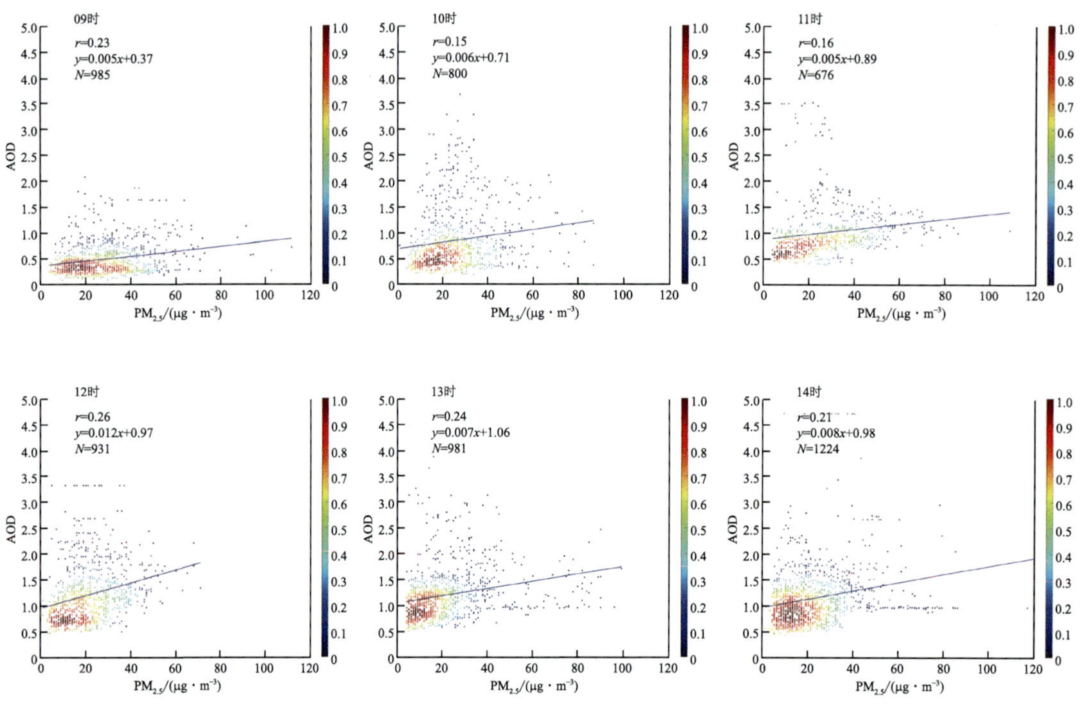

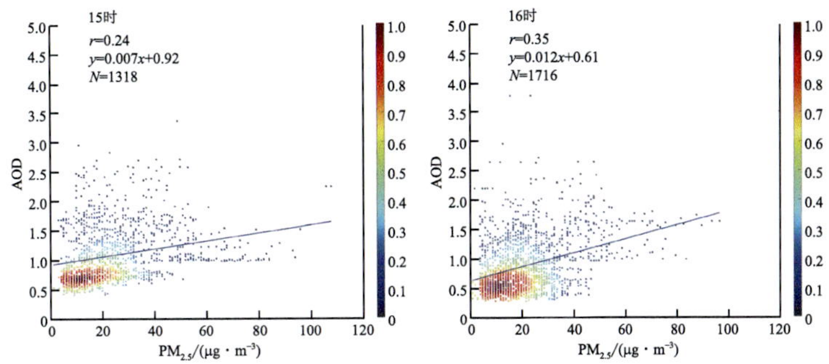

图 5.102 2019 年 2—9 月订正前 AOD 与地面 $PM_{2.5}$ 质量浓度散点图（逐时）

② 订正后近地面干消光系数与地面 $PM_{2.5}$ 质量浓度相关性分析

图 5.103 给出了 2019 年 2—9 月基于 FY-4A 卫星每日多个时刻的 AOD 物理订正后的数

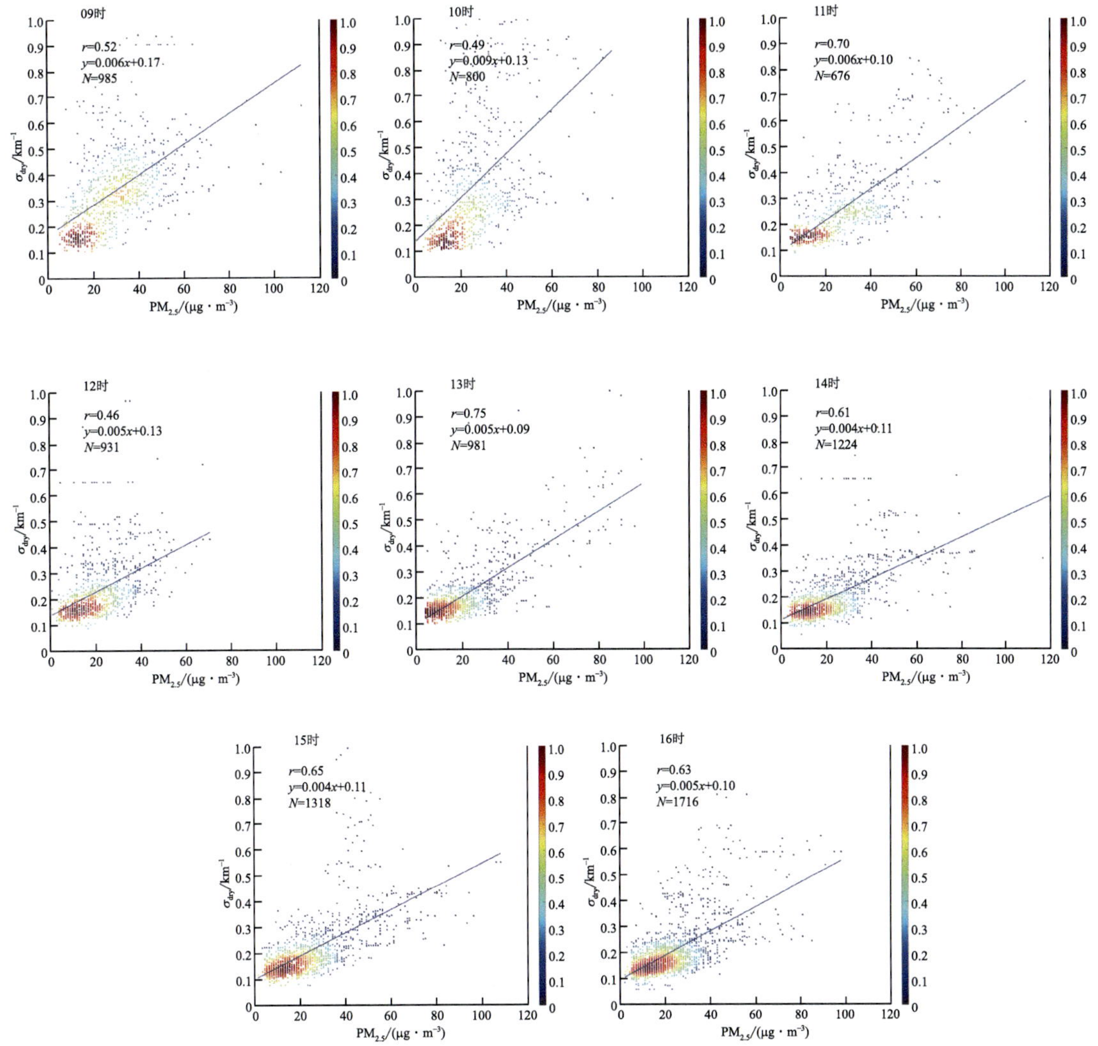

图 5.103 重庆 2019 年 2—9 月物理订正后近地面干消光系数与地面监测 $PM_{2.5}$ 质量浓度散点图（逐时）

据与时、空匹配的 $PM_{2.5}$ 浓度相关分析，其中纵坐标为订正后的近地面干消光系数，横坐标为站点颗粒物，色带为归一化后的点密度，从中能够清晰看出，重庆整个区域上都表明垂直订正和吸湿订正能够有效提升 AOD 与地面 $PM_{2.5}$ 浓度的相关，在订正前，AOD 与颗粒物的散点关系非常散乱，经过垂直订正和湿度订正后，相关关系显著上升，散点变得较为收敛，相关系数主要集中在 0.5 以上。

③ 估算 $PM_{2.5}$ 浓度与地面监测 $PM_{2.5}$ 浓度相关性

研究基于 2019 年 2—9 月的风云四号卫星 AOD 数据与地面空气质量站网、气象观测数据，进行逐小时物理订正，订正后得到干消光系数的面数据，还需用最小二乘法估算最后的颗粒物浓度，并通过站点数据验证订正效果，如果相关性未提升，则保留原始数据，以下为颗粒物最终估算结果并逐时验证最终效果。

如图 5.104、图 5.105 所示，纵坐标为地面监测 $PM_{2.5}$ 质量浓度，横坐标为估算 $PM_{2.5}$ 质量浓度，色带为归一化后的点密度，研究仅基于物理订正的情况给出了重庆地区风云四号卫星估算的近地面 $PM_{2.5}$浓度与实测数据的比较。从相关系数（r）看，$PM_{2.5}$ 质量浓度估算的效果较好，但 r 随时间变化较大，10—16 时 r 有所提升，从 0.78 提升至 0.9，从 RMSE 来看，16 时效果最好，离散程度最小。不同时刻的估算精度有一定变化，整体而言下午要好于上午，这说明物理订正在下午边界层混合更加充分的情况下可能具有更好的适用性。从色带和散点分布看，重庆 $PM_{2.5}$ 质量浓度主要分布在 0～30 $\mu g \cdot m^{-3}$。

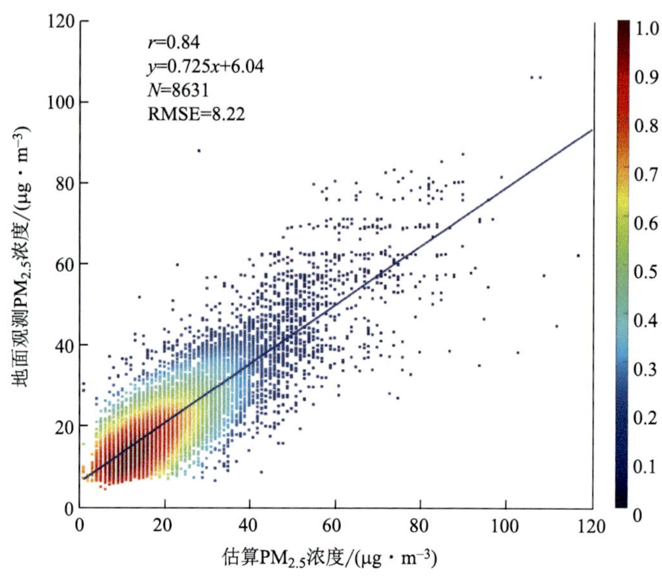

图 5.104　重庆 2019 年 2—9 月估算 $PM_{2.5}$ 浓度与地面监测 $PM_{2.5}$ 浓度散点图

④ 应用分析

基于气象数据进行垂直-吸湿订正估算颗粒物浓度，可获得重庆地区小时连续空间覆盖，选择 $PM_{2.5}$ 浓度日变化较大的数据分析其颗粒物浓度的迁移和扩散（如图 5.106，其中空气质量分级采用中国空气质量标准作为参照）。从图 5.106 2019 年 2 月 5 日 $PM_{2.5}$ 空间分布可以看出，卫星反演数据清晰显示出 $PM_{2.5}$ 的空间分布。不同时刻的数据（10—16 时）也直观反映污染物的扩散传输情况，图中的点位代表实际地面监测的空气质量等级，卫星估算结

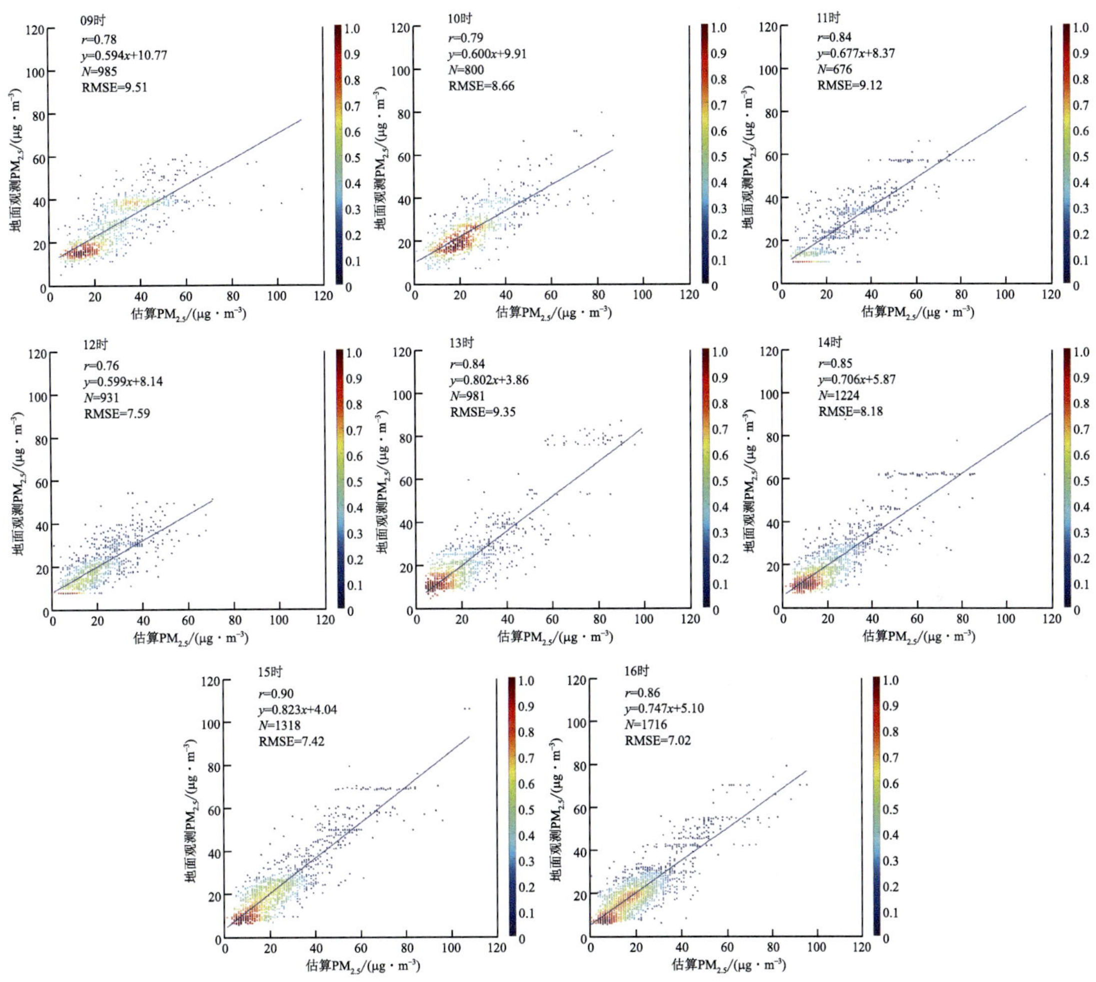

图 5.105 重庆 2019 年 2—9 月估算 $PM_{2.5}$ 浓度与地面监测 $PM_{2.5}$ 浓度的散点图（逐小时）

果的空气质量等级与地面监测具有较好的一致性（除少数点外），风云四号连续观测的优势在于能够更清晰直观地反映区域污染的扩散和生消特征。

5.3.2 重庆近地面臭氧估算研究

臭氧是大气中的一种痕量气体，也是大气非常重要的组分。平流层臭氧有利于保护地球免受太阳紫外线辐射的伤害，而对流层臭氧是对生态系统和人类有害的大气污染物，危害人类的健康、破坏生态系统、导致气候变化。联合国政府间气候变化专门委员会（Intergovernmental Panel on Climate Change，IPCC）第五次报告指出，1750—2010 年对流层臭氧的变化引起全球平均辐射强迫约为 $+0.4\ W \cdot m^{-2}$。研究表明，臭氧是除了细颗粒物以外中国最重要的一种大气污染物。中国地区臭氧污染主要呈现区域和季节性变化特征，人口密集、工业发达的城市臭氧污染较为严重，如京津冀、珠三角、长三角、川渝等。中国近地面臭氧的来源主要是人为排放挥发性有机物和氮氧化物光化学反应产生，与区域环境中的光照、温度、相对湿度等有关。因夏季温度较高，太阳辐射强，能促进光化学反应，导致夏季臭氧浓

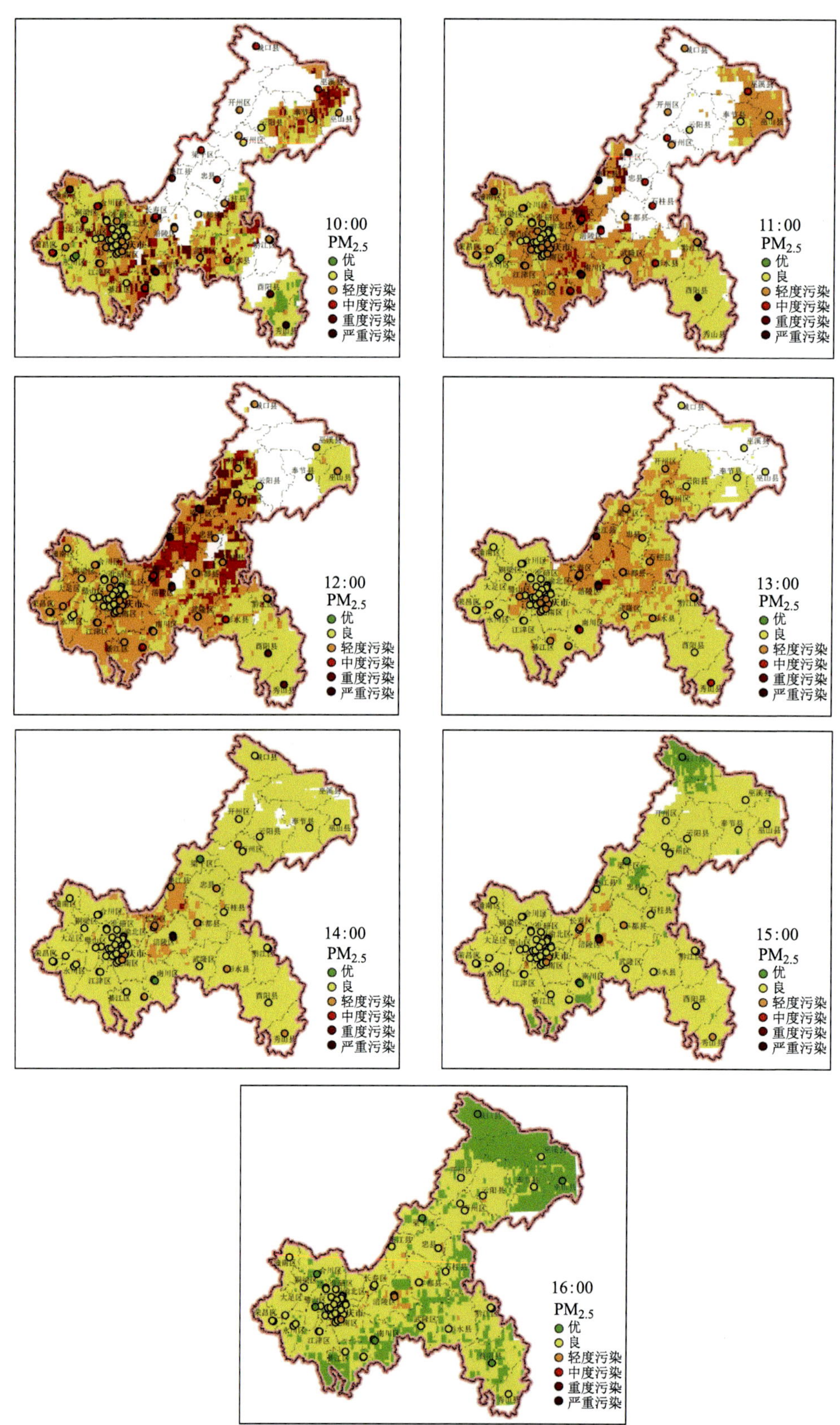

图 5.106　2019 年 2 月 5 日不同时刻卫星估算 $PM_{2.5}$ 小时质量浓度与地面监测验证

度较高。随着中国臭氧污染问题日益严峻，已经引起政府和大众的广泛关注，是亟待解决的大气污染问题。

5.3.2.1 估算数据

(1) 臭氧地基监测数据

本节中采用的臭氧站点监测数据可通过中国环境监测总站下载，主要利用重庆市有关站点的数据。

(2) 哨兵五号 (Sentinel-5P) 数据

卫星遥感数据主要来自哨兵五号 (Sentinel-5P) 卫星搭载的对流层观测仪 (TROPOMI)，可获取大气中痕量气体的成分，本模型中主要包括二氧化氮 (NO_2)、一氧化碳 (CO)、甲醛 (HCHO)、二氧化硫 (SO_2)。

(3) 气象数据

气象数据主要采用欧洲中期天气预报中心 ERA 系列再分析资料，本模型中主要包括地表气温、相对湿度、风速、风向、太阳下行辐射、地表气压、边界层高度、总云量、降水量。

(4) 辅助数据

卫星观测火点数据、归一化植被指数、地面高程等。

5.3.2.2 估算方法

胶囊网络模型 (CapsNet) 主要包括胶囊神经元结构、动态路由算法和压缩函数 3 部分。相比传统神经元，胶囊网络中的神经元由一组向量组成，胶囊的方向代表特征类型，长度代表特征的存在概率。由于胶囊特殊的结构，神经元之间的信息传递是通过计算胶囊间的相似性，根据权重概率值决定不同的高层胶囊接收到的信息量，而动态路由算法正是通过多次迭代计算，不断更新获得最终的权重，最后采用压缩函数作为激活函数使目标向量的长度不超过 1，压缩前、后向量的方向不变。本节中借鉴了动态路由算法思想，通过反复的试验对比，最终设计了适用于臭氧浓度估算的胶囊网络模型：首先设计两层的全连接层 (Fully Connected Layers，FC) 对输入因子进行初步的特征提取，每层的神经元个数均设置为 200；其次设计了初级胶囊层和高级胶囊层，初级胶囊层的形状为 64×8×1，高级胶囊层为 4×16×1，对计算的向量神经元进行筛选，选择概率最大的胶囊从而得到估算结果，结构如图 5.107。通过反复试验对比，试验参数主要设置如下：批大小 (Batch) 为 4000，循环 (Epoch) 次数为 900，前两层的全连接层的激活函数设置为 Relu，胶囊层的激活函数为压缩函数 (Squashing)，最后一层为输出层不设置激活函数，网络的优化器选择 Adam，损失函数设置为均方误差，模型结构如图 5.107。

(1) 主要步骤

第一，卫星反演前体物参数、气象参数作为样本参数输入到 CapsNet 模型中训练，此过程地基观测 O_3 浓度不参与模型训练；

第二，计算通过第一步训练后估算得到的 O_3 浓度与地基观测 O_3 浓度的均方根误差，将误差反馈到网络中进行调优，重复这个过程，直到训练得到满意的模拟结果为止，建立整个网络确定 O_3 浓度与卫星观测数据的关系；

第三，通过训练的最优拟合结果估算区域 O_3 浓度。最后，为避免过度拟合采用十字交

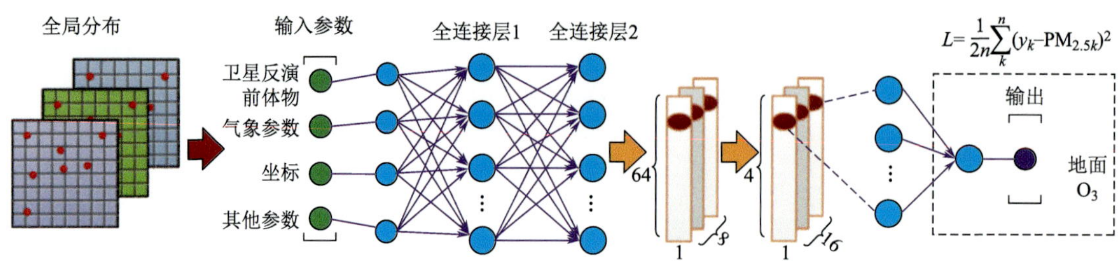

图 5.107　胶囊网络模型结构

叉验证方法进行验证。

（2）评价指标

为更进一步评价模型结果，模型预测 O_3 浓度与地面观测 O_3 浓度的决定系数（R^2）、均方根误差（RMSE）、平均相对误差（MRE）等指标进行比较，其中 R^2、RMSE、MRE 定义如下：

$$R^2=1-\frac{\sum_{i=1}^{n}(\hat{y}_i-y_i)^2}{\sum_{i=1}^{n}(\hat{y}_i-y_i)^2} \tag{5.33}$$

$$\text{RMSE}=\sqrt{\frac{1}{n}\sum_{i=1}^{n}(y_i-\hat{y}_i)^2} \tag{5.34}$$

$$\text{MRE}=\frac{100\%}{n}\sum_{i=1}^{n}\frac{|y_i-\hat{y}_i|}{y_i} \tag{5.35}$$

式中，$\hat{y}_i$ 和 y_i 分别表示第 i 个 O_3 估算值和观测值，n 代表数据集中数据的对数。

5.3.2.3　估算结果

（1）模型精度

为保证估算模型的精度，分别对 2020—2021 年数据集进行训练，设置训练和验证比例为 8∶2，验证散点结果如图 5.108。其中，2020 年决定系数（R^2）＝0.93，RMSE＝10.72，MRE＝9.05％；2021 年决定系数（R^2）＝0.94，RMSE＝9.902，MRE＝9.68％。

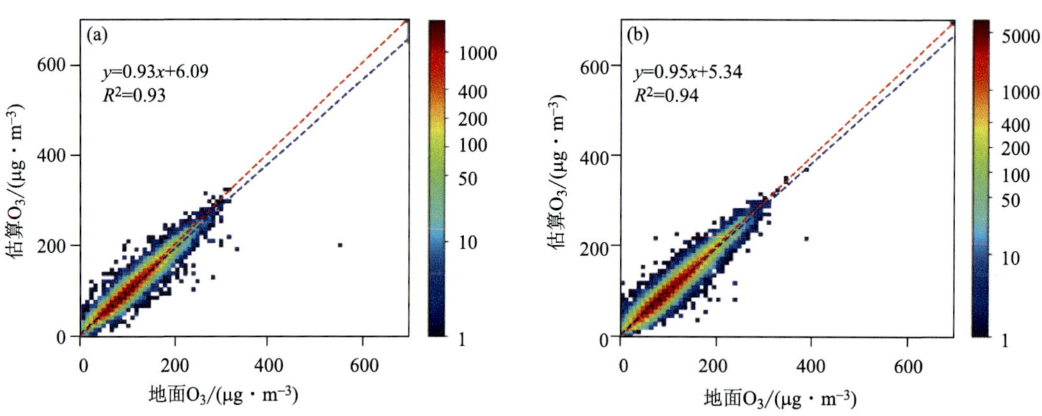

图 5.108　2020（a）和 2021 年（b）O_3 模型验证密度散点图（红色为 1∶1 线，蓝色为拟合线）

（2）月平均浓度空间分布

通过训练模型，本节反演 2020 年 1 月—2021 年 12 月重庆市近地面臭氧浓度空间分布（图 5.109、图 5.110）。根据图可知，中心城区 3—8 月臭氧浓度高于其他区（县），而 11 月—次年 2 月区（县）O_3 浓度较高。部分地区 5—8 月的月均值＞160 μg・m^{-3}，超过了《环境空气质量标准》（GB 3095—2012）中居住区、商业交通居民混合区等二类区 O_3 的日最大 8 h 平均，其他月份 O_3 浓度则相对较低。

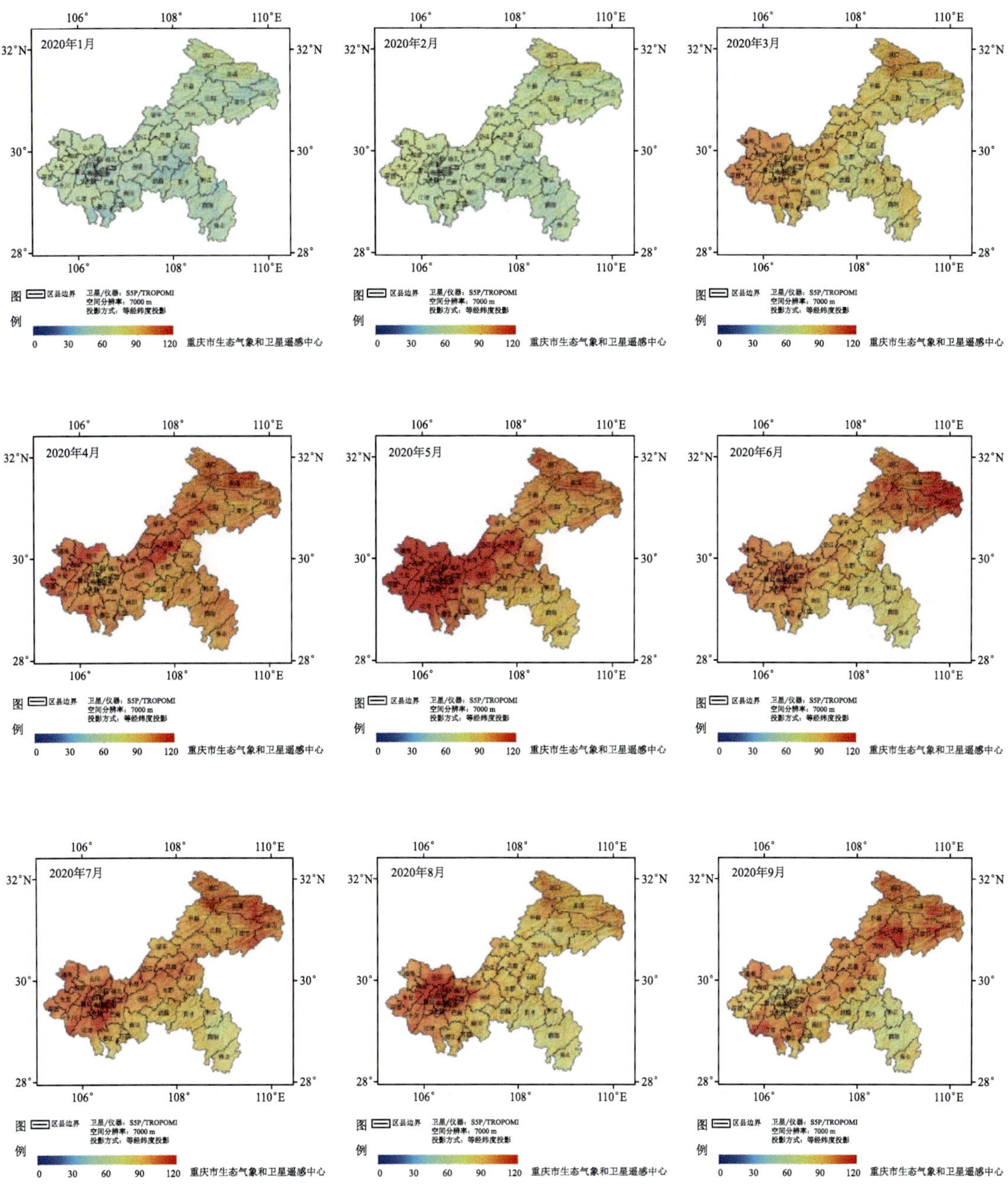

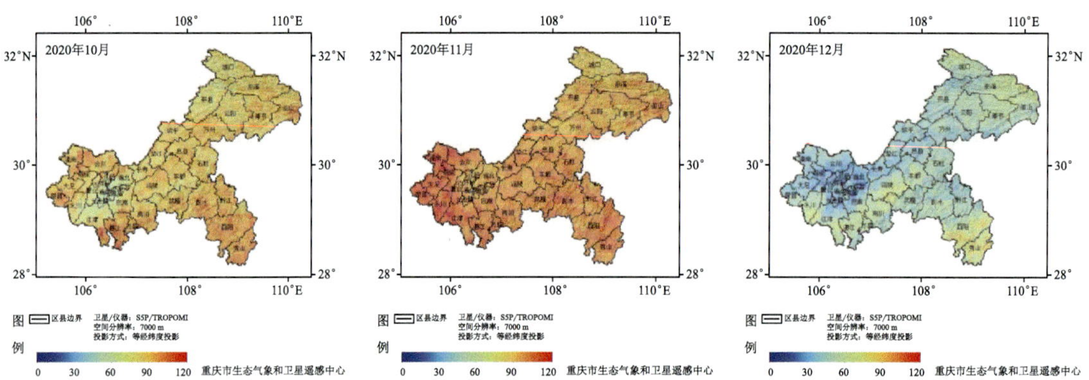

图 5.109 2020 年 1—12 月重庆市近地面臭氧月平均浓度（单位：μg · m^{-3}）空间分布

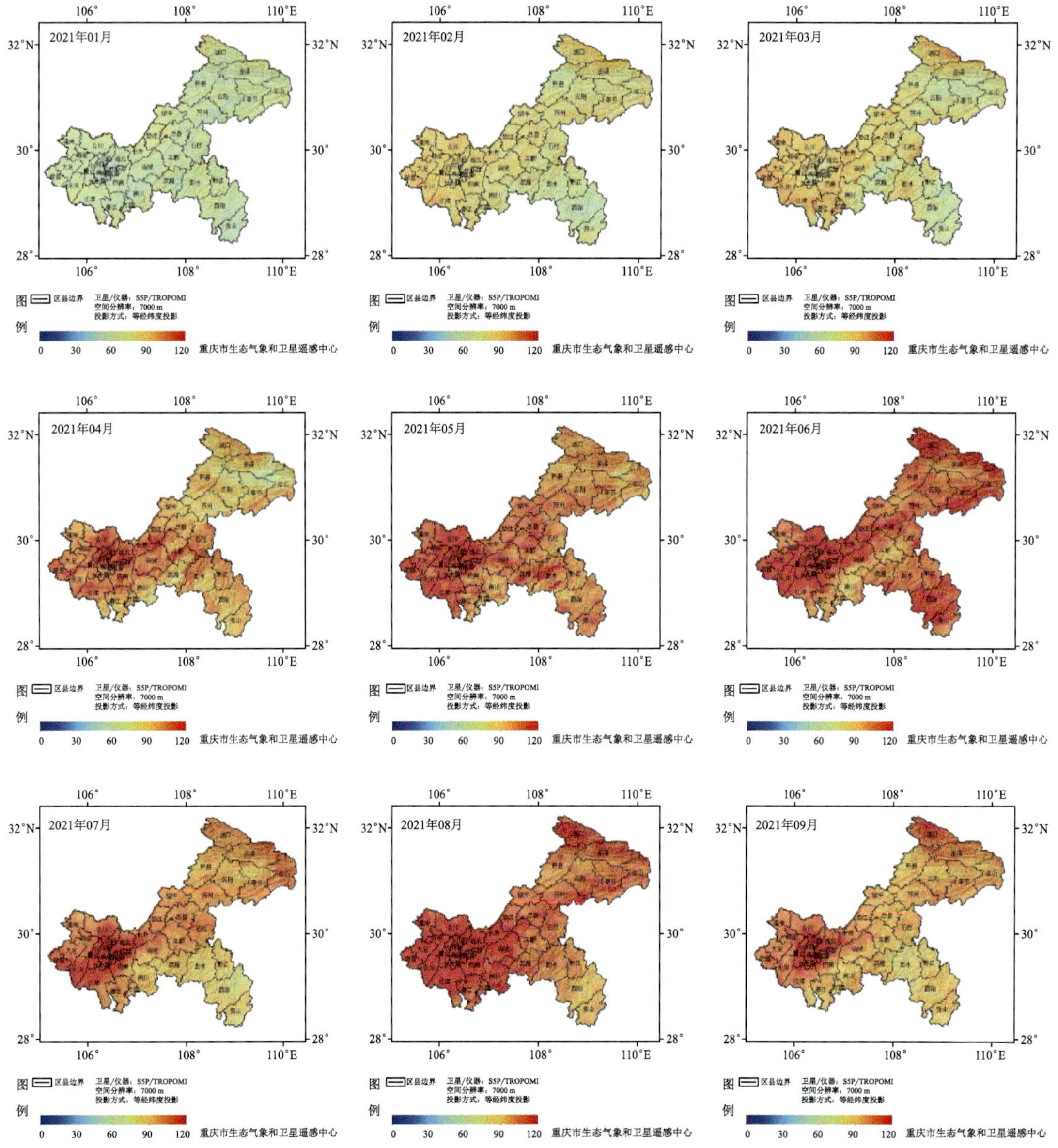

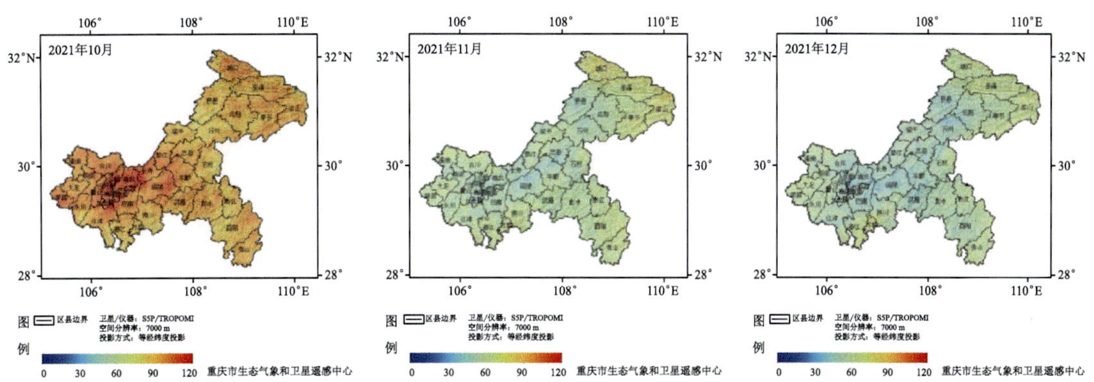

图 5.110　2021 年 1—12 月重庆市近地面 O_3 月平均浓度（单位：μg · m^{-3}）空间分布

（3）年平均浓度空间分布

2020—2021 年重庆市近地面臭氧浓度年均空间分布如图 5.111，O_3 浓度年均值主要在 60～90 μg · m^{-3}，中心城区的年均值较其他区（县）高，但 2020 年和 2021 年均值差别不大。

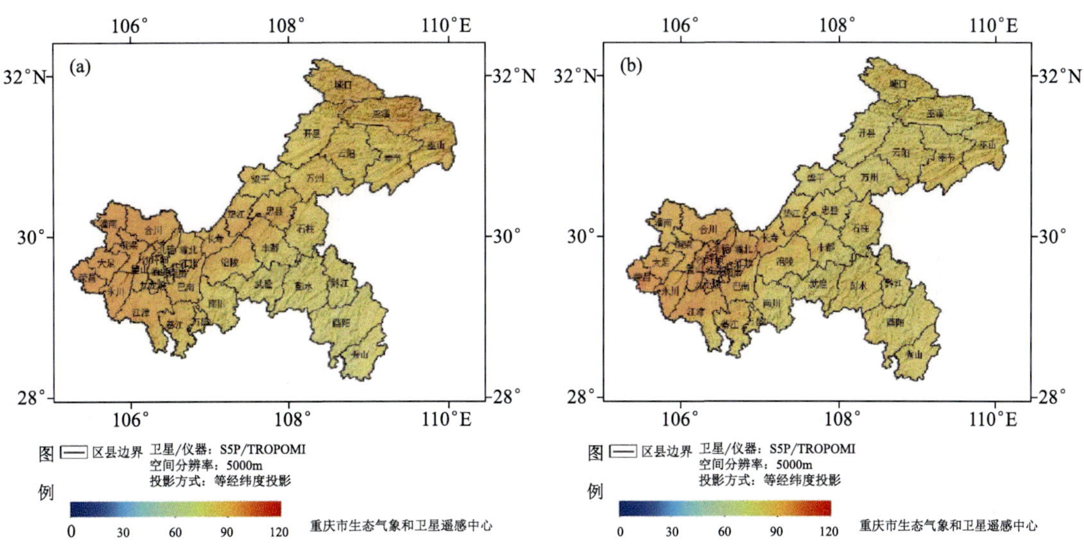

图 5.111　2020 年（a）和 2021 年（b）重庆市近地面 O_3 的年平均浓度（单位：μg · m^{-3}）空间分布

5.4 大气自净能力研究

大气自净能力是大气通风稀释及湿清除对大气污染的清除能力（张天宇 等，2019）。本节利用重庆中心城区 1951—2018 年 68 a 气象观测资料和 2014—2018 年的环境空气质量监测数据，采用大气自净能力指数《大气自净能力等级》（GB/T 34299—2017）计算并分析重庆城区大气自净能力的长期变化趋势及其影响因子，探讨城区大气自净能力与环境空气质量的关系。

5.4.1 计算方法

参照朱蓉等（2018）的研究，即不考虑大气湍流扩散和干沉降作用，在 C_s 为 $PM_{2.5}$ 达标浓度 0.075 mg・m^{-3} 的约束条件下，大气自净能力指数的计算公式为：

$$\mathrm{ASI}=\left(\frac{\sqrt{\pi}}{2}\times V_E+W_r R\sqrt{S}\right)\cdot C_s/\sqrt{S} \tag{5.36}$$

式中，ASI 为大气自净能力指数，单位为 t・d^{-1}・km^{-2}；$W_r=6\times10^5$ 为雨洗常数；R 为降水率，即单位时间内的降水量，单位为 mm・d^{-1}；S 为单位面积，统一取值 100 km^2；V_E 为通风量，是描述大气对污染物稀释扩散能力的参数（Krishnan et al.，2004），即在混合高度内，风速与高度乘积的总和，表达了大气动力与热力综合作用下对大气污染物的清除能力，其数学表达式为：

$$V_E=\int_0^H u(z)\mathrm{d}z \tag{5.37}$$

式中，u 表示近地层风速，随距离地面的高度变化，单位 m・s^{-1}；H 为混合层高度，与大气稳定度和地面风速有关，单位 m。在通风量的计算过程中，主要依据《制定地方大气污染物排放标准的技术方法》(GB/T 3840—1991)，综合考虑大气功能分区、太阳辐射等级、大气稳定度等级、混合层厚度等因素。

大气自净能力是大气通风稀释及湿清除对大气污染的清除能力，大气自净能力指数反映大气对污染物的通风扩散和降水清洗能力。指数值大表示大气对污染物清除能力强；反之，表示大气对污染物清除能力弱。

5.4.2 大气自净能力时间演变特征

5.4.2.1 季节和月际变化特征

重庆地处四川盆地东南丘陵山地区，境内地面风速小、湿度大，其气候条件本身不利于大气污染物的扩散。从气候年均值来看，重庆中心城区大气自净能力指数 30 a 气候均值为 2.9 t・d^{-1}・km^{-2}，处于全国相对低值区域（朱蓉 等，2018）。从季节来看，夏季最大，春季次之，秋季第三，冬季最小（图 5.112a）。从月际均值分布来看（图 5.112b），3—10 月大气自净能力指数相对较高，11 月—次年 2 月相对较低，其中 12 月、1 月指数相当，是相对最低的月份。说明秋、冬季重庆中心城区大气自净能力弱，不利于大气污染物的清除。

5.4.2.2 年际变化特征

由于气象观测资料长度限制，重庆中心城区 4 个气象观测站（沙坪坝、渝北、北碚、巴南）中只有沙坪坝站 1951—2018 年计算的大气自净能力结果是完整的。研究表明，1973—2010 年中心城区 4 站平均的计算结果与沙坪坝单站计算结果相关系数高达 0.89（通过了$\alpha=0.01$ 的显著性检验），表明两者变化趋势几乎一致（图 5.113），所以采用沙坪坝单站的计算

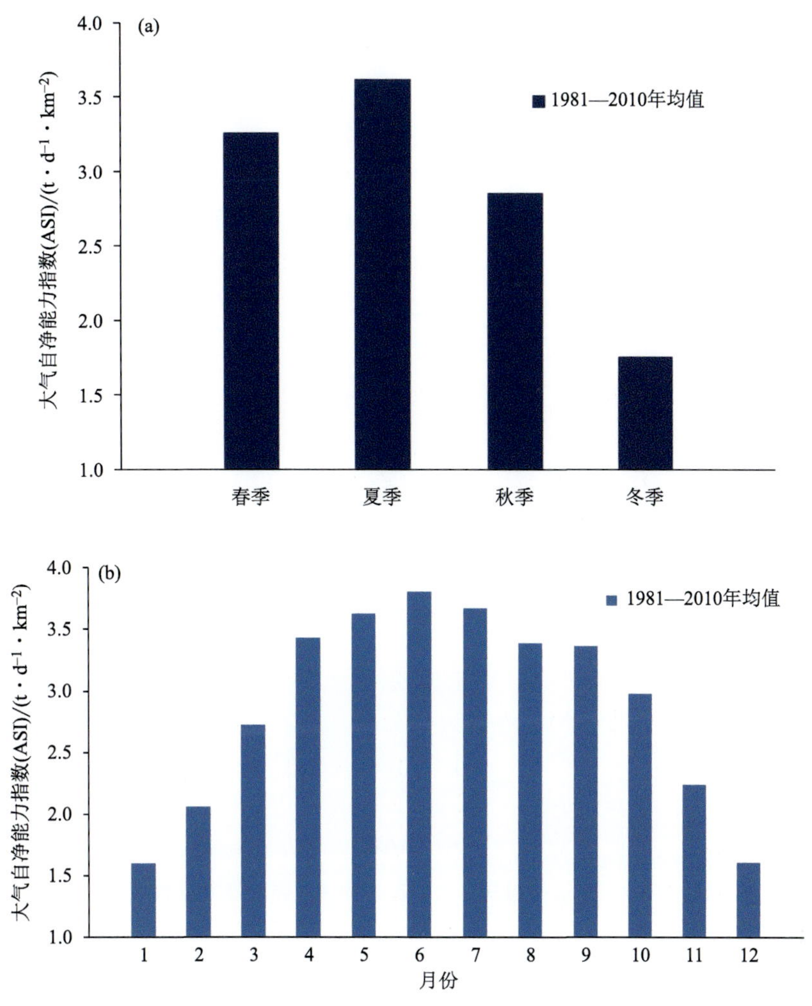

图 5.112　重庆中心城区大气自净能力的季（a）和月（b）分布（1981—2010 年均值）

结果来代表中心城区是可行的。

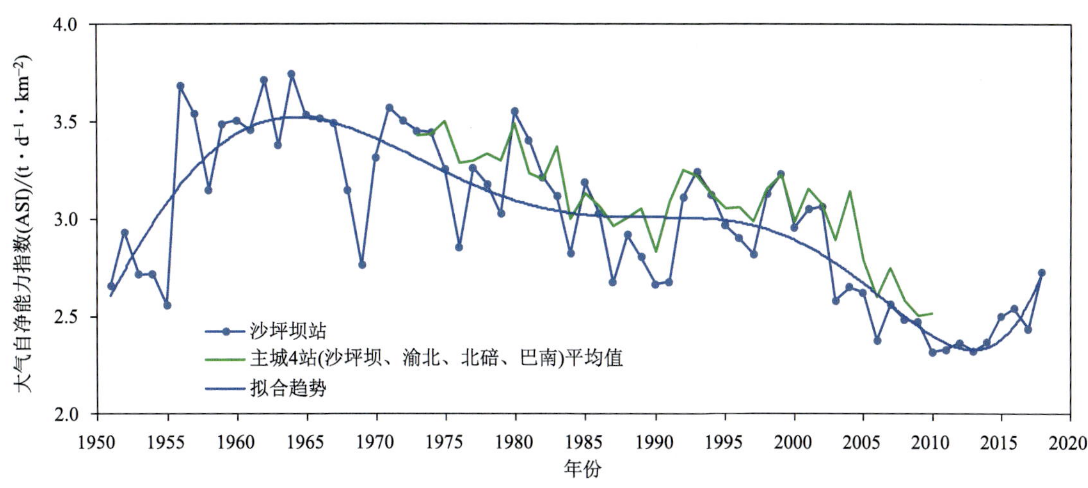

图 5.113　1951—2018 年重庆中心城区年均大气自净能力指数年变化

重庆中心城区年均大气自净能力阶段性变化明显，20 世纪 50 年代初—60 年代初为增强趋势，之后转为持续减弱趋势，2010 年前后又转为增大的趋势（图 5.113）；其中 1964 年最强，2010 年最弱。从阶段性变化的线性趋势来看，1951—1964 年年均大气自净能力表现为线性显著增强（通过了 $\alpha=0.01$ 的显著性检验），增大速率为 0.08 $t \cdot d^{-1} \cdot km^{-2}$；1964—2010 年转为线性显著减小（通过了 $\alpha=0.01$ 的显著性检验），减小速率为 0.02 $t \cdot d^{-1} \cdot km^{-2}$；2010—2018 年又转为线性显著增大（通过了 $\alpha=0.01$ 的显著性检验），增加速率为 0.04 $t \cdot d^{-1} \cdot km^{-2}$；从多年均值变化来看，近 10 年均值（2009—2018 年）明显低于 30 年气候均值（1981—2010 年）。从逐年代变化来看（图 5.114），20 世纪 60 年代后明显呈减弱趋势，90 年代均值略高于 80 年代，2011—2018 年均值为历年代最低。

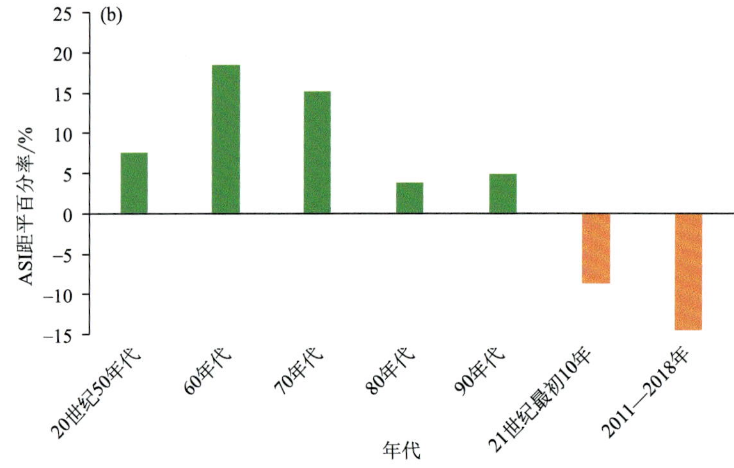

图 5.114　1951—2018 年重庆中心城区年均大气自净能力指数逐年代变化

分季节来看（图 5.115），中心城区大气自净能力四季的阶段变化与年变化基本一致，都是 20 世纪 50 年代初—60 年代初期或中期为增强趋势，之后转为持续减弱趋势，21 世纪第 2 个 10 年初转为增强的趋势。从阶段性变化的线性趋势来看，1951—1964 年春、夏、秋和冬季大气自净能力都表现为线性显著增强（春季通过了 $\alpha=0.05$ 的显著性检验；夏、秋和冬季都通过了 $\alpha=0.01$ 的显著性检验）；1964—2010 年春、夏、秋和冬季大气自净能力都表

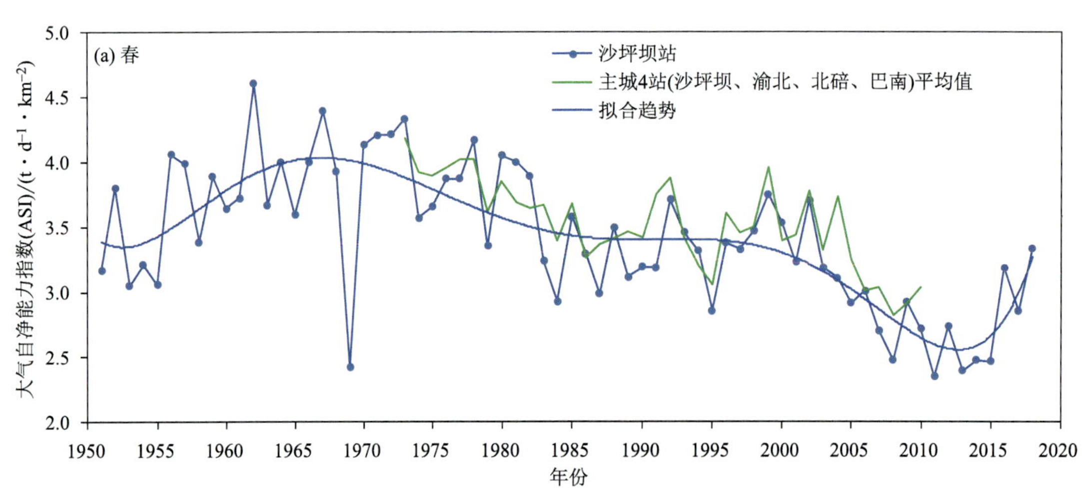

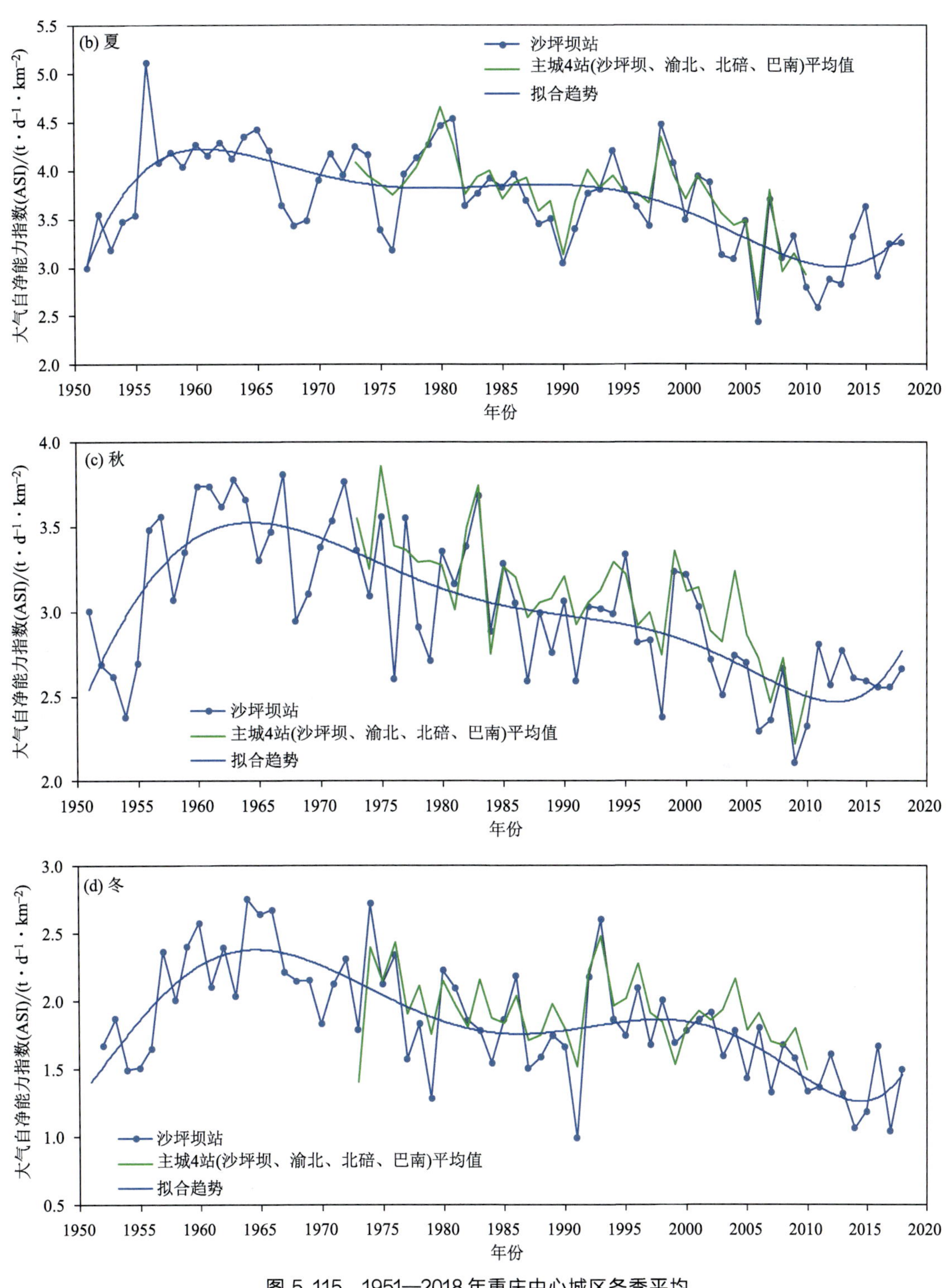

图 5.115　1951—2018 年重庆中心城区各季平均
大气自净能力指数逐年变化

现为线性显著减弱（都通过了 $\alpha=0.01$ 的显著性检验）；2010—2018 年春季和夏季表现为线性显著增强（通过了 $\alpha=0.05$ 的显著性检验），秋季和冬季的变化不显著。

从逐年代变化来看（图 5.116），春季 20 世纪 70 年代后明显减弱，90 年代略高于 80 年代，2011—2018 年均值为历年代最低。夏季 60 年代略高于 70 年代，然后开始减弱，90 年代略高于 80 年代，2011—2018 年均值为历年代最低。秋季 60 年代后明显减弱，21 世纪最初 10 年为历年代最低。冬季 60 年代后明显减弱，90 年代高于 80 年代，2011—2018 年均值为历年代最低。

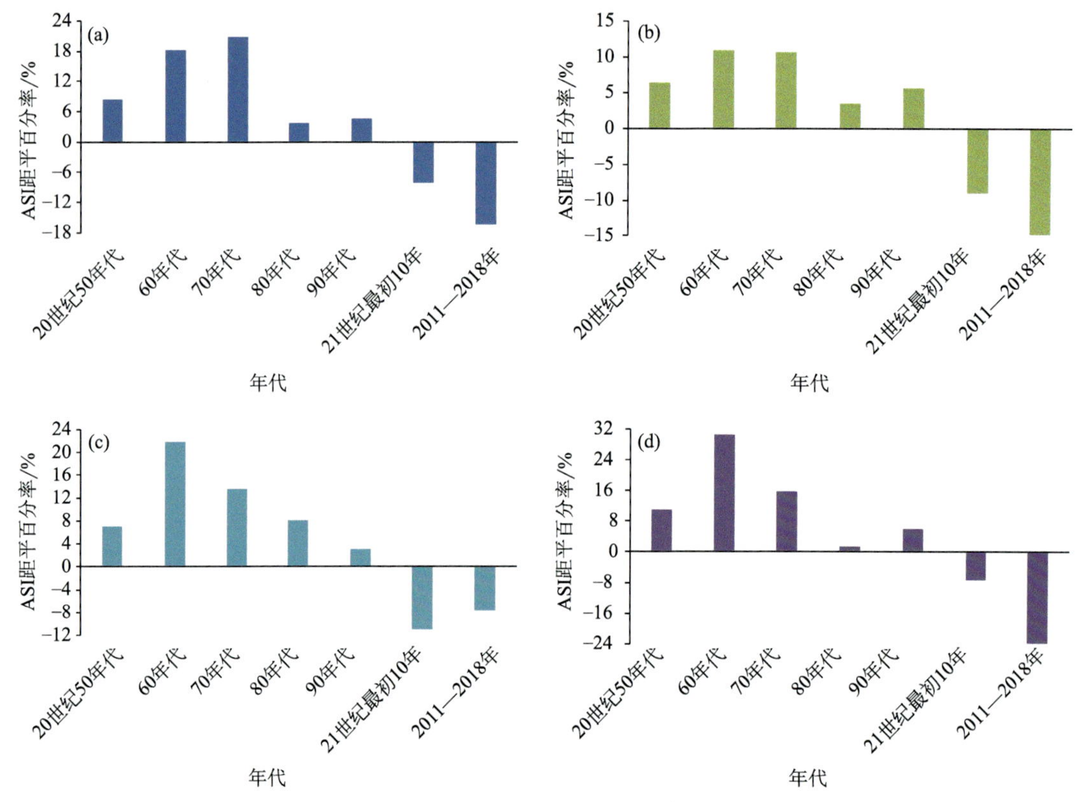

图 5.116　1951—2018 年重庆中心城区春（a）、夏（b）、秋（c）、冬（d）季平均大气自净能力指数逐年代距平变化（相对于 1981—2010 年）

5.4.3　大气自净能力与气象要素相关性

5.4.3.1　混合层厚度和大气稳定度

混合层是湍流特征不连续界面以下湍流较充分发展的大气层，其厚度就是混合层厚度，厚度越大，越有利于污染物的扩展和稀释（叶堤 等，2008）。前面研究表明大气自净能力持续下降趋势是从 20 世纪 60 年代初开始的，此节重点给出 1960—2018 年的变化趋势。一天中混合层厚度最大值出现在 14 时（叶堤 等，2008），重庆中心城区 14 时的混合层厚度多年均值为 687 m，年际变幅范围 561～832 m。图 5.117a 是 14 时的混合层厚度的逐年变化，混合层厚度阶段变化是下降→增加→下降→增加，下降的趋势对 20 世纪 60 年代初大气自净能力的下降做正贡献，即大气更加稳定，大气垂直扩散能力减弱。不难发现，近 5 年（2014—2018 年）混合层厚度持续增大，大气垂直扩散能力增强。计算 1951—2018 年混合层厚度与大气自净能力指数的相关系数为 0.72，两者显著正相关，通过了 $\alpha=0.01$ 的显著性检验。

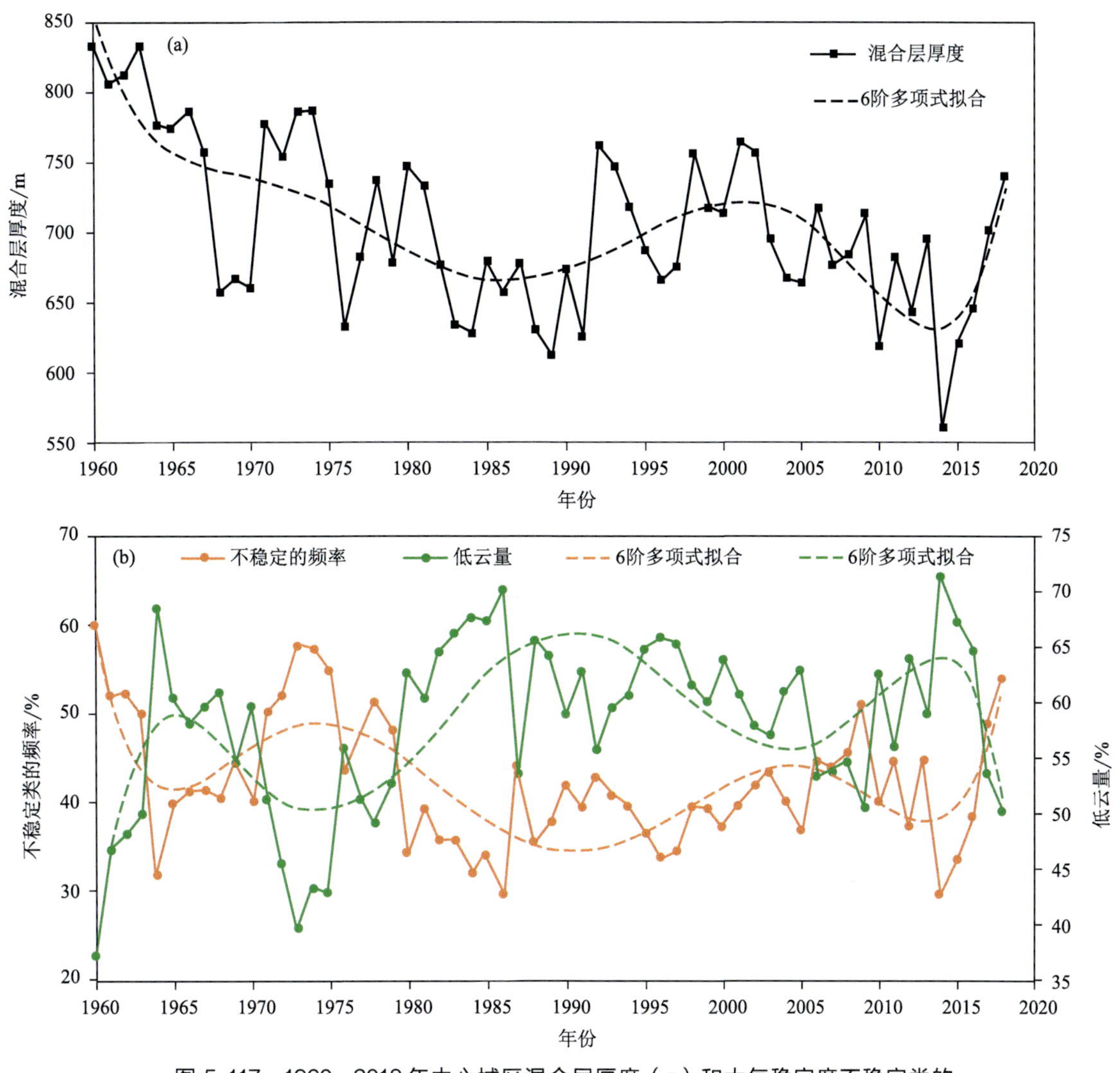

图 5.117　1960—2018 年中心城区混合层厚度（a）和大气稳定度不稳定类的频率、低云量（b）的逐年演变

大气混合层厚度的影响因子有很多，如大气稳定度、风速、气温、天气系统、下垫面条件、热岛效应等。其中大气稳定度是决定大气混合层厚度的最主要因子（廖国莲，2005），影响重庆地区混合层厚度的主要因子也是大气稳定度（孟庆珍 等，1994；叶堤等，2008）。大气越不稳定，水平和垂直湍流交换越强，混合层厚度越大，扩散稀释能力越强，有利于污染物扩散。大气稳定度是大气抑制空气垂直运动的能力，分为强不稳定、不稳定、弱不稳定、中性、较稳定和稳定 6 级。本节计算 1960—2018 年重庆中心城区混合层厚度与大气稳定度不稳定类（强不稳定、不稳定和弱不稳定 3 类合计）的频率的相关系数为 0.56，通过了 $\alpha=0.01$ 显著性检验，也表明稳定度类别与混合层厚度相关显著。从 14 时的大气稳定度不稳定类的频率阶段变化来看（图 5.117b），经历了下降→上升反复波动几个阶段，近 5 年（2014—2018 年）持续增大，大气稳定度降低，大气扩散能力有所增强。1960—2018 年大气稳定度不稳定类的频率与大气自净能力指数的相关系数为

0.23，相比混合层厚度与大气自净能力的相关系数明显偏低，也说明混合层厚度与大气自净能力关系相比大气稳定度更为密切。有研究（杨勇杰 等，2006）表明，云量尤其是低云量是影响大气稳定度年际变化的关键因素。从图 5.117b 可见，重庆中心城区低云量的变化趋势与大气稳定度的变化趋势刚好相反，低云量、总云量与大气稳定度不稳定类频率的相关系数分别为－0.98 和－0.43，说明重庆中心城区低云量的变化是影响大气稳定度变化的重要因子。

分季节来看，计算 1960—2018 年重庆中心城区春、夏、秋、冬季混合层厚度与大气稳定度不稳定类（强不稳定、不稳定和弱不稳定 3 类合计）的频率的相关系数分别为 0.65、0.73、0.62、0.56，都通过了 $\alpha=0.01$ 的显著性检验，表明季节尺度稳定度类别与混合层厚度相关显著。1960—2018 年中心城区春、夏、秋、冬季混合层厚度的逐年演变见图 5.118。此外，图 5.119 还给出了 1960—2018 年中心城区春、夏、秋、冬季大气稳定度不稳定类的频率、低云量的逐年演变，不难发现，两者反相关关系非常显著，从季节尺度同样说明重庆中心城区低云量的变化是影响大气稳定度变化的重要因子。

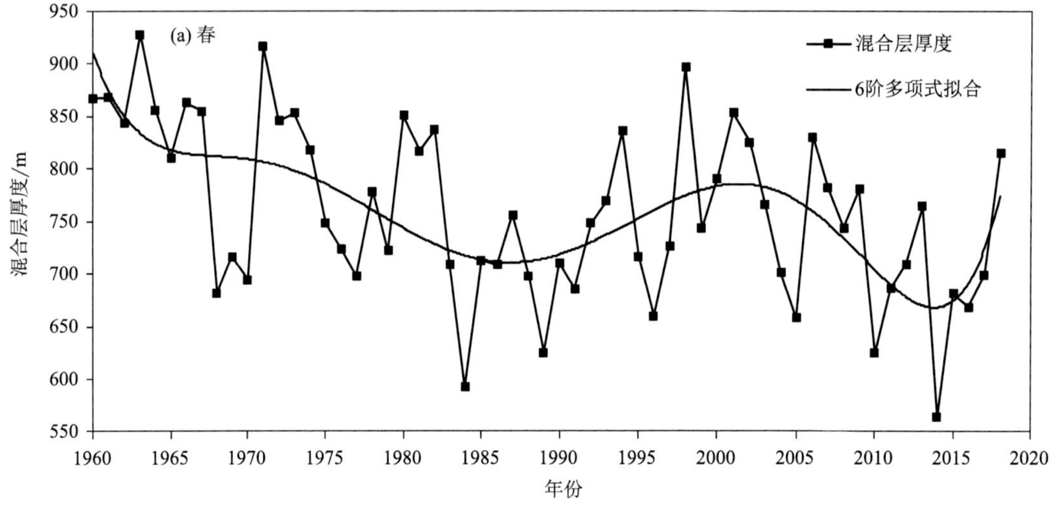

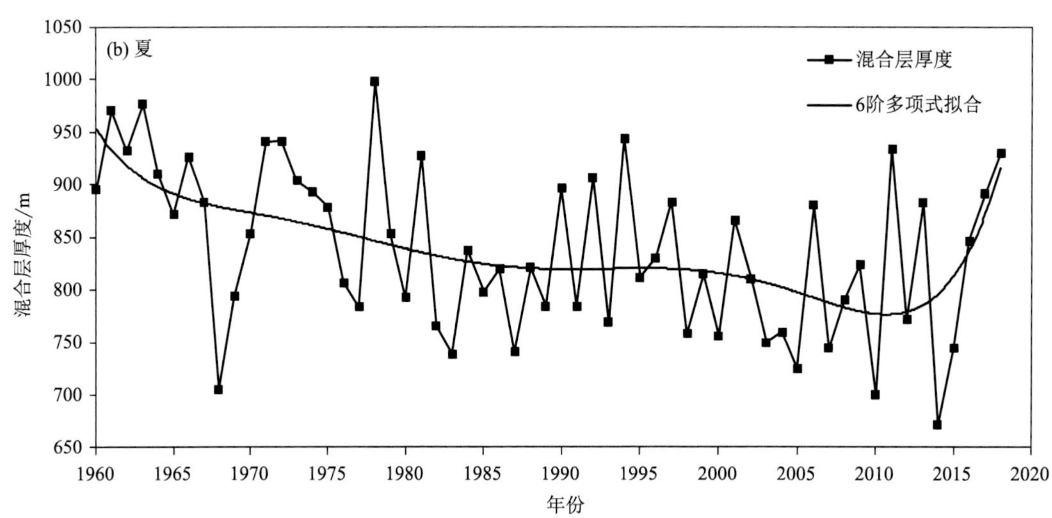

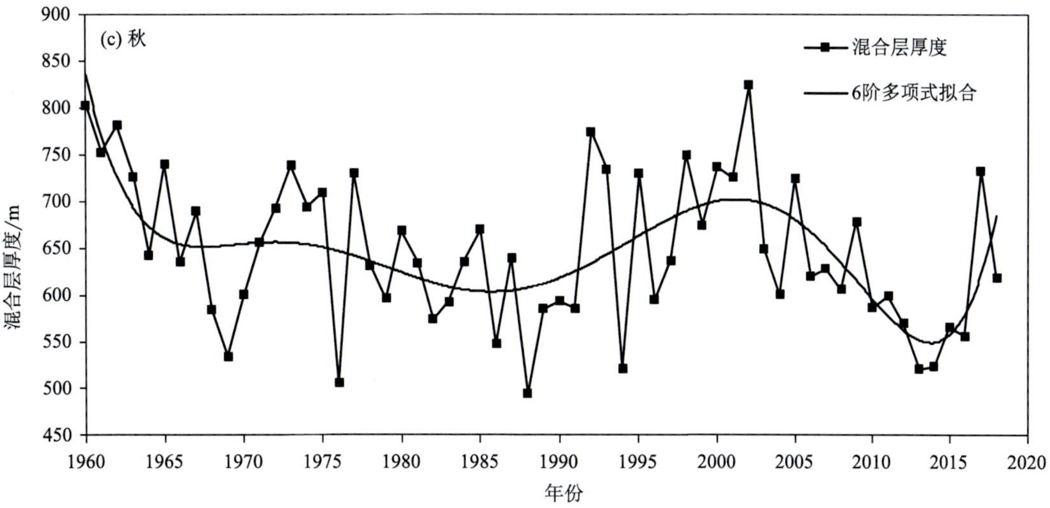

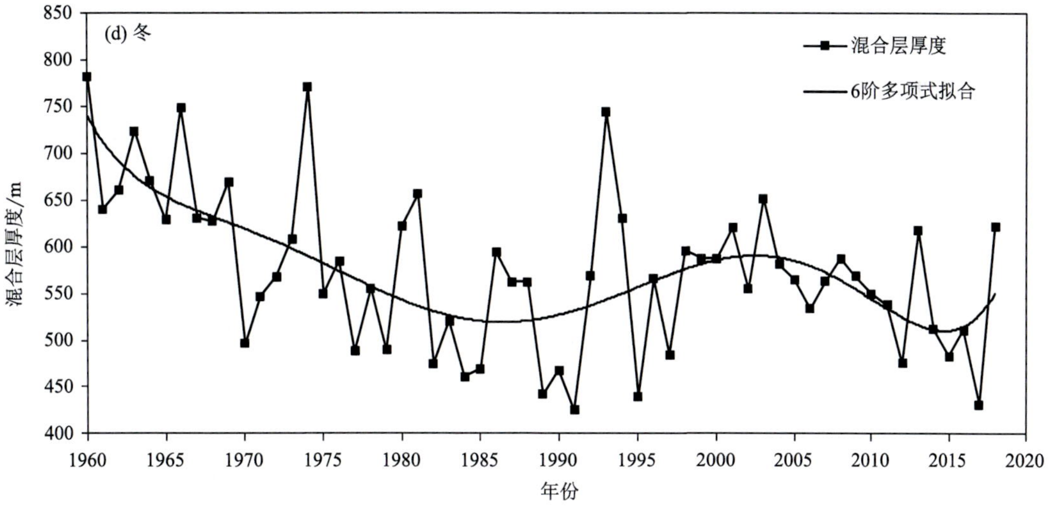

(c) 秋

混合层厚度

6阶多项式拟合

混合层厚度/m

年份

(d) 冬

混合层厚度

6阶多项式拟合

混合层厚度/m

年份

图 5.118　1960—2018 年中心城区春、夏、秋、冬季混合层厚度的逐年演变

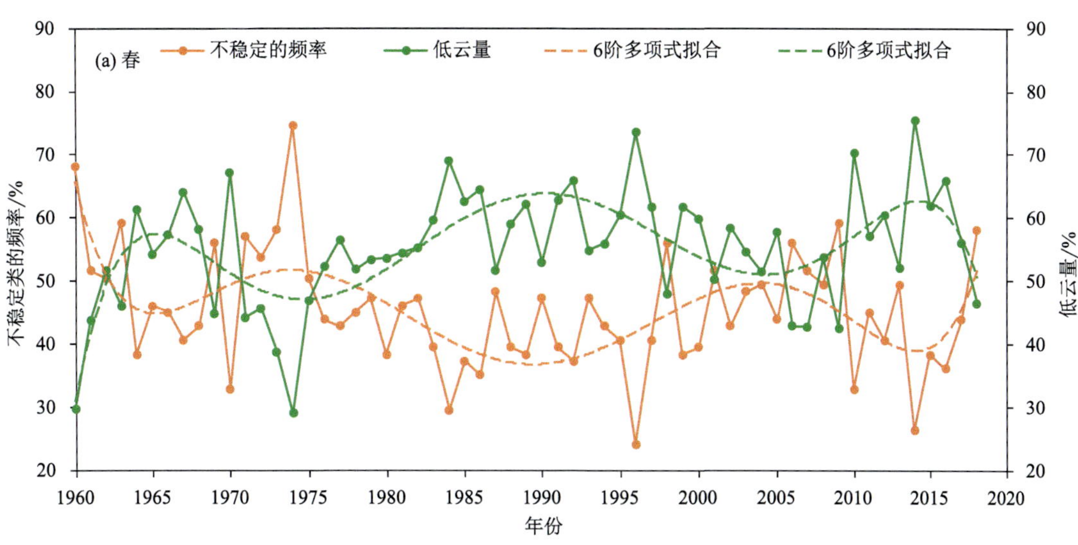

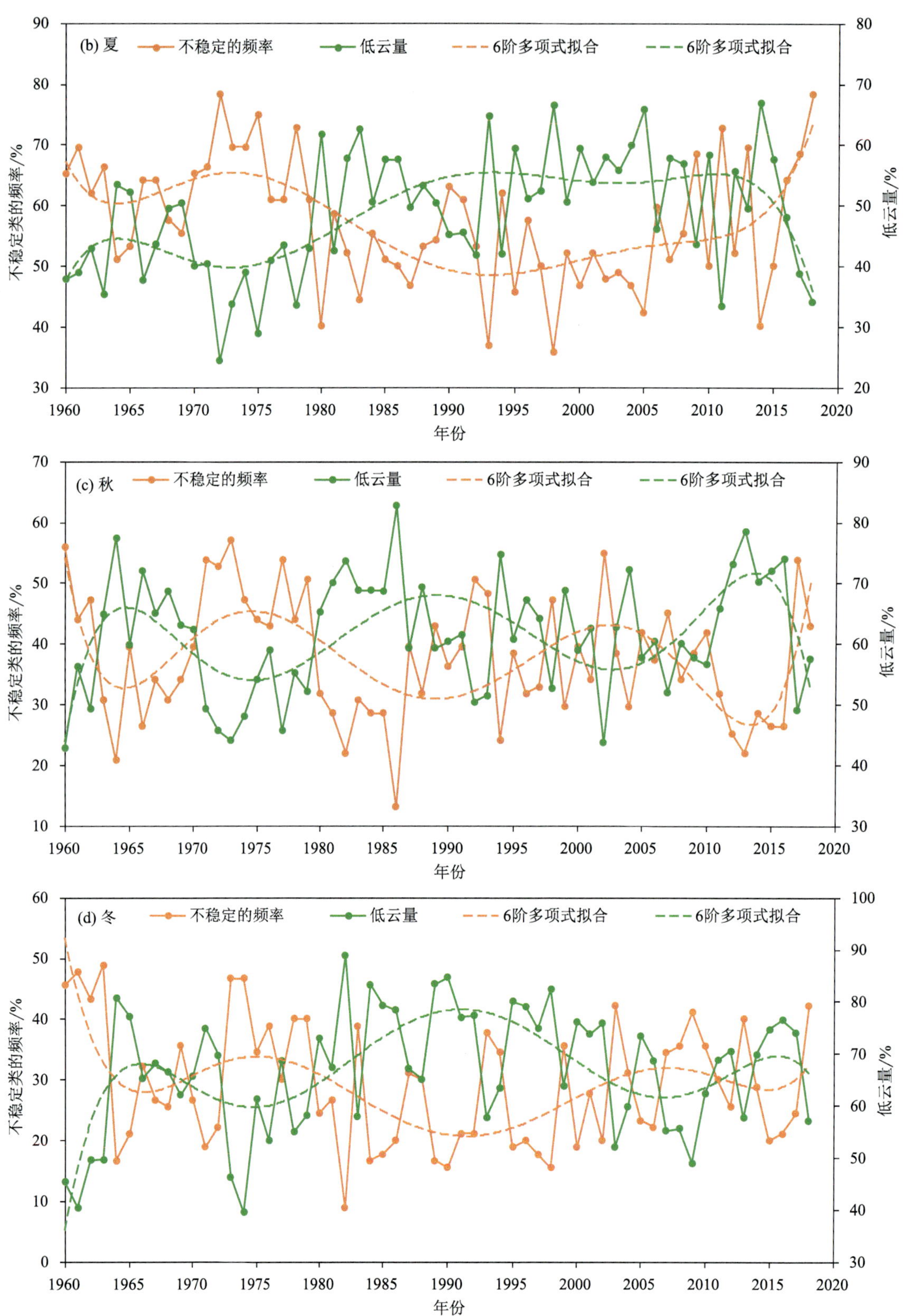

图 5.119 1960—2018 年中心城区春、夏、秋、冬季大气稳定度不稳定类的频率、低云量的逐年演变

5.4.3.2 风速

风对大气污染物的输送扩散有着十分重要的作用。风速决定了大气污染物稀释的程度和扩散范围。近 50 a（1961—2014 年）来中国年平均近地面风速在减小，大约每 10 a 减小 0.18 $m \cdot s^{-1}$（赵宗慈 等，2016）。重庆地处四川盆地，境内地面风速小，年小风日数平均在 300 d 以上（图 5.120a），中心城区年均地面风速变化不明显，年际变化为 1～1.7 $m \cdot s^{-1}$，近 15 年（2004—2018 年）年际变化更小，在 1.3～1.5 $m \cdot s^{-1}$。1951—2018 年中心城区日平均风速≥2.5 $m \cdot s^{-1}$ 日数（图 5.120b）和通风量（图 5.120c）的阶段变化趋势基本一致，且不难发现，两者与大气自净能力（图 5.113）的变化趋势也比较一致，尤其是 20 世纪 60 年代初—21 世纪第 2 个 10 年的减小趋势是比较吻合的。但两者和小风日数（图 5.120a）长期变化趋势刚好相反，相关系数分别为－0.95 和－0.91。从四季来看（图 5.121、图 5.122、图 5.123），1951—2018 年春、夏、秋、冬季重庆中心城区日平均风速≥2.5 $m \cdot s^{-1}$、通风量两者与小风日数都呈显著的负相关，且变化趋势都与大气自净能力指数基本一致。说明大气自净能力与小风日数有较好的负相关，与偏强风日数和通风量有显著的正相关。若小风日数增多，偏强风日数将减少，通风量将减小，大气水平扩散能力将减弱；反之，小风日数减少，偏强风日数将增多，通风量将增大，大气水平扩散能力将增强。

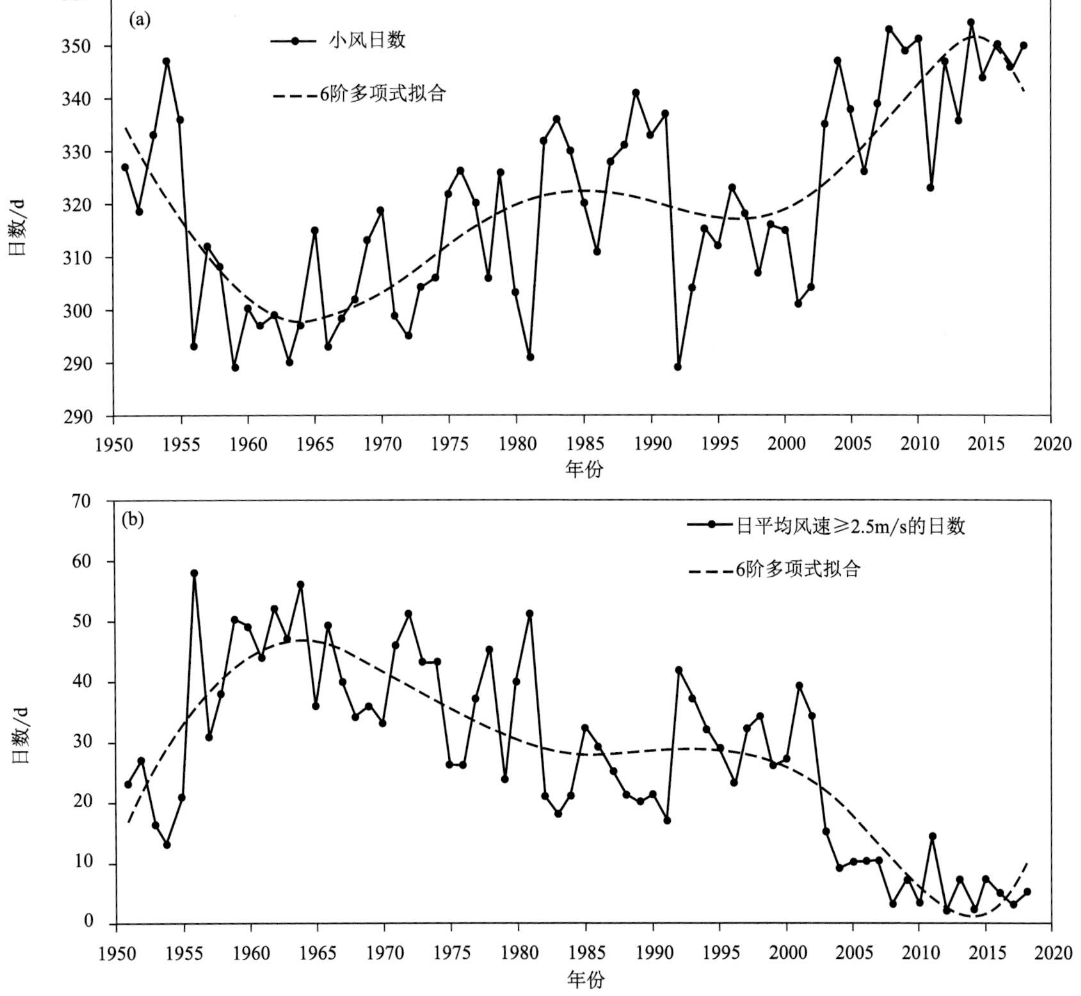

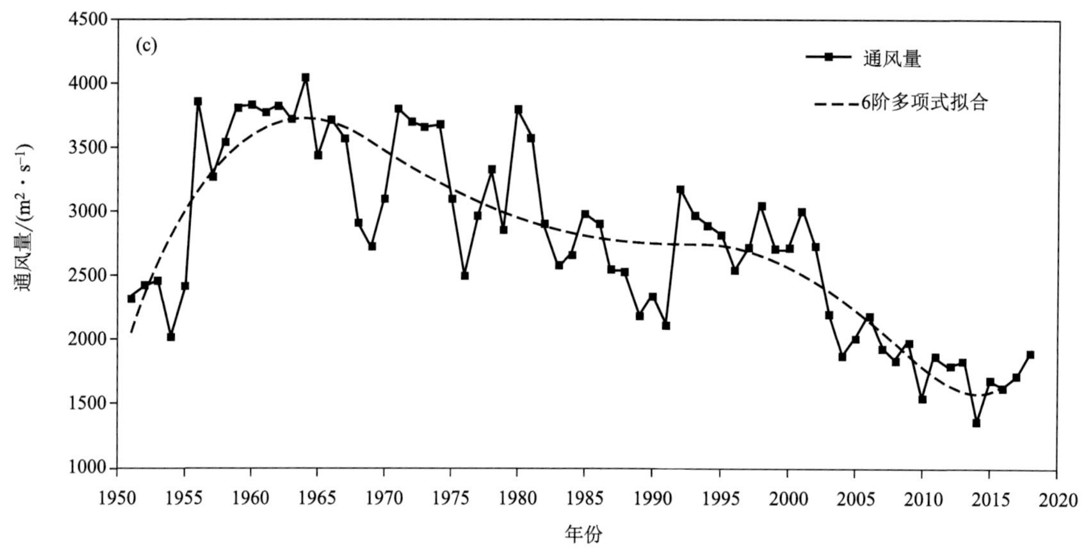

图 5.120 1951—2018 年中心城区年小风日数（a）、日平均风速≥2.5 m·s⁻¹ 的日数（b）和通风量（c）逐年演变

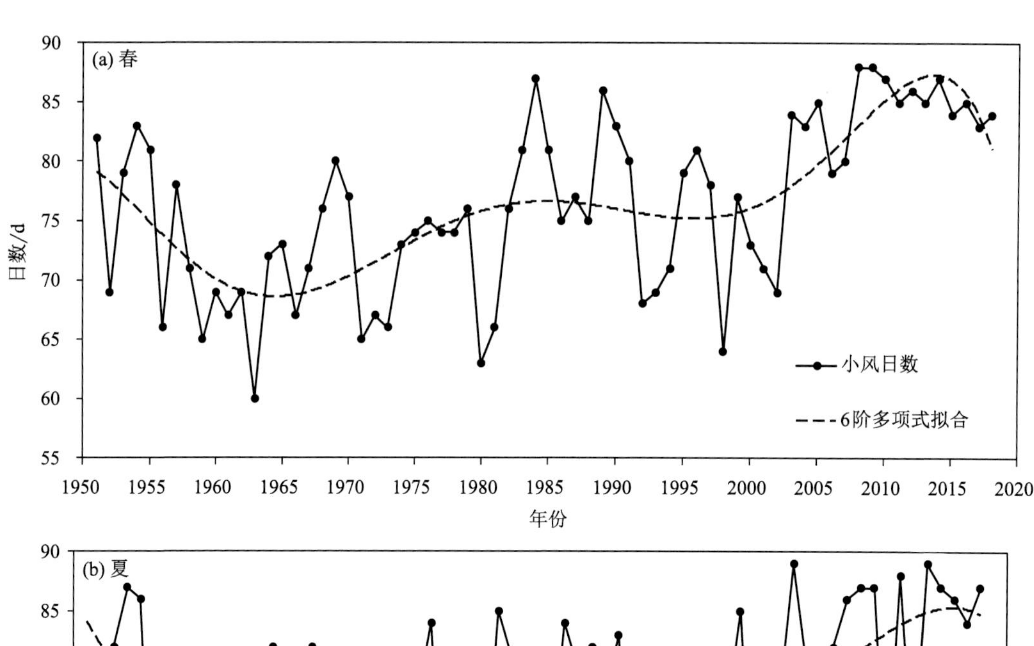

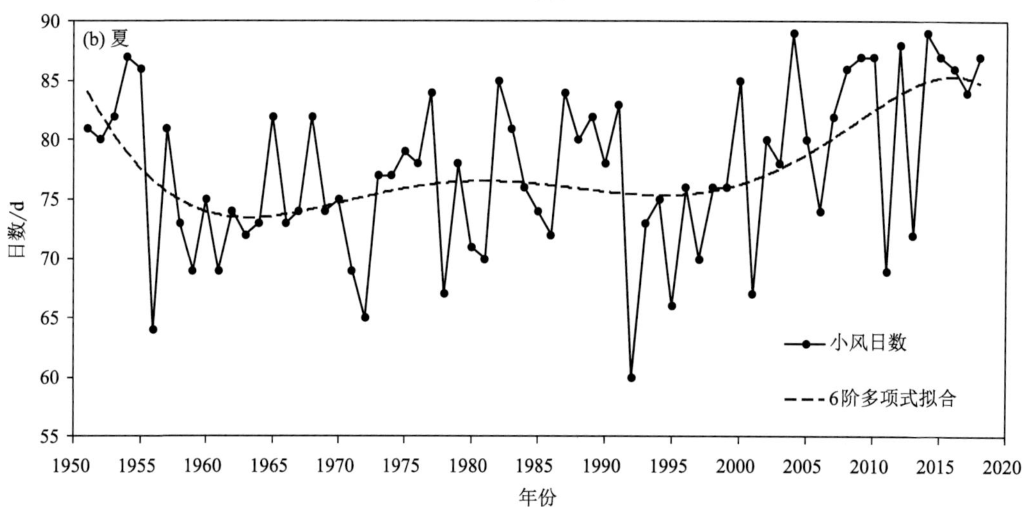

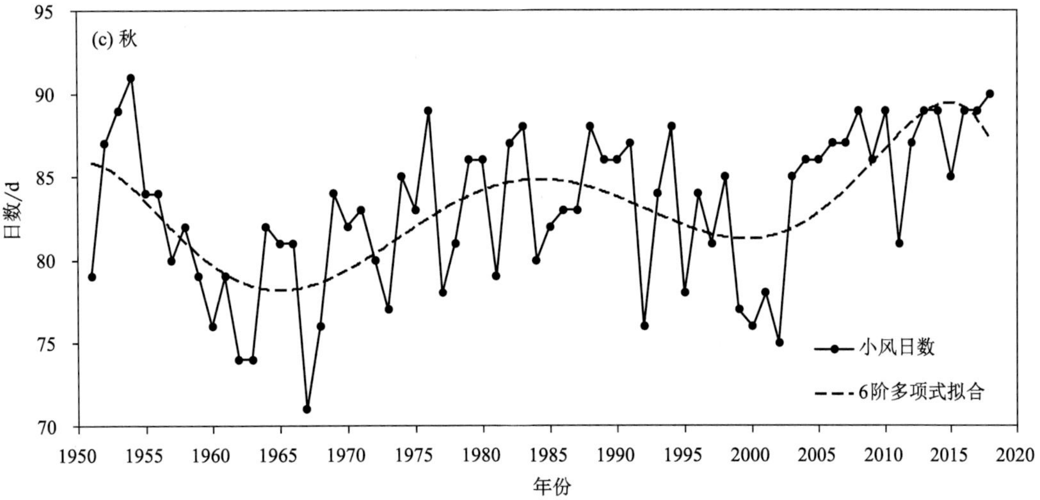

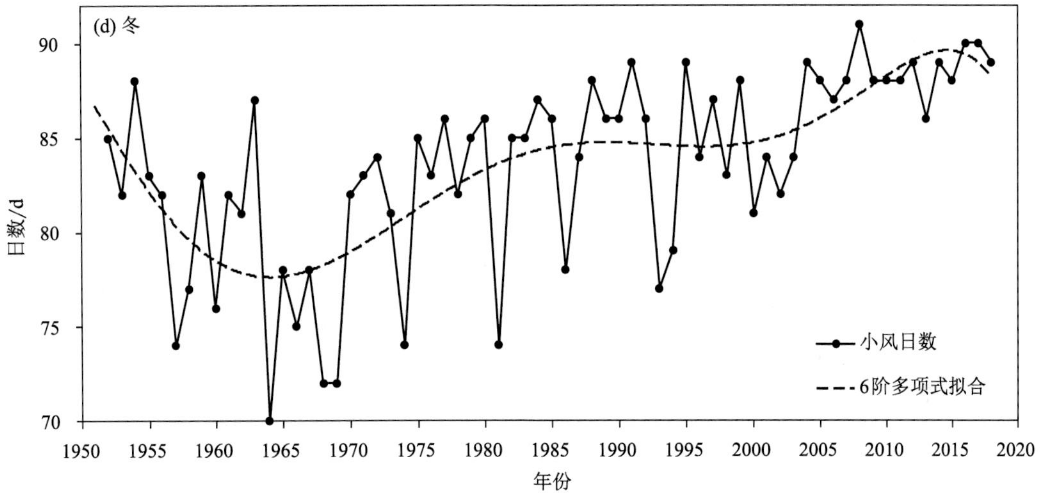

图 5.121　1951—2018 年中心城区春（a）、夏（b）、秋（c）、冬（d）季小风日数逐年演变

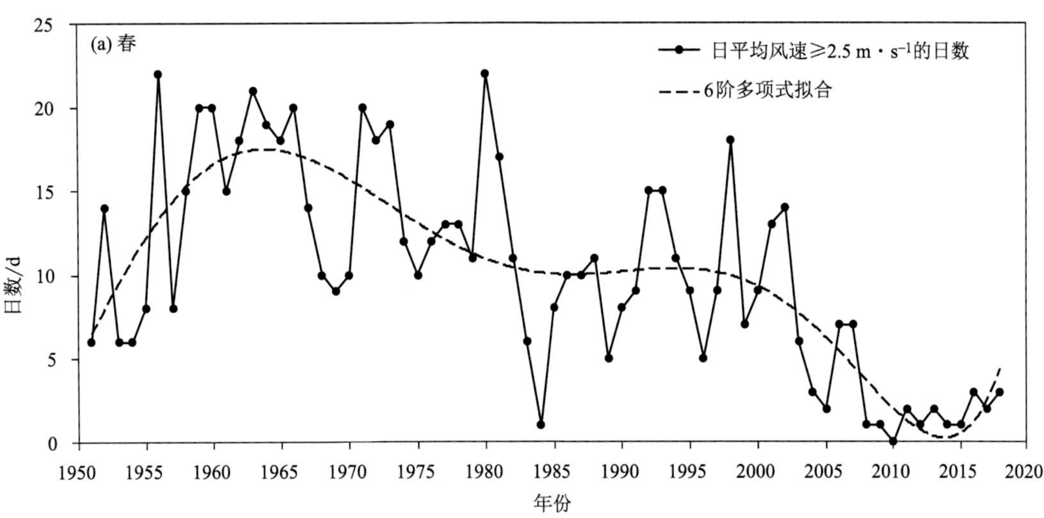

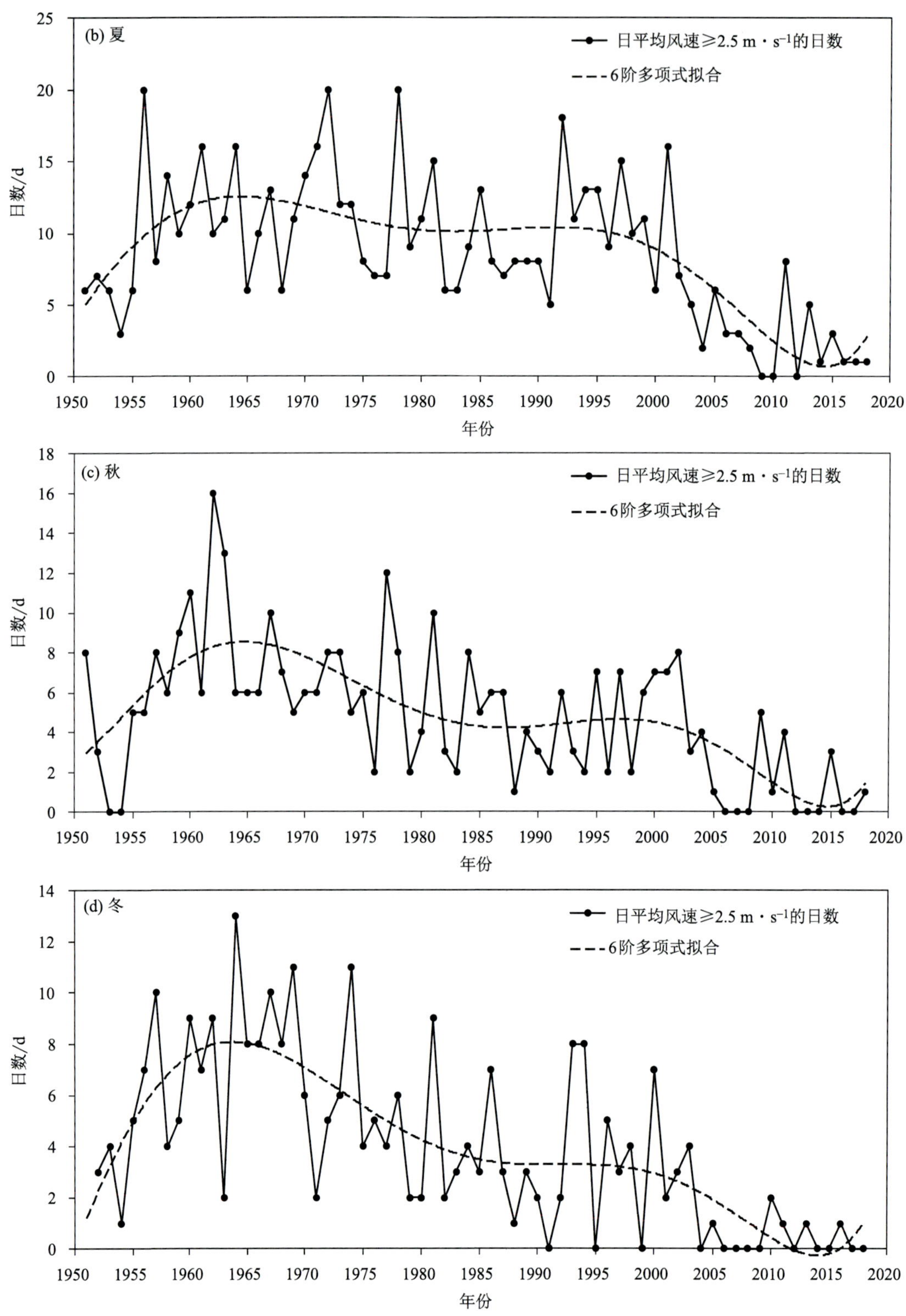

图 5.122　1951—2018 年中心城区春（a）、夏（b）、秋（c）、冬（d）季日平均风速≥2.5 m·s^{-1} 的日数逐年演变

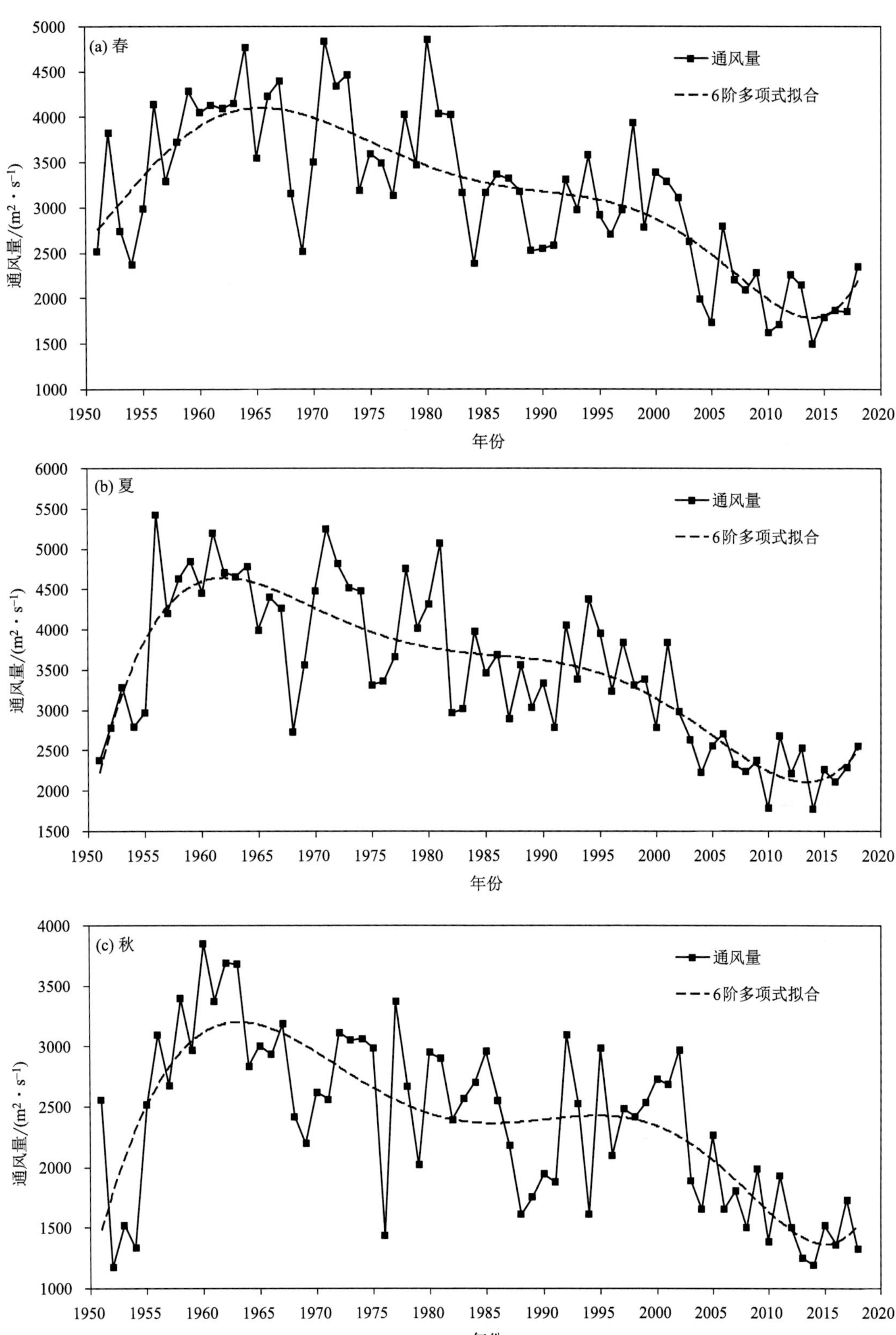
(a) 春
通风量
6阶多项式拟合
通风量/(m²·s⁻¹)
年份
(b) 夏
通风量
6阶多项式拟合
通风量/(m²·s⁻¹)
年份
(c) 秋
通风量
6阶多项式拟合
通风量/(m²·s⁻¹)
年份

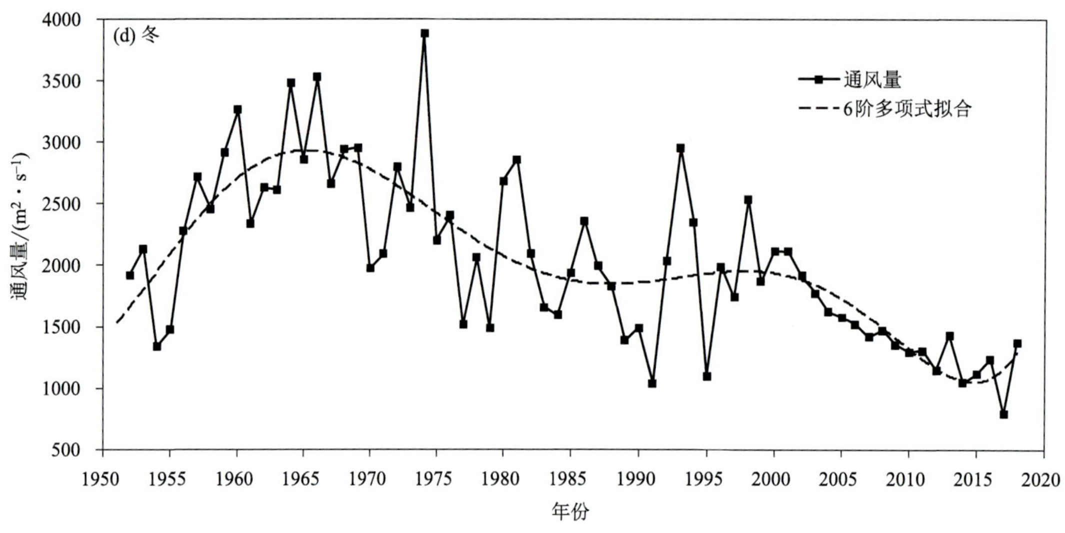

图 5.123　1951—2018 年中心城区春（a）、夏（b）、秋（c）、冬（d）季通风量逐年演变

5.4.3.3　降水

降水对污染物有冲洗清洁作用。在雨水作用下，大气中的一些气体污染物能够溶解在水中，降低空气中气体污染物的浓度。30 年气候均值，重庆中心城区雨日为 151 d，小雨（0.1～9.9 mm）、中雨（10～24.9 mm）、大雨（25～49.9 mm）和暴雨（≥50 mm）日数分别为 120.7 d、20.5 d、7.5 d、2.8 d，较强降水（中雨以上降水）日数多年平均值为 30.8 d，占全年的 8.4%。计算 1951—2018 年重庆中心城区年降水日数与年均大气自净能力指数的相关系数为 0.50，通过了 $\alpha=0.01$ 显著性检验，说明雨日与大气自净能力相关密切；但是年降水量与年均大气自净能力指数的相关系数仅为 0.03。降尺度到月和日来看，1951—2018 年逐月降水量与逐月大气自净能力指数的相关系数为 0.69，逐日降水量与逐日大气自净能力指数的相关系数为 0.53，都通过了 $\alpha=0.01$ 的显著性检验。说明降水与大气自净能力正相关，对大气自净能力有正贡献。

图 5.124 给出了 1951—2018 年降水日数和中雨以上日数的逐年变化。从降水日数来看（图 5.124a），阶段变化表明 20 世纪 60 年代中期开始持续下降，对同期大气自净能力的持续降低在一定程度上起了作用；到了 21 世纪 10 年代初降水日数有转为增多的趋势。从中雨以上日数来看（图 5.124b），其年际变化明显，多年和少年交替变化频繁，阶段变化大致可以分为减→增→减→增 4 个阶段，其中 2011 年以来有明显增多的趋势，2011—2018 年的线性趋势为 2.0 $d \cdot a^{-1}$，通过了 $\alpha=0.01$ 的显著性检验。表明 2011 年后中心城区降水日数尤其是偏强降水日数增多，对污染物的冲洗清洁能力明显增强，是同期大气自净能力增强的主要原因。

前面研究表明，降水量大于 1 mm 对污染物有明显清除作用，尤其当降水量大于 10 mm 后，对各种污染物的清除能力明显提升。从春、夏、秋季来看（图 5.125），重庆中雨以上日数（≥10 mm）在 21 世纪 10 年代后都转为不同程度的增加趋势，对大气自净能力增强起到了不同程度的正贡献。由于冬季降水相比其他三季明显偏少，所以给出了冬季≥1 mm 的降水日数长期变化，从图 5.125 可见，冬季≥1 mm 的降水日数在 2013 年后有明显增多趋势，对同期冬季大气自净能力提升也有一定正贡献。

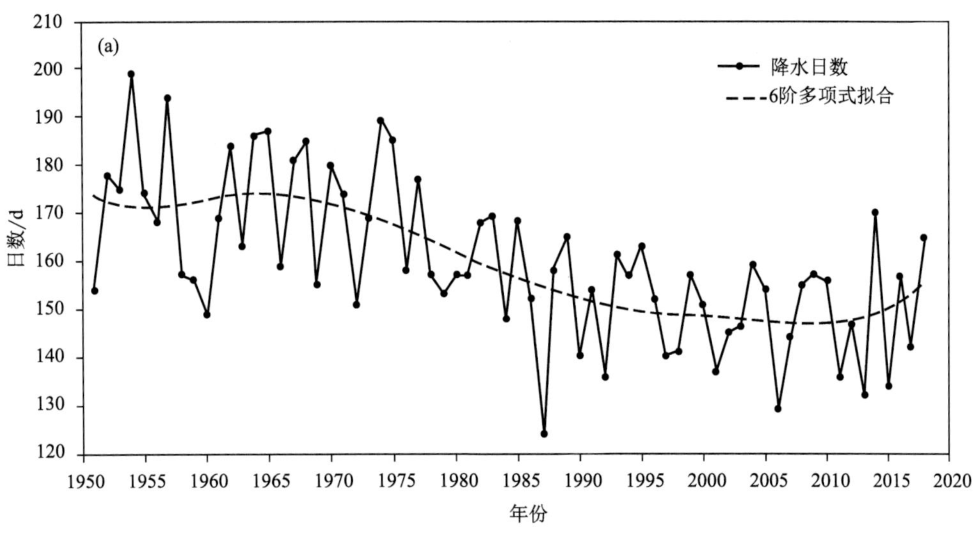

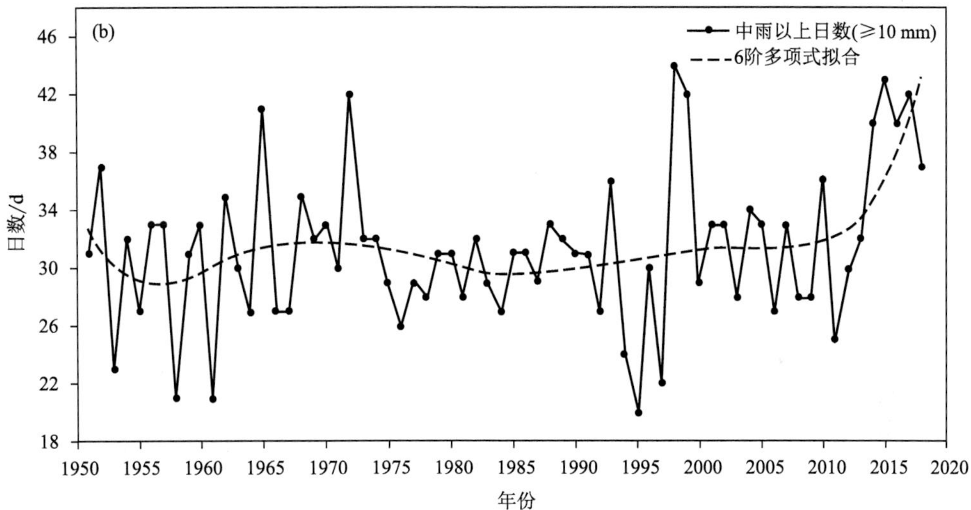

图 5.124 1951—2018 年中心城区降水日数（a）和中雨以上日数（b）逐年演变

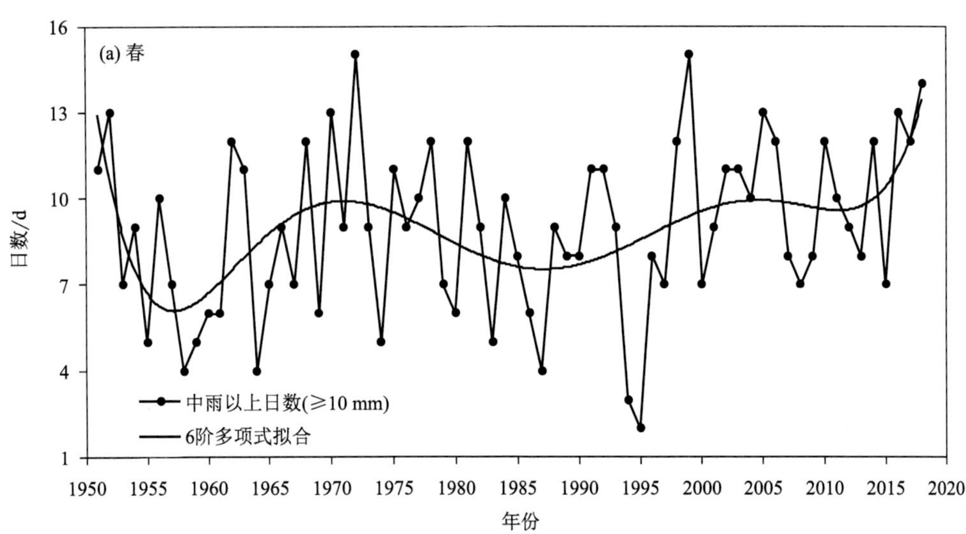

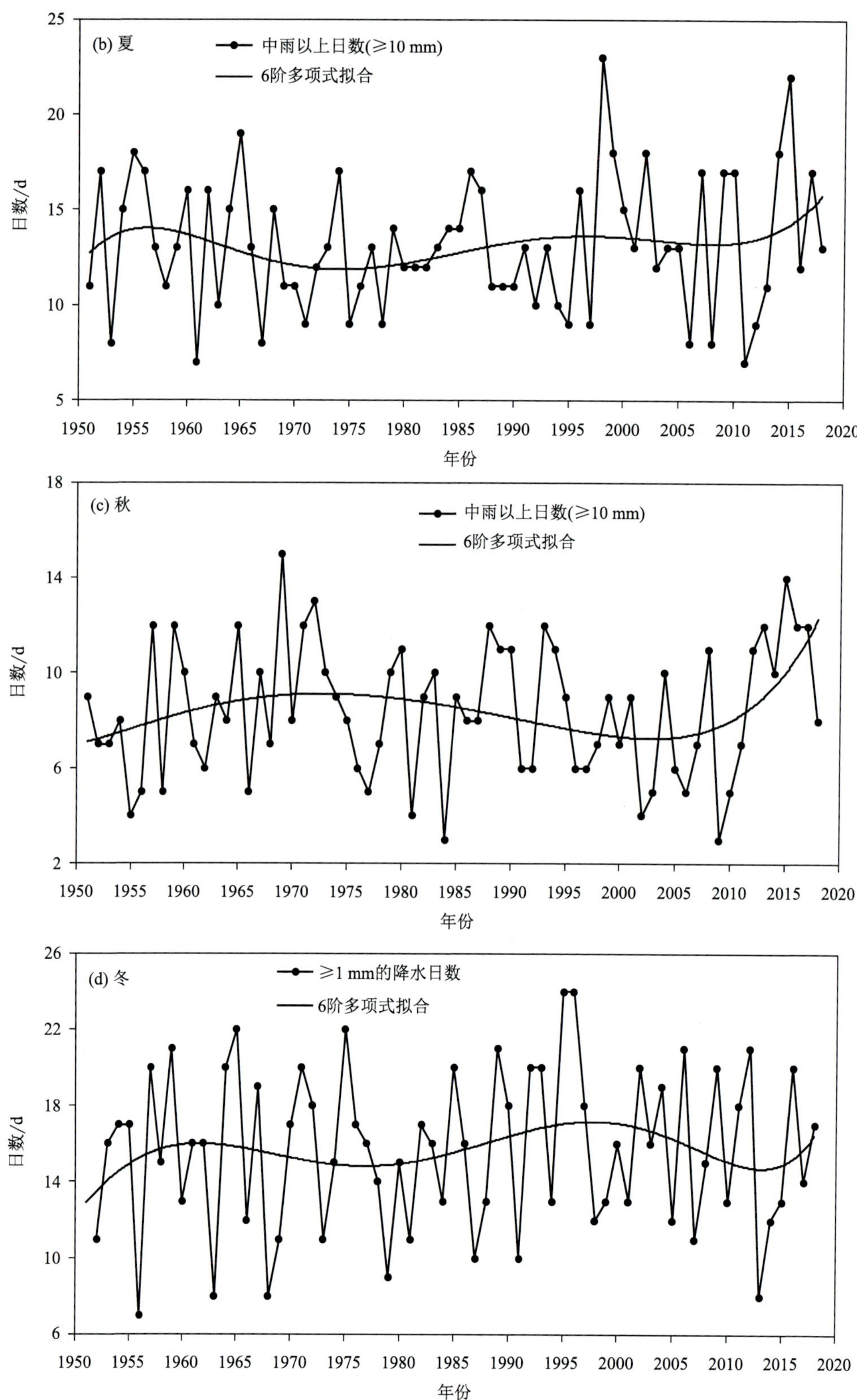

图 5.125 1951—2018 年中心城区春（a）、夏（b）、秋（c）季中雨以上日数和冬季≥1 mm 的降水日数（d）逐年演变

5.4.4　大气自净能力与环境空气质量的关联

利用重庆中心城区2014—2018年的环境空气质量监测数据，把中心城区的环境空气质量指标与大气自净能力指数进行对比分析，从空气质量状况逐年变化来看（表5.29），2014—2018年优良天数逐年增多，尤其是2014—2015年增加非常显著，且2015—2018年都维持在高值。主要污染物$PM_{2.5}$年均浓度逐年下降，从2014年的65 $\mu g \cdot m^{-3}$下降到2018年的38 $\mu g \cdot m^{-3}$，2014—2018年重庆中心城区环境空气质量改善明显。从大气自净能力指数来看，2014—2018年也是逐渐增大的趋势，但2017年低于2016年。逐月变化（图5.126）来看，中心城区大气自净能力指数与空气质量指数（AQI）和$PM_{2.5}$月均浓度存在显著的负相关。2014年1月—2018年12月逐月大气自净能力与AQI和$PM_{2.5}$月均浓度的相关系数分别为−0.61和−0.73，逐日的大气自净能力与AQI和$PM_{2.5}$月均浓度的相关系数分别为−0.40和−0.37，都通过了α=0.01的显著性检验。说明大气自净能力强时，对应日、月的AQI和$PM_{2.5}$浓度低，即环境空气质量趋好；大气自净能力弱时，对应日、

表5.29　2014—2018年重庆中心城区年均大气自净能力与空气质量优良天数、$PM_{2.5}$年均浓度

年份	大气自净能力指数 /($t \cdot d^{-1} \cdot km^{-2}$)	优良天数 /d	$PM_{2.5}$年均浓度 /($\mu g \cdot m^{-3}$)
2014	2.37	246	65
2015	2.50	292	57
2016	2.54	301	54
2017	2.44	303	45
2018	2.73	316	38

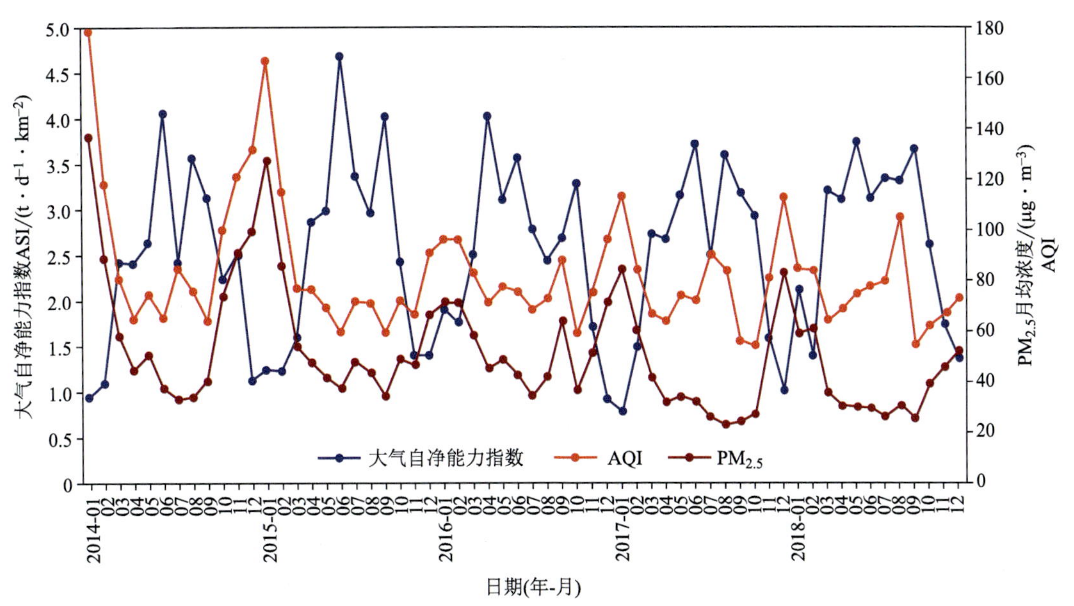

图5.126　2014—2018年中心城区逐月大气自净能力与环境空气质量指数AQI、$PM_{2.5}$浓度变化

月的 AQI 和 $PM_{2.5}$ 浓度高，即环境空气质量较差。且发现大气自净能力峰值都出现在夏季各月，低值都出现在冬季各月。

当然，除了大气自净能力外，减排措施也是影响大气环境变化的重要因素。近年来，重庆市坚决打好污染防治攻坚战，深入开展“蓝天行动”，在 2013—2017 年度的国家“大气十条”实施情况整体考核中等级为优秀。据重庆市生态环境局统计数据表明，2017 年重庆全市二氧化硫排放量较 2014 年下降 17.4%；氮氧化物排放量较 2014 年下降 17.2%（图 5.127），说明 2014—2017 年大气主要污染物总量减排效果显著。

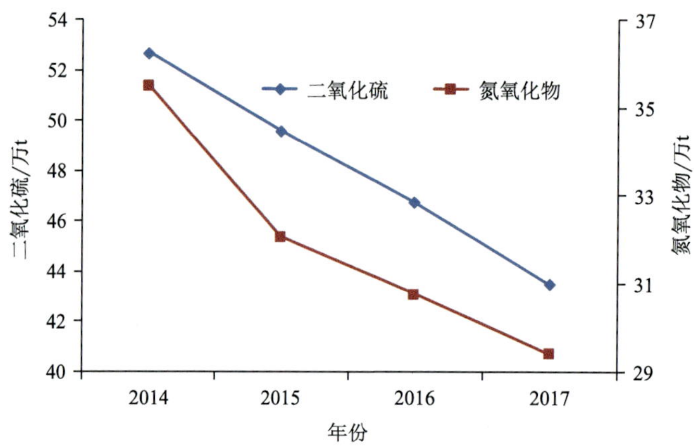

图 5.127　2014—2017 年重庆全市大气主要污染物排放总量

5.5 典型污染天气个例分析

前面分析表明，重庆市污染天气过程逐年减少，主要发生在春、秋、冬 3 季。其中，冬季污染频繁，且单个污染过程持续时间长，这一类污染主要由不利于污染扩散的天气过程造成，重庆市冬季长时间受到大陆性高压控制，盛行下沉气流，容易造成污染物的堆积，不利于污染物的扩散，易形成长时间的污染过程。此外，按照传统习俗，每年农历除夕夜市民及周边地区民众会集中燃放大量烟花爆竹，短时间释放大量污染物（Liao et al.，2017；Ning et al.，2018；韩余 等，2014），造成爆发性污染过程的发生。2013 年 2 月 9 日、2014 年 1 月 30 日、2015 年 2 月 18 日、2016 年 2 月 7 日、2017 年 1 月 27 日重庆市均出现了污染天气，与燃放烟花具有正相关（表 5.30）。春季，重庆市出现维持时间较短的浮尘天气，主要受来自北方地区南下冷空气的影响，携带沙尘进入四川盆地，并沿着盆地内输送通道输送，影响相关城市空气质量，但往往被当地居民认为是二次气溶胶造成（Chen et al.，2015）。研究表明，四川盆地春、秋季含碳气溶胶主要来源于生物质燃烧，全年均存在生物质焚烧现象（Chen et al.，2014），每年秋冬季、春播前，重庆市周边地区会有焚烧农作物秸秆的行为，这类行为对重庆市空气质量也造成影响，引发污染过程。综上所述，重庆的颗粒物污染可分为浮尘、烟花燃放、秸秆燃烧、不利气象条件 4 类。为了更好地理解 4 种典型的污染过程，选取 4 个典型个例，结合气象观测、再分析数据和卫星观测数据等，综合分析不同类型污染过程的成因和污染特征，利用后向轨迹模式 HYSPLIT 分析重庆及周边区域污染物对重庆市的影响，探讨重庆市颗粒物的局地和区域来源分布。

表 5.30　2013—2017 年重庆地区 $PM_{2.5}$ 浓度超标的时间段

年份	日期(月．日)
2013	1.1—1.14、1.21—2.7、2.9—2.17、2.22—2.28、3.4—3.10、3.12—3.17、4.15—4.18、4.24—4.28、9.14—9.15、9.20—9.23、9.29—10.14、10.22—10.30、12.3—12.4、12.7—12.8、12.18—12.31
2014	1.1—1.23、1.30—2.4、2.14—2.17、2.22—2.23、3.9—3.10、3.16—3.19、3.26—3.28、4.8—4.11、5.8—5.9、9.27—9.29、10.14—10.16、10.19—10.27、11.4—11.6、11.10—11.21、12.6—12.10、12.12—12.25、12.28—12.31
2015	1.2—1.5、1.18—1.28、2.4—2.19、3.10—3.15、4.28—4.29、10.15—10.20、10.24—10.25、12.9—12.10、12.22—12.24、12.28—12.31
2016	1.1—1.6、1.17—1.18、1.27—1.31、2.7—2.13、2.19—21、2.29—3.5、4.1—4.3、4.28—5.3、9.1—9.7、9.11—9.14、9.21—9.24、9.30—10.3、10.6—10.8、11.13—11.17、12.7—12.12、12.18—12.31
2017	1.1—1.7、1.20—2.1、2.6、2.14—2.20、3.4、3.10—2.11、3.29

表 5.31 给出了影响重庆颗粒物浓度的 4 个典型污染过程的代表个例，包括①烟花爆竹个例：选取 2014 年 1 月 30 日—2014 年 2 月 4 日作为燃放烟花造成空气质量下降的个例进行分析；②秸秆燃烧个例：利用 Terra 和 Aqua 卫星的 MODIS 遥感观测资料，发现 2014 年 12 月—2015 年 1 月重庆及周边地区贵州、广西和湖南等地区出现较为密集的火点，表明存在生物质燃烧现象，选取 2014 年 12 月 28 日—2015 年 1 月 8 日作为代表个例；③沙尘个例：2013 年 3 月 12—17 日，重庆中心城区域受到相关气流影响，发生了浮尘天气，文中对此次污染过程进行分析；④不利气象条件个例：分析 500 hPa 高度场和风场可知，2015 年 1 月 18—28 日天气形势场稳定，没有很显著的变化，高纬度西高东低，东亚大槽偏浅，槽底位置在 35°N 左右，低纬度南支槽也不活跃，中心位置在 93°E 左右，对重庆地区影响较小，四川盆地上空主要受偏西气流控制，无明显波动，这种天气形势较长时间控制重庆地区，易于污染天气的形成；⑤此外，还选取了 2015 年 8 月 2—4 日清洁个例，作为对比分析其他几个污染过程。

表 5.31　重庆地区典型污染过程及清洁个例

污染过程类型	时段
烟花燃放	2014 年 01 月 30 日—2014 年 02 月 04 日
秸秆燃烧	2014 年 12 月 28 日—2015 年 01 月 08 日
浮尘	2013 年 03 月 12 日—2013 年 03 月 17 日
不利气象条件	2015 年 01 月 18 日—2015 年 01 月 28 日
清洁	2015 年 08 月 02 日—2015 年 08 月 04 日

5.5.1　污染物浓度和能见度特征

图 5.128 给出了表 5.31 中典型个例的污染物浓度和能见度随时间的变化。燃放烟

花个例中（图 5.128a、f），受到除夕和正月初一集中燃放烟花的影响，$PM_{2.5}$ 浓度峰值达到 231.9 $\mu g \cdot m^{-3}$，能见度维持在较低的水平，日平均最低值出现在 2014 年 1 月 31 日（0.84 km），1 月 30 日—2 月 3 日日平均能见度维持在 2 km 以内，2 月 3 日以后有所好转。秸秆燃烧个例中（图 5.128b、g），重庆市受到重庆及周边地区秸秆燃烧的影响，$PM_{2.5}$ 浓度峰值达到 259.7 $\mu g \cdot m^{-3}$，能见度水平基本在 3 km 以内，在 2014 年 12 月 29 日出现日平均最低值 1.3 km，平均值为 2.6 km，这样的状况维持了将近 10 d，2015 年 1 月 6 日起能见度略有所提高。浮尘个例（图 5.128c、h）维持时间较短，$PM_{2.5}$ 和 PM_{10} 小时浓度峰值分别达到 132.7 $\mu g \cdot m^{-3}$ 和 294.8 $\mu g \cdot m^{-3}$，能见度基本在 10 km 以内，最低值为 5.0 km，出现在 2013 年 3 月 13 日。不利气象条件影响的个例（图 5.128d、i），扩散条件差，污染物易于形成堆积，维持时间久，$PM_{2.5}$ 浓度峰值达到 331.1 $\mu g \cdot m^{-3}$，能见度维持在 3 km 左右，最低值出现在过程将要结束时，即 2015 年 1 月 27 日，日平均能见度只有 0.89 km，1 月 28 日以后能见度有所提升。清洁个例期间（图 5.128e、j），能见度基本维持在 20 km 以上，空气质量为优，能见度平均值高达 26.7 km。4 个污染过程，烟花燃放个例 $PM_{2.5}$ 峰值出现在 2014 年 2 月 1 日 00 时，为 1 月 30 日除夕和 1 月 31 日初一集中燃放烟花爆竹释放污染物所致；秸秆燃烧个例和不利气象条件导致该个例的峰值基本出现污染过程将要结束前，为污染物堆积逐渐增强所致；浮尘个例中在 2013 年 3 月 14—15 日期间 PM_{10} 的浓度显著升高，15 日以后浓度逐渐降低。

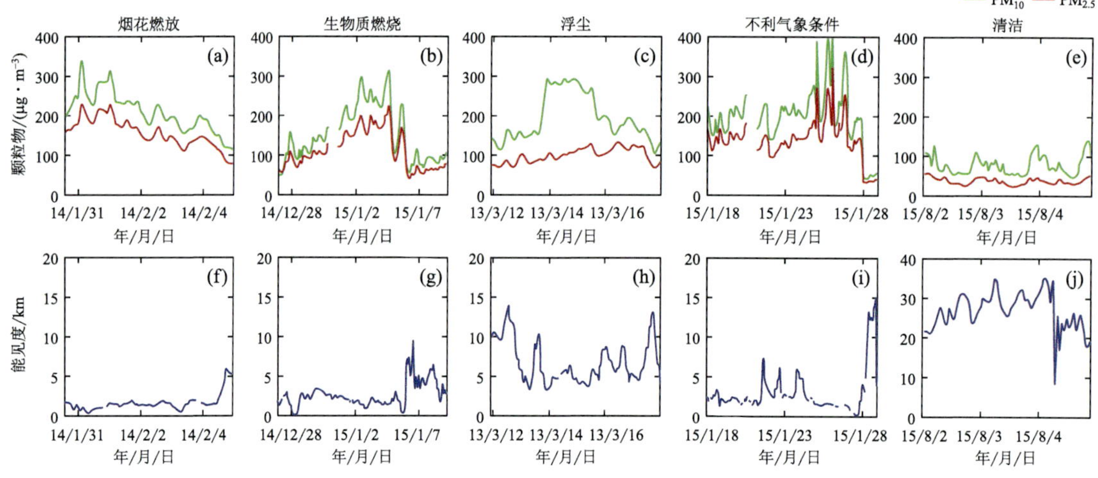

图 5.128 颗粒物浓度和能见度随时间变化（上下两图为对应个例）

表 5.32 统计了 5 个个例 $PM_{2.5}$ 和 PM_{10} 的日平均最大值和颗粒物浓度与能见度的相关系数（r）。可见，秸秆燃烧和不利气象条件个例的 $PM_{2.5}$ 浓度最高，为清洁个例的 4～5 倍，PM_{10} 也是清洁个例的 3～4 倍；烟花燃放个例颗粒物浓度是清洁个例的 3～4 倍；浮尘个例 $PM_{2.5}$ 相对较低，为清洁个例的 3 倍左右，但 PM_{10} 浓度较高。污染个例中能见度和颗粒物的浓度呈现较显著的负相关，污染较为严重的秸秆燃烧、不利气象条件和烟花燃放个例中，能见度与较细颗粒物的负相关更加显著。能见度与 PM_{10} 的负相关略低于 $PM_{2.5}$，而浮尘个例能见度与 PM_{10} 的负相关略高于 $PM_{2.5}$。可见浮尘个例中一次粗颗粒的贡献明显，而前三者污染中颗粒物的二次生成有重要贡献。

表 5.32　$PM_{2.5}$ 和 PM_{10} 日均最大浓度与能见度的相关系数及 $PM_{2.5}$ 与 PM_{10} 比值

颗粒物	烟花燃放个例		秸秆燃烧个例		浮尘个例		不利气象条件个例		清洁个例	
	最大值/(μg·m^{-3})	r	最大值/(μg·m^{-3})	r	最大值/(μg·m^{-3})	r	最大值/(μg·m^{-3})	r	最大值/(μg·m^{-3})	r
$PM_{2.5}$	155.4	−0.69	190.0	−0.57	119.0	−0.56	200.0	−0.61	40.7	−0.32
PM_{10}	175.5	−0.66	260.6	−0.52	286.1	−0.60	284.0	−0.58	85.2	−0.20
$PM_{2.5}/PM_{10}$	0.89	—	0.73	—	0.42	—	0.70	—	0.48	—

5.5.2　气溶胶光学特征

图 5.129 给出了 CALIPSO 卫星在 5 个个例期间经过川渝地区（29°—32°N，103°—108°E）的轨迹以及垂直方向气溶胶类型的分布情况。可见，烟花燃放个例中主要为污染性大陆气溶胶和污染性沙尘气溶胶，烟花燃放个例中除了这两类气溶胶外，在偏北区域还存在一些烟尘，不利气象条件个例高空存在一些沙尘气溶胶，浮尘个例中则存在大量的沙尘气溶胶，与其他几个个例的气溶胶分布类型不同。

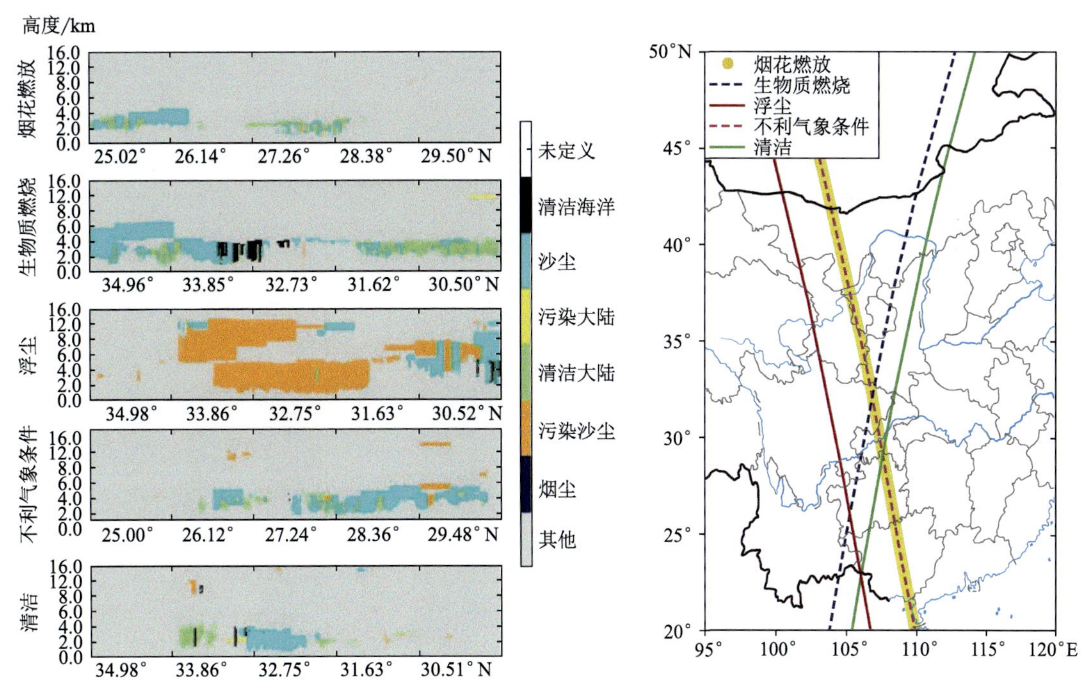

图 5.129　气溶胶类型与卫星过境轨迹

图 5.130 为 CALIPSO 卫星在 5 个个例期间探测到的后向散射系数、色比和体积偏退比 3 个参数的垂直分布。4 个个例分布的集中高度由下到上分别为不利气象条件、烟花燃放、浮尘和秸秆燃烧。从体积偏退比来看，浮尘个例和秸秆燃烧个例中在高空存在体积偏退比较大的粒子，这些粒子主要为外来粒子，形状不规则，对比而言，不利气象条件个例和烟花燃放个例中颗粒物形状相对规则，不利气象条件个例多为本地工业、生活、交通排放以及二次

转换产生，烟花燃放个例除了本地排放外，还存在烟花集中燃放在中低空产生的一些化学污染物。从色比和后向散射系数来看，近地面粒子散射能力较强的主要是在烟花燃放和不利气象条件个例中，浮尘个例的粒子集中在 2～3 km 的高空，粒子色比较大，部分超过了 1。

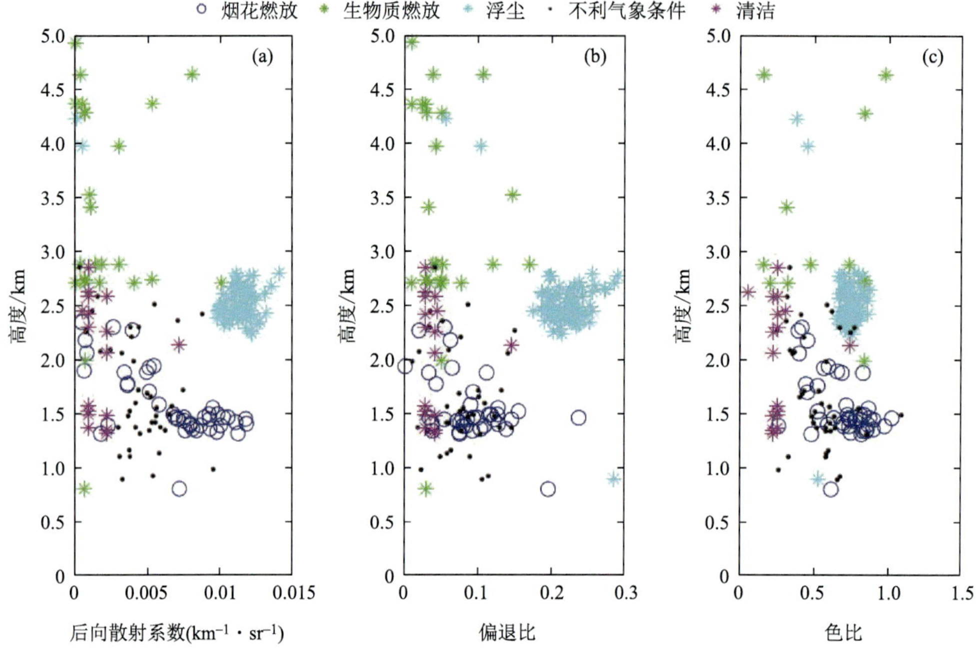

图 5.130　各个例中后向散射系数、色比和体积偏退比的垂直分布

图 5.131 统计了 5 个个例各项参量的概率分布情况，表 5.33 给出了颗粒物中细粒子占比（$PM_{2.5}$ 与 PM_{10} 比值）。可见，4 个污染个例中均存在一些粒径较大的粒子，其中由 $PM_{2.5}$ 和 PM_{10} 的比值来看，烟花燃放个例的细粒子占比较高，达到了 0.89，其次是秸秆燃

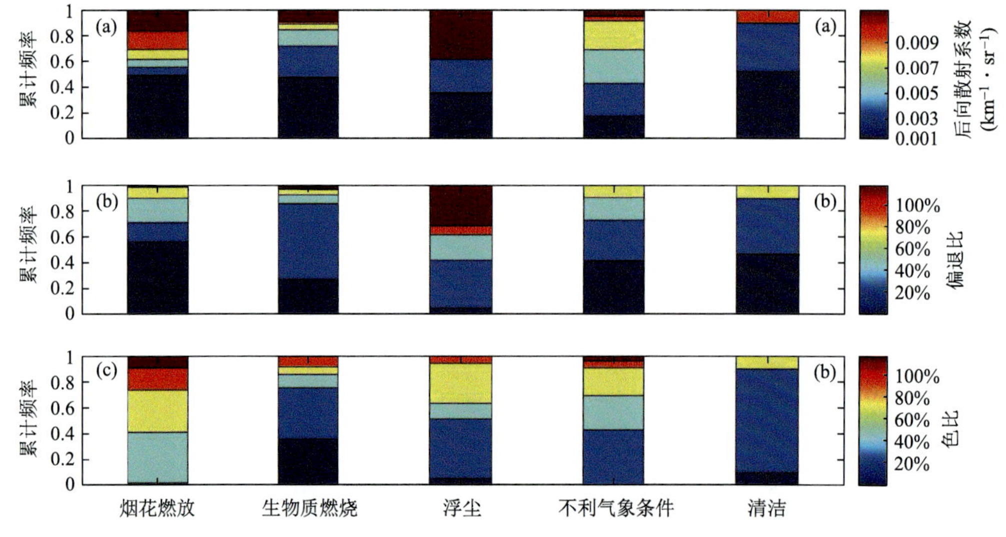

图 5.131　后向散射系数（a）、体积偏退比（b）和色比（c）的频率分布

烧和不利气象条件个例，分别为 0.73 和 0.70，浮尘个例的 $PM_{2.5}$ 和 PM_{10} 的比值只有 0.42。从体积偏退比看，浮尘个例的粒子中存在较高比例的不规则外来粒子，其次是秸秆燃烧个例，也存在一些体积偏退比较大的粒子，烟花燃放和不利气象条件两个个例中的粒子相对较为规则。对比 5 个个例中的粒子的散射能力，污染个例中均存在一些后向散射系数较大的粒子，由图 5.130 的垂直分布可知，烟花燃放和不利气象条件个例中散射能力较强的粒子多在低空，对近地面的能见度影响较大，另外两个污染个例的后向散射系数较大的粒子多出现在高空。

5.5.3 污染气象条件特征

图 5.132 为 5 个个例中的水平风场和垂直风速的时间变化。在烟花燃放个例中，由于除夕夜集中燃放污染峰值在 2014 年 1 月 31 日凌晨，之后的 2 月 1—4 日，水平风速有所增大（图 5.132a），垂直方向为较弱的下沉气流（图 5.132f），从边界层内垂直方向温度的变化（图 5.133a）还可以看到，烟花燃放个例中只在初期出现了逆温，随后因为集中高强度的排放源结束，伴随一定扩散条件，污染物的浓度在 2 月 1—4 日呈现一个逐渐降低的趋势。对于秸秆燃烧个例，近地面的风速基本维持在 2 $m \cdot s^{-1}$（图 5.132b），垂直方向下沉气流较为强劲（图 5.132g），由温度的垂直变化可以看到，近地面频频出现逆温，边界层内逆温层厚

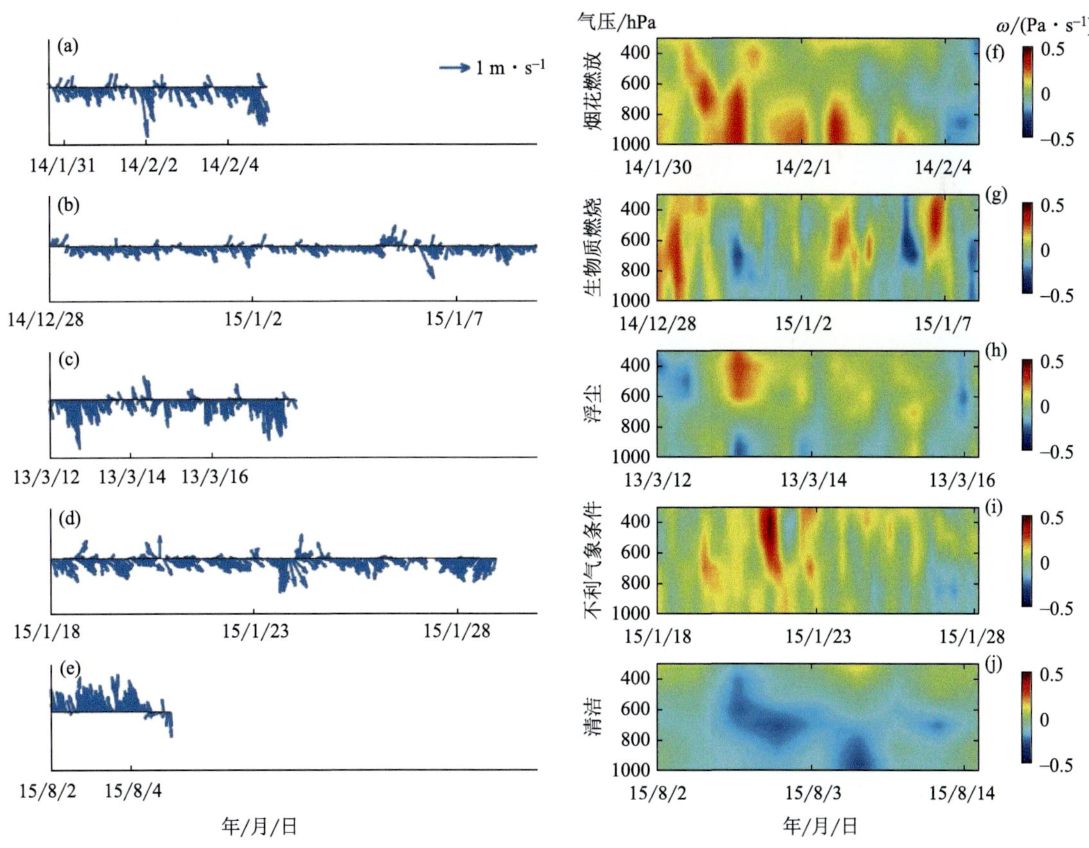

图 5.132　地面风场与垂直风速的时间变化

度最后达到了 927 m，污染物从周边地区高空传入，通过下沉气流进入低层，由于不利的扩散条件在低层堆积，因此从 2014 年 12 月 28 日—2015 年 1 月 6 日，颗粒物浓度积累升高，到了 1 月 7 日，垂直风场出现了较强的上升气流，扩散条件转好，颗粒物浓度显著降低，污染过程结束。对于浮尘个例（图 5.132c、图 5.132h），在 2013 年 3 月 14—15 日存在较弱的上升、下沉气流，高空传输的较大颗粒物可以在低空出现，使得这个污染过程可以短暂维持，随后出现了较强的上升气流，良好的扩散条件造成过程的快速结束。对于不利气象条件个例（图 5.132d、图 5.132i），水平方向静小风伴随垂直方向强下沉气流，2015 年 1 月 20—25 日近地面连续出现了逆温过程，这种条件较长时间地维持，使得本地排放的污染物无法扩散出去，污染物长时间积累，在 1 月 26 日 00 时 $PM_{2.5}$ 浓度达到 331.15 $\mu g \cdot m^{-3}$，能见度最低值仅有 0.13 km。总而言之，由于重庆特殊的地形和气候条件，4 个污染个例中近地面的水平风基本为静风或小风，垂直方向扩散条件决定了污染的变化。清洁个例中（图 5.132e、图 5.132j），低空表现为较强的上升气流，垂直方向气流交换条件良好。

对比 4 个污染个例湿度垂直分布（图 5.133），烟花燃放个例期间，近地面相对湿度维持在 80%以上，不仅细颗粒的存在影响了能见度，同时也存在雾，因此整个过程中能见度最低；秸秆燃烧和不利气象条件两个个例中，初期相对湿度相对低一些，这种条件下湿沉降

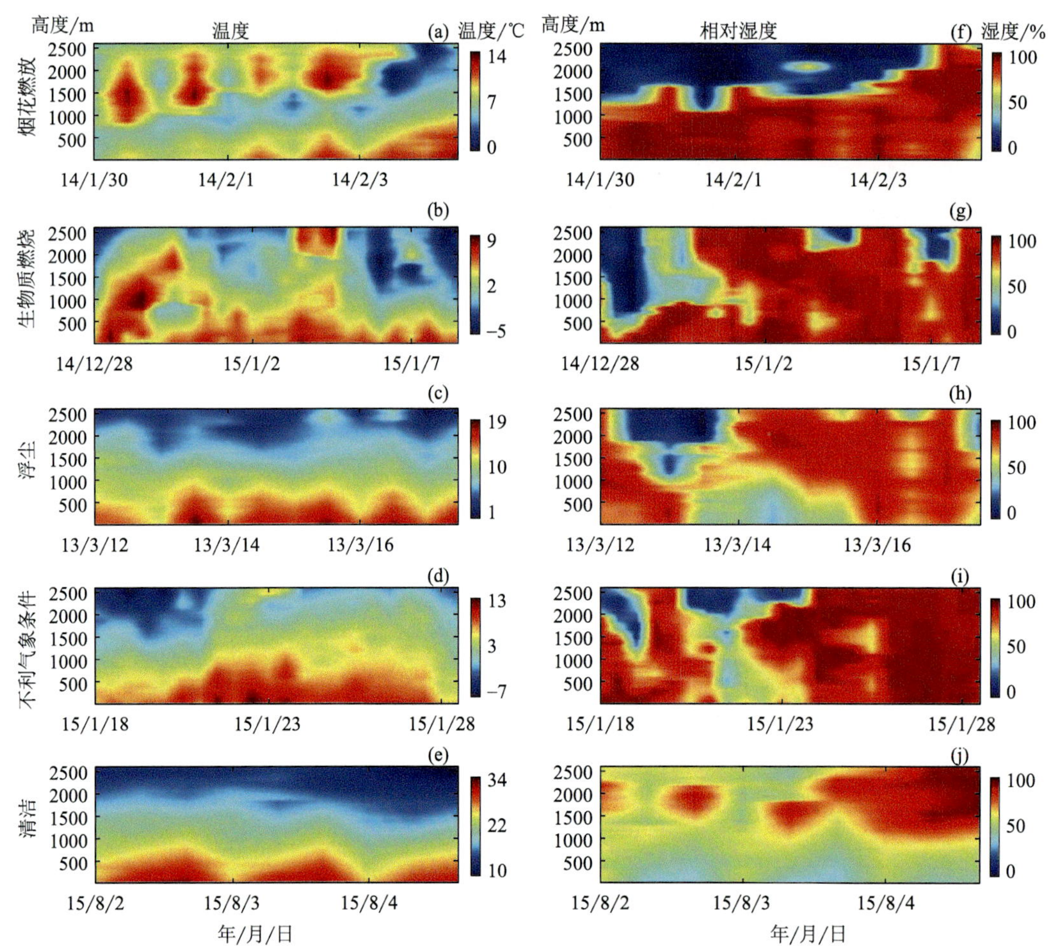

图 5.133 垂直温度和相对湿度的时间变化

非常弱，使得干粒子得以长时间悬浮在近地面，随后近地面湿度快速增大，超过80%，简单的霾天气转化为了雾和霾的混合天气，细颗粒物通过吸湿增长作用增强了大气的散射能力，从而能见度进一步降低；浮尘个例中，近地面的相对湿度比其他3个污染过程相对要低，2013年3月14—15日相对湿度在40%左右，主要是悬浮的粗粒子对能见度造成一定影响，相比其他3个个例，对能见度影响相对较小。

5.5.4 污染传输轨迹特征

图5.134给出了HYSPLIT模式模拟的后向轨迹。对于烟花燃放个例，污染物基本在边界层内传播，水平方向近地面气流主要来自四川盆地的重庆西部和四川东部地区，边界层中高层气流来自贵州和广西，途经重庆南部到达重庆城区。秸秆燃烧个例中，污染较为严重的时段发生在2015年1月3—4日，由2015年1月4日08时的后向72 h轨迹分析，可以看到重庆城区的气团来自或途经贵州、广西和湖南等地区，存在高、低空传输现象，这些地区在2015年1月初出现了较为密集的火点（来自Terra/Aqua卫星监测火点资料），为秸秆燃烧造成，在此期间，颗粒物浓度逐渐积累升高，这次污染过程主要由秸秆燃烧释放的污染物造成。2013年3月14日，重庆主城区出现浮尘天气，由重庆主城区的后向轨迹分析，期间的边界层高层气流来自西北中原地区，伴随反气旋冷空气南下到达重庆地区，通过高、低空交

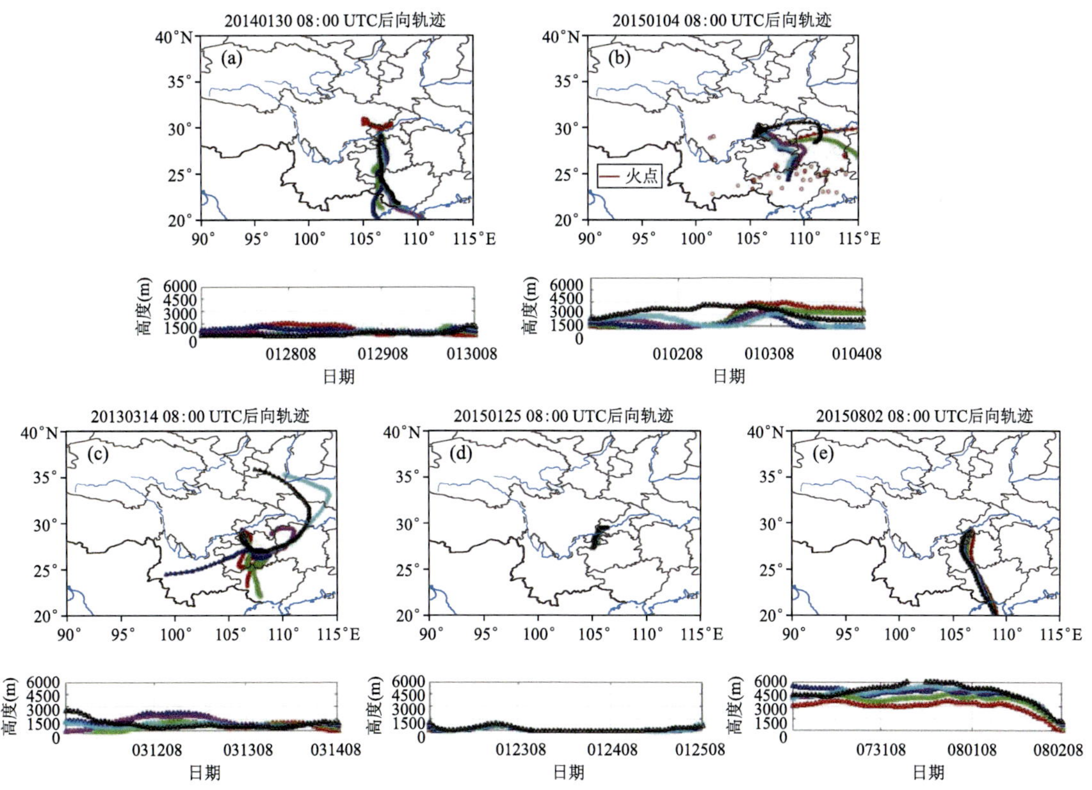

图5.134 重庆市后向72 h气团轨迹，包括（a）烟花燃放个例，（b）秸秆燃烧个例，（c）浮尘个例，（d）不利气象条件个例，（e）清洁个例

换，使得 3 月 14—15 日重庆市的 PM_{10} 浓度大幅升高，造成了较为严重的一次浮尘污染过程。不利气象条件个例中，以 2015 年 1 月 25 日 08 时的轨迹为代表，可以看到，期间污染物来源主要为重庆本地，并且集中在近地面，无法扩散出去，为污染过程的长时间积累创造了良好的条件。对比清洁个例中，气流来自海洋和贵州、广西的高空，气流相对较为清洁。

5.5.5 主要分析结论

针对浮尘、烟花燃放、秸秆燃烧、不利气象条件 4 类重庆地区典型的颗粒物污染过程，分析发现污染过程为高颗粒物浓度伴随着低能见度，能见度与颗粒物浓度呈较为显著的负相关；由于诱因不同，气溶胶垂直特征存在显著差异，浮尘个例上空存在大量沙尘气溶胶，其他 3 个污染个例中，则主要为污染性大陆气溶胶和污染性沙尘气溶胶，其中浮尘个例中存在大量外来不规则粒子，其次是秸秆燃烧个例，不利气象条件个例多为本地工业、生活、交通排放以及二次转换产生，烟花燃放个例除了本地排放外，还存在烟花集中燃放在中低空产生的一些化学污染物，烟花燃放个例的 $PM_{2.5}$ 与 PM_{10} 浓度的比值达到 0.89，而浮尘个例仅有 0.42，浮尘个例中主要为粗颗粒物的污染，对能见度影响相对较低，其他 3 个个例中细粒子为主要污染物，对能见度影响较大。气象条件的差异使得各污染个例表现出不同变化特征：逆温层的存在、地面静风或小风、垂直下沉气流以及湿度的突然增大，是不利气象条件和秸秆燃烧个例大气污染物表现为累积性升高，污染较长时间维持的重要原因；烟花燃放和浮尘个例表现为污染物浓度突发性升高，对比之下传输条件较好，因此污染物到达高峰后，逐渐扩散稀释，促成了污染过程的结束。

后向轨迹的分析表明，4 个典型污染过程期间污染物的来源不同，烟花燃放个例为本地及周边城市群集中燃放烟花爆竹释放大量污染物，主要为近地面贴地传输；秸秆燃烧个例中，重庆主城区的气团来自或途经贵州、广西和湖南等地区，这些地区期间监测到大量火点，并且存在高、低空传输的现象；浮尘天气期间的边界层高层气流来自西北中原地区，伴随反气旋冷空气南下到达重庆地区，通过高、低空交换，重庆市的 PM_{10} 浓度大幅升高，造成了较为严重的一次浮尘污染过程；不利气象条件下污染物来源主要为重庆本地，并且集中在近地面。

5.6 本章小结

利用大气环境监测数据、气象观测数据和卫星遥感资料，详细分析了重庆地区大气污染物空间分布和时间变化特征、边界层气象条件和降水对污染物的影响，介绍了卫星遥感反演 AOD 相关技术及反演结果对比情况，探讨了重庆中心城区大气自净能力变化特征，并对重庆典型污染天气过程进行了对比分析。得到如下主要结论：

（1）从空间分布和时间变化来看，重庆 PM_{10}、NO_2、SO_2、$PM_{2.5}$、O_3、CO 平均浓度

均存在明显的区域性差异，与 2017 年相比，重庆 2019 年各区（县）PM_{10}、$PM_{2.5}$ 平均浓度普遍有不同程度的下降，NO_2 平均浓度变化幅度较小，大部分地区 SO_2、CO 平均浓度有所下降，O_3 平均浓度变化分布不均。从季节变化和月变化来看，2017—2019 年重庆各区域 $PM_{2.5}$、PM_{10}、NO_2、SO_2、CO 平均浓度均是冬季最高，夏季最低，春、秋两季居中，其中 1 月最高，7 月最低；O_3 浓度则是夏季最高，冬季最低，春秋两季居中，其中 8 月最高，12 月最低。从日变化特征来看，$PM_{2.5}$、PM_{10}、NO_2、CO 呈现较明显的“双峰双谷”特征，SO_2、O_3 为明显的“单峰型”变化特征。重庆中心城区近 10 年主要污染物浓度逐年下降，空气质量有明显改善。

（2）大气环流与空气污染有直接联系。采用 K-means 聚类方法对造成重庆中心城区空气污染的 500 hPa 大气环流形势进行分型，大致可分为一槽一脊型、纬向环流型、两槽一脊型、西高东低型和低槽东移型 5 种。

（3）边界层气象条件对污染物的扩散和传输有直接影响。重庆中心城区由于冬半年昼夜温差小导致逆温强度弱、厚度薄，从而造成其冬半年轻度污染天气相对较多。对大气扩散能力的分析表明，湍流动能越强污染物的垂直扩散能力越强，污染物浓度越低；重庆中心城区污染物在大气中水平方向由平均风速完成的平流输送明显强于由湍流完成的垂直方向的输送与扩散。此外，降水对大气污染物也有明显的清除作用，不同强度等级的日降水对 PM_{10}、SO_2、NO_2 清除率和对 API 值降低率均呈现指数变化；连续性降水对污染物清除最有效的是前两天降水，且第 2 天降水对污染物的清除率比第一天要高。逐时降水量对 PM_{10} 和 SO_2 清除效果好于 NO_2；夜间降水对污染物清除率比白天降水高；此外降雨对污染浓度上升阶段清除效果好于下降阶段。

（4）卫星遥感资料中气溶胶光学厚度能在一定程度上反映近地面颗粒物的浓度，通过分析气溶胶光学厚度的时、空分布能较好反映近地面大气污染状况。本章介绍了气溶胶光学厚度反演的基本原理、主要方法，并基于 EOS/MODIS 和 HJ 卫星观测数据，应用暗像元法和深蓝算法选择个例，反演了重庆地区的大气气溶胶光学厚度分布，与地面颗粒物观测值对比发现，其反演方法较为科学，反演误差合理，反演结果较为准确。基于地面站点实测数据，拟合计算出近地面的气溶胶吸湿增长特性，分析近地面气溶胶消光系数随相对湿度变化的特征及其时空分布规律，并利用 FY-3C/AOD、FY-4A/AOD 产品估算了重庆市中心城区的 $PM_{2.5}$、PM_{10} 分布。基于臭氧地基监测数据、气象数据、Sentinel-5P 卫星数据，探索应用胶囊网络模型反演并分析了重庆市近地面臭氧浓度空间分布特征。

（5）重庆中心城区年均大气自净能力阶段性变化明显，20 世纪 50 年代初—60 年代初为增强趋势，之后转为持续减弱趋势，21 世纪 10 年代又转为增强的趋势。分季节来看，大气自净能力四季的阶段变化与年变化基本一致。大气稳定度、风、降水等对大气自净能力有直接影响，小风日数增多，偏强风日数将减少，通风量将减小，大气水平扩散能力将减弱；大气越不稳定，水平和垂直湍流交换越强，混合层厚度越大，扩散稀释能力越强；大气自净能力越强；降水对大气自净能力有正贡献。大气自净能力强时，对应日、月的 AQI 和 $PM_{2.5}$ 浓度低，即环境空气质量趋好；反之亦然。

（6）通过 4 类典型污染个例分析表明，能见度与颗粒物浓度呈较为显著的负相关，气溶胶垂直特征存在显著差异，气象条件的差异使得各类污染物表现出不同演变特征。通过后向轨迹分析 4 个典型污染过程中污染物的来源表明：烟花燃放污染源主要为本地及周边城市群集中燃放烟花爆竹释放大量污染物；秸秆燃烧污染源主要由高、低空气流将贵州、广西和湖南等地区燃烧物气溶胶传输至重庆主城区；浮尘污染源主要来自西北中原地区，伴随反气旋冷空气南下到达重庆地区，通过高、低空交换，造成重庆市 PM_{10} 浓度大幅升高；不利气象条件下污染物来源主要为重庆本地，并且集中在近地面。

第6章 重庆环境气象预报技术研究

本章主要总结重庆气象部门针对雾、空气质量和大气污染气象条件预报方面的相关研究成果。

6.1 雾预报技术

6.1.1 重庆雾的天气学预报概念模型

6.1.1.1 辐射雾天气学预报概念模型

（1）08 时高空和地面天气形势

500 hPa 中亚及青藏高原地区为高压脊，（30°N，95°E）格点与（30°N，110°E）格点的高度差不小于 50 gpm。700 hPa 四川盆地为低槽后部的反气旋环流。地面上重庆位于高气压内部的均压场中，冷锋已到达华南地区。

（2）08 时气象要素特征

近地层有贴地逆温，地面与 925 hPa 的温差≥−1 ℃。地面温度露点差≤2 ℃，700 hPa 温度露点差≥8 ℃。925 hPa 以下风速≤2 $m \cdot s^{-1}$。

6.1.1.2 雨雾天气学预报概念模型

（1）08 时高空和地面天气形势

500 hPa 青藏高原地区为低压槽区，（30°N，95°E）格点与（30°N，110°E）格点的高度差不明显（20 gpm 以内）。700 hPa 四川盆地为气旋性环流。地面上秦岭、大巴山以北地区有冷高压，冷锋位于四川盆地东北部一线，锋面坡度小。

（2）08 时气象要素特征

近地层有浅薄逆温层，地面与 925 hPa 的温差≥−2 ℃。地面温度露点差≤1 ℃，925 hPa 温度露点差≤1 ℃，850 hPa 温度露点差≤2 ℃。925 hPa 以下风速≤5 $m \cdot s^{-1}$。

6.1.2 基于神经元网络的雾客观预报技术

人工神经网络（Artificial Neural Networks，ANN）系统是 20 世纪 40 年代后出现的。

它是由众多的神经元可调的连接权值连接而成，具有大规模并行处理、分布式信息存储、良好的自组织自学习能力等特点。BP（Back Propagation）算法又称为误差反向传播算法，是人工神经网络中的一种监督式的学习算法。BP 神经网络算法在理论上可以逼近任意函数，基本的结构由非线性变化单元组成，具有很强的非线性映射能力。而且网络的中间层数、各层的处理单元数及网络的学习系数等参数可根据具体情况设定，灵活性很大，在优化、信号处理与模式识别、智能控制、故障诊断等许多领域都有广泛的应用前景（韩余 等，2022；刘德 等，2005；芦华 等，2020）。其基本思想是工作信号正向传递和误差信号反向传递两个子过程，通过反向传播不断调整网络的权值和阈值使全局误差系数最小。并根据最终调整的连接权重和阈值由式（6.1）来计算预测值：

$$y_i = f\left(\sum_{i=1}^{p} b_i w_{ij} + \gamma_j\right) \tag{6.1}$$

式中，y_i 为预测值，b_i 是隐层到输出层的激活值，w_{ij} 是隐层到输出层的权值，初始值为随机数，γ_j 为输出层单元阈值，f 取 Sigmoid 函数：

$$f(x) = \frac{1}{1 + \mathrm{e}^{-x}} \tag{6.2}$$

因为参数是随机的，所以第一次计算出的结果跟真实的结果会有较大的误差，所以需要根据误差去调整参数，通过调整参数可以更好地去拟合，直到误差达到最小值，这时就需要模型的反向传播。权重反向更新：

$$\Delta w_{ij} = (l)E_{yk} \tag{6.3}$$

$$w_{ij} = \Delta w_{ij} + w_{ij} \tag{6.4}$$

式中，l 称为学习率，可以调整更新的步伐，合适的学习率能够使目标函数在合适的时间内收敛到局部最小值。通过不断使用所有数据记录进行训练，从而得到所需要的预报模型。

6.1.2.1 预报模型建立思路

利用欧洲中期天气预报中心（ECMWF）细网格预报产品来建立分季节的重庆能见度预报模型。2014—2017 年的资料作为训练集，2018 年的资料作为检验集。对于预报因子的选取，从有利于大雾发生的各项条件出发，根据大雾与气象要素的关系和雾环流天气形势分析，重庆大雾多发生在一次降水过程结束后天气转晴的早晨，高空影响系统主要为高压（高脊），地面主要为高压系统内部的均压场。模仿预报员思路，将以地面站点为中心，选取周围 16 个格点的模式的 500 hPa、700 hPa、850 hPa、925 hPa 高度场、湿度场格点资料，地面站点周围 4 个网格点上的温度、湿度、风速、气压值作为网络输入因子进行预报。选取 20 时起报的 ECMWF 细网格资料建立 3～72 h 的逐 3 h 间隔的能见度预报模型。建立预报方程时为了消除指标之间的量纲影响，将能见度资料及回归因子进行了归一化处理，以解决数据指标之间的可比性问题。归一化处理的转换函数如下：

$$x^* = \frac{X - \min}{\max - \min} \tag{6.5}$$

式中，x^* 为归一化后的数据，X 为原始数据，max 为样本数据的最大值，min 为样本数据的最小值。再将预报出的数值还原到原始数据量级。

6.1.2.2 预报模型效果检验

神经元能见度预报模型是基于 ECMWF 模式输出的能见度预报值建立的。对比神经元能见度模型预报与 ECMWF 的预报效果，可以直观地考察模型是否能够对能见度的预报有所改善。从能见度的日变化（图 2.8）可以看出，重庆能见度最低值一般出现在 05—08 时，所以仅针对 05 时和 08 时的训练集拟合结果进行检验。由于 ECMWF 的预报是格点值，先将 ECMWF 的预报从格点插值到站点（以重庆 34 个区、县国家级气象观测站为参照），再与神经元预报模型的预报结果进行比较。

对 05 时开始未来 9 h 34 个站的预报检验，神经元预报模型的预报与实况的相关系数都高于 ECMWF 原始预报与实况的相关系数，平均提高 0.26（图 6.1）。相关系数提高最大的是江津，ECMWF 预报的相关系数为 0.33，神经元网络预报的相关系数是 0.77，两种预报的相关系数相差 0.44。相关系数改变最小的是长寿。两种预报的相关系数相同。大部分站神经元网络预报的均方根误差比 ECMWF 预报的减小 1000～3000 m，均方根误差平均减小 2079 m（图 6.2）。减少最多的是云阳，神经元网络预报的均方根误差比 ECMWF 预报的减少 4124 m，减少最少的是城口，神经元网络预报的均方根误差比 ECMWF 预报的减少 366 m。

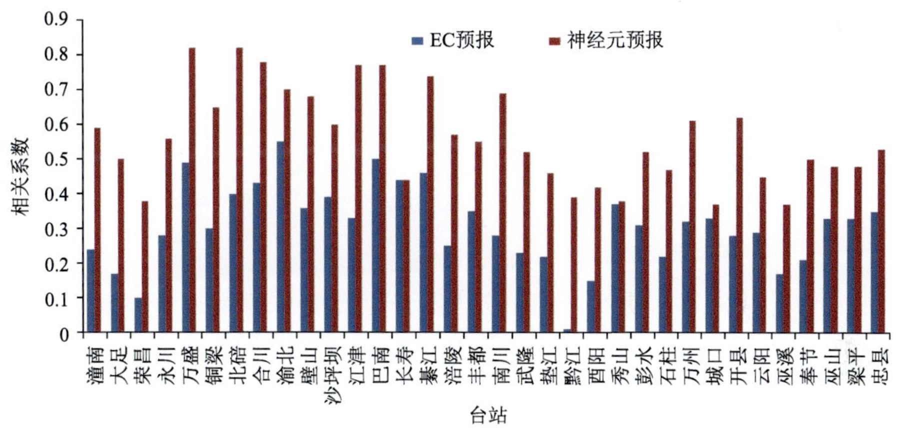

图 6.1 ECMWF 预报及神经元预报与实况的相关系数

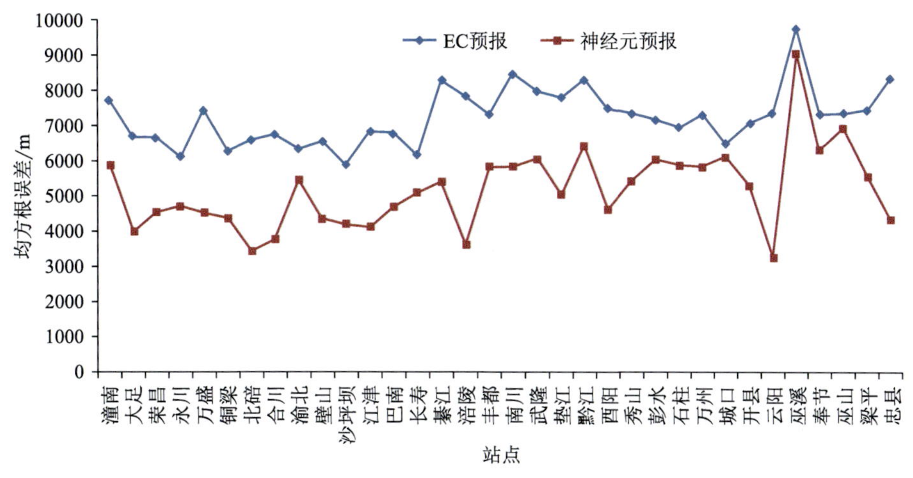

图 6.2 ECMWF 预报及神经元预报与实况的均方根误差

对 08 时开始未来 12 h 34 个站的预报检验，除了涪陵、酉阳、秀山、云阳、巫山以外，大部分站神经元预报模型的预报与实况的相关系数都高于 ECMWF 的直接预报与实况的相关系数，平均提高 0.17（图 6.3）。相关系数提高最大的是璧山和万盛经开区，ECMWF 预报的相关系数较神经元网络预报的相关系数提高了 0.44。大部分站神经元网络预报的均方根误差比 ECMWF 预报的减少 1000～3000 m，均方根误差平均减小 2501 m（图 6.4）。减少最多的是涪陵，神经元网络预报的均方根误差比 ECMWF 预报的减少 4371 m，减少最少的是巫山，神经元网络预报的均方根误差比 ECMWF 预报的减少 332 m。

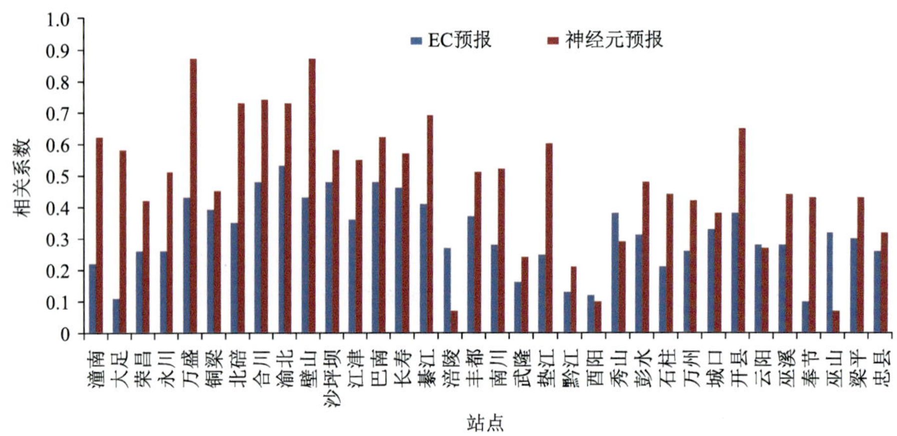

图 6.3　08 时 12 h ECMWF 预报及神经元预报与实况的相关系数

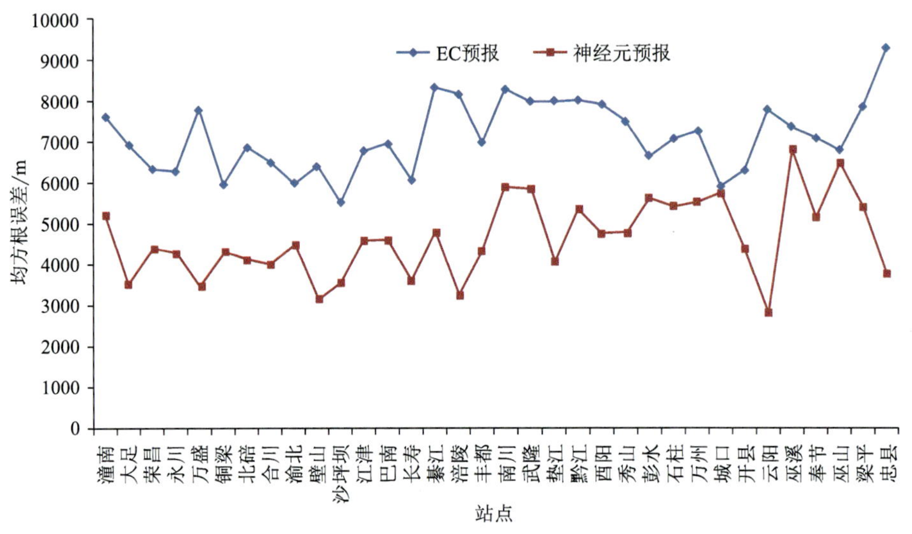

图 6.4　08 时 12 h ECMWF 预报及神经元预报与实况的均方根误差

对 05 时开始未来 33 h 34 个站的预报检验，除了酉阳、秀山以外，大部分站神经元预报模型的预报与实况的相关系数都高于 ECMWF 的预报与实况的相关系数，平均提高 0.24（图 6.5）。相关系数提高最大的是潼南，ECMWF 预报的相关系数较神经元网络预报的相关系数提高了 0.52。大部分站神经元网络预报的均方根误差比 ECMWF 预报的减少 1000～

3000 m，均方根误差平均减小 1957 m（图 6.6）。减少最多的是涪陵，神经元网络预报的均方根误差比 ECMWF 预报的减少 3918 m，减少最少的是巫山，神经元网络预报的均方根误差比 ECMWF 预报的减少 673 m。

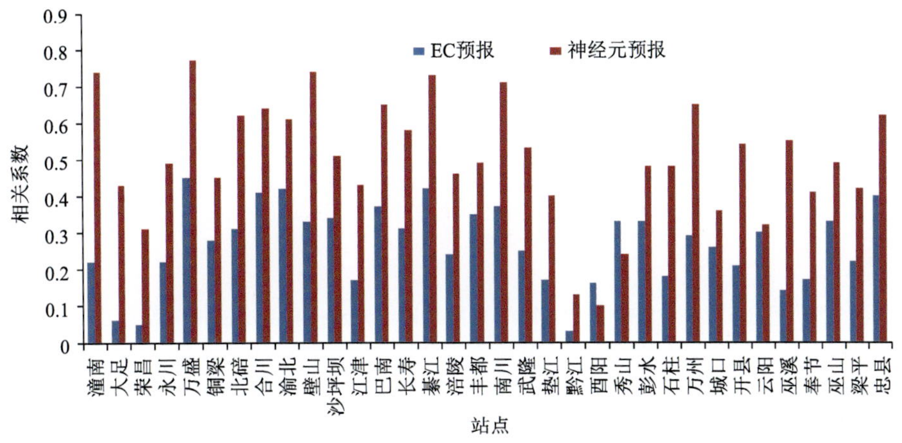

图 6.5　05 时 33 h ECMWF 预报及神经元预报与实况的相关系数

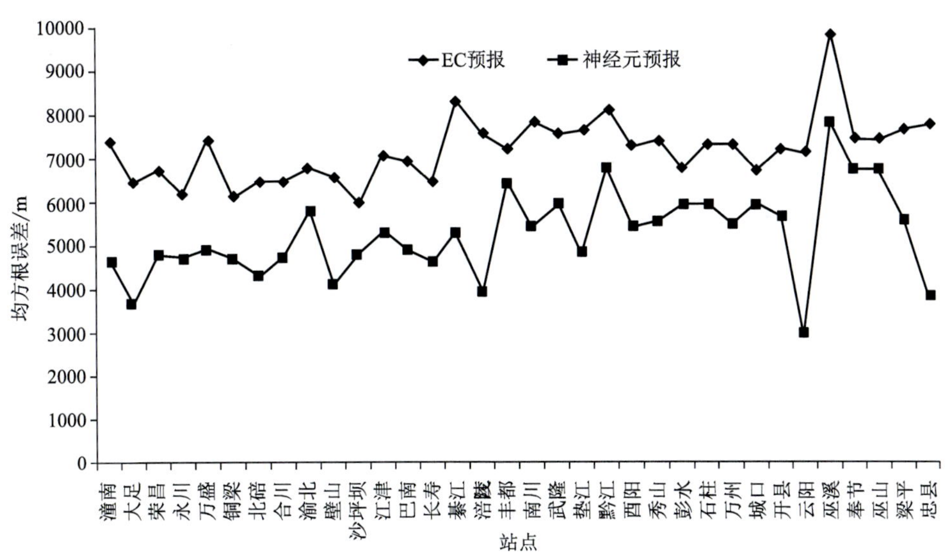

图 6.6　05 时 33 h ECMWF 预报及神经元预报与实况的均方根误差

对 08 时开始未来 36 h 34 个站点的预报检验，除了酉阳、秀山、涪陵、丰都以外，大部分站神经元预报模型的预报与实况的相关系数都高于 ECMWF 预报与实况的相关系数，平均提高 0.21（图 6.7）。相关系数提高最大的是大足，ECMWF 预报的相关系数较神经元网络预报的相关系数提高了 0.54。大部分站神经元网络预报的均方根误差比 ECMWF 预报的减少 1000～3000 m，均方根误差平均减小 2438 m（图 6.8）。减少最多的是忠县，神经元网络预报的均方根误差比 ECMWF 预报的减少 5443 m，减少最少的是巫山，神经元网络预报的均方根误差比 ECMWF 预报的减少 539 m。

对 05 时开始未来 57 h 34 个站的预报检验，除了酉阳以外，其他站点神经元预报模型的

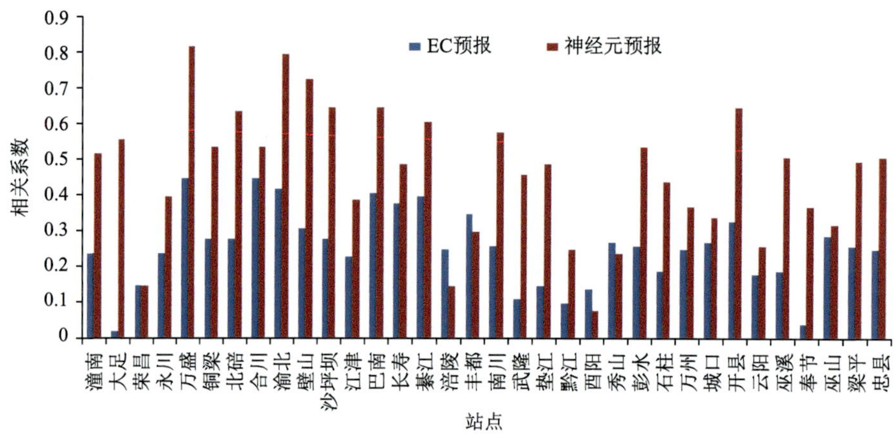

图 6.7　08 时 36 h ECMWF 预报及神经元预报与实况的相关系数

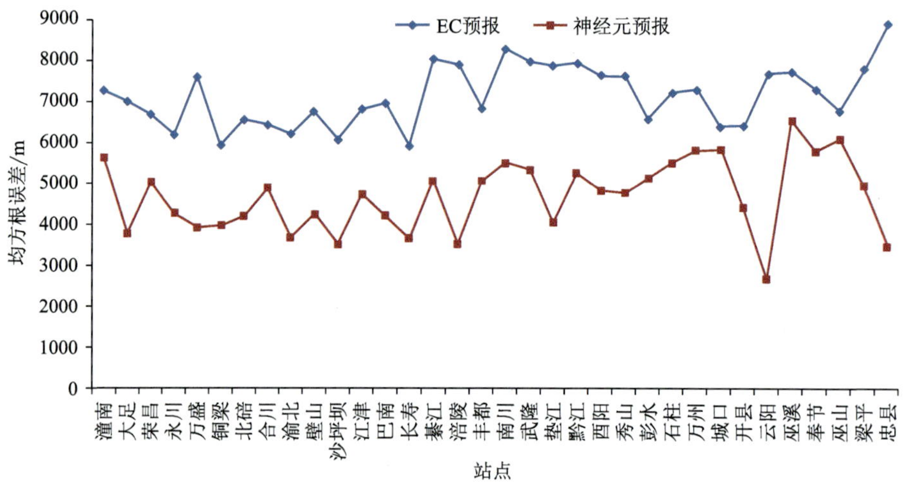

图 6.8　08 时 36 h ECMWF 预报及神经元预报与实况的均方根误差

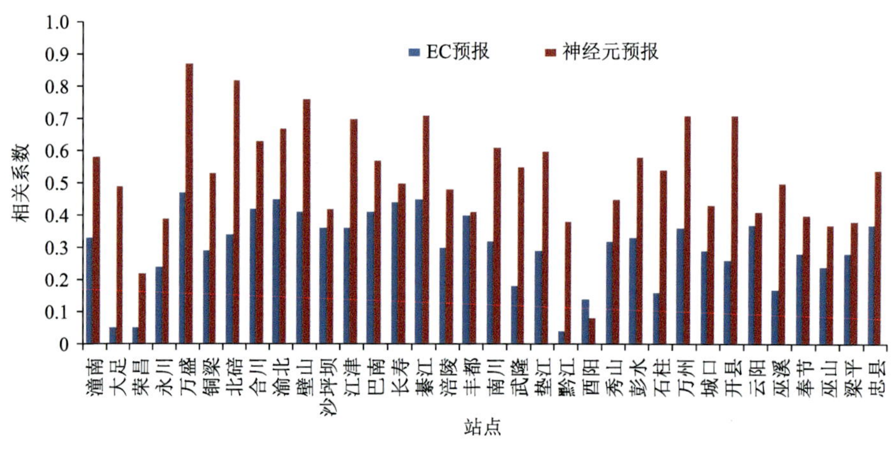

图 6.9　05 时 57 h ECMWF 预报及神经元预报与实况的相关系数

预报与实况的相关系数都高于 ECMWF 的预报与实况的相关系数，平均提高 0.23（图 6.9）。相关系数提高最大的是北碚，ECMWF 预报的相关系数较神经元网络预报的相关系数提高了 0.48。大部分站点神经元网络预报的均方根误差比 ECMWF 预报的减少 1000～3000 m，均方根误差平均减小 1780 m（图 6.10）。减少最多的是忠县，神经元网络预报的均方根误差比 ECMWF 预报的减少 3756 m，减少最少的是丰都，神经元网络预报的均方根误差比 ECMWF 预报的减少 186 m。

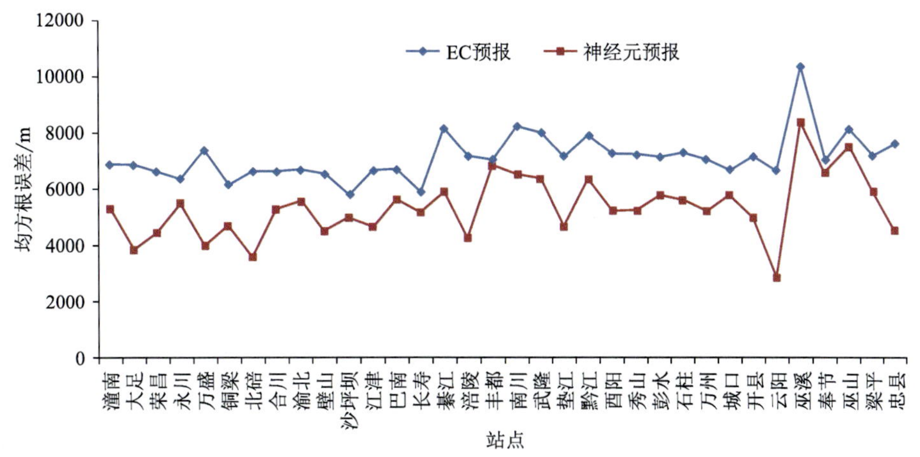

图 6.10　05 时 57 h ECMWF 预报及神经元预报与实况的均方根误差

对 08 时开始未来 60 h 34 个站的预报检验，除了涪陵和忠县以外，其他站点神经元预报模型的预报与实况的相关系数都高于 ECMWF 的预报与实况的相关系数，平均提高 0.19（图 6.11）。相关系数提高最大的是潼南，ECMWF 预报的相关系数较神经元网络预报的相关系数提高了 0.45。大部分站点神经元网络预报的均方根误差比 ECMWF 预报的减少 1000～3000 m，均方根误差平均减小 2161 m（图 6.12）。减少最多的是云阳，神经元网络预报的均方根误差比 ECMWF 预报的减少 4587 m，减少最少的是丰都，神经元网络预报的均方根误差比 ECMWF 预报的减少 451 m。

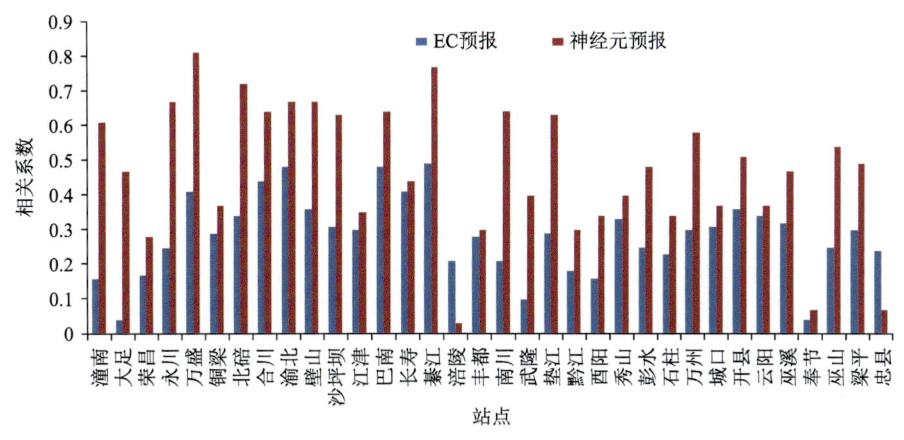

图 6.11　08 时 60 h ECMWF 预报及神经元预报与实况的相关系数

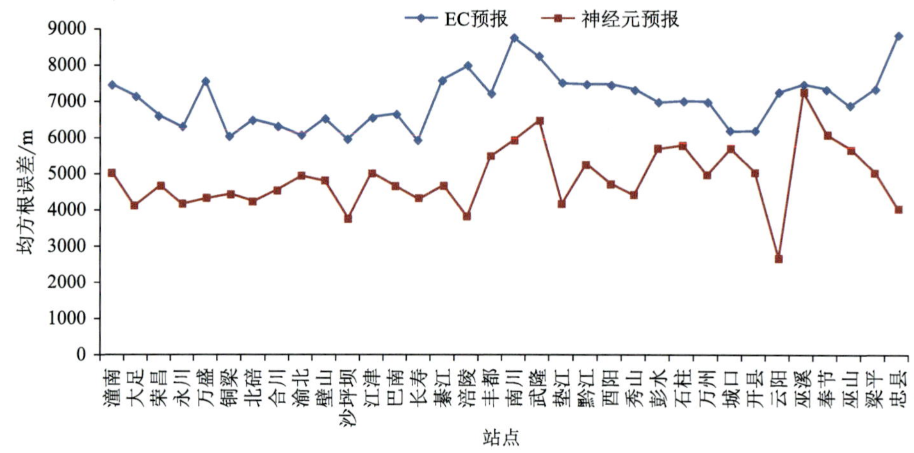

图 6.12　08 时 60 h ECMWF 预报及神经元预报与实况的均方根误差

从相关系数和均方根误差的比较来看，神经元网络的预报效果好于 ECMWF 模式直接输出的能见度预报。05 时神经元网络预报与实况的相关系数比 ECMWF 模式预报与实况的相关系数平均高 0.24，均方根误差平均减少 1938 m。08 时预报神经元网络预报与实况的相关系数比 ECMWF 模式预报与实况的相关系数平均高 0.19，均方根误差平均减少 2366 m。说明无论是对变化趋势的预报或是预报的偏差，神经元预报的效果都好于 ECMWF 模式。

为了更直观地了解神经元模型预报与 ECMWF 模式预报的差别，利用沙坪坝站的能见度预报时序图来进行预报效果对比分析。从 ECMWF 和神经元模型预报与实况的时序图来看（图 6.13），ECMWF 的预报跨度明显要大于神经元预报，对极大和极小值的预报要好于神经元预报，但是总体来看 ECMWF 的预报比实况偏高，对能见度变化趋势的预报也较差。神经元预报对能见度的变化趋势预报比 ECMWF 好，但是对极值的平滑作用较大，对能见度小于 1000 m 的预报能力较弱。

6.1.2.3　主要结论

基于 ECMWF 细网格资料利用神经元网络方法分季节建立了重庆地区 34 个区（县）的能见度预报模型。以 2014—2017 年的数据资料为训练集，2018 年的数据资料为检验集。对于预报因子的选取，从有利于大雾发生的各项气象要素出发，模仿预报员思路，选取温度、湿度、风速、气压等作为输入因子进行训练和预报。

对预报结果的统计检验表明，西部地区的预报效果是最好的，东北部的巫溪，东南部的酉阳预报效果较差。神经元模型预报与 ECMWF 模式本身输出的能见度预报比较来看，神经元网络的预报效果好于 ECMWF 模式直接输出的能见度预报。05 时预报神经元网络预报与实况的相关系数比 ECMWF 模式预报与实况的相关系数平均高 0.24，均方根误差平均减少 1938 m。08 时预报神经元网络预报与实况的相关系数比 ECMWF 模式预报与实况的相关系数平均高 0.19，均方根误差平均减少 2366 m。说明无论是对能见度变化趋势的预报或是能见度预报的偏差，神经元预报的效果都好于 ECMWF 模式。通过比较 ECMWF 和神经元预报与实况的时序，发现 ECMWF 的能见度预报比实况偏高，对能见度变化趋势的预报也较差。神经元预报对能见度的变化趋势预报比 ECMWF 好，但是对极值的平滑作用较大，对能见度小于 1000 m 的预报能力较弱。

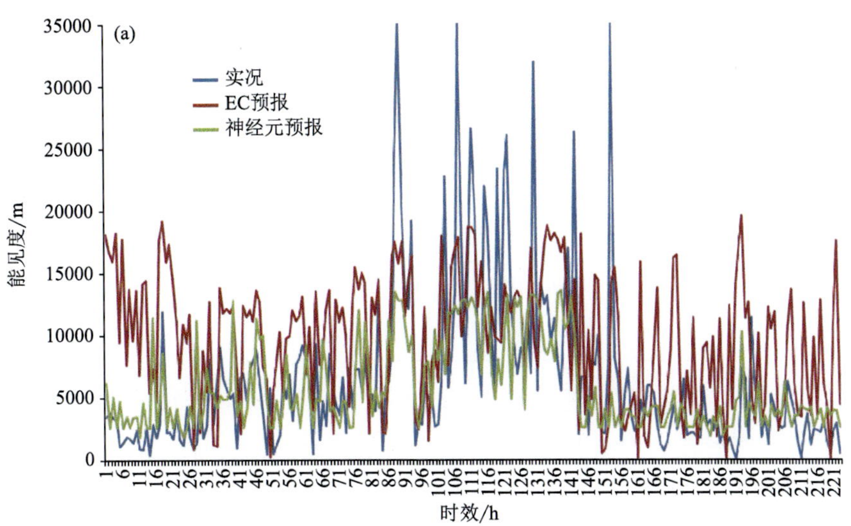
(a)
实况
EC预报
神经元预报
能见度/m
时效/h

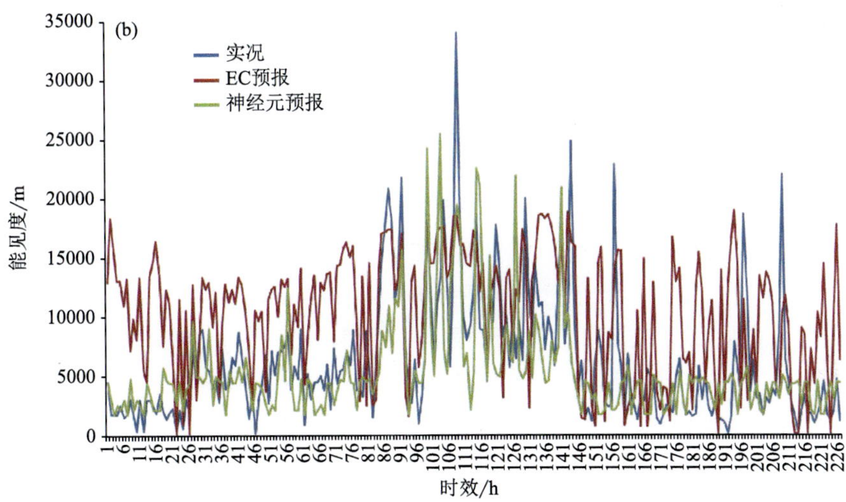
(b)
实况
EC预报
神经元预报
能见度/m
时效/h

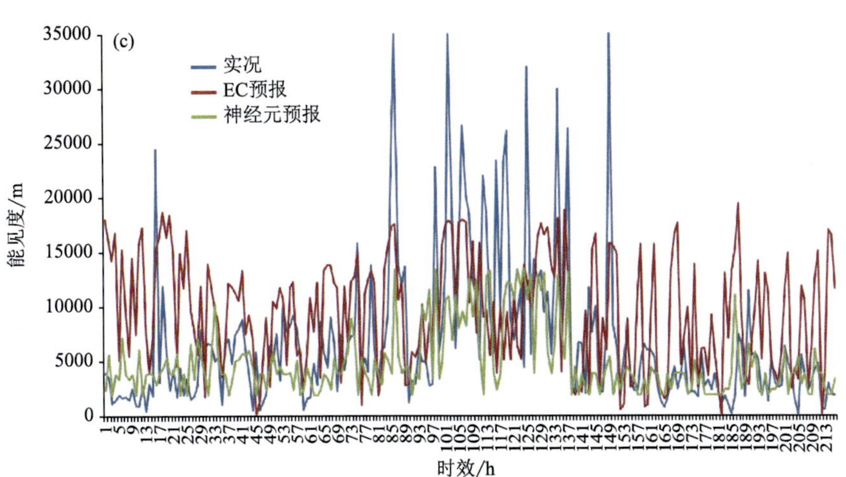
(c)
实况
EC预报
神经元预报
能见度/m
时效/h

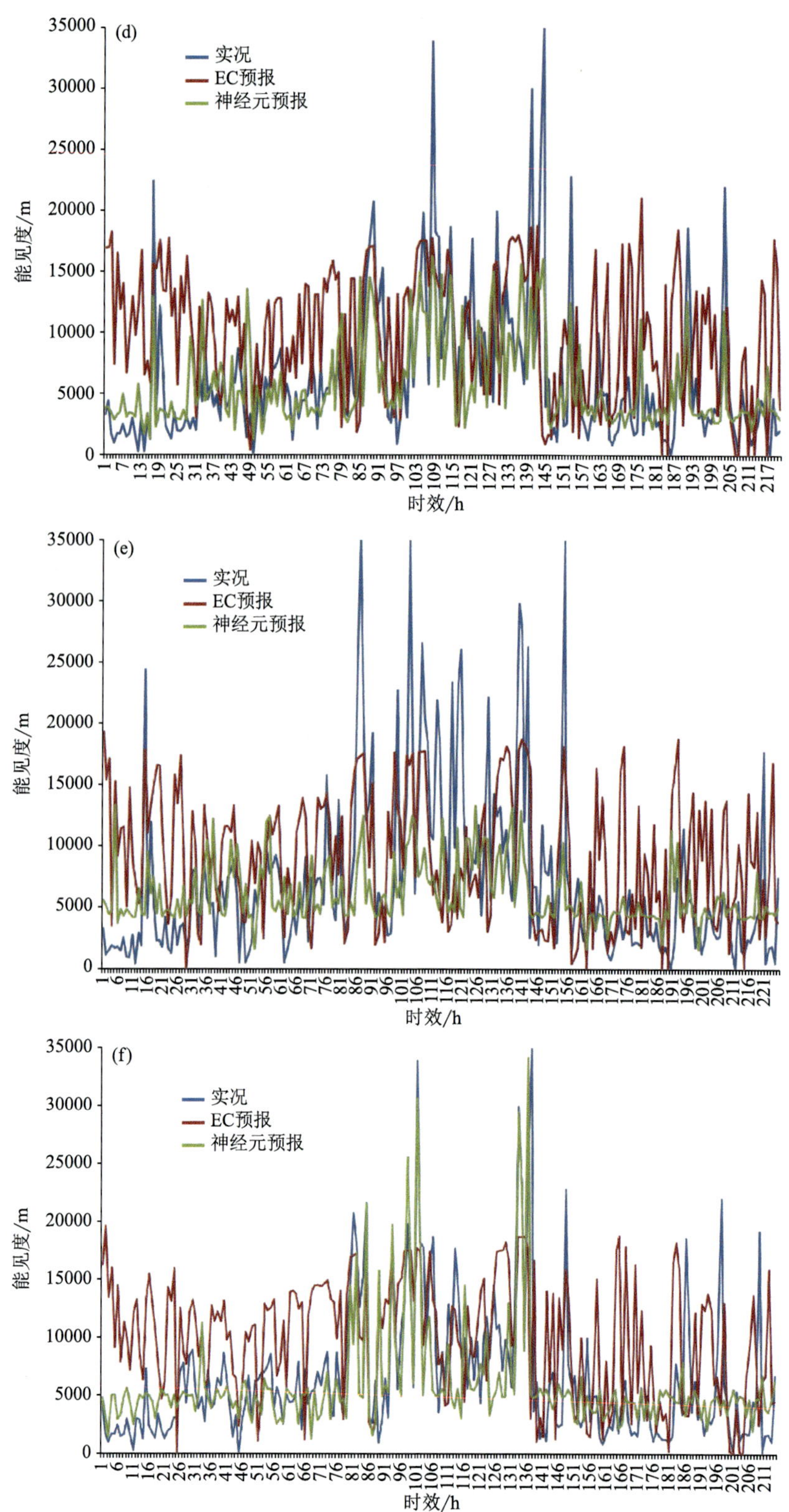

图 6.13 沙坪坝 ECMWF 预报及神经元预报与实况时序

(a) 05 时开始未来 9 h 预报，(b) 08 时开始未来 12 h 预报，(c) 05 时开始未来 33 h 预报，(d) 08 时开始未来 36 h 预报，(e) 05 时开始未来 57 h 预报，(f) 08 时开始未来 60 h 预报

6.2 空气污染预报技术

6.2.1 重庆市空气污染数值预报

2012年，重庆市气象科学研究所与美国俄克拉荷马大学风暴分析和预测中心（Center for Analysis and Prediction of Storm，University of Oklahoma，USA，CAPS）合作，以WRF-ARW模式（Advanced Research Weather Research and Forecasting Model）为基础，联合开发了重庆中尺度数值天气预报系统（Chongqing Storm-Scale Rapid Assimilation and Forecast System，CQSSRAFS），该系统以美国国家环境预报中心（National Centers for Environmental Prediction，USA，NCEP）的全球数值预报GFS为初始场，采用3重嵌套网格，空间分辨率为27 km/9 km/3 km，时间分辨率为3 h，预报时效为96 h，每天启动2次（00UTC、12UTC）。

2014年，重庆气象科学研究所与南京大学大气科学学院合作，针对重庆复杂的下垫面特征，建立了基于CMAQ（Community Multi-scale Air Quality Model，CMAQ，公共多尺度空气质量模式）的重庆市空气质量数值预报系统。该系统由CQSSRAFS提供气象预报场，然后驱动CMAQ。重庆中尺度数值天气预报系统是基于美国国家海洋和大气管理局（NOAA）、美国国家大气研究中心（NCAR）等联合开发的新一代高分辨率非静力中尺度模式WRF建立。

重庆市空气质量预报系统包括气象数据转换接口MCIP、人为源排放清单、自然源排放模型MEGAN、排放转换接口ECIP、空气质量模型和后处理模块Post 6个部分。重庆市空气质量数值预报系统设置如表6.1，CMAQ模式中水平和垂直输送分别采用hppm和vppm方案，水平和垂直扩散分别采用multiscale和eddy方案，气相化学机制采用cb05cl方案，气溶胶采用AERO4方案。AERO4方案中的气溶胶热力学模型为ISORROPIA，气溶胶尺度分布采用粗模态和细模态双模态分布、对数正态分布，二次无机气溶胶部分采用NH_3-H_2SO_4-HNO_3-H_2O液相和气相化学体系，二次有机气溶胶采用Pandis（1992）有机气溶胶产出率的方法。

表6.1　重庆市空气质量数值预报系统基本设置

内容	设置
模式版本	WRF V4.1,CMAQ V4.7.1
网格数	WRF:(200,160),(288,216),(480,360);CMAQ:(160,130),(198,166),(250,200)
分辨率	27 km,9 km,3 km
垂直方向	WRF:51层;CMAQ:15个sigma层
中心经纬度	(104.5°E,34.5°N),(106.6°E,30.0°N)

续表

内容	设置
WRF 物理参数化方案	YSU 边界层方案，Kain-Fritsch 积云参数化方案，Thompson 微物理过程，RRTMG 长波和短波辐射，Noah 陆面过程
CMAQ 物理化学方案	水平和垂直输送 ppm 方案，水平扩散 multi-scale 方案，垂直扩散 eddy 方案，气相化学 cb05cl 机制，气溶胶 AERO4 方案
WRF 初始场	美国国家环境预报中心（NCEP）的全球预报系统（GFS）资料，空间分辨率 0.5°×0.5°，3 h 时间间隔
CMAQ 排放源	MEGAN 模式计算的自然排放源，基于集合均方根卡尔曼滤波方法对 2010 年 MEIC 进行了反演订正的人为排放源

重庆市空气质量数值预报系统每天运行 2 次，能够实现重庆市及周边地区时、空分辨率分别为 3 h、3 km，预报时效为 72 h 的空气质量预报，预报要素如表 6.2。

表 6.2　重庆市空气质量预报系统要素预报

变量名	变量说明
SO_2	二氧化硫质量浓度
NO_2	二氧化氮质量浓度
CO	一氧化碳质量浓度
O_3	臭氧质量浓度
NH_3	氨气质量浓度
PM_{10}	10 μm 以下气溶胶粒子质量浓度
$PM_{2.5}$	2.5 μm 以下气溶胶粒子质量浓度
VIS	能见度
O_{3_8h}	8 h 平均臭氧质量浓度
AQI_SO_2	SO_2 空气质量指数
AQI_NO_2	NO_2 空气质量指数
AQI_CO	CO 空气质量指数
$AQI\_PM_{2.5}$	$PM_{2.5}$ 空气质量指数
AQI_PM_{10}	PM_{10} 空气质量指数
$AQI\_O_{3\_1h}$	1 h 平均 O_3 空气质量指数
$AQI\_O_{3\_8h}$	8 h 平均 O_3 空气质量指数
AQI	空气质量指数
RH	相对湿度
AK	粗粒子（2.5～10 μm 的气溶胶粒子）

6.2.2　重庆市空气污染预报订正技术

为改进重庆空气污染预报质量，基于多元线性回归（MR）、动力-统计方法（APLSR）

和深度学习（DNN）对重庆市空气质量数值预报系统（WRF-CMAQ 模式）预报的逐小时 $PM_{2.5}$ 浓度结果进行订正，并对模式预报及订正结果进行对比检验。

订正技术研究中，模式预报数据为 2016—2017 年 1—12 月重庆市空气质量数值预报系统每日 08 时起报，预报未来 72 h 的污染物浓度。实况数据为同时段重庆中心城区 17 个国控大气成分监测站逐小时 $PM_{2.5}$、PM_{10}、SO_2、NO_2、O_3、CO 浓度观测数据，以及距离 17 个大气成分监测站最近的自动气象站逐小时地面气象观测数据，包括气压、温度、露点温度、湿度、风向和风速。

6.2.2.1 订正技术

（1）多元线性回归

基于多元线性回归（Multiple Regression，MR）方法，利用 2017 年全年模式起报前 10 天逐小时气象要素和大气成分观测值及同期的 $PM_{2.5}$ 模式预报值，通过求取回归系数矩阵，建立滚动的线性回归订正模型，同时认为模型具有一定延续性，输入未来 24 h 相关自变量矩阵可以对下一天逐时 $PM_{2.5}$ 预报值进行订正。多元线性回归方法为滚动订正方法，建立模型使用了每天前 10 天数据，而测试订正效果则使用每日预测的逐小时 $PM_{2.5}$ 浓度，建立模型与测试使用的数据均为 2017 年的相关观测与模式模拟值。

（2）自适应偏最小二乘回归

针对自变量之间可能存在的复共线性可造成回归模型的不稳定，相关研究提出了偏最小二乘回归。对于一个非线性问题，建立全局性回归模型（Adapting Partial Least Square Regression，APLSR）难以在关注的区域范围内进行准确的预测，然而非线性问题在一个局部较小区域内却可以用线性关系来近似，因此区域范围内的非线性预测问题可将区域划分为若干足够小的区域，在这些区域进行线性回归计算，为能够恰当地划分区域，提出自适应偏最小二乘回归，它以被预测对象为出发点，认为建立模型中各样本处于不同地位，而自适应地分配不同权值。其主要计算公式为：

$$\boldsymbol{T}=\boldsymbol{XU} \tag{6.6}$$

$$SD_{\mathrm{ip}}=\frac{1}{ED_{\mathrm{ip}}+1}=\frac{1}{\|x_i-x_p\|_2+1} \tag{6.7}$$

$$\boldsymbol{Y}=\boldsymbol{TW}+\boldsymbol{B}=\boldsymbol{XUW}+\boldsymbol{B} \tag{6.8}$$

$$\hat{y}=\boldsymbol{W}^{\mathrm{T}}\boldsymbol{U}^{\mathrm{T}}x \tag{6.9}$$

式中，$\boldsymbol{X}$ 为自变量矩阵，$\boldsymbol{T}$ 为隐变量矩阵，$\boldsymbol{U}$ 为转换矩阵，x_i 为建模样本，x_p 为预报样本，SD_{ip} 为二者之间的相似度，ED_{ip} 为二者之间的欧氏距离，$\boldsymbol{Y}$ 为自变量矩阵，$\boldsymbol{W}$ 为回归系数矩阵，$\boldsymbol{B}$ 为剩余误差矩阵，$\hat{y}$ 为预报值。

利用 2017 年全年模式起报前 10 天逐小时 $PM_{2.5}$、PM_{10}、SO_2、NO_2、O_3、CO 浓度大气成分观测数据及同期的 $PM_{2.5}$ 模式预报值，自动气象站观测的气压、温度、露点温度、湿度、风向和风速，一共 13 个变量作为自变量，以此建立每天非线性订正模型，并对当天模式预报的 $PM_{2.5}$ 浓度进行订正。自适应偏最小二乘回归法与多元线性回归方法一样为滚动订正方法，因此建立模型与测试使用的数据均为 2017 年的相关观测与模式模拟值。

（3）深度学习

深度学习网络（Deep Neural Networks，DNN）是深度学习的基础，其基本学习模型结构如图 6.14 所示，DNN 由输入层、隐藏层和输出层组成，其中可包含多层隐藏层。相比一般的神经网络，DNN 在计算层次上更为复杂。输入层的神经元数目由自变量矩阵维数决定，隐藏层神经元数及隐藏层层数由训练与验证结果决定，作为预测回归模型，输出层由最后一层隐藏层输出的平均作为输出，文中的预测值为下一天的 $PM_{2.5}$ 浓度。

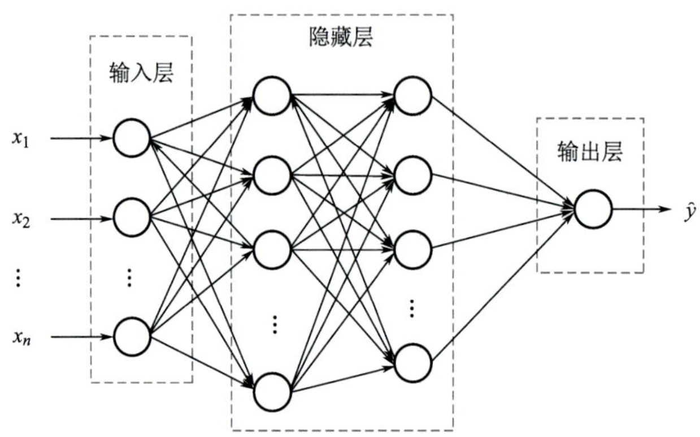

图 6.14 深度神经网络基本学习模型结构示意

DNN 结构的计算训练公式如下：

$$y_1 = w_1 \cdot x + b_1 \tag{6.10}$$

$$y_i = w_i \cdot \sigma_i(y_{i-1}) + b_i \tag{6.11}$$

$$\hat{y} = \sigma_l(w_l \cdot y_{l-1} + b_l) \tag{6.12}$$

式中，x 为输入层的自变量矩阵，w_1 为输入层与第 1 个隐藏层的权重；b_1 为输入层与第 1 个隐藏层的剩余误差，隐藏层共有 l 层，y_i 为第 i 个隐藏层的输入信号，i 的范围为 2 到 $l-1$，w_i 是第 $i-1$ 层到 i 层隐藏层的连接权重，b_i 为第 $i-1$ 层到 i 层隐藏层的剩余误差，σ_i 为第 $i-1$ 层到 i 层隐藏层的激活函数；$\hat{y}$ 为输出层的输出信号，本节中为 $PM_{2.5}$ 浓度预测值，w_l 是第 l 层隐藏层到输出层的连接权重，b_l 为第 l 层隐藏层到输出层的剩余误差，由于本节的预测是回归问题，因此输出层不设激活函数，即将第 l 层的输出进行平均后作为最终的输出。

在深度学习模型训练中，通过 DNN 反向传播算法来进行权重矩阵和剩余误差矩阵的求解和优化，基本思路定义损失函数计算样本输出与真实值之间的损失，并通过最小化损失函数来实现权重矩阵和剩余误差的优化，本节使用较为常见的均方差来计算损失。输入层神经元数目为 13，隐藏层神经元设为 10，激活函数使用 tanh，优化器选择 Adam 算法。研究使用 2016 年的相关数据集进行模型的训练，将得到的 DNN 模型使用 2017 年数据集进行测试检验。

6.2.2.2 检验方法

为评估数值预报偏差，并比较不同方法的订正效果，本节使用统计检验和分级检验两种方法，其中统计检验选取平均偏差（Mean Bias，*MB*）、均方根误差（Root Mean Squared Error，RMSE）和皮尔森相关系数（Pearson correlation coefficient，记为 r）来衡量预测值与观测值的绝对差异、相对偏差和线性关系，其计算公式为：

$$MB = \frac{1}{n}\sum_{i=1}^{n}[m_i - o_i] \tag{6.13}$$

$$\mathrm{RMSE}=\sqrt{\frac{\sum_{i=1}^{n}[m_i-o_i]^2}{n}} \tag{6.14}$$

$$r=\frac{\mathrm{cov}(m,\ o)}{\sqrt{\mathrm{cov}(m,\ m)\times\mathrm{cov}(o,\ o)}} \tag{6.15}$$

式中，m_i 为预报值，o_i 为观测值，cov（m，o）为 m 和 o 的协方差，cov（m，m）和 cov（o，o）为 m 和 o 的方差（芦华 等，2021）。

分级检验从超标污染物预报水平的角度来评估模式预报及不同订正方法对于较高浓度 $PM_{2.5}$ 的预报水平，参考《环境空气质量标准》（GB 3095—2012），设定 $PM_{2.5}$ 浓度阈值为 75 $\mu g \cdot m^{-3}$，如图 6.15 所示将预测值与观测值散点分布分为 4 个区间，得到每个区域散点数。

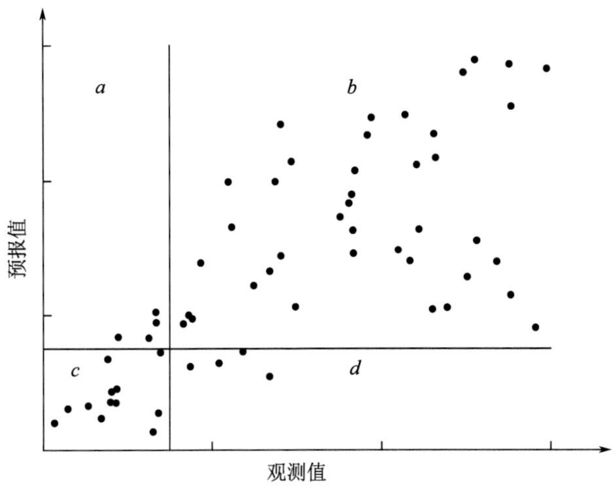

图 6.15　分级检验示意图

文中选取的检验指标包括准确率、成功率、虚报率和漏报率，其计算公式如下：

$$\text{准确率}=\frac{b+c}{a+b+c+d} \tag{6.16}$$

$$\text{成功率}=\frac{b}{a+b+d} \tag{6.17}$$

$$\text{虚报率}=\frac{a}{a+b} \tag{6.18}$$

$$\text{漏报率}=\frac{d}{b+d} \tag{6.19}$$

式中，a、b、c、d 如图 6.15 所示为 4 个区的散点数，其中 a 表示对未超标污染的空报天数，b 表示对超标污染预报准确天数，c 表示对未超标污染预报准确天数，d 表示对超标污染的漏报天数。

6.2.2.3　结果与分析

（1）模式预报及订正结果统计检验

文中采用了 MR、APLSR 和 DNN 三种订正方法对 CMAQ 预报重庆市中心城区 2017 年全年 $PM_{2.5}$ 逐小时浓度进行了订正，图 6.16 给出了模式预报及订正结果与实测值的散点分布与拟合效果。CMAQ 预报结果相比观测值的散点多分布于拟合线以上，且分布较为分散，拟合线偏向靠近 y 轴，表明模式预报的 $PM_{2.5}$ 逐小时浓度普遍大于观测值，一方面可能由于排放源相比实际存在一定高估，另一方面气象模式预报本身存在一定偏差，进而造成模式预报大气成分结果的偏差。通过 MR 订正后的散点分布相比模式预报相对集中，但订正效果有限，结合表 6.3 中全年统计结果可知，MR 订正对于平均偏差订正结果较好，仅为−0.82 μg·m^{-3}，散点较为均匀地靠近 x 轴和 y 轴，而 APLSR 和 DNN 订正后的散点更加集中在参考线附近，结合统计参数可知，MR 订正后均方根误差为 21.80 μg·m^{-3}，相关系数达到 0.691，而 APLSR 和 DNN 订正后的均方根误差明显低于 MR，相关系数更高，其中 DNN 的订正效果优于 APLSR，其散点更加集中且拟合线靠近参考线，表明 DNN 订正后的结果更接近观测值，因此对于全年 $PM_{2.5}$ 逐小时浓度的订正结果，APLSR 和 DNN 的订正效果明显优于 MR，而 DNN 效果优于 APLSR。

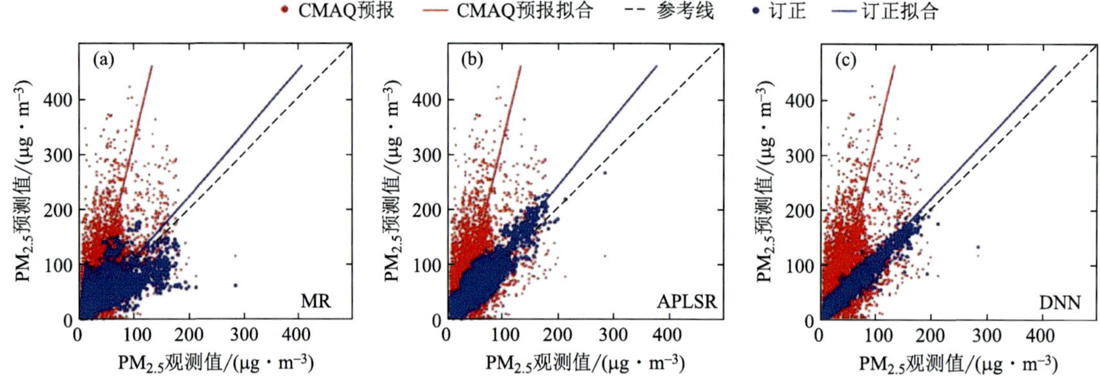

图 6.16 模式预报及订正结果与实测值散点分布与拟合效果

(a) 模式预报与 MR 方法订正结果散点分布及拟合；(b) 模式预报与 APLSR 方法订正结果散点分布及拟合；(c) 模式预报与 DNN 方法订正结果散点分布及拟合

表 6.3 模式预报及订正结果各季与全年统计参数

		春季	夏季	秋季	冬季	全年
平均偏差/(μg·m^{-3})	CMAQ	21.16	5.25	43.20	49.43	30.35
	MR	2.65	2.11	−4.08	−4.99	−0.82
	APLSR	2.47	3.64	4.43	12.56	5.83
	DNN	−0.12	−0.01	−0.26	0.42	−0.26
均方根误差/(μg·m^{-3})	CMAQ	52.32	30.32	66.35	79.79	60.36
	MR	12.93	11.26	17.22	36.49	21.80
	APLSR	11.46	14.95	14.38	22.59	16.28
	DNN	9.08	9.15	10.20	12.21	10.41
相关系数	CMAQ	0.197	0.034	0.339	0.362	0.475
	MR	0.375	0.581	0.692	0.441	0.691
	APLSR	0.633	0.378	0.798	0.900	0.881
	DNN	0.809	0.832	0.902	0.949	0.940

续表

		春季	夏季	秋季	冬季	全年
均方根误差减小值/(μg·m^{-3})	MR	39.40	19.06	49.13	43.29	38.56
	APLSR	40.86	15.37	51.97	57.19	44.09
	DNN	43.24	21.17	56.15	67.57	49.96
均方根误差减小比例/%	MR	75.3	62.9	74.1	54.3	63.9
	APLSR	78.1	50.7	78.3	71.7	73.0
	DNN	82.6	69.8	84.6	84.7	82.8

图 6.17 将 CMAQ 模式预报和 3 种订正的重庆市中心城区 $PM_{2.5}$ 逐小时浓度减去同时期观测值，进而得到预测偏差的概率密度分布和拟合效果。模式预报与订正结果偏差分布均呈正态分布，其中 CMAQ 模式预报结果偏差的分布范围主要位于－80～180 μg·m^{-3}，偏差分布范围较宽，结合表 6.3 可知 CMAQ 模式预报 2017 年全年 $PM_{2.5}$ 浓度的平均偏差为 30.35 μg·m^{-3}，均方根误差为 60.36 μg·m^{-3}，模式预报存在明显正偏差。经过 3 种订正方法订正后 MR 订正后的偏差分布集中在±100 μg·m^{-3} 之间，APLSR 订正后偏差集中在±80 μg·m^{-3} 之间，DNN 订正后偏差集中分布在±60 μg·m^{-3} 之间，概率密度分布范围明显变窄，并且对于模式预报正偏差有显著订正效果。统计 CMAQ 模式预报偏差有 33.35%频率处于±10 μg·m^{-3} 之间，经过 MR、APLSR 和 DNN 订正的偏差分别有 63.09%、69.15%和 72.25%的频率处于±10 μg·m^{-3} 之间，订正后的概率密度分布更集中，并且对比 3 种订正方法效果，可知对于全年 $PM_{2.5}$ 逐小时浓度订正结果，DNN 表现最好，其次是 APLSR，最差是 MR，表明 DNN 和 APLSR 较为成功地捕捉了基于大气成分与气象要素对 $PM_{2.5}$ 逐小时浓度预测的非线性关系，预测效果明显优于基于线性关系建立的 MR 模型。

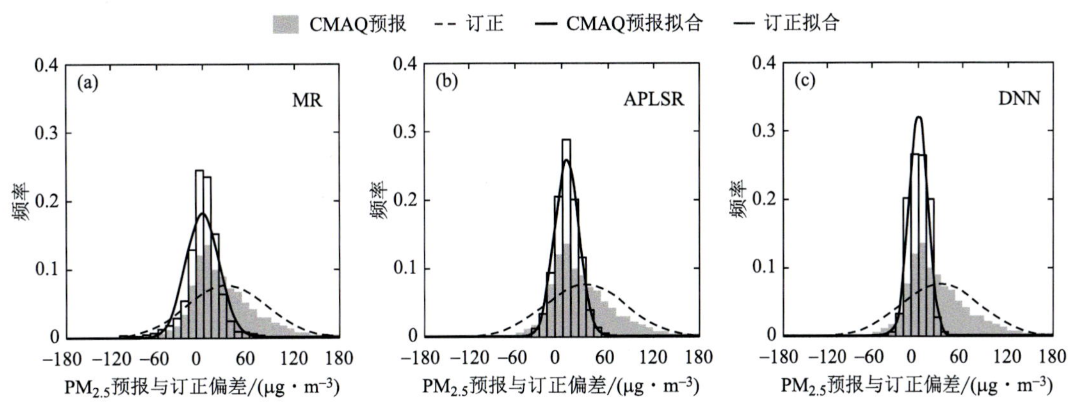

图 6.17　模式预报及订正结果偏差概率分布与拟合效果

(a) 模式预报与 MR 订正方法订正结果偏差分布及拟合，(b) 模式预报与 APLSR 订正方法订正结果偏差分布及拟合，(c) 模式预报与 DNN 订正方法订正结果偏差分布及拟合

(2) 模式预报及订正结果分季节检验

为检验不同季节 3 种订正方法对于模式预报的重庆中心城区 $PM_{2.5}$ 逐小时浓度订正效果，本节分别计算了 4 个季节和全年模式预报及订正的平均偏差、均方根误差和相关系数，

并求得3种订正方法相比模式预报均方根误差减小值及减小比例（表6.3）。总的来讲，模式预报的逐小时 $PM_{2.5}$ 浓度的平均偏差在不同季节均为正，表明模式在不同季节对于 $PM_{2.5}$ 浓度预报值相比观测值整体偏大；另外，模式预报偏差存在季节性差异，冬季的平均偏差和均方根误差明显高于其他季节，其次是秋季和春季，夏季的偏差最小，研究表明该地区 $PM_{2.5}$ 浓度季节变化规律同样是冬季最高，夏季最低，表明模式对于高浓度的 $PM_{2.5}$ 浓度预报偏差也较大，但是模式预报值与实测值的相关系数却是秋、冬季较高，春、夏季较低，说明模式对于秋、冬季 $PM_{2.5}$ 浓度变化趋势预报效果优于春、夏季使用3种方法对模式预报值进行订正，统计参数表明，不同季节订正后结果的平均偏差和均方根误差显著降低，相关系数明显升高；对比不同订正方法的订正效果，各季节与全年统计结果一致，DNN订正后的平均偏差和均方根误差明显小于其他2种方法，而相关系数也高于其他2种方法，DNN订正后的平均偏差在±1 $\mu g \cdot m^{-3}$ 以内，均方根误差降低至10 $\mu g \cdot m^{-3}$ 左右，相关系数在0.80以上，其中秋、冬季相关系数超过0.90。APLSR和DNN对于春、秋和冬季订正效果较好，优于MR，APLSR可订正春、秋和冬3个季节70%～80%的均方根误差，DNN可以减少80%以上的均方根误差。而夏季则是DNN订正效果最优，MR效果优于APLSR。APLSR订正结果的平均偏差和均方根误差略高于MR，同时相关系数显著低于MR，MR订正模式预报均方根误差也略高于APLSR，结合图6.18可知，APLSR在夏季对 $PM_{2.5}$ 浓度的订正结果存在显著高估，并且对于 $PM_{2.5}$ 浓度趋势变化的预测效果明显不如其他2种方法，因此相关系数较小。究其原因，一方面由于春、秋和冬3个季节 $PM_{2.5}$ 的浓度相比夏季较高，另外大气层结受到稳定层结或干涡等天气系统影响，大气污染物在盆地内难以扩散出去，受到青藏高原地形阻挡在盆地内形成局地次环流，使得大气污染物充分混合，其中硫酸盐和硝酸盐等通过复杂的光化学反应产生的二次气溶胶为四川盆地地区大气污染物的主要来源，因此 $PM_{2.5}$ 浓度与前期大气成分和气象要素之间具有复杂的非线性关系，而适用于捕捉自变量特征与预测值非线性关系的APLSR和DNN，对于春、秋和冬季的模式预报结果订正效果更好；而夏季四川盆地降水量明显高于其他几个季节，对空气中的污染物湿清除作用明显，因而当地 $PM_{2.5}$ 浓度较低，MR方法对这种较为直接的线性关系订正效果相比APLSR好，但对于不同季节和全年的订正DNN的效果更为明显，明显优于其他2种方法。

（3）模式预报及订正结果日均值检验

图6.18给出了2017年重庆市中心城区观测及CMAQ模式预报和不同方法订正的 $PM_{2.5}$ 日均浓度变化曲线。由实测值可知，2017年重庆市中心城区 $PM_{2.5}$ 日均浓度变化存在季节差异，其中冬季的浓度较高，根据《环境空气质量标准》（GB 3095—2012），可知冬季重庆市中心城区 $PM_{2.5}$ 日均浓度存在严重超标，整个季节日均浓度基本都超过二级空气质量标准（75 $\mu g \cdot m^{-3}$），而春季和秋季污染物浓度也存在超标的情况，夏季 $PM_{2.5}$ 浓度基本维持在较低水平，这与Zhao等（2018）对四川盆地 $PM_{2.5}$ 浓度年变化特征的分析结论一致。CMAQ模式对于 $PM_{2.5}$ 日均浓度预报，基本也呈现出冬季高、夏季低的趋势，但是模式整体对于 $PM_{2.5}$ 日均浓度存在高估，尤其对污染物较高浓度峰值的模拟，另外模式对于秋、冬季转折性 $PM_{2.5}$ 浓度剧烈变化的预报效果不甚理想，这一方面是由于模式使用静态大气排放源清单无法考虑突发性污染物的排放，另一方面气象模式对于转折性天气的变化趋势预报存在一定偏差。经过3种方法订正后 $PM_{2.5}$ 日均浓度预测值与观测值的偏差明显减小，并且订正结果对于 $PM_{2.5}$ 日均浓度的变化趋势相比模式预报值具有更好的预测效果。其中，MR订

正结果对于秋、冬季污染物的高值存在一定的低估，结合表 6.3 中的统计参数可知，MR 方法对秋、冬季 $PM_{2.5}$ 浓度预报结果订正负平均偏差由此造成，另外 MR 方法对于污染物浓度转折性变化的趋势预报存在一定的滞后，因此订正结果与观测值的相关系数相比其他 2 种方法相对较低；APLSR 方法对于 $PM_{2.5}$ 日均浓度预报值的订正结果相比 MR 方法，峰值偏差较低，且预报趋势较好，但是对 8 月前后 $PM_{2.5}$ 日均浓度存在显著高估，并且对污染物变化趋势预测效果较差，因此相关系数低于 MR 方法，这与夏季统计检验结论一致。另外，对于冬季污染物的峰值存在一定的高估；DNN 方法订正结果相比 MR 和 APLSR 与观测值的偏差较小，并且对于污染物转折性突变的预测效果较好。

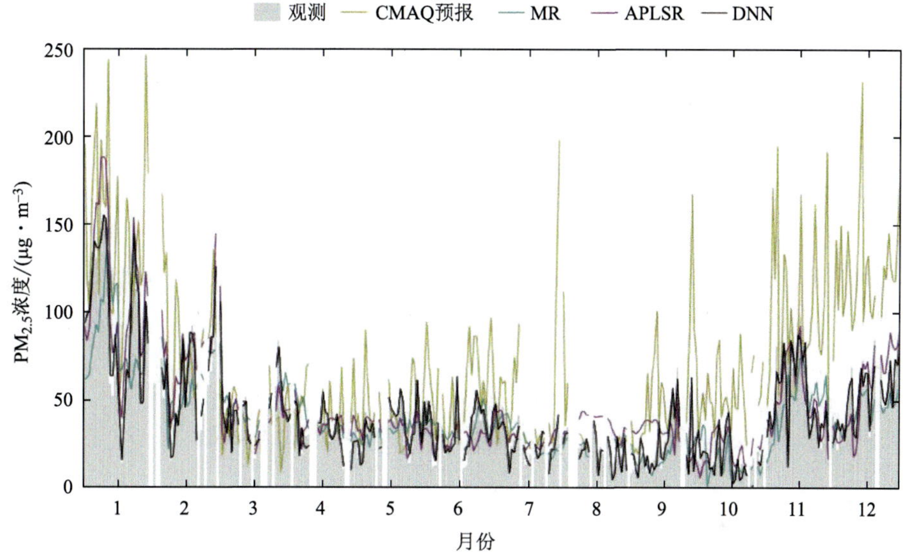

图 6.18　2017 年观测及模式预报和订正日均 $PM_{2.5}$ 浓度变化

(4) 模式预报及订正结果分级检验

表 6.4 给出了模式预报及 3 种订正方法对于 $PM_{2.5}$ 日均浓度预测结果的各分级检验参数，CMAQ 模式对于日均 $PM_{2.5}$ 浓度预报准确率为 69.79%，但是成功率较低，且虚报率高达 76.42%，结合前文分析可知，主要是由于模式对于 $PM_{2.5}$ 浓度高估造成，模式对于超标污染物的预报效果存在较大偏差。通过 MR 方法订正后，成功率有所提高，虚报率降低至 43.19%，表明 MR 订正结果对于超标污染物的高估具有一定修正效果，但是漏报率也由 23.88%升高至 59.22%；对比 APLSR 方法，虚报率降低的同时，漏报率也有所降低，进而使得成功率和准确率相比 MR 进一步提高，有效提高了对于超标污染物的预测能力；而 DNN 的订正结果虚报率和漏报率均明显降低，而准确率和成功率较高，表明 DNN 对于 $PM_{2.5}$ 日均浓度变化预报结果具有较好的订正效果。

表 6.4　模式预报及订正 $PM_{2.5}$ 日均浓度分级检验参数

	CMAQ	MR	APLSR	DNN
准确率/%	69.79	89.92	91.91	97.12
成功率/%	21.96	31.13	52.66	76.40

续表

	CMAQ	MR	APLSR	DNN
虚报率/%	76.42	43.19	40.88	12.64
漏报率/%	23.88	59.22	17.18	14.11

6.2.2.4 主要结论

基于多元线性回归、动力-统计方法和深度学习方法对重庆市空气质量预报系统预报的逐小时 $PM_{2.5}$ 浓度结果进行了订正研究，收集整理 2016—2017 年的大气成分和气象要素资料，以前 10 天的大气成分模式预报值、大气成分观测值和气象要素观测值建立自变量矩阵，使用 MR 和 APLSR 方法通过滚动订正对 2017 年全年的 $PM_{2.5}$ 逐小时浓度预报值进行了订正，并使用 2016 年的自变量矩阵与目标矩阵对 DNN 模型进行训练，进而使用模型对 2017 年 $PM_{2.5}$ 逐小时浓度预报进行订正。

统计检验结果表明，CMAQ 模式对于 $PM_{2.5}$ 浓度预报存在明显正偏差，逐小时 $PM_{2.5}$ 浓度的均方根误差为 60.36 $\mu g \cdot m^{-3}$，相关系数为 0.475，经过 3 种方法订正后的散点拟合线更加靠近参考线，并且偏差概率分布更加集中，其中 DNN 订正后平均偏差和均方根误差小于 APLSR 和 MR 方法，均方根误差为 10.41 $\mu g \cdot m^{-3}$，而相关系数达到 0.940，而 APLSR 方法订正效果又优于 MR 方法；分季节检验结果表明 DNN 方法在不同季节订正效果更为稳定，且明显优于其他 2 种方法，APLSR 在春、秋和冬季订正效果优于 MR 方法，而在夏季则是 MR 方法订正效果较好。

进一步检验逐日 $PM_{2.5}$ 浓度预报和订正效果，并进行分级检验，发现 CMAQ 模式对于 $PM_{2.5}$ 浓度预报整体偏高，并且对于转折性污染物变化过程模拟效果不甚理想，准确率为 69.79%，而虚报率高达 76.42%。经过订正后逐日 $PM_{2.5}$ 浓度的高估得到明显改善，其中 MR 方法对秋、冬季污染物峰值存在一定低估，因此相比模式预报漏报率反而提高，另外对于转折性变化过程订正结果有一定滞后；APLSR 方法相比 MR 方法准确率提高，同时漏报率降低，但是对夏季 $PM_{2.5}$ 浓度预报存在高估，且变化趋势预报效果较差；DNN 方法订正结果的准确率达到 97.12%，成功率较高，同时漏报率和虚报率均有所降低，相比模式预报和其他 2 种订正方法，DNN 对于污染物浓度变化及转折性污染过程的预报效果较好。

6.2.3 重庆空气污染统计预报技术

空气污染统计预报是不依赖污染物的物理、化学与生态过程，通过分析发展规律来进行预测的一种方法（王式功 等，2002，2021）。对特定的城市或区域，在多年气象与污染物浓度资料积累的基础上，分析天气变化规律，找出若干天气类型并分析各类型的典型参数，然后建立这些参数与相应污染物浓度实测数据的定量或半定量关系（这些关系可以是线性或非线性的组合，也可以是有量纲或无量纲的组合）并根据这些关系做预报。

重庆市气象台通过对重庆中心城区 2013—2017 年主要大气污染物的统计特征分析，了解各种污染物的月变化、日变化特点；通过相关分析，挑选出与 AQI 指数相关显著且具有物理意义的气象要素，构建空气污染气象条件指数 IBAM（Index Between Air pollution and Meteorology）。本节中构建的 IBAM 指数与中国气象科学研究院建立的 PLAM（Parameters

Linking Air-quality and Meteorology）指数有一定差异，PLAM 指数先挑选出与污染过程关系密切的敏感气象要素（日最高气温、相对湿度、气压及水汽含量），再引入适应度函数分级方法计算输送权重，建立 PLAM 预报模型。IBAM 指数同样先挑选敏感气象要素或变量（变压、风速、比湿、总温度差），而后归一化处理气象要素或变量形成 IBAM 指数，并将 IBAM 指数通过 K 均值聚类分析分类，根据分类引入极端天气事件的概念确定阈值，建立预报模型。该预报模型已经在重庆市气象台业务运行，经过检验评估，预报性能较稳定，对高污染过程时段及强度判断有一定指示性，能较准确预报出重庆地区污染过程，对预防和处理重污染事件，改善重庆地区环境空气质量有较好参考价值。模型构建方法如下。

6.2.3.1　资料

在分析重庆城区大气污染物浓度统计特征时，应用重庆市环境监测中心 2013—2017 年 6 种大气污染物（$PM_{2.5}$、PM_{10}、SO_2、NO_2、O_3、CO）质量浓度资料及日均空气质量指数（AQI，Air Quality Index）。在 AQI 与气象要素相关分析中，应用 NCEP/NCAR 再分析资料（空间分辨率：2.5°×2.5°）。构建空气污染气象条件指数 IBAM 时，应用欧洲中心数值预报产品起报零场资料（空间分辨率：0.25°×0.25°），时段为 2013 年 4 月 1 日到 2016 年 12 月 31 日。业务预报空气污染气象条件等级时，利用 EC 数值预报产品（空间分辨率：0.25°×0.25°，时间分辨率：12 h，预报时效：168 h）。

6.2.3.2　模型构建方法

（1）AQI 与气象要素相关分析

分析 AQI 与气象要素相关关系，利用重庆城区日均 AQI 与中、低层大气（700、850、925 hPa）的风、温、压、湿等气象要素作相关分析。表 6.5 列出 AQI 与重庆城区最近的 3 个格点（105°E，30°N；107.5°E，30°N；110°E，30°N）气象要素的相关系数。日均 AQI 与气温呈负相关，与 700 hPa 以下气温相关系数较高，通过 $\alpha=0.05$ 的显著性检验；与中、低层气温差同样呈负相关，与 850 hPa 以下的温差相关系数高，与更高层的 850 hPa、700 hPa 温差相关系数低，未能通过显著性检验。AQI 与 700 hPa 以下相对湿度同样为负相关，中、低层湿度与是否降雨有密切关系，湿度越大，越有利于降水，雨水的湿沉降作用会使大气污染物浓度降低，AQI 减小；然而低层相对湿度差与 AQI 的相关不显著。比湿表示大气中的绝对水汽含量，在降水发生时比湿大小与降水量大小有关，比湿与 AQI 同样呈负相关，相关显著。由于相关分析是应用大尺度资料，所以，风速与 AQI 相关系数不大，但仍然可以看出，越低层的风速与 AQI 的相关系数越大，这说明近地层的风速对大气污染物的扩散影响更明显。地面气压的变化在某种程度上反映冷空气活动情况，冷空气影响时气压升高、近地层风速增大，利于 AQI 下降，所以 24 h 变压与 AQI 为负相关。

表 6.5　重庆中心城区日平均 AQI 与气象要素相关系数

气象要素	格点经纬度		
	105°E，30°N	107.5°E，30°N	110°E，30°N
1000 hPa 温度	−0.28#	−0.25#	−0.25#
925 hPa 温度	−0.28#	−0.24#	−0.23#
850 hPa 温度	−0.26#	−0.22#	−0.21#

续表

气象要素	格点经纬度		
	105°E,30°N	107.5°E,30°N	110°E,30°N
700 hPa 温度	−0.28#	−0.27#	−0.29*
1000 hPa 与 925 hPa 温差	−0.19#	−0.28#	−0.41*
925 hPa 与 850 hPa 温差	−0.18	−0.24#	−0.23#
850 hPa 与 700 hPa 温差	−0.12	−0.03	0.02
1000 hPa 相对湿度	−0.39*	−0.38*	−0.39*
925 hPa 相对湿度	−0.36*	−0.39*	−0.39*
850 hPa 相对湿度	−0.21#	−0.24#	−0.34*
700 hPa 相对湿度	−0.36*	−0.29*	−0.27#
1000 hPa 与 850 hPa 相对湿度差	−0.08	−0.08	0.05
925 hPa 与 850 hPa 相对湿度差	−0.11	−0.15	0.05
925 hPa 比湿	−0.33*	−0.3*	−0.28#
850 hPa 比湿	−0.37*	−0.33*	−0.3*
700 hPa 比湿	−0.44*	−0.43*	−0.38*
925 hPa 全风速	−0.17	−0.08	−0.04
850 hPa 全风速	−0.15	0.10	−0.06
925 hPa 风速 U 分量	0.17	−0.03	−0.11
925 hPa 风速 V 分量	0.07	0.06	−0.01
850 hPa 风速 U 分量	0.15	0.02	−0.02
850 hPa 风速 V 分量	0.05	0.04	−0.02
08 时变压	−0.14	−0.15	−0.12
20 时变压	−0.06	−0.06	−0.01

注：* 表示通过 0.01 的显著性检验，# 表示通过 0.05 的显著性检验。

参考总温度公式：

$$T_t = T + \frac{L}{c_p}q + \frac{Ag}{c_p}Z + \frac{A}{2c_p}V^2 \tag{6.20}$$

其中，T_t 为与气块总能量相当的温度，T 为气块温度，c_p 为定压比热，L 为凝结潜热系数，q 为气块比湿，A 为热功当量，g 为重力加速度，Z 为气块高度，V 为风速。经比较，$\frac{A}{2c_p}V^2$ 动能项较小，可略去；在不考虑$\frac{Ag}{c_p}Z$ 位能项的情况下，本节利用简化总温度公式：

$$T_t = T + \frac{L}{c_p}q \tag{6.21}$$

计算影响大气扩散条件的温湿状态物理量，将 L 和 c_p 常数代入式（6.21），得到计算公式：

$$T_t = T + 2.5q \tag{6.22}$$

由表 6.5 可知，气温、比湿与 AQI 相关系数大，根据式（6.22）计算出中、低层总温度与 AQI 相关系数也较大（表 6.6）。700 hPa、850 hPa、925 hPa 总温度、925 hPa 与 850 hPa 总温度差与 AQI 相关系数大，表明大气低层的温湿状态和层结状况对大气污染物浓度变化有较明显影响，而更高层的大气温湿状态与 AQI 相关系数较小，相关不显著。

表 6.6　重庆中心城区日平均 AQI 与总温度、总温度差相关系数

气象要素	格点经纬度		
	105°E,30°N	107.5°E,30°N	110°E,30°N
925 hPa 总温度	−0.32*	−0.29*	−0.27#
850 hPa 总温度	−0.39*	−0.39*	−0.37*
700 hPa 总温度	−0.34*	−0.29*	−0.28#
925 hPa 与 850 hPa 总温差	−0.23#	−0.22#	−0.19#
850 hPa 与 700 hPa 总温差	−0.16	−0.07	−0.05

注：* 表示通过 0.01 的显著性检验，# 表示通过 0.05 的显著性检验。

（2）构建空气污染气象条件指数 IBAM

经相关分析发现，低层的气温、湿度及总温度与 AQI 相关系数大，同时考虑冷空气和风速对大气污染物浓度的影响，选出 4 个气象因子构建空气污染扩散气象条件指数 IBAM。分别为：表征冷空气活动的地面 24 h 变压；大气边界层的风速可代表低层大气的水平扩散能力，选取低层风速为 IBAM 指数气象因子之一；大气扩散能力不仅与其水平输送情况有关，同样与垂直输送有关，所以引入表示温湿状态及层结状况的总温度差；另外，较明显的降水对大气污染物的稀释沉降作用明显，由相关分析也发现，比湿与 AQI 相关显著，所以引入 700 hPa 比湿构建 IBAM 指数。虽然相对湿度与 AQI 显著相关，但考虑相对湿度预报值误差较大，所以没有选取相对湿度构建 IBAM 指数。

对选出的 4 个气象因子做归一化处理，计算公式如下：

$$X=\frac{X-X_{\min}}{X_{\max}-X_{\min}} \tag{6.23}$$

式中，X 为待归一化处理的变量，$X_{\min}$ 为变量的最小值，$X_{\max}$ 为变量的最大值，将归一化处理后的无量纲数组合成空气污染扩散条件的综合指数——IBAM 指数：

$$\mathrm{IBAM}=n+(B_1+B_2+\cdots+B_i)-(C_1+C_2+\cdots+C_n) \tag{6.24}$$

式中，B_i 为第 i 个相关系数为正的入选因子，C_n 为第 n 个相关系数为负的入选因子，n 是为了保证 IBAM 指数为正值加入的一个正整数（与 C_n 中的 n 相同）。由于 4 个气象因子与 AQI 都为负相关，为了保证 IBAM 指数为正，IBAM 指数表达式设定为：

$$\mathrm{IBAM}=4-\mathrm{d}p_{24}-q_{700}-\mathrm{d}T_t-F \tag{6.25}$$

式中，$\mathrm{d}p_{24}$ 为地面 24 h 变压，q_{700} 为 700 hPa 比湿，$\mathrm{d}T_t$ 为近地层总温度差，F 为近地层风速。$\mathrm{d}T_t$ 和 F 因海拔高度的不同，将取不同高度层的值。

选取重庆及周边地区（25°—35°N，100°—115°E）计算空气污染扩散气象条件 IBAM 指数，所用资料为 2013 年 4 月 1 日到 2016 年 12 月 31 日欧洲中心细网格数值预报产品 20 时起报零场资料。

不同的海拔高度，IBAM 指数的计算公式分别为：

$$A_1=\mathrm{d}p_{24} \tag{6.26}$$

$$A_2=q_{700} \tag{6.27}$$

当 $h<800$ m 时（h 为海拔高度）

$$A_3=\left[T_{2\mathrm{m}}+\frac{1}{2}(2.5q_{1000}+2.5q_{925})\right]-(T_{850}+2.5q_{850}) \tag{6.28}$$

$$A_4 = F_{925} \tag{6.29}$$

当 800 m≤h<1500 m 时

$$A_3 = \left[\left(T_{2m} + \frac{1}{2}(2.5q_{925} + 2.5q_{850})\right)\right] - \frac{1}{2}(T_{850} + 2.5q_{850} + T_{700} + 2.5q_{700}) \tag{6.30}$$

$$A_4 = F_{850} \tag{6.31}$$

当 1500 m≤h<2500 m 时

$$A_3 = (T_{2m} + 2.5q_{850}) - (T_{700} + 2.5q_{700}) \tag{6.32}$$

$$A_4 = \frac{1}{2}(F_{850} + F_{700}) \tag{6.33}$$

$$\mathrm{IBAM} = 4 - A_1 - A_2 - A_3 - A_4 \tag{6.34}$$

式中，dp_{24} 表示 24 h 变压，T_{2m}、T_{850}、T_{700} 分别表示 2 m、850 和 700 hPa 温度，q_{1000}、q_{925}、q_{850}、q_{700} 分别表示 1000、925、850 和 700 hPa 比湿，F_{925}、F_{850}、F_{700} 分别表示 925、850 和 700 hPa 风速。当海拔高度超过 2500 m 时，不再计算 IBAM 指数。

具体地，对 A_1、A_2、A_3、A_4 进行归一化处理，设定 24 h 气压变化 dP_{24} 范围为－15～15 hPa（小于－15 hPa 当作－15 hPa 处理，大于 15 hPa 当作 15 hPa 处理）；700 hPa 比湿（q_{700}）取值为 0～12 g·kg^{-1}（大于 12 g·kg^{-1} 当作 12 g·kg^{-1} 处理）；总温度差（dT_t）变化范围设定为－5～15 ℃（小于－5 ℃当作－5 ℃处理，大于 15 ℃当作 15 ℃处理）；925 hPa 风速 F_{925} 为 0～15 m·s^{-1}（大于 15 m·s^{-1} 当作 15 m·s^{-1} 处理）；850 hPa 风速 F_{850} 为 0～20 m·s^{-1}（大于 20 m·s^{-1} 当作 20 m·s^{-1} 处理）；$\frac{1}{2}$（F_{850}＋F_{700}）风速为 0～25 m·s^{-1}（大于 25 m·s^{-1} 当作 25 m·s^{-1} 处理）。

由以上方法计算出的 IBAM 指数数值介于 0～4，IBAM 指数越大，大气扩散条件越差，空气污染相对越严重。选取离重庆城区最近的格点（29.5°N，106.5°E）分析 IBAM 指数的合理性。逐日对应的 IBAM 指数与日均 AQI 相关系数为 0.34，IBAM 指数与滞后 1 d 的日均 AQI 相关系数为 0.46，与滞后 2 d 的 AQI 相关系数为 0.44，与滞后 3 d 的 AQI 相关系数为 0.37，可见 IBAM 指数与滞后 1 d 的 AQI 相关最好，所以建立预报模型时将 IBAM 指数与滞后 1 d 的 AQI 对应。IBAM 指数的月变化曲线（图 6.19）显示，IBAM 指数在 1 月最高，从 2 月开始逐渐降低，至 7 月为全年最小值，8 月到 12 月逐渐升高，与 AQI 月均值相关系数为 0.74，同样说明 IBAM 指数能较好地反映空气污染扩散气象条件。

（3）空气污染气象条件预报方法

对（29.5°N，106.5°E）格点 IBAM 指数作 K 均值聚类分析，因 AQI 分为 6 级，IBAM 指数对应分为 6 类。结果显示（表 6.7），较小的 IBAM 指数区间（0.92～1.44）和较大的 IBAM 指数区间（2.47～3.05）所占比例较小，大约分别占总样本的 9.2%和 9.7%，而中间的 4 类占总样本的 81%。仅从 IBAM 指数的分布不能看出对应 AQI 情况，针对每个 IBAM 指数区间对相应的 AQI 进行分析。将 IBAM 指数分类区间对应的平均 AQI 比较，随着 IBAM 指数的增大，平均 AQI 逐渐增大，分别为：63、72、76、92、110、132。进一步比较每个 IBAM 指数区间达到轻度污染的样本数占各区间总样本数的百分比，随着 IBAM 指数的增大，达到轻度污染的 AQI 百分比不断增大；当 IBAM 指数区间平均值为 1.30（0.92～1.44 区间）时，达到轻度污染的 AQI 样本占 3.7%；当 IBAM 指数区间平均值为

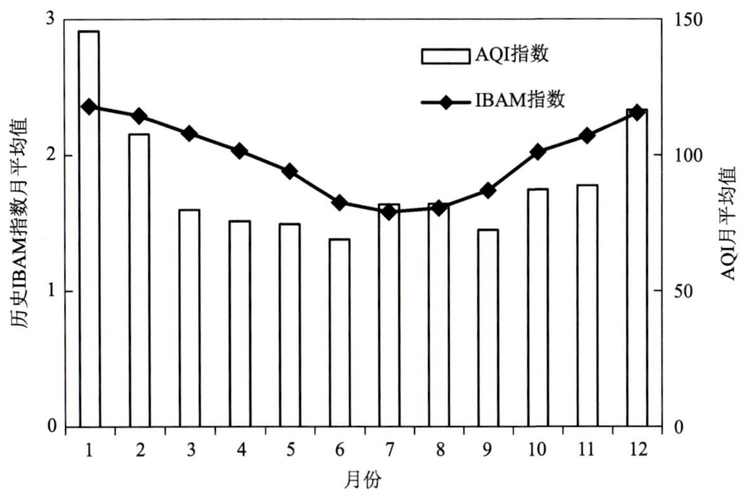

图 6.19　历史 IBAM 指数与 AQI 月变化

2.62（2.47～3.05 区间）时，达到轻度污染的 AQI 样本数占 64.6%。同样 AQI 超过 200 的重度污染样本所占百分比也随着 IBAM 指数的增大而增大，在 IBAM 指数区间平均值为 1.30 时，没有出现重度污染的样本，在 IBAM 指数区间平均值为 2.62 时，达到重度污染样本百分比为 11.5%。以上 AQI 分析说明 IBAM 指数的构造和分类是合理的。

表 6.7　重庆城区历史 IBAM 指数分类对应 AQI 大小

IBAM 指数分类区间	1.30（0.92～1.44）	1.58（1.44～1.71）	1.85（1.72～1.96）	2.08（1.96～2.20）	2.32（2.20～2.47）	2.62（2.47～3.05）
样本数	108	213	218	259	256	113
占总样本数的百分比/%	9.3	18.2	18.7	22.2	21.9	9.7
平均 AQI	63	72	76	92	110	132
AQI>100 所占百分比/%	3.7	16	15.6	29.3	45.7	64.6
AQI>150 所占百分比/%	0	0.5	2.8	8.8	18.4	31
AQI>200 所占百分比/%	0	0.5	0.5	2.3	5.1	11.5

根据 IBAM 指数分类和 AQI 分布情况，考虑 IBAM 指数出现的气候概率，确定空气污染扩散气象条件等级预报为：

$0.90 < P\ (Ah \geq Ap) \leq 1.00$，　一级：非常有利于大气污染物扩散；

$0.72 < P\ (Ah \geq Ap) \leq 0.90$，　二级：较有利于大气污染物扩散；

$0.54 < P\ (Ah \geq Ap) \leq 0.72$，　三级：对大气污染物扩散无明显影响；

$0.32 < P\ (Ah \geq Ap) \leq 0.54$，　四级：不利于大气污染物扩散；

$0.10 < P\ (Ah \geq Ap) \leq 0.32$，　五级：很不利于大气污染物扩散；

$0.0 \leq P\ (Ah \geq Ap) \leq 0.10$，　六级：非常不利于大气污染物扩散。

其中，$P\ (Ah \geq Ap)$ 为历史同期 IBAM 指数（Ah 表示）大于预报日 IBAM 指数（Ap 表示）的气候概率。例如：计算出某天的 IBAM 指数（即 Ap）为 1.98，查询这一天历史同期（设定在 1 个月之内，即预报日期之前 15 d 到预报日期之后 15 d 内）的 IBAM 指数所有样本，如果大于 1.98 的 IBAM 指数的样本数占查询总样本数的 30%，那么当天的空气污染扩散气象条件等级预报为 5 级（很不利于大气污染物扩散）。

6.3 本章小结

主要介绍了重庆雾预报的概念模型和基于神经元网络方法的能见度预报技术，以及大气污染相关预报技术。

（1）分别针对重庆辐射雾和雨雾，基于高空、地面天气形势和地面气象要素建立雾的天气学预报概念模型。

（2）基于 ECMWF 细网格资料，模仿预报员思路，利用神经元网络方法分季节、分区（县）建立了能见度预报模型。检验评估表明，利用神经元网络方法建立的能见度预报模型优于 ECMWF 能见度直接输出结果。

（3）基于重庆市空气质量数值模式（WRF-CMAQ 模式）预报逐小时 $PM_{2.5}$ 浓度产品，采用多元线性回归、动力-统计方法和深度学习方法进行订正研究表明，DNN 订正后平均偏差和均方根误差小于 APLSR 和 MR 方法，订正结果的准确率达到 97.12%，成功率较高，同时漏报率和虚报率均有所降低，相比模式预报和其他 2 种订正方法，DNN 对于污染物浓度变化及转折性污染过程的预报效果较好。

（4）通过分析空气污染物浓度与气象条件的关系，统计出城市空气污染扩散气象条件等级指标，建立了以数值预报为基础的空气污染扩散条件预报模型（IBAM 指数模型），开展空气污染扩散气象条件等级预报。

参考文献

白莹莹，杨世琦，刘川，等，2018. 重庆雾和霾的气候特征分析［J］. 中低纬山地气象，42（3）：33-37.

冯建东，黄艇，陈长和，等，2006. 利用 MODIS 资料遥感水体上空气溶胶粒子尺度的数值试验［J］. 高原气象，26（1）：110-115.

国家环境保护总局，2001. 中国环境状况公［R］. https：//www.mee.gov.cn/hjzl/sthjzk/zghjzkgb/201605/P020160526552473168912.pdf.

韩艳妮，2016. 农村大气气溶胶化学组成、粒径分布与吸湿性能研究［D］. 北京：中国科学院研究生院（地球环境研究所）.

韩余，刘德，王欢，等，2013. 重庆雾气候特征及天气成因分析［J］. 气象与环境学报，29（06）：116-122.

韩余，刘德，白莹莹，2014. 重庆市春节期间典型空气污染过程分析［J］. 中国环境监测，30（1）：43-48.

韩余，周国兵，陈道劲，等，2020. 重庆市臭氧污染及其气象因子预报方法对比研究［J］. 气象与环境学报，36（04）：59-66.

韩余，周国兵，陈道劲，等，2022. 重庆地区大气污染分布特征及气象因子相关分析［J］. 四川环境，41（3），79-87.

何秀，邓兆泽，李成才，等，2010. MODIS 卫星遥感气溶胶产品在地面 PM_{10} 监测方面的应用研究［J］. 北京大学学报（自然科学版），46（2）：178-184.

胡春梅，刘德，陈道劲，2009. 重庆市空气污染扩散气象条件指标研究［J］. 气象科技，37（6）：665-669.

胡春梅，刘德，陈道劲，2016. 重庆地区两次连续空气污染天气过程对比分析［J］. 气象与环境学报，32（1）：25-32.

环境保护部，国家质量监督检验检疫总局，2012. 环境空气质量标准：GB 3095—2012［S］. 北京：中国环境科学出版社.

黄艇，陈长和，陈勇航，等，2006. 利用 MODIS 卫星资料对比反演兰州地区气溶胶光学厚度［J］. 高原气象，25（5）：886-892.

江文华，周国兵，陈道劲，等，2022. 重庆中心城区空气污染特征及气象影响因素分析［J］. 西南师范大学学报（自然科学版），47（1）：74-81.

李成才，毛节泰，刘启汉，等，2005. MODIS 卫星遥感气溶胶产品在北京市大气污染研究中的应用［J］. 中国科学：D 辑，35（增刊Ⅰ）：178-184.

李崇志，于清平，陈彦，等，2009. 霾的判别方法探讨［J］. 南京气象学院学报，32（2）：327-332.

李莘莘，陈良富，陶金花，等，2011. 基于 HJ-1-CCD 数据的地表反射率反演与验证［J］. 光谱学与光谱分析，31（2）：516-520.

廖国男，2002. 大气辐射传输导论，第 2 版［M］. 北京：气象出版社.

刘德，周国兵，向波，等，2004. 重庆雾的天气成因［J］. 气象科技，32（6）：461-466.

刘德，李永华，喻桥，等，2005. 基于客观分析的重庆雾的 BP 神经元网络预报模型研究［J］. 气象科学，25（3）：293-297.

刘德，张亚萍，陈贵川，等，2012. 重庆市天气预报技术手册［M］. 北京：气象出版社.

芦华，谢旻，吴钲，等，2020. 基于机器学习的成渝地区空气质量数值预报 $PM_{2.5}$ 订正方法研究［J］. 环境科学学报，40（12）：4419-4431.

芦华，吴钲，刘伯骏，等，2021. 空气质量模式在重庆主城区预报效果检验订正［J］. 西南大学学报（自然科学版），43（7）：176-184.

孟庆珍，林安民，1994. 重庆近11年大气混合层厚度研究［J］. 重庆环境科学，16（4）：12-16.
陶金花，张美根，陈良富，等，2013. 一种基于卫星遥感AOT估算近地面颗粒物的方法［J］. 中国科学：地球科学，2013（1）：143-154.
王式功，杨德保，尚可政，等，2002. 城市空气污染预报研究［M］. 兰州：兰州大学出版社.
王式功，辛金元，周春红，等，2021. 城市空气污染预报［M］. 北京：气象出版社.
王中挺，陈良富，巩慧，等，2009. CBERS02B卫星CCD传感器数据反演陆地气溶胶［J］，遥感学报，13（6）：1053-1058.
王中挺，厉青，王桥，等，2012. 利用深蓝算法从HJ-1数据反演陆地气溶胶［J］. 遥感学报，16（3）：603-610.
吴兑，2005. 关于霾与雾的区别和灰霾天气预警的讨论［J］. 气象，31（4）：3-7.
吴兑，2006. 再论都市霾与雾的区别［J］. 气象，32（4）：9-15.
吴兑，2008. 大城市区域霾与雾的区别和灰霾天气预警信号发布［J］. 环境科学与技术，31（9）：1-7.
向波，刘德，廖代强，2003. 重庆雾的特点及其变化分析［J］. 气象，29（2）：48-52.
杨茜，高阳华，陈贵川，2019. 降水对重庆市大气污染物浓度的影响分析［J］. 气象与环境科学，42（2）：68-73.
杨勇杰，谈建国，郑有飞，等，2006. 上海市近15a大气稳定度和混合层厚度的研究［J］. 气象科学，26（5）：536-541.
叶堤，王飞，陈德蓉，2008. 重庆市多年大气混合层厚度变化特征及其对空气质量的影响分析［J］. 24（4）：41-44.
张天宇，张丹，王勇，等，2019. 1951—2018年重庆主城区大气自净能力变化特征分析［J］. 高原气象，38（4）：901-910.
张瀛，孟庆岩，武佳丽，等，2011. 基于环境星CCD数据的环境植被指数及叶面积指数反演研究［J］. 光谱学与光谱分析，31（10）：2789-2793.
赵宗慈，罗勇，江滢，等，2016. 近50年中国风速减小的可能原因［J］. 气象科技进展，6（3）：106-109.
中国气象局，2003. 地面气象观测规范［M］. 北京：气象出版社.
中国气象局，2010. 霾的观测和预报等级：QX/T 113—2010［S］. 北京：气象出版社.
中华人民共和国环境保护部，2009. 中国环境状况公报［R］. https://www.mee.gov.cn/hjzl/sthjzk/zghjzkgb/201605/P020160526561125391815.pdf.
中华人民共和国生态环境部，2018. 中国生态环境状况公报［R］. https://www.mee.gov.cn/hjzl/sthjzk/zghjzkgb/201905/P020190619587632630618.pdf.
中华人民共和国生态环境部，2021. 中国生态环境状况公报［R］. https://www.mee.gov.cn/hjzl/sthjzk/zghjzkgb/202205/P020220608338202870777.pdf.
重庆市生态环境局，2018. 重庆市生态环境状况公报［R］. https://sthjj.cq.gov.cn/hjzl_249/hjzkgb/202003/P020200328433845421420.pdf.
重庆市统计局，国家统计局重庆调查总队，2020. 重庆统计年鉴2020［M］. 北京：中国统计出版社.
周国兵，2014. 重庆市主城区气象条件对空气污染影响分析及数值模拟研究［D］. 兰州：兰州大学.
周国兵，2016. 重庆市不同天气背景下边界层气象条件对PM_{10}浓度影响数值模拟研究［J］. 贵州气象，40（6）：5-12.
周国兵，2018. 空气污染与霾天气——以重庆市主城区为例［M］. 北京：气象出版社.
周国兵，王式功，2010. 重庆市主城区空气污染天气特征研究［J］. 长江流域资源与环境，19（11）：1345-1349.
周国兵，王式功，2013a. 重庆中心城区边界层气象条件对PM_{10}浓度影响分析［J］. 西南师范大学学报（自然科学版），38（11）：101-108.

周国兵，王式功，陈小敏，2013b. 降水对重庆中心城区空气污染物清除效率研究［J］. 环境污染与防治，35（9）：112-112.

朱蓉，张存杰，梅梅，2018. 大气自净能力指数的气候特征与应用研究［J］. 中国环境科学，38（10）：3601-3610.

CHEN Y，LUO B，XIE S，2015. Characteristics of the long-range transport dust events in Chengdu，Southwest China［J］. Atmospheric Environment，122（12）：713-722.

CHEN Y，XIE S，LUO B，et al，2014. Characteristics and origins of carbonaceous aerosol in the Sichuan Basin，China［J］. Atmospheric Environment，94：215-223.

GUO J P，ZHANG X Y，CHE H Z，et al，2009. Correlation between PM concentrations and aerosol optical depth in eastern China［J］. Atmospheric Environment，43（37）：5876-5886.

HSU N C，TSAY S C，KING M D，et al，2006. Deep blue retrievals of Asian aerosol properties during ACE-Asia［J］. IEEE Transactions on Geoscience and Remote Sensing，44（11）：3180-3195.

IM J S，SAXENA V K，WENNY B N，2001. An assessment of hygroscopic growth factors for aerosols in the surface boundary layer for computing direct radiative forcing［J］. Journal of Geophysical Research Atmospheres，106（D17），20213.

KAUFMAN Y J，SENDRA C，1988. Algorithm for automatic atmospheric corrections to visible and near-IR satellite imagery［J］. International Journal of Remote Sensing，9（8）：1357-1381.

KAUFMAN Y J，TANRÉ D，REMER L A，et al，1997a. Operational remote sensing of tropospheric aerosol over land from EOS moderate resolution imaging spectroradiometer［J］. Journal of Geophysical Research：Atmospheres，102（D14）：17051-17067.

KAUFMAN Y J，WALD A E，REMER L A，et al，1997b. The MODIS 2.1-μm channel-correlation with visible reflectance for use in remote sensing of aerosol［J］. IEEE Transactions on Geoscience and Remote Sensing，35（5）：1286-1298.

KOSCHMIEDER H，1925. Theorie der horizontalen sichtweite：Kontrast und sichtweite［M］. Keim & Nemnich.

KOTCHENRUTHER R A，HOBBS P V，et al，1998. Humidification factors of aerosols from biomass burning in Brazil［J］. Journal of Geophysical Research Atmospheres，103（D24）：32081-32089.

KRISHNAN P，KUNHIKRISHNAN P K，2004，Temporal variations of ventilation coefficient at a tropical Indian stationusing UHF wind profiler［J］. Current Science，86（3）：447-451.

LIAO T，WANG S，AI J，et al，2017. Heavy pollution episodes，transport pathways and Potential sources of $PM_{2.5}$ during the winter of 2013 in Chengdu (China)［J］. Science of the Total Environment，584：1056-1065.

LIU H Q，HUETE A，1995. A Feedback based modification of the NDVI to minimize canopy background and atmospheric noise［J］. IEEE Transactions on Geoscience and Remote Sensing，33（2）：457-465.

LIU X，CHENG Y，ZHANG Y，et al，2008. Influences of relative humidity and particle chemical composition on aerosol scattering properties during the 2006 PRD campaign［J］. Atmospheric Environment，42（7）：1525-1536.

NING G C，WANG S G，YIM S H L，et al，2018. Impact of low-pressure systems on winter heavy air pollution in the northwest Sichuan Basin，China［J］. Atmospheric Chemistry and Physics，18（18）：13601-13615.

RANDRIAMIARISOA H，CHAZETTE P，COUVERT P，et al，2006. Relative humidity impact on aerosol parameters in a Paris suburban area［J］. Atmospheric Chemistry & Physics，6（5）：1389-1407.

WANG Z，CHEN L，TAO J，et al，2014. An empirical method of RH correction for satellite estimation of ground-level PM concentrations [J]. Atmospheric Environment, 95 (1): 71-81.

ZHAO S P, YU Y, YIN D Y, et al, 2018. Spatial patterns and temporal variations of six criteria air pollutants during 2015 to 2017 in the city clusters of Sichuan Basin, China [J]. Science of the Total Environment, 624: 540-557.